G. I. Ruzavin

Die Natur der mathematischen Erkenntnis

G. I. Ruzavin

Die Natur der mathematischen Erkenntnis

Studien zur Methodologie der Mathematik

AKADEMIE-VERLAG · BERLIN
1977

Russischer Originaltitel:

Г. И. Рузавин
О природе математического знания
(Очерки по методологии математики)
Издательство „мысль“ Москва 1968

Übersetzer: Günther Rieske, Leipzig

Erschienen im Akademie-Verlag, 108 Berlin, Leipziger Str. 3—4

Lizenznummer: 202 · 100/339/77
Gesamtherstellung: VEB Druckerei „Thomas Müntzer“, 582 Bad Langensalza
Einbandgestaltung: Rolf Kunze
Bestellnummer: 752 166 3 (5825) · LSV 0155
Printed in GDR
DDR 19,00 M

Inhalt

Vorwort des Herausgebers

Unter den Beziehungen, die die Philosophie zu anderen Wissenschaften besitzt, sind die zur Mathematik die ältesten, und sie waren auch lange Zeit tiefsten und bestimmendsten. Dafür gibt es wesentliche Gründe: Mathematik und Philosophie sind diejenigen Erkenntnisgebiete, die nicht einen gewissen „Ausschnitt" aus der Wirklichkeit zum Gegenstand haben, sondern — wenn auch mit unterschiedlichen Fragestellungen, Methoden und Resultaten — die Welt als Ganzes untersuchen; sie sind die abstraktesten und allgemeinsten Formen der Erkenntnis. Hinzu kommt, daß sie die ältesten Wissensgebiete sind, in denen nach Ordnung, Systematik und Begründungszusammenhang gestrebt wurde. Daß dabei der Wissenschaftscharakter der Mathematik stets feststand, während die Philosophie erst mit dem Marxismus den Charakter einer Wissenschaft annahm, hat dabei deren Wechselverhältnis entscheidend geprägt.

Die Spezifik des Gegenstandes und der Forschungsmethoden der Mathematik bringt die Notwendigkeit hervor, daß sich Mathematiker aller Zeiten der Philosophie zuwandten und in philosophischen Kategorien eine Begründung der mathematischen Abstraktionen und Verfahrensweisen suchten. So hat sich die etwas irreführende Bezeichnung „Philosophie der Mathematik" eingebürgert — irreführend insofern, als sie den Eindruck zu erwecken imstande ist, als handle es sich hier um ein in sich geschlossenes Wissensgebiet, während in Wirklichkeit die Auseinandersetzung von Materialismus und Idealismus auf dem Gebiet der Grundlegung der Mathematik besonders intensiv geführt wurde und wird. Dennoch besitzt diese Ausdrucksweise eine gewisse Berechtigung, denn sie erfaßt einen ganz bestimmten Komplex von Problemen und drückt den tiefen inneren Zusammenhang von Mathematik und Philosophie aus, der Mathematikern wie Philosophen zu allen Zeiten stets bewußt war. „Kein der Mathematik Unkundiger möge hier eintreten", stand bereits am Eingang der Akademie PLATONS; eine große Zahl von Denkern war auf dem Gebiet der Mathematik ebenso von Bedeutung wie als Philosoph — Namen wie THALES, PYTHAGORAS und DEMOKRIT, DESCARTES, LEIBNIZ und EULER, BOLZANO, POINCARÉ und RUSSELL mögen hier als Beispiele erwähnt werden. Es gibt wohl keinen Mathematiker von Bedeutung, der nicht in dieser oder jener Form um eine philosophische Grundlegung der Mathematik gerungen hätte; umgekehrt gibt es kaum eine philosophische Schule, die nicht auf irgendeine Weise zu den philosophischen Problemen der Mathematik Stellung bezogen hätte (ausgenommen vielleicht den extremen philosophischen Irrationalismus, aber auch hier ist interessant anzumerken, daß das Wort „Existentialismus" zunächst dazu diente, eine bestimmte Richtung in der Diskussion um die Grundlegung der Mathematik zu bezeichnen, ehe es zum Namen der philosophischen Richtung wurde, die heute darunter bekannt ist).

Man wird demzufolge keine philosophische Richtung und kein philosophisches System vollständig verstehen und einordnen können, wenn man ihren Bezug zu den philosophischen Problemen, die die Mathematik aufwirft, vernachlässigt. Objektiver wie subjektiver Idealismus, PLATON wie BERKELEY, begründeten ihre Lehren auch durch Bezugnahme auf die Mathematik; Rationalismus und Empirismus sind u. a. auch verschiedene Interpretationen der mathematischen Abstraktion und des Verhältnisses von Mathematik und Realität; Skeptizismus und Agnostizismus sind stets auch das Eingeständnis, daß die philosophischen Probleme der Mathematik von der vormarxschen Philosophie nicht zu lösen waren. MARX hat in seiner ersten FEUERBACH-These darauf aufmerksam gemacht, daß „der Hauptmangel alles bisherigen Materialismus" darin bestand, dem Idealismus die Entwicklung der *tätigen* Seite überlassen zu haben, wobei er diese jedoch nur abstrakt faßte. Das Auftreten des Marxismus stellt auch für die „Philosophie der Mathematik" eine grundlegende Umwälzung dar, wovon bereits MARX' eigene mathematische Forschungen zeugen. Die marxistischen Philosophen stehen vor der Aufgabe, die philosophischen Probleme der Mathematik stärker als bisher zu erforschen und die in der marxistischen Philosophie liegenden Möglichkeiten besser zu nutzen. Unter diesem Gesichtspunkt ist das hiermit in deutscher Sprache vorliegende Buch des sowjetischen Philosophen G. I. RUZAVIN, der in unserer Republik bereits durch eine Reihe von philosophischen Arbeiten zu Fragen der Logik und der Methodologie bekannt ist, als ein wertvoller Beitrag auf diesem Gebiet zu werten. Er unterzieht nicht nur die von nichtmarxistischen Philosophen gegebenen Lösungsversuche dieser Probleme einer fundierten Kritik, sondern entwickelt auch die marxistische Auffassung zu diesen Problemen.

Auf der anderen Seite wird auch kein Mathematiker die Probleme seiner Wissenschaft voll durchdringen können, ohne um deren Bezug zur Philosophie zu wissen. 1930 fand im damaligen Königsberg eine Konferenz zur Grundlegung der Mathematik statt, auf der die Vertreter der wichtigsten Grundlagenschulen, des Logizismus, des Intuitionismus und des Formalismus, ihre Standpunkte darlegten. Dabei wurde deutlich, daß zumindest der Formalismus und der Logizismus ausgesprochen unphilosophisch, wenn nicht antiphilosophisch orientiert waren; sie glaubten, daß man die philosophischen Fragen der Mathematik auf geeignete Weise mit den Mitteln der Mathematik selbst (Formalismus) oder der mathematischen Logik (Logizismus) lösen und damit also als *philosophische* Probleme eliminieren könne. Die weitere Entwicklung hat gezeigt, daß dies eine Illusion war, sie hat sogar weitere, noch tieferliegende philosophische Probleme zutage gebracht. Heute setzt sich die Erkenntnis durch, daß diese Probleme echte *philosophische* Probleme sind, Probleme also, die eine wirkliche, wenn auch nie endgültige, sondern sich stets vertiefende Lösung nur im Rahmen der marxistischen Philosophie finden können. Auch für Mathematiker wird also RUZAVINS Buch von Gewinn sein, und es ist zu hoffen, daß es dazu beiträgt, auch in unserer Republik die Zusammenarbeit von Philosophen, Logikern und Mathematikern weiter zu beleben.

RUZAVIN hat für die deutschsprachige Ausgabe umfangreiche Zusätze und Korrekturen vorgenommen. Außerdem ergaben sich bei der Übersetzung und Bearbeitung hin und wieder Probleme, die nach Rücksprache entsprechende Berücksichtigung in der vorliegenden Ausgabe fanden. Sie ist also nicht völlig mit dem russischen Original identisch; auch terminologische Fragen ließen es ratsam erscheinen, nicht immer eine wortwörtliche Wiedergabe anzustreben. Wir möchten an dieser Stelle G. I. RUZAVIN für sein Entgegenkommen und die zusätzliche Arbeit danken und wünschen dem Buch eine gute Aufnahme.

Der Herausgeber

Einleitung

Wesen und Gegenstand des mathematischen Wissens zogen seit der Antike die Aufmerksamkeit vieler Mathematiker und Philosophen auf sich. Der äußerst abstrakte Charakter der mathematischen Begriffsbildungen und die rein logische Herleitung mathematischer Erkenntnisse haben immer wieder scharfe Auseinandersetzungen unter den Wissenschaftlern hervorgerufen.

Eine besondere Aktualität gewann die Frage nach der Natur der mathematischen Begriffe und der beim logischen Schließen verwendeten Logik um die Jahrhundertwende, als sich herausstellte, daß CANTORS allgemeine Mengenbildungsvorschrift zu logischen Widersprüchen führte. Ihr Auftreten deutete auf gewisse Unsicherheiten im Fundament der klassischen Mathematik hin, das zu sein die Mengenlehre beanspruchte. Um einen Ausweg aus diesen Schwierigkeiten zu finden, wurden verschiedene Programme zur Neubegründung der Mathematik entwickelt, die den CANTORschen mengentheoretischen Ansatz entweder gänzlich ablehnten oder ihn doch wesentlich revidierten.

In der Folge wurden der *Logizismus*, der *Intuitionismus* und der *Formalismus* zu den einflußreichsten Strömungen bei der Neubegründung der Mathematik. In den letzten Jahren gewannen vor allem die Ideen des *Konstruktivismus* zunehmend an Einfluß.

Die von diesen Richtungen hervorgebrachten neuen mathematischen Ideen und Methoden haben in vielfacher Weise unser Wissen über solche fundamentalen Begriffe und Methoden der Mathematik wie Zahl, Figur, Menge, Funktion, Schluß, Beweis, axiomatische und konstruktive Methode u. a. bereichert. Die intensive mathematische Grundlagenforschung der letzten 80 Jahre erbrachte nicht nur wertvolle neue mathematische Resultate, sondern warf auch auf viele methodologische und philosophische Probleme der Mathematik und Logik ein neues Licht. Dazu gehören zweifellos in erster Linie die mit dem axiomatischen Aufbau des mathematischen Wissens zusammenhängenden Probleme. Nicht zufällig ist gerade die axiomatische Methode das wichtigste Instrument der HILBERT-Schule zur Begründung der Mathematik. Obgleich sich das Programm HILBERTS in einigen Punkten als utopisch erwies, ermöglichte es doch die Gewinnung einer Reihe tiefliegender Resultate wie der von K. GÖDEL und A. CHURCH über die Unvollständigkeit und Unentscheidbarkeit der Arithmetik. Diese neuen Untersuchungen erlauben eine konkretere Analyse jener mit der axiomatischen Methode zusammenhängenden Fragen wie z. B. der Bedingungen und Grenzen der Anwendung der axiomatischen Methode, des Wesens und der Bedeutung der Formalisierung. Wir haben eine solche Analyse im zweiten Kapitel, das auch das Hauptkapitel dieses Buches ist, versucht.

Mit der Axiomatisierung ist das Problem der mathematischen Wahrheit unmittelbar verbunden, das wir im vierten Kapitel behandeln. In axiomatischen Systemen wird bekanntlich der Wahrheitsgehalt mathematischer Sätze und Theorien nach rein logischen Methoden und Kriterien bestimmt. Die von der modernen mathematischen Logik ausgearbeiteten Normen logischer Beweisführung, die zugleich auch Normen ihrer Stringenz sind, können als Beispiel eines solchen Kriteriums verstanden werden. Jedoch verändern sich mit der Entwicklung der Wissenschaft sowohl der Begriff der Stringenz der Beweisführung selbst als auch die dafür zugelassenen logischen Mittel. Sie unterliegen außerdem einem nicht geringen Einfluß des von einem Wissenschaftler eingenommenen bestimmten philosophischen Standpunkts.

Eine große Bedeutung kommt der methodologischen und philosophischen Analyse bei der Klärung der Besonderheiten der mathematischen Abstraktion und des Problems der Existenz abstrakter Objekte zu. Der Leser kann sich, wenn er das erste und vor allem das fünfte Kapitel dieses Buches gelesen hat, davon überzeugen, daß die gegenwärtigen Diskussionen zwischen Nominalisten und Platonisten eine Wiederbelebung des alten Streits über das Verhältnis von Einzelnem und Allgemeinem, von Abstraktem und Konkretem darstellen, der in der gesamten Wissenschaftsgeschichte immer wieder im Mittelpunkt der Aufmerksamkeit der Gelehrten stand.

Schließlich hängt jedes Programm zur Begründung der Mathematik wesentlich von der Deutung des Begriffs des Unendlichen sowohl im allgemeinen als auch im spezifisch mathematischen Sinne ab.

Das unterschiedliche Verständnis dieser Begriffe in der mengentheoretisch begründeten Mathematik einerseits und in der intuitionistischen Mathematik andererseits bestimmt sowohl ihr Verhältnis zu den Problemen der Existenz abstrakter Objekte als auch zu den Gesetzen der Logik und zu den Beweisen der Mathematik. Diese Fragen betrachten wir im dritten Kapitel dieses Buches.

Die gegenwärtige Etappe der mathematischen Grundlagenforschung ist dadurch gekennzeichnet, daß viele Fragen, die früher im Rahmen rein spekulativer Prinzipien betrachtet wurden, jetzt mit Hilfe exakter mathematisch-logischer Methoden untersucht werden können. Die mathematische Logik spielt bei solchen Untersuchungen eine dominierende Rolle. Man kann aber viele Begründungsprobleme der Mathematik nicht isoliert von anderen Wissenschaften und von der Philosophie lösen. Gerade deshalb sind spezielle philosophische Untersuchungen der Begründungsprobleme wie auch allgemeine Einschätzungen der verschiedenen Begründungsprogramme notwendig.

Im zweiten Teil des Buches versuchen wir eine allgemeine Charakteristik der sogenannten Grundlagenkrise zu geben und diskutieren im einzelnen die Programme, die von den Vertretern des Logizismus, Formalismus, Intuitionismus und des Konstruktivismus ausgearbeitet wurden. An einigen Stellen werden dann dort jene Fragen näher beleuchtet, welche im ersten Teil lediglich berührt wurden.

Erster Teil

Die philosophischen Hauptprobleme der Grundlegung der Mathematik

Kapitel 1

Das Wesen der mathematischen Abstraktion und die Spezifik des Gegenstandes der Mathematik

Beim Studium der Mathematik, wie auch jeder beliebigen anderen Wissenschaft, werden wir vor allem mit der Frage nach dem realen Inhalt ihrer Begriffe und Theorien konfrontiert. Was entspricht dem mathematischen Wissen in der realen Welt, oder — anders gesagt — von welcher Art sind jene spezifischen Objekte, die die Gegenstände der mathematischen Forschung sind? Um diese Frage beantworten zu können, muß man wissen, welche Seite der Wirklichkeit die Mathematik abbildet, wie sich der Abstraktionsprozeß in dieser Wissenschaft vollzieht und wodurch er sich von dem in der Naturwissenschaft und anderen Erfahrungswissenschaften unterscheidet. Alle diese Fragen sind eng miteinander verbunden und haben eine große Bedeutung für die Aufhellung des Wesens des mathematischen Wissens. Jedoch ist die wichtigste Frage die nach dem realen Inhalt des mathematischen Wissens, weil von ihrer Lösung in letzter Konsequenz die Lösung aller anderen methodologischen Fragen der Mathematik abhängt.

Ähnlich wie die Frage nach dem Verhältnis des Denkens zum Sein die Grundfrage der Philosophie ist, ist die Frage nach der Beziehung des mathematischen Wissens zur realen Wirklichkeit das philosophische Grundproblem der Mathematik. Gerade die Lösung dieser Frage bestimmt die Zugehörigkeit eines Mathematikers zu einem der diametral entgegengesetzten Lager in der Philosophie. Während die Materialisten die Begriffe und Theorien der Mathematik als Widerspiegelung bestimmter Eigenschaften und Beziehungen der Außenwelt ansehen, fassen die Idealisten sie entweder als reine Schöpfungen unseres Denkens, als auf Übereinkommen beruhende Festsetzungen oder als vor jeder Erfahrung gegebene apriorische Ideen auf, mit einem Wort, für sie sind die mathematischen Begriffe gegenüber der Natur, der materiellen Welt, etwas Primäres.

Um die mathematischen Gegenstände und Beziehungen in reiner Form untersuchen zu können, muß man von anderen Eigenschaften und Verhältnissen der betrachteten Gegenstände abstrahieren. Auf den ersten Blick kann es scheinen, daß der Abstraktionsprozeß in der Mathematik einfach darin besteht, daß wir nacheinander von allen nichtmathematischen Eigenschaften der Gegenstände absehen und lediglich die mathematischen behalten. Es ist jedoch nicht schwer zu verstehen, daß die realen Gegenstände nicht genau jene Eigenschaften besitzen, welche ihnen die Mathematik verleiht. Darum reduziert sich die mathematische Abstraktion keineswegs auf das Weglassen nichtmathematischer Eigenschaften und das Festhalten mathematischer. Eine empiristische Theorie der Abstraktion kann diesen Prozeß der mathematischen Begriffsbildung nicht richtig erklären, obwohl sie sich auf materialistische Vorstellungen von der Abstraktion stützt. Einen wissenschaftlichen Zugang zu den mathematischen Abstraktionen erlangen wir durch eine materialistische Lösung der Frage nach dem Wesen der mathematischen Begriffe und durch die Erklärung des dialektischen Charakters ihres Bildungsprozesses.

In dem Maße, wie sich unsere Kenntnisse über die Quantitätsverhältnisse und Raumformen der wirklichen Welt vertiefen, nimmt die Abstraktheit der Mathematik selbst zu und wird folglich der Zusammenhang ihrer einzelnen Begriffe mit der Wirklichkeit entfernter und mittelbarer. Daraus resultiert die nicht selten zu hörende Meinung, mathematische Begriffe und Theorien hätten überhaupt keinen Zusammenhang mit der Wirklichkeit. Aber nichtsdestoweniger erweisen sich die mathematischen Begriffsbildungen und Methoden als immer geeigneter, den quantitativen Aspekt von Prozessen zu analysieren, die in der Naturwissenschaft, in der Technik und in den Gesellschaftswissenschaften untersucht werden. Die Tatsache, daß abstrakte Begriffe die konkrete Wirklichkeit genauer und tiefer widerspiegeln, kann man richtig nur auf der Grundlage der von K. MARX zum ersten Mal formulierten Methode des Aufsteigens vom Abstrakten zum Konkreten verstehen.

In diesem Kapitel werden wir zuerst die wichtigsten Besonderheiten der Abstraktionsmethode allgemein und dann ausführlicher die in der Mathematik angewandten Grundtypen der Abstraktion betrachten. Erst nach einer solchen Analyse ist es möglich, zur Klärung der Spezifik der mathematischen Abstraktion und des Platzes der Mathematik im System der wissenschaftlichen Erkenntnis überzugehen. Die Frage nach der Natur der mathematischen Objekte, die unmittelbar mit dem Problem der Existenz zusammenhängt, werden wir im fünften Kapitel behandeln, weil hierfür ergänzendes Material und die Kenntnis der anderen Kapitel dieser Arbeit erforderlich ist.

1. *Allgemeine Charakteristik der Abstraktionsmethode*

In der uns umgebenden Welt hängen manche Gegenstände mit anderen zusammen und wiederum mit anderen nicht. Es gibt aber keinen Gegenstand, der nicht mit irgendeinem anderen zusammenhängt. Einige dieser Zusammenhänge besitzen wesentlichen und stabilen Charakter, andere unwesentlichen und zufälligen. Wenn wir das Wesen der Erscheinungen der objektiven Welt und die Gesetze, die sie beherrschen, erkennen wollen, sind wir gezwungen, wesentliche von unwesentlichen Zusammenhängen zu trennen, von zweitrangigen Umständen abzusehen oder, wie man manchmal sagt, die Erscheinung in ihrer „reinen“ Form zu betrachten.

In den Erfahrungswissenschaften werden häufig im Experiment wesentliche Faktoren von unwesentlichen getrennt, wobei in erster Linie die Faktoren, die einen Prozeß wesentlich beeinflussen, untersucht werden. Alle unwesentlichen und zweitrangigen Momente werden nicht berücksichtigt. So abstrahieren wir z. B. bei vielen mechanischen Prozessen von der Reibung. In der gewöhnlichen Makrophysik berücksichtigen wir nicht die Veränderung der Masse der Körper mit der Veränderung der Geschwindigkeit u. ä. Es ist also nicht unbegründet zu sagen, daß wir im Experiment einen Prozeß in „reiner“ Form untersuchen. Von allen zweitrangigen und ihn komplizierenden Momenten oder Faktoren wird abgesehen. Das wissenschaftliche Experiment ist undenkbar ohne entsprechende Geräte, Meßapparaturen, Reagenzien u. ä.

Marx wies darauf hin, daß man aber in den theoretischen Wissenschaften weder ein Mikroskop noch ein chemisches Reagens benutzen kann. Das eine wie das andere muß durch die Kraft der Abstraktion ersetzt werden.[1]

Im weitesten Sinne des Wortes versteht man unter „Abstraktion“ die Möglichkeit, Gegenstände und Prozesse von einem gewissen Gesichtspunkt aus unter Außerachtlassung anderer Seiten, Momente und Umstände zu betrachten. In der Dialektik wird die Abstraktion als ein Moment, eine Stufe auf dem Wege zum konkreten Wissen betrachtet. Einzelne Begriffe und Urteile bilden bestimmte Seiten der Gegenstände oder der zwischen den Gegenständen bestehenden Beziehungen ab. Sie lösen diese Seiten und Beziehungen aus dem universellen Zusammenhang der Dinge und Erscheinungen heraus. Deshalb liefern diese einzelnen Begriffe und Urteile eine abstrakte und einseitige Kenntnis. Das Abstrakte ist für Marx ein Synonym für Einseitigkeit, Inhaltsarmut, Unentwickeltheit und Unkonkretheit. Jedoch besitzt eine solche Entgegensetzung von Abstraktem und Konkretem im allgemeinen relativen Charakter. Im Erkenntnisprozeß gehen diese Gegensätze ineinander über: Das abstrakte Wissen wird auf einer bestimmten Erkenntnisstufe zum konkreten und umgekehrt, das unter bestimmten Bedingungen konkrete Wissen kann unter anderen, veränderten Bedingungen abstraktes Wissen werden.

Selbst der Terminus „Abstraktion“, der wörtlich „Absonderung“ bedeutet, wird häufig in ganz unterschiedlichem Sinne angewandt. In der wissenschaftlichen Literatur unterscheidet man wenigstens zwei Bedeutungen: die Abstraktion als *gedankliche Operation*, durch die man vom Unwesentlichen absieht und sich auf das Wesentliche konzentriert, und die Abstraktion *als das Resultat* eines solchen Prozesses. Man nennt daher sehr häufig einzelne Begriffe, Urteile und Schlüsse, die im Ergebnis eines solchen Abstraktionsprozesses gewonnen werden, Abstraktionen.

[1] K. Marx, Das Kapital, Bd. I, MEW Bd. 23, Berlin 1962, S. 12

In der Naturwissenschaft und Mathematik versteht man unter „Abstraktion“ in der Regel den Prozeß des gedanklichen Heraushebens eines in einem gegebenen Zusammenhang als besonders wichtig betrachteten Merkmals gegenüber allen anderen Eigenschaften.[2]

Offensichtlich kann man sowohl bestimmte Eigenschaften als auch die Gegenstände selbst wesentlich genauer erforschen, wenn man von manchen Eigenschaften der betrachteten Gegenstände absieht und ihnen außerdem Eigenschaften verleiht, die ihre natürlichen Eigenschaften vergrößern. So kann man zum Beispiel mechanische Bewegungsprozesse in der Mechanik exakter beschreiben, wenn man in bestimmten Fällen reale durch absolut starre Körper und in anderen Fällen durch Massepunkte ersetzt. Ebenso vermag die Mathematik tiefer in das Wesen der quantitativen und räumlichen Beziehungen der Wirklichkeit einzudringen, wenn sie diese abgetrennt von der qualitativen Natur der Gegenstände betrachtet.

Wenn wir von einer Vielzahl von Eigenschaften und Beziehungen absehen, so bringen wir dadurch die natürlichen Zusammenhänge zwischen den Dingen nicht durcheinander. Diese Zusammenhänge selbst haben aber einen ungleichen Charakter: Einige von ihnen sind wesentlicher und entscheidender als andere. Eben das ist der Grund dafür, daß wir von unwesentlichen Eigenschaften abstrahieren und uns auf die wesentlichen Eigenschaften konzentrieren können. Die Voraussetzungen für das Abstrahieren, wie auch für das Entstehen des abstrakten Denkens allgemein, existieren in der realen Wirklichkeit selbst. W. I. LENIN weist darauf hin: „Die Natur ist *sowohl* konkret *als auch* abstrakt, *sowohl* Erscheinung *als auch* Wesen, *sowohl* Moment *als auch* Verhältnis.“[3]

Die Frage, wie Eigenschaften von Gegenständen abstrahiert und entsprechende Begriffe gebildet werden, war Gegenstand zahlreicher Diskussionen im Verlauf der Wissenschaftsgeschichte. Die empiristische Theorie der Abstraktion, deren Grundlagen von JOHN LOCKE ausgearbeitet wurden, führt den Abstraktionsprozeß auf die Aussonderung übereinstimmender und das Unberücksichtigtlassen nicht übereinstimmender Eigenschaften zurück. „Wenn man aus den durch die Namen ‚Mensch‘ und ‚Pferd‘ bezeichneten komplexen Ideen“, schreibt LOCKE, „nur jenes besondere ausscheidet, worin sie sich unterscheiden, und nur dasjenige zurückbehält, worin sie übereinstimmen, und wenn man aus dem letzteren dann eine neue komplexe Idee bildet, der man den Namen ‚Tier‘ beilegt, so gewinnt man einen allgemeineren Ausdruck, der neben dem Menschen noch mancherlei andere Geschöpfe umfaßt.“[4]

Die gemeinsame Eigenschaft, welche auf diese Weise abstrahiert wird, besitzt sinnlich-anschaulichen Charakter, weil sie sich auf die empirische Wahrnehmung

[2] W. HEISENBERG, Die Abstraktion in der modernen Naturwissenschaft, „Wissenschaft und Fortschritt“, 14 (1964), Nr. 3, S. 100

[3] W. I. LENIN, Philosophische Hefte, Werke Bd. 38, Berlin 1964, S. 198

[4] J. LOCKE, Über den menschlichen Verstand. Ausgabe in zwei Bänden. Berlin 1962, Bd. II, S. 14

übereinstimmender und nicht übereinstimmender Eigenschaften gründet. Es ist klar, daß eine solche Abstraktionstheorie bestenfalls jener ursprünglichen Stufe der Entwicklung der Naturwissenschaft entspricht, auf der diese sich noch auf die Beschreibung und Klassifizierung der untersuchten Erscheinungen beschränkte. In dem Maße aber, wie sich die Naturwissenschaft allmählich aus einer nur beschreibenden in eine theoretische Wissenschaft verwandelte, wurde die Unzulänglichkeit der LOCKEschen Abstraktionstheorie immer offensichtlicher. Daß diese Theorie für die Mathematik nicht brauchbar ist, wurde bereits früher festgestellt. Obwohl in der Folgezeit die Abstraktionstheorie LOCKES stark modifiziert wurde, konnte sie dennoch kein erfolgreiches Mittel der Begriffsbildung theoretischer Wissenschaften wie der Mathematik und der mathematischen Naturwissenschaft (Astronomie, Mechanik, theoretische Physik) werden. W. WUNDT, der diese empiristische Theorie kritisiert, bemerkte in seiner Schrift „Über die mathematische Induktion" dazu, daß man den Begriff „Gerade" nicht in derselben Weise bilden kann wie den Begriff „vierfüßiges Tier": „Wie wir bei dem letzteren von allen Merkmalen eines Tieres nur dasjenige der vier Füße festhalten, so sollen wir bei dem Begriff der geraden Linie nicht nur von der verschiedenen Dicke und Länge der einzelnen in der Erfahrung gegebenen Linien, sondern auch von ihrer mehr oder minder großen Abweichung von der geraden Richtung absehen und so die Gerade in abstracto übrigbehalten. Als wenn diese Eigenschaft, gerade zu sein, nicht eben allen einzelnen Linien, die von der geraden Richtung abweichen, fehlte, so daß sie unmöglich aus ihnen abstrahiert werden kann, sondern offenbar schon vorhanden sein muß, wenn jene Richtung als annähernd gerade erkannt werden soll!"[5] Wie wir sehen werden, entstehen solche Eigenschaften durch Idealisierung und nicht durch Weglassen bestimmter Eigenschaften. Analog verhält es sich mit anderen mathematischen Grundbegriffen, wie z. B. denen der Analysis und der Geometrie.

In der empiristischen Abstraktionstheorie werden die Eigenschaften, welche verschiedenen Gegenständen gemeinsam sind, durch die Anschauung festgestellt. Sie sind also anschaulichen, empirischen Charakters. Prädikate, die solche Eigenschaften bezeichnen, nennt man empirische Prädikate. Komplizierteren Charakters sind die sogenannten Dispositionsprädikate, die die empirische Eigenschaft der Disposition von Gegenständen ausdrücken, d. h. ihre Fähigkeit, unter bestimmten Bedingungen auf bestimmte Weise zu reagieren. Solche Eigenschaften, wie „Stromleiter sein", „in Elemente zerlegbar sein" und ähnliche, treten nur auf, wenn bestimmte Bedingungen vorliegen.

Abstrakte Prädikate, mit denen wir es in der Mathematik zu tun haben, bilden wesentlichere und tiefere Eigenschaften ab als Dispositions- und empirische Prädikate. Sehr häufig betrachtet man solche Prädikate als Namen für gewisse selbständige Objekte, die man, um sie von den realen Objekten unserer Erfahrung

[5] W. WUNDT, Kleine Schriften, Stuttgart 1921, S. 83

zu unterscheiden, abstrakte Objekte nennt. Es ist offensichtlich, daß diese Objekte und deren Eigenschaften nicht sinnlich wahrnehmbar sind, denn die Eigenschaften, die diese Objekte haben sollen, werden ihnen auf der Grundlage bestimmter theoretischer Annahmen zugeschrieben.

Im Ergebnis des Abstraktionsprozesses entstehen Begriffe, Kategorien und Gesetze, die die wesentlichen Seiten der realen Wirklichkeit abbilden. Wissenschaftliche Abstraktionen sind Abstraktionen von bestimmten Seiten der Gegenstände und Erscheinungen und geben die Wirklichkeit in verallgemeinerter Form wieder. Sie stellen nach ENGELS' Worten Abkürzungen dar, „in die wir viele verschiedne sinnlich wahrnehmbare Dinge zusammenfassen nach ihren gemeinsamen Eigenschaften".[6] K. MARX unterstreicht in seiner Arbeit „Zur Kritik der Politischen Ökonomie", daß jede Abstraktion, wenn sie vernünftig ist, das Allgemeine widerspiegelt, es fixiert und uns daher vieler Wiederholungen enthebt.

Da die Abstraktion die Wirklichkeit in verallgemeinerter Form widerspiegelt, gibt sie diese nicht unmittelbar, sondern mittelbar wieder. Die sinnliche Wahrnehmung dient dabei als das vermittelnde Glied zwischen der Außenwelt und den durch das Denken zu schaffenden abstrakten Objekten. Die sinnliche Erkenntnis gibt uns keine unmittelbare Kenntnis vom Wesen der Erscheinungen, deshalb müssen ihre Angaben durch das Denken umgearbeitet werden. Dadurch werden die Daten keineswegs unzuverlässig und unvollständig. Im Gegenteil, alles, was durch das abstrakte Denken auf der Grundlage der sinnlichen Daten, der Erfahrung und Praxis entsteht, spiegelt die Wirklichkeit richtiger und tiefer wider als die unmittelbare sinnliche Erfahrung. „Das Denken, das vom Konkreten zum Abstrakten aufsteigt", schreibt LENIN, „entfernt sich — wenn es *richtig* ist . . . , nicht *von* der Wahrheit, sondern nähert sich ihr. Die Abstraktion der *Materie*, des *Naturgesetzes*, die Abstraktion des *Wertes* usw., mit einem Worte *alle* wissenschaftlichen (richtigen, ernst zu nehmenden, nicht unsinnigen) Abstraktionen spiegeln die Natur tiefer, richtiger *vollständiger* wider."[7]

Im Zusammenhang damit kann natürlich die Frage entstehen: Wenn die Abstraktion sich von der konkreten Wirklichkeit entfernt und sie diese vergröbert und schematisiert, wie kann dann das Denken diese Wirklichkeit tiefer und vollständiger wiedergeben? Die Antwort auf diese Frage gibt die MARXsche Methode des Aufsteigens vom Abstrakten zum Konkreten. Zunächst muß man das Konkrete in der objektiv-realen Welt vom Konkreten im Denken (dem konkreten Wissen) unterscheiden. Im ersten Fall versteht man unter dem Konkreten die Gegenstände und Erscheinungen der Wirklichkeit selbst, im zweiten Fall das Wissen über sie. In der Praxis kann man nur konkretes Wissen anwenden. Doch was stellt das konkrete Wissen selbst dar, und wodurch unterscheidet es sich vom abstrakten?

[6] F. ENGELS, Die Dialektik der Natur, MEW Bd. 20, Berlin 1962, S. 503
[7] W. I. LENIN, Philosophische Hefte, Werke Bd. 38, Berlin 1964, S. 160

K. MARX versteht unter „abstraktem Wissen" ein solches Wissen, das Angaben über einzelne Eigenschaften, Seiten und Bestimmungen der Gegenstände und Erscheinungen liefert. Das konkrete Wissen ist eine Gesamtheit oder, besser gesagt, ein System abstrakter Kenntnisse, das gesetzmäßige Zusammenhänge und Beziehungen der Erscheinungen aufdeckt. Konkretes Wissen ist also immer schon das Ergebnis der Erkenntnis.

Der Erkenntnisprozeß beginnt bekanntlich mit der sinnlichen Wahrnehmung. Auf dieser Erkenntnisstufe haben wir es unmittelbar mit den konkreten Dingen und Erscheinungen der Wirklichkeit zu tun. Auf der Stufe der theoretischen oder rationalen Erkenntnis lösen wir dann einzelne wesentliche Merkmale (Eigenschaften oder Beziehungen) aus der Vielzahl der Merkmale der konkreten Gegenstände heraus und bilden Abstraktionen. Diese Abstraktionen halten nur einzelne Eigenschaften und Besonderheiten der sinnlich wahrgenommenen Wirklichkeit fest. Anstelle des lebendigen bunten Bildes erhalten wir von ihr ein Schema, eine blasse Kopie. Jedoch ist der Erkenntnisprozeß mit der Bildung einzelner Abstraktionen nicht beendet, sie sind vielmehr der Ausgangspunkt für den weiteren Prozeß des Aufsteigens vom abstrakten zum konkreten Wissen. In diesem Prozeß werden die einzelnen Eigenschaften und Beziehungen der Gegenstände und Erscheinungen synthetisiert. Dadurch wird es möglich, die Gesetzmäßigkeiten der realen Erscheinungen aufzudecken.

Die Geschichte der Wissenschaft zeigt, daß die theoretische Erkenntnis mit der Bildung von Abstraktionen beginnt, die im Rahmen wissenschaftlicher Systeme und Theorien vereinigt werden.

K. MARX charakterisiert das Wesen der Methode des Aufsteigens vom Abstrakten zum Konkreten folgendermaßen: „Das Konkrete ist konkret, weil es die Zusammenfassung vieler Bestimmungen ist, also Einheit des Mannigfaltigen. Im Denken erscheint es daher als Prozeß der Zusammenfassung, als Resultat, nicht als Ausgangspunkt, obgleich es der wirkliche Ausgangspunkt und daher auch der Ausgangspunkt der Anschauung und der Vorstellung ist. Im ersten Weg wurde die volle Vorstellung zu abstrakter Bestimmung verflüchtigt; im zweiten führen die abstrakten Bestimmungen zur Reproduktion des Konkreten im Weg des Denkens."[8]

Diese Methode liegt auch der mathematischen Erkenntnis zugrunde. Aber sie tritt hier nicht in derselben Form auf wie in den Naturwissenschaften oder der politischen Ökonomie.

Wie jede Wissenschaft ist die Mathematik kein Konglomerat verschiedener Begriffe, Aussagen und Gesetze, sondern ein einheitliches und in sich folgerichtiges System wissenschaftlicher Kenntnisse, in dem bestimmte Begriffe und Aussagen auf eine genau anzugebende Weise von anderen Begriffen und Aussagen abhängen. In keiner anderen Wissenschaft kann man die Zusammenhänge zwischen den Be-

[8] K. MARX, Aus dem handschriftlichen Nachlaß, MEW Bd. 13, Berlin 1961, S. 632

griffen, Aussagen und sogar den einzelnen Theorien so deutlich machen, wie gerade in der Mathematik. Eine entscheidende Rolle spielt dabei die axiomatische Methode. Sie gestattet es, Zusammenhänge und Wechselbeziehungen der verschiedenen Elemente der mathematischen Theorien genau zu analysieren und in ihrer Einheit und Entwicklung zu begreifen. „Diese durch die Axiomatik gewährleistete Einheit ist", wie N. BOURBAKI[9] richtig bemerkt, „nicht die Einförmigkeit eines leblosen Skeletts; sie ist der nährende Saft eines auf der Höhe seiner Entwicklung befindlichen Organismus, das schmiegsame und fruchtbare Forschungsinstrument, zu dem alle großen mathematischen Denker ... beigetragen haben."[10] Bereits im Altertum wurden viele empirische Daten zusammengetragen, die sich auf das Zählen, das Messen und Berechnen von Flächen und Volumina u. a. beziehen. Diese Fakten bildeten zunächst nur eine lose Sammlung nicht immer exakter Regeln und Vorschriften. Aber in dem Maße, wie diese von den Zufälligkeiten und Ungenauigkeiten gereinigt wurden, traten die logischen Zusammenhänge zwischen ihnen immer deutlicher hervor. Nicht wenige Resultate, die anfangs empirisch gewonnen wurden, konnten nun rein logisch aus anderen Ergebnissen abgeleitet werden. Allmählich reifte die Idee, das bisher gesammelte mathematische Wissen in einem axiomatisch-deduktiven System zusammenhängend darzustellen. Damit einher gingen die Bildung neuer mathematischer Begriffe und die Präzisierung der logischen Schlußweisen. Mit anderen Worten, die Entwicklung der Mathematik war von einem ständigen Prozeß der Konkretisierung ihrer Theorien begleitet, in dessen Ergebnis einzelne abstrakte Begriffe und Sätze zu den Grundbausteinen eines einheitlichen theoretischen Systems wurden.

2. *Die wichtigsten mathematischen Abstraktionsverfahren und die Bildung mathematischer Begriffe*

Die in den Wissenschaften benutzten Abstraktionsverfahren sind unmittelbar von der Natur der zu untersuchenden Objekte und den Zielen, die sich der Forscher stellt, abhängig. Geht man von der Klassifikation der Forschungsgegenstände aus, so ist nicht schwer zu verstehen, daß sich die Abstraktionsverfahren z. B. in der Mathematik von denen in den Naturwissenschaften unterscheiden und diese ihrerseits von denen der Gesellschaftswissenschaften. Gleichzeitig verfügt die Wissenschaft jedoch über einige allgemeine Abstraktionsverfahren, von denen einige vor allem in den Wissenschaften von der unbelebten Natur, andere hauptsächlich in der Biologie und den Sozialwissenschaften und manche nur in der Mathematik und Logik angewendet werden. Die Analyse dieser verschiedenen

[9] Dieser Name ist ein Pseudonym für eine Gruppe französischer Mathematiker, die mit der Herausgabe des vielbändigen Werks „Eléments des mathématiques" das Ziel verfolgt, die gesamte Mathematik vom axiomatisch-mengentheoretischen Standpunkt aus in einer allgemeinen Strukturtheorie darzustellen.

[10] N. BOURBAKI, Die Architektur der Mathematik (II), „Physikalische Blätter", H. 5, Mosbach 1961, S. 218

Abstraktionsverfahren und ihre Klassifizierung würden den Rahmen unserer Aufgabenstellung sprengen. Deshalb werden wir lediglich die wichtigsten mathematischen Abstraktionsmethoden betrachten, insbesondere jene, mit deren Hilfe solche fundamentalen Begriffe der Mathematik gebildet werden, wie Zahl, Figur und einige andere. Dies gibt uns die Möglichkeit, erstens die Beziehung mathematischer Begriffe zur Wirklichkeit besser zu verstehen und zweitens die Formen des Abstrahierens in der Mathematik mit denen in den Naturwissenschaften und den Gesellschaftswissenschaften zu vergleichen.

Die verbreitetsten mathematischen Abstraktionsformen sind die Abstraktion der Identifizierung, die analytische oder isolierende Abstraktion und verschiedene Abstraktionen der Realisierbarkeit, die eine wichtige Rolle bei der Bildung verschiedener Begriffe der mathematischen Unendlichkeit spielen. Die Abstraktion der Identifizierung, mit deren Hilfe eine Eigenschaft oder Beziehung, welche allen untersuchten Gegenständen gemeinsam ist, herausgelöst wird, ist — wahrscheinlich — die grundlegendste Form. Deshalb nennt man sie oft eine verallgemeinernde Abstraktion.

Vom Standpunkt der empiristischen Abstraktionstheorie aus besteht der Prozeß der Herauslösung mathematischer Eigenschaften von Gegenständen, wie Zahl und Figur, darin, daß man schrittweise alle nichtmathematischen Eigenschaften vernachlässigt und so letzten Endes zu den gesuchten mathematischen Eigenschaften kommt. Das wirkliche Bild wird durch ein solches Verständnis von der Gewinnung mathematischer Begriffe äußerst vereinfacht, erstens, weil ein Ding unendlich viele Eigenschaften besitzt und, zweitens, weil die mathematischen Eigenschaften nicht in „reiner" Form an oder in den Gegenständen selbst vorkommen, etwa so wie die Farbe eines Körpers oder seine Wärmeleitfähigkeit. Diese Schwäche der empiristischen Abstraktionstheorie wurde von den Idealisten dazu ausgenutzt, die materialistische Betrachtungsweise der Mathematik zu untergraben. Studiert man aber aufmerksam die Methoden des Abstrahierens, die man für die Konstruktion mathematischer Begriffe einsetzt, so werden sowohl der dialektisch-materialistische Charakter dieser Methoden als auch die Fehlerhaftigkeit der idealistischen Vorstellungen von einer besonderen, apriorischen Erkenntnis in der Mathematik klar. Um das Wesen der Abstraktion der Identifizierung besser verstehen zu können, wollen wir den Prozeß der Bildung des Begriffs der natürlichen Zahl analysieren, der sowohl historisch als auch logisch den Ausgangspunkt der Entwicklung der gesamten Mathematik bildet.

Der Begriff der Zahl ist uns heute sehr vertraut, doch wird er nicht immer richtig verstanden. Wir sehen es fast als selbstverständlich an, daß eine beliebige Operation des Vergleichens und Zählens von Gegenständen die Existenz natürlicher Zahlen voraussetzt. Dabei wissen wir auf Grund geschichtlicher Fakten, daß es in der Entwicklung der Gesellschaft zweifellos eine Periode gegeben hat, in der die Menschen noch keine hinreichend deutliche Vorstellung von der Zahl hatten und dennoch Gesamtheiten von Dingen abzählten und miteinander hinsichtlich der

Anzahl ihrer Elemente verglichen. Der Begriff der Zahl entstand bedeutend später, da er eine hinreichend entwickelte Fähigkeit zum abstrakten Denken voraussetzt. Wie verlief nun der Prozeß, in dessen Verlauf sich der Zahlbegriff herausbildete?

Sprechen wir über eine beliebige Zahl, so wissen wir, daß sie sich auf verschiedene Mengen von Dingen beziehen kann. So kann zum Beispiel die Zahl fünf die Anzahl der Finger einer Hand, die Anzahl der Blätter einer Blüte oder der Ecken eines Fünfecks u. ä. bezeichnen. Dieser Begriff bildet offensichtlich eine quantitative Besonderheit dieser Mengen ab. Ungeachtet der qualitativ verschiedenen Natur der Gegenstände, die als Elemente der Mengen auftreten, besitzen alle Mengen eine gemeinsame Eigenschaft, die durch die Zahl fünf charakterisiert wird.

Auf welche Weise kamen die Menschen im Prozeß ihrer praktischen Tätigkeit zur Abstraktion einer solchen gemeinsamen Eigenschaft von Mengen, wie sie die Zahl darstellt? Es ist völlig klar, daß eine solche Abstraktion ohne das Vorhandensein bestimmter Mengen von Dingen nicht zustande kommen konnte. In der Tat muß man, um zwei Mengen auf die Anzahl ihrer Elemente hin vergleichen zu können, ihre Elemente einander gegenüberstellen, d. h., man stellt eine Zuordnung zwischen den Elementen der verschiedenen Mengen her. Beispielsweise können wir, wenn wir jedem Finger unserer Hand einen und nur einen Gegenstand zuordnen, leicht feststellen, daß eine aus fünf Hunden bestehende Menge der Menge unserer Finger äquivalent ist, nicht aber einer Menge von zehn Hunden.

Obwohl wir zur Formulierung dieser Fakten Zahlen benutzen, ist es jedoch prinzipiell möglich, Mengen hinsichtlich der Anzahl ihrer Elemente miteinander zu vergleichen, ohne zu den Zahlen Zuflucht zu nehmen. So setzte Forscher die Tatsache in Erstaunen, daß die Abiponer, ein zur Guaikurú-Sprachgruppe gehörender südamerikanischer Indianerstamm im Norden Argentiniens, die nur bis drei zählen konnten, in der Lage waren, sofort zu sagen, welcher Hund in einer großen Meute fehlte. F. Nansen, der länger als ein Jahr unter Eskimos lebte, berichtete von ihnen, daß sie keine Bezeichnungen für Zahlen größer als fünf besitzen. Trotzdem kommen sie mit dem Zählen verschiedener Mengen von Dingen zurecht, deren Anzahl größer als fünf ist. Sie zählen anhand der Finger und Zehen und müssen dabei die durchzuzählenden Gegenstände vor Augen haben. Diese Form des Zählens besteht, wie man unschwer sieht, darin, die Anzahl der Elemente einer Menge, wie Finger und Zehen, mit der Anzahl der Elemente einer anderen Menge zu vergleichen. Stellt sich dabei heraus, daß jedem Element der einen Menge ein einziges Element der anderen Menge zugeordnet werden kann und umgekehrt, werden die miteinander verglichenen Mengen als gleichmächtig angesehen. Nicht selten ordnen wir auf diese Weise auch heute Mengen in bezug auf die Anzahl ihrer Elemente. Beispielsweise brauchen wir nicht zu wissen, wie viele Plätze in einem Theater vorhanden sind, um sagen zu können, ob die Anzahl der Plätze gleich der Anzahl der Zuschauer ist, wenn uns nur bekannt ist, daß jeder Platz besetzt und kein Zuschauer ohne Platz ist.

Folglich kann man verschiedene Mengen von Gegenständen miteinander vergleichen, ohne den Zahlbegriff zu besitzen. Die Forschungen von Ethnographen, Archäologen und unsere Kenntnisse über die geistige Entwicklung des Kindes gestatten die Behauptung, daß die Entwicklung des Zählens historisch mit dieser Form des Vergleichens von Mengen begann. Zunächst trennten die Menschen die verschiedene Anzahl nicht von den Mengen der gezählten Dinge, obwohl sie schon die Gleichzahligkeit einer Menge mit einer anderen durch Vergleich ihrer Elemente feststellen konnten.

Mit der weiteren Entwicklung des ökonomischen Lebens, mit der Erfindung von Pfeil und Bogen, dem Übergang zur Jagd und der Erweiterung der ökonomischen Verbindungen der Stämme untereinander, vervollkommnete sich auch die Technik des ursprünglichen Zählens. Die Menschen dieser Entwicklungsepoche benutzten damals sehr häufig Hilfsmengen, wie Finger, Zehen, Stäbchen, kleine Muschelschalen u. ä., zur Bestimmung der Elementanzahl einer beliebigen Menge von Dingen. Wollte man mitteilen, daß sich an einem bestimmten Ort fünf Tiere befinden, sagte man, es sind dort so viele Tiere, wie der Mensch Finger an der rechten Hand hat. Analog zu den Hilfsmengen für Mengen, deren Elementanzahl gerade durch jene genau angegeben werden, verwenden die noch auf niedriger Entwicklungsstufe stehenden Völkerstämme Hilfseigenschaften für Eigenschaften, die gerade durch jene bestimmt werden. So bezeichnen die Tasmanier z. B. die Eigenschaft der Festigkeit durch den Ausdruck „wie ein Stein" und die der Rundheit durch den Ausdruck „wie der Mond".

Natürlich war der Tausch von irgendwelchen Gegenständen unbequem, solange die Stämme verschiedene Hilfsmengen, wie Stäbchen, Muschelschalen, Steinchen usw., als „Normalmaß" zur Bestimmung der Elementanzahl von Mengen zugrunde legten. Es waren daher vor allem die sich aus der Entwicklung des Tausches und des Wirtschaftslebens ergebenden Bedürfnisse, die allmählich zur Benutzung einer einheitlichen Hilfsmenge als „Normalmaß" führten. Im Ergebnis eines langen historischen Entwicklungsprozesses befreite sich der Zahlbegriff von den konkreten Eigenschaften der zu zählenden Gegenstände, mit denen er anfangs verbunden war, und erlangte nach und nach seine heutige abstrakte Bestimmung als Klasse gleichmächtiger Mengen. Zunächst wurden die Zahlen nur durch Wörter, später außerdem noch durch die sprachökonomischeren Zahlzeichen benannt.

Der Begriff der natürlichen Zahl bildete sich — historisch gesehen — in mehreren großen Etappen heraus. Die erste Etappe begann damit, daß Mengen auf die Anzahl ihrer Elemente hin verglichen wurden. Die Anzahl war aber noch ganz mit der konkreten Natur der zu zählenden Dinge verbunden, so daß in Abhängigkeit von der Natur der Dinge, z. B. wenn es sich um Tiere oder Früchte handelte, verschiedene Zahlwörter benutzt wurden. In der zweiten Etappe wurde die Anzahl der Elemente einer Menge durch eine ganze Reihe anderer ihr gleichmächtiger Mengen bestimmt, d. h., den Menschen wurde bewußt, daß die Anzahl als etwas von der konkreten Natur der Mengen Verschiedenes aufzufassen ist. Erst in der dritten

Etappe, als man unter allen gleichmächtigen Mengen, z. B. unter allen mit je genau zwei Elementen, eine bestimmte Menge als Etalon für die Anzahl verwendete, begann man die gemeinsame Eigenschaft von Mengen, die die gleiche Anzahl von Elementen haben, von all ihren besonderen Eigenschaften zu unterscheiden. In der vierten Etappe wird diese gemeinsame Eigenschaft in „reiner" Form, d. h. als abstrakter Begriff der natürlichen Zahl, gewonnen. Die natürliche Zahl tritt jetzt selbst als Etalon für die Anzahl auf, d. h., jede Zahl, die beim Zählen verwendet wird, gibt die Anzahl der Elemente an, die die gezählte Menge enthält. Damit wird erkannt, daß jede Einermenge (Zweiermenge, Dreiermenge usw.) Element oder Repräsentant der Klasse „eins" („zwei", „drei" usw.) ist. Mit anderen Worten, jede konkrete Einermenge (Zweiermenge, Dreiermenge usw.) veranschaulicht die natürliche Zahl „ein" („zwei", „drei" usw.).

Diesen historischen Exkurs zur Genesis des Zahlbegriffs wollen wir durch eine logische Definition des Begriffs der natürlichen Zahl ergänzen. Eine sehr präzise Definition dieses Begriffs gab bereits der bekannte deutsche Mathematiker und Logiker Gottlob Frege, der sich dabei auf die Mengenlehre Cantors stützte. Später schlug B. Russell eine analoge Definition vor. Dieser auf Frege und Russell zurückgehenden Definition liegen die Begriffe der eineindeutigen Abbildung und der Gleichmächtigkeit von Mengen zugrunde.

Zwei Mengen werden gleichmächtig oder äquivalent genannt, wenn es eine eineindeutige Abbildung aus der einen in die andere Menge gibt. Durch eine solche eineindeutige Abbildung wird eine Beziehung zwischen den Elementen zweier Mengen derart hergestellt, daß jedem Element der ersten Menge genau ein Element der zweiten Menge und, umgekehrt, jedem Element der zweiten Menge genau ein Element der ersten Menge zugeordnet wird. Diese eineindeutige Zuordnung erlaubt es, die Gleichzahligkeit endlicher Mengen festzustellen, ohne zu zählen. Bezeichnet man die Beziehung der eineindeutigen Zuordnung mit R, die Zugehörigkeit eines Elements zu einer Menge mit $\in$, die logische Implikation mit $\supset$, die Konjunktion mit &, die Identität mit $\equiv$, den Alloperator durch $\forall(x)$ und den Existenzoperator mit $\exists(x)$, so kann man die Gleichmächtigkeit zweier Mengen A und B wie folgt in der symbolischen Sprache der mathematischen Logik ausdrücken:

$$\begin{aligned} A \sim B =_{\text{def}} \exists(R) \{ & \forall(x) [x \in A \supset \exists(y) (y \in B \,\&\, yRx)] \\ & \&\, \forall(y) [y \in B \supset \exists(x) (x \in A \,\&\, xRy)] \\ & \&\, \forall(x) \forall(y) \forall(z) [(xRy \,\&\, xRz \supset (y \equiv z)) \\ & \&\, (xRz \,\&\, yRz \supset (x \equiv y))] \} . \end{aligned}$$

Diese Formel besagt erstens, daß zu jedem Element x der Menge A genau ein ihm korrespondierendes Element y der Menge B existiert, und zweitens, daß jedes Element nur ein einziges Mal vorkommt.

Um die Anzahl oder Kardinalzahl einer Menge zu bestimmen, müssen wir daran erinnern, daß die Zahl eine Eigenschaft ist, die auf alle einander äquivalenten Mengen zutrifft. So kommt z. B. allen Mengen, deren Elementanzahl der Anzahl der Menge der Finger einer Hand äquivalent ist, die Eigenschaft „von der Anzahl fünf zu sein" zu.

Da man jeder Eigenschaft eine bestimmte Klasse von Objekten zuordnen kann — und zwar jenen, die diese Eigenschaft gerade besitzen —, definiert RUSSELL die Zahl als „die Menge aller ihr ähnlichen Mengen".[11] Bezeichnet man die Klasse aller Objekte, die eine gewisse Eigenschaft N besitzen, mit $\hat{\alpha}N(\alpha)$, dann kann man die Kardinalzahl der Klasse β als Klasse aller Klassen, die zu β gleichmächtig sind, darstellen, d. h. in Gestalt von

$$\hat{\alpha}(\alpha \sim \beta) .$$

Das bedeutet, zwei gleichmächtige Mengen haben immer dieselbe Kardinalzahl. Die Definition RUSSELLs sieht weniger vertraut aus als die Definition FREGES, der unter der Zahl eine gewisse gemeinsame Eigenschaft gleichmächtiger Klassen versteht. J. VON NEUMANN sieht als Zahl eine bestimmte Menge aus der Klasse aller äquivalenten Mengen an. Diese Definitionen sind, obwohl sie sich der Form nach unterscheiden, in logischer Hinsicht völlig gleichwertig.

Die logische Definition des Begriffs der Zahl reproduziert, wie man sieht, der Sache nach in abgekürzter Form den langwierigen historischen Prozeß der Vervollkommnung der Zähltechnik und faßt in wenigen Termini die Entwicklung des Zahlbegriffs zusammen. Ebenso, wie historisch das Zählen mit dem Vergleich der Anzahl von Elementen verschiedener konkreter Mengen und der Feststellung ihrer Gleichzahligkeit (Äquivalenz) begann, beginnt auch die logische Betrachtung dieses Begriffes mit der Definition des Begriffes der Gleichmächtigkeit oder Äquivalenz von Mengen. Wenn wir heute verhältnismäßig leicht die gemeinsame Eigenschaft äquivalenter Mengen abstrahieren und auf dieser Grundlage in der Logik den Zahlbegriff bilden, so erklärt sich das daraus, daß dies durch die lange bisherige Praxis der Menschheit vorbereitet worden ist, in deren Verlauf sich das abstrakte Denken der Menschen entwickelt hat. „Zum Zählen", bemerkt F. ENGELS, „gehören nicht nur zählbare Gegenstände, sondern auch schon die Fähigkeit, bei Betrachtung dieser Gegenstände von allen ihren übrigen Eigenschaften abzusehen, außer ihrer Zahl — und diese Fähigkeit ist das Ergebnis einer langen geschichtlichen, erfahrungsmäßigen Entwicklung."[12]

In der Mathematik spielt die Abstraktion der Identifizierung eine sehr wichtige Rolle. Sie beginnt damit, daß man zwischen zu untersuchenden Objektmengen eine Relation vom Typ der Gleichheit aufweist. Solche Relationen vom Typ der Gleichheit sind beispielsweise die Relation der eineindeutigen Zuordnung, der Ähnlichkeit geometrischer Figuren und der Kongruenz ganzer Zahlen nach einem Modul, die alle die folgenden drei formalen Eigenschaften besitzen:

[11] B. RUSSELL, Einführung in die mathematische Philosophie, München 1923, S. 18

[12] F. ENGELS, Herrn Eugen Dührings Umwälzung der Wissenschaft, MEW Bd. 20, Berlin 1962, S. 36

(1) *Symmetrie.* Wenn eine Menge A der Menge B äquivalent ist, dann ist auch B äquivalent A. Wenn in der Menge der Polygone eine Figur Φ_1 der Figur Φ_2 ähnlich ist, so ist auch die Figur Φ_2 der Figur Φ_1 ähnlich. In der Sprache der mathematischen Logik wird diese Eigenschaft so geschrieben:

$$\forall(x)\,\forall(y)\,[xRy \supset yRx]\,,$$

(für beliebige zwei Individuen x und y gilt: Wenn x in der Relation R zu y steht, so steht auch y zu x in dieser Relation).

(2) *Transitivität.* Wenn eine Menge A der Menge B äquivalent und die Menge B ihrerseits C äquivalent ist, so ist auch A äquivalent C. Wenn in der Menge der Polygone die Figur Φ_1 der Figur Φ_2 ähnlich und die Figur Φ_2 der Figur Φ_3 ähnlich ist, so ist auch Φ_1 ähnlich Φ_3. Symbolisch geschrieben:

$$\forall(x)\,\forall(y)\,\forall(z)\,[(xRy \,\&\, yRz) \supset xRz]\,,$$

(für beliebige drei Individuen y, y und z gilt: Wenn x in der Relation R zu y steht und y in derselben Relation zu z steht, dann steht auch x in der Relation R zu z).

(3) *Reflexivität.* Diese Eigenschaft spielt, obwohl sie trivial zu sein scheint, bei jedem Abstraktionsprozeß eine wichtige Rolle. Es ist offensichtlich, daß jede Menge A zu sich selbst äquivalent und jede Figur Φ sich selbst ähnlich ist. Symbolisch ausgedrückt:

$$\forall(x)\,[xRx]\,,$$

(für jedes x gilt: x steht zu sich selbst in der Relation R).

Wenn zwischen den betrachteten Objekten eine Relation besteht, die symmetrisch, transitiv und reflexiv ist, so kann man mit Hilfe dieser Relation eine bestimmte, allen diesen Objekten gemeinsame Eigenschaft herausheben oder abstrahieren. So kann man z. B. mit Hilfe der Relation der eineindeutigen Zuordnung die Eigenschaft der Zahl und mit der der Ähnlichkeit eine solche gemeinsame Eigenschaft geometrischer Körper wie die der Figur abstrahieren.

Relationen mit der Eigenschaft der Symmetrie, Transitivität und Reflexivität sind die Gleichheitsrelationen analog und werden daher häufig Relationen vom Typ der Gleichheitsrelation genannt. Sie sind Äquivalenzrelationen, und alle Objekte, die in einer solchen Äquivalenzrelation stehen, kann man miteinander „identifizieren".

Wenn man eine Äquivalenzrelation feststellt, so sieht man die betrachteten Objekte in irgendeiner Hinsicht als gleich an. Wären sie völlig identisch, so wäre es unmöglich, sie zu unterscheiden, und es hätte keinen Sinn, sie zu identifizieren. Die Relation der eineindeutigen Zuordnung charakterisiert lediglich die Gleichzahligkeit von Mengen und berührt keineswegs die qualitative Natur der Elemente, aus denen eine nichtleere Menge besteht. Die Relation der Ähnlichkeit in der Menge geometrischer Körper stellt fest, daß ähnliche Figuren in einander entsprechenden Winkeln und in den Quotienten aus den Längen einander entsprechender Seiten gleich sind. Daraus erklärt sich die Bezeichnung dieser Methode als Abstraktion der Identifizierung.[13]

Die verbreitete Bezeichnung dieser Methode als „Definition durch Abstraktion" kann man nicht als glücklich ansehen, weil hier, strenggenommen, nicht von der Definition eines Begriffes die Rede ist, sondern nur von der Abstraktion einer gewissen gemeinsamen Eigenschaft von Objekten. Ein weiterer Schritt in der Untersuchung besteht darin, diese Eigenschaft zu definieren, d. h. ihr Wesen aufzudecken.

Die Abstraktion der Identifizierung wurde im wesentlichen bereits in der antiken Mathematik sowohl von Eudoxos als auch von Euklid angewandt. In seinem fünften Brief an Clarke berichtet Leibniz darüber, daß er von Euklid das Prinzip der „Definition durch Abstraktion" übernommen habe. „Im übrigen habe ich es hier ungefähr so gemacht wie Euklid: der, da er den Begriff des geometrischen Verhältnisses im absoluten Sinne nicht recht definieren konnte, bestimmte, was unter gleichen Verhältnissen zu verstehen ist."[14]

Detailliert ausgearbeitet und angewendet wurde diese Methode im 19. Jh. in den Arbeiten von M. Pasch, H. Helmholtz, G. Cantor und besonders von G. Frege und G. Peano. Frege gelang es zuerst, eine logische Definition nicht nur der endlichen Zahl, sondern auch der transfiniten Kardinal- und Ordinalzahlen zu geben, über die wir im dritten Kapitel ausführlicher sprechen werden.

Die Abstraktion der Identifizierung ist keine spezifische Methode, die nur in der Mathematik angewandt wird. Analysiert man die Begriffsbildungen einiger anderer Wissenschaften, so findet man ihre Allgemeinheit bestätigt. Wie S. A. Janovskaja bemerkt, benutzte K. Marx diese Abstraktionsmethode bei der Definition des Wertes einer Ware.[15]

K. Marx stellt auf Grund seiner Analyse der Beziehung des Warenaustausches fest, daß man diese Beziehung in Form einer Gleichung ausdrücken kann, in der ein bestimmtes Quantum einer Warenart einem bekannten Quantum einer anderen gleichgesetzt wird. 1 Quarter Weizen = a Zentner Eisen. Diese Gleichung, schreibt K. Marx, drückt aus, daß in zwei verschiedenen Dingen ein Gemeinsames von derselben Größe existiert. Beide Dinge sind gleich einem dritten, welches selbst weder das eine noch das andere ist.[16] Als diese gemeinsame Eigenschaft darf man nicht physikalische oder chemische oder irgendwelche andere natürliche Eigenschaften der Waren ansehen, sondern, wie Marx zeigt, den Wert, der sich im Austauschverhältnis darstellt.

13 А. А. Марков, Теория алгорифмов. „Труды Математического института имени В. А. Стеклова", т. XLII, Москва-Ленинград 1954, стр. 7—8.

14 Zitiert nach: H. Weyl, Philosophie der Mathematik und Naturwissenschaft. München 1928, S. 10

15 С. Яновская, О так называемых „определениях через абстракцию". „Сборник статей по философии математики" Москва 1936

16 K. Marx, Das Kapital, Bd. I, MEW Bd. 23, Berlin 1962, S. 51

In der *ersten* Entwicklungsetappe, als die Tauschakte zwischen den Stämmen zufälligen Charakter trugen, war es völlig unmöglich, den Wert als gemeinsame Eigenschaft der Waren zu bestimmen. Als mit der weiteren Entwicklung der Produktivkräfte der Gesellschaft der Warenaustausch zwischen den Stämmen einen beständigen Charakter anzunehmen begann, verwandelte sich in dieser *zweiten* Etappe die *einfache* oder *zufällige* Wertform in die *totale* oder *entfaltete*. Der Wert irgendeiner bestimmten Ware wird bereits in zahlreichen Waren anderer Art ausgedrückt, zum Beispiel 20 Ellen Leinwand = 1 Rock, oder = 10 Pfund Tee, oder = 40 Pfund Kaffee usw.

Nachdem der Warenaustausch zu einer völlig stabilen Massenerscheinung geworden war, wurde in der *dritten* Etappe die entfaltete durch die *allgemeine* Wertform abgelöst. Der Wert eines bestimmten Quantums einer bekannten Ware trat nun als Äquivalent aller anderen Waren auf. Der Wert aller anderen Waren kann deshalb im Wert des Äquivalents ausgedrückt werden. Schließlich beginnt in der *vierten* Entwicklungsetappe des Tausches die Ware, die am häufigsten die Rolle des Äquivalents spielt, als Geld (Gold) zu fungieren. „Die spezifische Warenart nun, mit deren Naturalform die Äquivalentform gesellschaftlich verwächst, wird zur Geldware oder funktioniert als Geld. Es wird ihre spezifisch gesellschaftliche Funktion, und daher ihr gesellschaftliches Monopol, innerhalb der Warenwelt die Rolle des allgemeinen Äquivalents zu spielen."[17]

Vergleicht man den historischen Prozeß der Herausbildung des Begriffs der Zahl mit dem des Wertes, so zeigt sich, daß der allgemeine Gang des Abstraktionsprozesses in der Mathematik und in der politischen Ökonomie im Prinzip der gleiche ist.

Im Zusammenhang mit der Analyse des Wertbegriffs betont K. Marx, daß diese Abstraktionsmethode auch in der Naturwissenschaft anwendbar ist. Um die Schwere eines Körpers, sagen wir eines Zuckerhutes, zu bestimmen, setzen wir ihn in ein Verhältnis zum Eisen. „In diesem Verhältnis", schreibt Marx, „gilt das Eisen als ein Körper, der nichts darstellt außer Schwere. Eisenquanta dienen daher zum Gewichtsmaß des Zuckers und repräsentieren dem Zuckerkörper gegenüber bloße Schwergestalt, Erscheinungsform von Schwere. Diese Rolle spielt das Eisen nur innerhalb dieses Verhältnisses, worin der Zucker oder irgendein anderer Körper, dessen Gewicht gefunden werden soll, zu ihm tritt. Wären beide Dinge nicht schwer, so könnten sie nicht in dieses Verhältnis treten und das eine daher nicht zum Ausdruck der Schwere des andren dienen. Werfen wir beide auf die Waagschale, so sehn wir in der Tat, daß sie als Schwere dasselbe, und daher in bestimmter Proportion auch von demselben Gewicht sind."[18] Dabei unterstreicht Marx, daß wir uns im Prozeß des Abstrahierens gemeinsamer Eigenschaften von Dingen ihrer spezifischen Natur erinnern müssen. Beim Zuckerhut, bemerkt er, stellt die Schwere eine natürliche Eigenschaft dar, während der Wert

[17] ebenda, S. 83

[18] ebenda, S. 71

der Leinwand keine natürliche, sondern die gesellschaftliche Wareneigenschaft ausdrückt.

Bei der Bildung mathematischer Grundbegriffe wird neben der Abstraktion der Identifizierung auch die Abstraktionsmethode der Idealisierung angewandt. In der wissenschaftlichen Literatur versteht man unter Idealisierung nicht selten eine schematische Abbildung der Wirklichkeit. In diesem Sinne wäre jede abstrakte Methode eine Idealisierung. Manchmal schränkt man die Bedeutung dieses Terminus noch durch irgendwelche Bedingungen ein. N. A. Šanin betrachtet z. B. die gedankliche Tätigkeit der Idealisierung als Erzeugung solcher Begriffe, die nicht nur mit Eigenschaften ausgestattet werden, die man durch die „reine" Abstraktion gewinnt, sondern auch mit erfundenen Eigenschaften, die den betrachteten Objekten entweder ganz fehlen oder reale Objekteigenschaften verzerrt widerspiegeln.[19] Ein solches Herangehen an den mathematischen Abstraktionsprozeß gestattet es, die Spezifik der mathematischen Erkenntnis stärker hervorzuheben, weil es die Wechselwirkung der verschiedenen elementaren Abstraktionsformen berücksichtigt. Jedoch ist es im Interesse einer näheren Darstellung dieses Prozesses zweckmäßig, den Idealisierungsprozeß als ein Mittel zur Bildung solcher Begriffe zu verstehen, die Eigenschaften wiedergeben, die entweder von den realen Eigenschaften erheblich abweichen oder die überhaupt nicht objektiv-real existieren, also imaginärer Natur sind. In diesem engeren Sinne kann man die Idealisierung als eine Art Gedankenexperiment betrachten.

Zum Unterschied vom gewöhnlichen Experiment wird das Gedankenexperiment nicht an sinnlich wahrnehmbaren Gegenständen, sondern an deren abstrakten Bildern durchgeführt. In der Mathematik werden, wie P. Bernays schreibt, solche gedanklichen Experimente mit Hilfe von Kalkülen und Ableitungen realisiert.[20]

Während ein wirkliches Pendel den Widerstand der Luft und der Reibungskräfte erfährt, kann man in der Theorie des mathematischen Pendels davon absehen. In diesem Falle besteht das ideale Experiment darin, daß wir uns die Einwirkung der Reibungskräfte gedanklich als eine unendlich abnehmende Folge von Größen vorstellen, deren Grenzwert gleich Null ist. Das reale Experiment stellt immer nur eine gewisse Annäherung an diesen Idealfall dar.

Natürlich existiert ein mathematisches Pendel nur in der Abstraktion, es kann sinnlich nicht wahrgenommen werden. Ähnlich sprechen wir in der Molekularkinetik vom idealen Gas als Grenzfall des realen Gases. Ähnliche Beispiele für sogenannte ideale Objekte kann man auch aus anderen Gebieten der Naturwissen-

[19] Н. А. Шанин, О критике классической математики. Приложение к статье „Конструктивные вещественные числа и конструктивные функциональные пространства". „Труды Математического института имени В. А. Стеклова", т. LXVII. Москва–Ленинград, 1962, стр. 284

[20] Vgl. „Problems in the Philosophy of Mathematics", Ed. by I. Lakatos, Amsterdam 1967, p. 197

schaft anführen. Diese Objekte werden durch einen Übergang zu einem bestimmten, aber fiktiven, d. h. in der Wirklichkeit und im Experiment nicht realisierbaren Grenzwert, der im allgemeinen ganz verschieden ausgedrückt werden kann, gebildet.[21] Viele Grundbegriffe mathematischer Wissenschaften stellen ideale Objekte dar, wie beispielsweise die geometrischen Grundbegriffe „Punkt", „Gerade" und „Ebene".

EUKLID definiert den geometrischen Punkt als etwas, was weder Teile noch eine Größe besitzt. Offensichtlich kann man ein solches Objekt in der Natur nicht finden, wo jedes Objekt nicht nur bestimmte Abmessungen, sondern auch noch physikalische, chemische und ähnliche Eigenschaften hat. Bei der Idealisierung in der Physik nehmen wir auch faktisch nicht existierende Werte gewisser Eigenschaften an, aber dennoch abstrahieren wir nicht von den physikalischen Eigenschaften selbst.

Die Idealisierung in der Mathematik ist dagegen weitreichender. Hier abstrahieren wir von allen qualitativen Eigenschaften der Dinge und berücksichtigen lediglich die rein quantitativen und räumlichen Eigenschaften und Beziehungen der Gegenstände. Der Zusammenhang der idealen Objekte der Mathematik mit der Wirklichkeit erweist sich daher als komplizierter als in der Physik. Da die Grundbegriffe „Punkt", „Gerade", „Ebene" bereits auf einer sehr frühen Entwicklungsstufe der Geometrie entstanden sind, ist es heute außerordentlich schwer, zu erklären, wie sie sich herausgebildet haben, zumal wir nur über ein ziemlich spärliches Faktenmaterial über diesen historischen Vorgang verfügen. Daher können wir heute diesen Prozeß lediglich „rekonstruieren".

Offensichtlich wurden die geometrischen Grundbegriffe auf der Grundlage des gleichen Grenzübergangsprozesses in einem Gedankenexperiment gebildet, wie wir ihn in der Physik beobachten.

Beim Messen verschiedener Flächen kamen die Menschen auf den Gedanken, daß die Randbreite einer Fläche die Größe der von ihr begrenzten Fläche nicht beeinflußt. Auf diesem Wege könnten die Menschen allmählich zum Begriff der geraden Linie als einem Gebilde von einer Ausdehnung, einer Linie ohne Dicke, gelangt sein. Analog könnte der Begriff des geometrischen Punktes im Ergebnis einer unbegrenzten Verkleinerung der Abmessungen eines Körpers entstanden sein. Nicht zufällig finden sich derartige beschreibende Definitionen in den „Elementen" EUKLIDS.

Idealisierungen werden dort benutzt, wo die Kompliziertheit realer Erscheinungen deren Erforschung erschwert. Manchmal ist es möglich, vereinfachende Annahmen einzuführen, wie z. B. in der Himmelsmechanik, wo Planeten als Massepunkte behandelt werden. Idealisierungen erweisen sich in der Wissenschaft im allgemeinen dann als nützlich, wenn die Lösung neuer Aufgaben die Verwendung alter Methoden und Begriffe ermöglicht.

[21] Vgl. A. L. SUBBOTIN, Idealisierung als Mittel wissenschaftlicher Erkenntnis, „Studien zur Logik der wissenschaftlichen Erkenntnis", Berlin 1967, S. 443

Einen Sonderfall der Idealisierung stellt die *Methode der idealen Elemente* dar, die beim Aufbau mathematischer Theorien eine sehr wichtige Rolle spielt. Wenn einer mathematischen Theorie eine möglichst große Allgemeinheit und Vollkommenheit verliehen und ihre Form vereinfacht werden soll, führt man sehr häufig gleichzeitig mit den zu untersuchenden wirklichen Objekten der Theorie neue, „ideale“ Elemente ein.

Im Grunde genommen begegnen wir dieser Methode bereits in der elementaren Geometrie und Algebra. Aus dem Axiom: „Durch zwei Punkte A und B geht genau eine Gerade“ kann man den Schluß ziehen, daß zwei Geraden a und b sich nicht in mehr als einem Punkt schneiden. Verbleibt man im Rahmen der zugrunde gelegten Objekte der Geometrie, kann man nicht behaupten, zwei Geraden a und b schneiden sich in einem Punkt: sie können auch parallel sein. Nehmen wir jedoch an, daß sich parallele Geraden in einem „unendlich fernen Punkt“ schneiden, besteht unsere Behauptung zu Recht und erhält die nötige allgemeine Gültigkeit. Die „unendlich fernen Punkte“ sind die zu den gegebenen Punkten hinzugefügten idealen Elemente.

Dank dieser Methode vereinfacht sich die Formulierung der Inzidenzbeziehung zwischen Geraden und Punkten. In allen Theoremen, in denen der Terminus „Punkt“ vorkommt, können wir ihn durch den Terminus „Gerade“ ersetzen und erhalten wieder ein Theorem. Darin liegt auch das Wesen des Dualitätsprinzips, das in der projektiven Geometrie eine große Rolle spielt.

Imaginäre und komplexe Zahlen wurden in die Algebra zuerst als ideale Elemente eingeführt. Mit ihrer Hilfe wurde (in den Arbeiten CARDANOS, BOMBELLIS u. a.) ein einheitlicher Algorithmus zur Lösung kubischer Gleichungen begründet, und später konnten durch sie die Theoreme über die Anzahl der Wurzeln algebraischer Gleichungen wesentlich einfacher formuliert werden. Die Behauptung, daß jede algebraische Gleichung n Wurzeln besitzt, verlangt neben der Betrachtung reeller auch die komplexer Zahlen. In der Tat hat die quadratische Gleichung

$$ax^2 + bx + c = 0,$$

deren Diskriminante $b^2 - 4ac$ kleiner als Null ist, in der Menge der reellen Zahlen keine Wurzel. Bereits die Mathematiker der Renaissance rechneten mit komplexen Zahlen wie mit reellen, betrachteten sie aber als neue „imaginäre“ Zahlen. Auch Quadratwurzeln aus negativen Zahlen wurden zunächst als „eingebildete“ Zahlen bezeichnet. Als bemerkenswertes Beispiel für die Methode der idealen Elemente ist die Einführung der idealen Zahlen in die Zahlentheorie anzusehen.

D. HILBERT, der größte Mathematiker unseres Jahrhunderts, betrachtet die mathematische Unendlichkeit als eine ideale Aussage, die einen bestimmten Sinn nur durch inhaltliche Erläuterungen erhält. Wir wollen hier diese Frage nicht erörtern. HILBERT schätzt die Methode der idealen Elemente außerordentlich hoch ein, und zwar nicht nur für die Grundlegung der Mathematik selbst, sondern auch für ihre weitere Entwicklung. Ein anderer bekannter Mathematiker, H. WEYL, in seinen philosophischen Anschauungen ein Gegner HILBERTS, anerkennt ebenfalls die Ergiebigkeit dieser Methode, in der die Mathematik über eine wirklich schöpferische Definition verfügt.

Es erhebt sich nun die Frage, warum sich die Mathematiker den idealen Objekten zuwandten, anstatt kompliziertere Begriffe einzuführen, die die Wirklichkeit weniger vergröberten? Allgemein ist die Antwort auf diese Frage ziemlich klar: Abstraktion und Idealisierung helfen, einzelne Seiten, Beziehungen und Abhängigkeiten tiefer zu untersuchen. Sie ermöglichen es, konkretes Wissen über die Wirklichkeit zu erhalten. Die Einführung idealisierter Objekte wird häufig durch die logischen Mittel diktiert, über die die Wissenschaft verfügt. In der Tat entsprechen die abstrakten (oder idealen) Objekte besser den deduktiven Schlüssen der Mathematik als die die reale Welt genauer widerspiegelnden, komplizierten Begriffe.

Deduktive Schlüsse wurden jedoch in der Mathematik viel früher als in der Naturwissenschaft und buchstäblich auf Schritt und Tritt angewandt. Man rechnet deswegen die Mathematik häufig zu den deduktiven Wissenschaften, obwohl diese Ansicht einer Kritik nicht standhält. Bei einer genauen Analyse stellt sich heraus, daß auch in den Naturwissenschaften Idealisierungen durch die Notwendigkeit hervorgerufen werden, deduktive Schlüsse und die Mathematik bei der Ausarbeitung einer Theorie anzuwenden. Deshalb ist es notwendig, anstelle ungenauer, empirischer Prädikate präzis formulierte theoretische Prädikate einzuführen.[22] Die Berücksichtigung der logischen Mittel für den Aufbau wissenschaftlicher Theorien hat nicht nur für die Anwendung der Mathematik auf das empirische Material, sondern auch für die Begründung der Begriffe und Methoden der Mathematik selbst eine entscheidende Bedeutung. Die aktuelle Unendlichkeit wurde durch CANTOR vor allem deshalb in die Mathematik eingeführt, weil er die einfachen Gesetze der klassischen Logik für unendliche Mengen beibehalten wollte.

Bis jetzt haben wir nur Abstraktionsverfahren betrachtet, durch die von allen bis auf gegebene Eigenschaften oder Beziehungen abstrahiert (abgesehen) wird. Der spezifische Gegenstand der Mathematik erfordert aber auch die Anwendung einiger besonderer Abstraktionsmethoden. Ohne daß wir hier auf Einzelheiten eingehen, möchten wir kurz verschiedene Abstraktionen der Realisierbarkeit charakterisieren, die unmittelbar mit der Bildung verschiedener Begriffe der mathematischen Unendlichkeit zusammenhängen.

Die Mathematik operiert seit langem mit verschiedenen unendlichen Gesamtheiten abstrakter Objekte. Die Folge der natürlichen Zahlen stellt das einfachste Beispiel einer solchen Gesamtheit dar. Um auf den Gedanken dieser Folgen zu

22 S. KÖRNER, An Empiristic Justification of Mathematics, „Logic, Methodology and Philosophy of Science", Amsterdam 1956, S. 223

kommen, in der jedes Glied einen Nachfolger hat, so daß kein letztes Glied existiert, war es zweifellos notwendig, sowohl von der Begrenztheit unseres Lebens in Raum und Zeit als auch von den uns zur Verfügung stehenden materiellen Mitteln (Papier, Tinte u. ä.) zu abstrahieren. Wie die Geschichte der Zähltechnik beweist, ist eine der einfachsten Abstraktionen offensichtlich die Abstraktion der „faktischen" Realisierbarkeit, mit deren Hilfe wir in der Praxis realisierbare Prozesse von nichtrealisierbaren unterscheiden können. Jedoch liegt dem Begriff der natürlichen Zahlenfolge, die unbegrenzt vermehrt werden kann, die Abstraktion der potentiellen Realisierbarkeit zugrunde. Hierbei sehen wir von der faktischen Möglichkeit bzw. Unmöglichkeit ab, eine beliebig große Zahl aufzuschreiben oder auszusprechen: Jedesmal, wenn wir zu einer Zahl n gekommen sind, können wir auch deren Nachfolger $n + 1$ angeben (niederschreiben bzw. benennen). Schließlich könnten wir uns die natürliche Zahlenfolge abgeschlossen denken. Eine solche Abstraktion wäre, obwohl sie eine Reihe von Einwänden herausfordert, durchaus zulässig. Ausführlicher werden wir auf diese Fragen im dritten Kapitel im Zusammenhang mit der Analyse des Begriffs der mathematischen Unendlichkeit eingehen.

3. Die Spezifik des Gegenstandes der Mathematik und die Besonderheiten der mathematischen Abstraktion

Im vorigen Abschnitt haben wir festgestellt, daß sich der Abstraktionsprozeß in der Mathematik im wesentlichen nicht von dem in der Naturwissenschaft und in den Gesellschaftswissenschaften unterscheidet. Diese Übereinstimmung ist natürlich nicht zufällig. Zwischen der Mathematik und den übrigen Wissenschaften besteht nämlich keine unüberschreitbare Grenze. Die Mathematik untersucht, wie auch die anderen Wissenschaften, die wirkliche, materielle Welt, d. h., sie spiegelt in ihren Begriffen und Gesetzen die Gesetzmäßigkeiten dieser Welt wider. Hinsichtlich ihrer Anwendung wie auch ihrem Ursprung nach scheint die Mathematik der Naturwissenschaft näherzustehen als anderen Wissenschaften. Deshalb rechnet man sie nicht selten zu den Naturwissenschaften, jedoch diese Ansicht kann, wenn man die moderne Mathematik im Auge hat, kaum als richtig angesehen werden. Während die Naturwissenschaften entweder eine einzelne Bewegungsform der Materie erforschen (wie beispielsweise die mechanische oder einige miteinander zusammenhängende Formen, wie z. B. die biochemische), erforscht die Mathematik keine spezielle Bewegungsform der Materie. „Die reine Mathematik", schreibt ENGELS, „hat zum Gegenstand die Raumformen und die Quantitätsverhältnisse der wirklichen Welt . . ."[23]

Die Spezifik der Mathematik besteht darin, daß sie diese Quantitätsverhältnisse und Raumformen, die ausnahmslos allen Gegenständen und Erscheinungen eignet, zum Gegenstand ihrer Untersuchungen macht. Diese Anwendungsbreite der

[23] F. ENGELS, Herrn Eugen Dührings Umwälzung der Wissenschaft, MEW Bd. 20, Berlin 1962, S. 36

Mathematik hängt aufs engste mit ihrer Abstraktheit und Einseitigkeit zusammen.

In seiner Rezension des ersten Bandes des „Kapital" von MARX schreibt ENGELS: „Während selbst die Naturwissenschaft sich mehr und mehr in eine geschichtliche Wissenschaft verwandelt, ... war die Nationalökonomie bisher (bis zum Erscheinen des ‚Kapital' — G. R.) eine ebenso abstrakte, allgemeingültige Wissenschaft wie die Mathematik."[24]

Wenn man die Mathematik — von einem allgemeinen Standpunkt aus — als Wissenschaft von den Quantitätsverhältnissen und Raumformen der wirklichen Welt auffaßt, ist es möglich, den objektiven Inhalt des Gegenstandes dieser Wissenschaft und die allgemeine Tendenz ihrer Entwicklung richtig zu verstehen. Jedoch wird dieser Standpunkt oft kritisiert, weil er angeblich dem heutigen Entwicklungsstand der Mathematik nicht mehr entspricht. Tatsächlich aber richtet sich diese Kritik gegen die engbegrenzte Auffassung von den Quantitätsverhältnissen (und der Quantität überhaupt), wie sie für die Wissenschaft des vorigen Jahrhunderts charakteristisch war. Bis in die Mitte des 19. Jahrhunderts verstand man unter Quantität eine Größe. Da jede Größe mittels einer ausgewählten Maßeinheit durch eine Zahl ausgedrückt werden kann, wurde häufig der Begriff der Quantität mit dem der Zahl verknüpft. Entsprechend wurde die Mathematik als eine Wissenschaft definiert, die die verschiedenen Abhängigkeiten zwischen den Größen oder den sie ausdrückenden Zahlen untersucht. So wichtig die Größen und die Abhängigkeiten zwischen ihnen für die praktischen Anwendungen der Mathematik auch sein mögen, sie umfassen bei weitem nicht den ganzen Reichtum der verschiedenen Quantitätsverhältnisse und Raumformen.

Die Geschichte der Mathematik zeigt überzeugend, wie sich durch die Praxis allmählich der Kreis der von der Wissenschaft untersuchten Quantitätsverhältnisse erweiterte.

In gebotener Kürze möchten wir hier auf jene prinzipiell neuen Momente hinweisen, die mit der Ausdehnung des Forschungsgegenstandes der Mathematik zusammenhängen. Eine ausführliche Darstellung dieser Fragen findet der Leser in den Arbeiten zur Geschichte der Mathematik und in einigen Aufsätzen zur Methodologie der Mathematik.[25]

[24] F. ENGELS, Rezension des ersten Bandes „Das Kapital" für die Düsseldorfer Zeitung, MEW Bd. 16, Berlin 1962, S. 217

[25] Vgl. A. H. Колмогоров, Математика. Большая Советская Энциклопедия, т. 26, Москва 1954;

А. Д. Александров, Общий взгляд на математику. „Математика, её содержание, методы и значение", т. I, Москва 1956.

N. BOURBAKI, Eléments d'histoire des mathématiques, Paris 1960. H. WIELEITNER, Geschichte der Mathematik, Bd. I, Von den ältesten Zeiten bis zur Wende des 17. Jahrhunderts, Bd. II. Von 1700 bis zur Mitte des 19. Jahrhunderts, Berlin und Leipzig 1922—1923;

B. L. VAN DER WAERDEN, Erwachende Wissenschaft. Ägyptische, Babylonische und griechische Mathematik. Basel und Stuttgart 1956.

Die Mathematik wurde als abstrakte Wissenschaft erst begreifbar, nachdem ein ausreichendes Faktenmaterial zusammengetragen worden war, das sich auf die einfachsten Quantitätsverhältnisse und Raumformen bezog. In dieser Zeit, von den Anfängen der Mathematik bis zum 6. und 7. Jahrhundert v. u. Z., waren die mathematischen Kenntnisse mit den Bedürfnissen des wirtschaftlichen Lebens unmittelbar verbunden. Bereits auf einer frühen Entwicklungsstufe der Gesellschaft lernten die Menschen zählen, um die Anzahl von Tieren, Fallen oder anderen Gegenständen bestimmen zu können. Das Messen von Größen brachte sie dahin, gebrochene Zahlen zu benutzen. Durch einfachste Berechnungen von Flächen, Volumina, Teilen von Bauwerken u. a. wird ein umfangreiches Tatsachenmaterial zur Geometrie, das vor allem im alten Ägypten gesammelt wurde, angehäuft.

Von der Mathematik des alten Babylons sind uns hauptsächlich verschiedene Lösungsmethoden für arithmetische Aufgaben überliefert, unter denen einige keine unmittelbare Beziehung zu wirtschaftlichen Erfordernissen hatten. Deshalb darf man vermuten, daß das gesammelte Faktenmaterial der Arithmetik bereits in der vorgriechischen Mathematik, vor allem durch die Babylonier und Ägypter, weitgehend systematisiert wurde. Diesen Zeitabschnitt bezeichnet man als Periode der Geburt und Entstehung oder besser des *Werdens* der Mathematik als Wissenschaft.

Mit den alten Griechen begann eine neue Entwicklungsperiode der Mathematik, die bis an das 17. Jahrhundert heranreicht. Nach der Klassifikation A. N. KOLMOGOROVs nennt man diesen Abschnitt in unserer mathematisch-historischen Literatur gewöhnlich die Periode der Mathematik *konstanter* Größen. Der in dieser Zeit entwickelte mathematische Begriffsapparat umfaßt annähernd den Kurs der Elementarmathematik unserer heutigen Mittelschule. Zu Beginn dieser Periode, etwa vom 7. bis zum 3. Jahrhundert v. u. Z. nahm die Mathematik endgültig die Gestalt einer abstrakt-theoretischen Wissenschaft an. Die alten Griechen verwandelten die Arithmetik aus einer Sammlung verschiedenster Verfahren zur Lösung praktischer Aufgaben in eine Wissenschaft von den Zahlen und den Operationen mit ihnen. Einen hohen Grad logischer Vollkommenheit erreichte auch die Geometrie, die zum ersten Mal axiomatisch aufgebaut wurde. Die berühmten „Elemente“ des EUKLID stellen eine Zusammenfassung der grundlegenden Resultate griechischen mathematischen Denkens dar. Lange Zeit waren sie die Quelle, aus der spätere Generationen ihr Wissen schöpften, und zugleich auch das Muster für strenge mathematische Darstellung. Im Mittelalter setzte sich die Entwicklung der Mathematik in den Ländern des arabischen Orients fort. Die Gelehrten dieser Länder bewahrten nicht nur die Errungenschaften des antiken Denkens, sondern trugen in ihren Arbeiten auch zur Lösung von Gleichungen und zum Aufbau der Algebra bei.

Die europäische Wissenschaft beschäftigte sich in dieser Zeit vor allem mit der Aneignung des antiken griechischen und arabischen Erbes und ging erst im 16. Jahrhundert über die Mathematik der alten Welt hinaus.

Eine neue, *dritte* Entwicklungsetappe der Mathematik hing mit der Erweiterung dessen zusammen, was man damals unter Quantitätsverhältnissen verstand.

Die Mathematik des 17. Jahrhunderts ging dazu über, neben Konstanten auch die Abhängigkeit zwischen Variablen, d. h. die mathematische Abbildung von Prozessen, zu erforschen. Deshalb bezeichnet man diese Entwicklungsperiode der Mathematik kurz auch als die der Mathematik *veränderlicher* Größen, die durch die gesamte vorangegangene Entwicklung der Mathematik vorbereitet worden war.

Bereits die Arbeiten ARCHIMEDES' enthalten einige Ideen zur Integralrechnung. Sie wurden jedoch in der Antike nicht weiterentwickelt, nicht zuletzt deswegen, weil zu ihrer Entfaltung andere sozialökonomische Voraussetzungen notwendig waren, die erst die bürgerliche Gesellschaft schuf und die insbesondere die Mechanik und Astronomie vor neue Aufgaben stellten. Durch die Untersuchungen der mechanischen Bewegung von irdischen und Himmelskörpern stellte sich der Mathematik das Problem der quantitativen Abbildung von Prozessen in seiner ganzen Größe. Ein Wendepunkt in der Entwicklung der Mathematik jener Zeit war die Einführung der Variablen durch R. DESCARTES, mit deren Behandlung, wie ENGELS bemerkt, die Mathematik das dialektische Gebiet betritt. Mit Hilfe der Koordinatenmethode war es DESCARTES und FERMAT möglich, die Sätze der Geometrie in die Sprache der Algebra zu übersetzen und die Eigenschaften geometrischer Figuren mit rein algebraischen Methoden zu analysieren. Während DESCARTES die funktionale Abhängigkeit noch im Zusammenhang mit den Eigenschaften geometrischer Figuren untersucht, wird diese Abhängigkeit in der Infinitesimalrechnung auf eine Vielzahl anderer, vor allem mechanischer Größen (wie Bahn, Geschwindigkeit, Beschleunigung usw.) ausgedehnt.

Die Schaffung der Differential- und Integralrechnung durch G. W. LEIBNIZ und I. NEWTON war der entscheidende Schritt in der Entwicklung der Mathematik veränderlicher Größen. Die Wissenschaft erhielt einen mächtigen Apparat zur quantitativen Erforschung von Prozessen, die Anwendung der Mathematik auf die exakte Naturwissenschaft nahm jetzt rasch zu. Vor allem über die Analysis beeinflußte die Mathematik die Naturwissenschaft. Im 18. und 19. Jahrhundert entwickelte sich die Analysis weiter, wurden neue Teilgebiete geschaffen und ihre Grundlagen vertieft. In der Mathematik des 17., 18. und z. T. auch des 19. Jahrhunderts wurden vornehmlich die quantitativen Abhängigkeitsbeziehungen zwischen verschiedenen Größen untersucht. Viele Gelehrte betrachteten damals die Mathematik als die Wissenschaft von den Größen. Dieser Standpunkt wurde auch in der berühmten französischen Enzyklopädie des 18. Jahrhunderts formuliert. D'ALEMBERT definierte dort die Mathematik als „Wissenschaft, die die Eigenschaften von Größen studiert, sofern sie zählbar und meßbar sind". Jedoch waren die weitsichtigsten Gelehrten schon zu jener Zeit der Ansicht, daß der Gegenstand der Mathematik sich nicht auf die Untersuchung von Größen beschränken kann. Bereits im 17. Jahrhundert spricht DESCARTES die Idee von einer *universellen* Mathematik aus, einer Wissenschaft von Maß und Ordnung, in der Arithmetik und Geometrie Spezialfälle der Anwendung der Methode der universellen Mathematik auf Zahlen und Figuren sind.[25a]

Noch weiter geht LEIBNIZ, der eine spezielle symbolische Sprache (eine „characteristica universalis“) aufzubauen versuchte, die es ermöglichen sollte, alle menschlichen Gedanken auszudrücken und Fehler beim Schließen zu vermeiden, wodurch unsere Fähigkeit zur Deduktion sich vervollkommnen würde. Die Mathematik ist für LEIBNIZ vor allem Logik, genauer gesagt, die Anwendung der Logik auf bestimmte Typen von Relationen. „Die mathesis universalis muß eine Methode darlegen, um etwas streng durch das zu bestimmen, was unter die Einbildungskraft fällt, oder sozusagen eine Logik der Einbildungskraft . . . Die Einbildungskraft dreht sich ganz allgemein um zwei Gegenstände, die Qualität und die Quantität oder um die Größe und die Form, wonach die Dinge ‚ähnlich‘ oder ‚unähnlich‘ (bzw.) ‚gleich‘ oder ‚ungleich‘ genannt werden.“[26] Ein wichtiger Zweig der Mathematik ist für LEIBNIZ die „Kombinatorik“, unter der er die Wissenschaft von den abstrakten Relationen zwischen mathematischen Objekten verstand. LEIBNIZ beschränkte sich nicht auf die Untersuchung der Relationen zwischen Größen, mit denen sich die Mathematik damals ausschließlich beschäftigte. Er forderte die Gelehrten auf, auch andere Typen von Relationen zu betrachten.

Sowohl DESCARTES als auch LEIBNIZ sahen das Wesen der Mathematik eher in deren deduktiver Methode als in deren Inhalt. Darum glaubten sie, die Mathematik könne nicht nur auf Größen, sondern auch auf ganz andere Objekte, u. a. auf Urteile, angewandt werden. Jedoch erfuhren diese Ideen, die ihrer Epoche weit vorauseilten, zu ihrer Zeit keine merkliche Anerkennung oder Verbreitung. Und das ist insofern verständlich, als das Messen von Größen auch in der Mathematik des 19. Jahrhunderts noch Vorrang hatte.

Die Entwicklung der Mathematik im 19. Jahrhundert bestimmte im wesentlichen bereits ihre nächste, vierte Etappe, die heute noch andauert. Der Anfang dieser Etappe wird natürlich mit der Entdeckung der nichteuklidischen Geometrie durch den großen russischen Gelehrten LOBAČEVSKIJ und den ungarischen Mathematiker BÓLYAI in Verbindung gebracht. A. N. KOLMOGOROV betrachtet diese Entdeckung als einen Wendepunkt, der in bedeutendem Maße den ganzen Stil des mathematischen Denkens des 19. Jahrhunderts bestimmte.[27] Ihre prinzipielle Bedeutung bestand darin, daß es durch sie möglich wurde, den Gegenstand der mathematischen Forschung wesentlich zu erweitern und zu verallgemeinern.

Am stärksten spiegelten sich die neuen Ideen in der Geometrie wider, die seit

25a Ausführlicher dazu vgl. das 7. Kapitel (Anm. d. Hrsg.)

26 G. W. LEIBNIZ, Idee eines Buches, das den Titel haben wird: Neue Elemente der mathesis universalis, „Fragmente zur Logik“, Berlin 1960, S. 452

27 А. Н. Колмогоров, Лобачевский и математическое мышление девятнадцатого века. „Николай Иванович Лобачевский (1793—1943)“. Сб. статей, Москва–Ленинград 1943, стр. 87.

der Zeit EUKLIDS keine Revision oder Entwicklung erfahren zu haben schien. Vor zweitausend Jahren erstarrte sie, wie sich W. F. KAGAN bildhaft ausdrückt, in ihren erhabenen schönen Formen wie die verzauberte Prinzessin im Märchen. Dank der Arbeiten LOBAČEVSKIJS, BÓLYAIS und RIEMANNS wurde die Geometrie zu neuem Leben „erweckt": Sie erhielt einen kraftvollen Anstoß zur Weiterentwicklung. Diese Ideen entwickelten sich in verschiedenen Richtungen. Für unsere Zwecke genügt es, wenn wir hier auf drei dieser Richtungen hinweisen. So bauten LOBAČEVSKIJ und BÓLYAI eine nichteuklidische Geometrie auf, indem sie anstelle des Parallelenaxioms ein entgegengesetztes Axiom, das hyperbolische, annahmen (durch einen Punkt außerhalb einer gegebenen Geraden kann man in der Ebene mindestens zwei parallele Geraden legen, die die gegebene Gerade nicht schneiden). In der elliptischen Geometrie RIEMANNS existieren überhaupt keine Parallelen (weil sich alle untereinander schneiden). Alle diese geometrischen Systeme sind in logischer Hinsicht der euklidischen Geometrie völlig gleichberechtigt. Man kann versuchen, diese Überlegungen auch auf andere Axiome zu übertragen. Beispielsweise erhält man durch Ausschluß des Archimedischen Stetigkeitsaxioms die sogenannte nichtarchimedische Geometrie, in der das Verhältnis von Strecken nicht nach dem üblichen Verfahren durch eine Zahl charakterisiert werden kann. (Das Stetigkeitsaxiom besagt: Trägt man n-mal eine vorgegebene Strecke $\overline{P_0P_1}$ auf einer Geraden ab, so erhält man die Punkte P_n, P_{n+1} und P_n liegt zwischen P_0 und P_{n+1}. $\overline{P_0P_1}$ und $\overline{P_nP_{n+1}}$ sind kongruent. Ist nun Q ein Punkt des Strahls P_0P_1, so gibt es eine natürliche Zahl k derart, daß Q zwischen P_0 und P_k liegt.)

Zweitens kann man die Grundbegriffe und Axiome der euklidischen Geometrie verschieden interpretieren, d. h. sie als abstrakte Strukturen betrachten. Wie wir im zweiten Kapitel noch sehen werden, gab es für EUKLID nur eine Interpretation der Axiome. Er verstand seine Geometrie als eine Theorie, die die mathematischen Eigenschaften des uns umgebenden Raumes beschreibt. Die Überwindung eines so engen Standpunktes und die Anerkennung der Möglichkeit, daß Axiomensysteme verschieden interpretierbar sind, besaßen für die Verallgemeinerung des Gegenstandes der Geometrie eine außerordentlich große Bedeutung.

Drittens kann man den Gegenstand der Geometrie verallgemeinern, indem man die Anzahl der Raumdimensionen vergrößert, d. h., man läßt neben dem dreidimensionalen Raum noch verschiedene Typen abstrakter mehrdimensionaler und sogar unendlich-dimensionaler Räume zu.

Der Übergang von dreidimensionalen zu einem mehrdimensionalen Raum wäre im Grunde schon nach Schaffung der analytischen Geometrie berechtigt gewesen. Ähnlich wie die Beziehungen zwischen zwei und drei Variablen durch gewöhnliche räumliche Figuren interpretiert wurden, konnten analog die Beziehungen zwischen mehr als drei Variablen durch Figuren des abstrakten mehrdimensionalen Raumes interpretiert werden. Obwohl in der Mitte des vorigen Jahrhunderts die Mathematiker sich im großen Umfange der geometrischen Sprache zur Illustration analytischer Beziehungen bedienten, fanden erst nach den Forschungen RIEMANNS zur Topologie und zu den Grundlagen der Geometrie die abstrakten mehrdimensionalen Räume Eingang in die Mathematik. Später wurden mehrdimensionale und unendlichdimensionale Räume in der Quantenmechanik und physikalischen Chemie erfolgreich angewendet.

Früher als in der Geometrie wurden die tiefen qualitativen Veränderungen des Forschungsgegenstandes in der *Algebra* sichtbar. Während sie bis Anfang des vorigen Jahrhunderts hauptsächlich Probleme untersuchte, die mit der Lösung algebraischer Gleichungen zusammenhingen, begann sie seit dem 19. Jahrhundert verschiedene algebraische Operationen in Mengen beliebiger Natur zu betrachten. Natürlich hat die Algebra schon früher solche Operationen wie z. B. die Addition und Multiplikation untersucht, aber man glaubte damals, diese Operationen bezögen sich nur auf Zahlen und Größen. Jedoch werden in der Mathematik wie auch in ihren Anwendungsbereichen Operationen, die der Addition und der Multiplikation ähnlich sind, über Mengen von Objekten erklärt, die von völlig anderer Natur sein können als die Zahlen. Solche Objekte sind beispielsweise Permutationen, Matrizen, Vektoren, Tensoren, Spinoren usw. Offensichtlich erweitert sich dadurch die Anwendungssphäre der algebraischen Methoden außerordentlich. Für diese Zwecke werden deshalb Algebren mit völlig anderen Regeln als den Rechenregeln für Zahlen geschaffen.

Dieses abstrakte Herangehen an die von Algebra, Geometrie und Analysis zu untersuchenden Objekte erhielt seinen prägnantesten Ausdruck in der allgemeinen oder abstrakten axiomatischen Mengentheorie.

Da die verschiedensten Objekte Elemente von Mengen sein können, läßt sich der Gegenstand jeder mathematischen Disziplin mit Hilfe eines Axiomensystems bestimmen, das die Beziehungen zwischen diesen Elementen charakterisiert. Die Bedeutung der mengentheoretischen Ideen ist aber keineswegs darauf beschränkt. Die Mengentheorie lieferte, wie P. S. Alexandrov hervorhebt, eine neue universelle Methode, die die gesamte Mathematik rasch erfaßte. Ausführlicher wird davon noch im dritten Kapitel die Rede sein.

Die gegenwärtige Entwicklungsetappe der Mathematik zeigt besonders deutlich, daß die alte Auffassung, wonach die Mathematik die Wissenschaft von den Größen ist, nicht richtig ist, weil sie bestenfalls mit dem Inhalt der Mathematik des ersten Viertels des vorigen Jahrhunderts im Einklang stand, aber nicht die Mathematik der letzten, der vierten Periode, mit einschließt, in der die Probleme der Größenmessung aufhörten, die dominierende Rolle in der Mathematik zu spielen. Für die moderne Mathematik ist, wie wir bereits bemerkten, das außerordentlich allgemeine Herangehen an den Forschungsgegenstand charakteristisch. Sie abstrahiert nicht nur von der konkreten Natur der Objekte, sondern auch von dem spezifisch konkreten Inhalt der Beziehungen zwischen ihnen. Allein die Struktur der quantitativen Beziehungen der zu untersuchenden Objekte ist wichtig. Dieser Standpunkt wird besonders deutlich in der bereits erwähnten fundamentalen Arbeit „Die Architektur der Mathematik“ von N. Bourbaki dargestellt. Als mathematische Objekte werden von ihm allein die mathematischen Strukturen angesehen, die auf die verschiedensten Objekte angewendet werden können, wobei es für die Zwecke der mathematischen Forschung völlig gleichgültig ist, welcher konkreten Natur diese Objekte sind.

Wie N. BOURBAKI bemerkt, mußte der Begriff der mathematischen Struktur, der im wesentlichen um 1900 entstand, noch dreißig Jahre studiert werden, ehe er sich in seiner vollen Klarheit offenbaren konnte.[28]

Um eine erste Vorstellung vom Begriff der mathematischen Struktur zu geben, wollen wir einige wesentliche Typen von Strukturen betrachten, die beim Aufbau des gesamten Gebäudes der mathematischen Wissenschaft eine grundlegende Rolle spielen.

1. Algebraische Strukturen

Das einfachste Beispiel für eine solche Struktur ist die *Gruppe*, deren Eigenschaften man bereits Anfang des 19. Jahrhunderts zu untersuchen begann. Eine besonders große Bedeutung haben hier die Untersuchungen des berühmten französischen Mathematikers E. GALOIS, der mit Hilfe der Permutationsgruppen das Problem der Lösbarkeit algebraischer Gleichungen durch Radikale entschied. In den dreißiger bis fünfziger Jahren des vorigen Jahrhunderts erweiterten englische Algebraiker den Anwendungsbereich algebraischer und insbesondere gruppentheoretischer Methoden durch Einführung des abstrakten Begriffs der algebraischen Verknüpfung (Komposition). Diese Methoden spielen, außer in der Mathematik, auch in der theoretischen Physik, der Kristallographie, der Chemie und anderen Wissenschaften eine große Rolle.

Eine Gruppe ist eine (endliche oder unendliche) Menge von mathematischen Elementen (Zahlen, Matrizen, Vektoren, Permutationen, geometrischen Transformationen usw.), für die nur eine Operation oder Verknüpfung erklärt ist. In der Gruppenstruktur tritt nur eine einzige Relation auf, die man „Kompositionsgesetz" nennt, d. h. eine Beziehung zwischen drei Elementen x, y und z, die jeweils zwei Elementen x und y einer Menge ein drittes Element z dieser Menge eineindeutig zuordnet, welches man als „Produkt" oder „Summe" bezeichnen kann, je nachdem, ob über der gegebenen Menge als Operation die Multiplikation oder die Addition definiert wird. Wählt man die Multiplikation als Gruppenoperation, wird gefordert, daß folgende Bedingungen erfüllt sind:

G 1. Die Multiplikation ist assoziativ, d. h., für je drei Elemente x, y und z der betrachteten Menge gilt die Beziehung

$$(xy)\,z = x(yz)\,.$$

G 2. Unter den Elementen der Menge gibt es ein neutrales oder Einselement e, welches man mit jedem beliebigen Element x multiplizieren kann, ohne daß

[28] N. BOURBAKI, Die Architektur der Mathematik, a. a. O., S. 216

x in ein anderes Element übergeht:

$$x \cdot e = x = (e \cdot x) .$$

G 3. Zu jedem Element x der Menge existiert ein inverses Element x^{-1} derselben Menge derart, daß das Produkt von x und x^{-1} das Einselement ist:

$$x \cdot x^{-1} = e = x^{-1} \cdot x .$$

Die Struktur einer Gruppe wird also durch eine algebraische Operation bestimmt, die den Bedingungen (Axiomen) G 1 bis G 3 genügt. Von der konkreten Natur der Gruppenelemente sehen wir dabei völlig ab.

Andere algebraische Strukturen sind Körper und Ringe, für die zwei algebraische Operationen (eine Multiplikation und eine Addition) erklärt sind. Allgemein wird als Algebra über einer Menge A eine Gesamtheit endlichstelliger Operationen über A genannt.[29] „Wenn die in die Definition einer Struktur eingehenden Relationen . . . ‚Kompositionsgesetze' sind, spricht man von einer algebraischen Struktur", schreibt N. Bourbaki.[30]

2. *Ordnungsstrukturen*

Der Begriff der Ordnung ist für die Mathematik sehr wichtig. Beispielsweise besitzen die reellen Zahlen und die Punkte auf einer Geraden eine bestimmte Ordnung. Eine über eine Menge M erklärte Relation R heißt eine Ordnungsrelation, wenn sie die beiden folgenden Bedingungen erfüllt:

1. Sie ist transitiv: Für beliebige x, y, z aus M gilt: Wenn xRy und yRz, so auch xRz.
2. Sie ist asymmetrisch: Wenn xRy und yRx, so ist stets $x = y$.

Wenn eine Ordnungsrelation R über eine Menge M gegeben ist, dann sagt man, M werde durch R geordnet. Mit anderen Worten, die Struktur einer geordneten Menge M wird durch eine über M erklärte Relation R bestimmt.[31]

In der Mathematik werden verschiedene Ordnungsrelationen betrachtet. So ist die $<$-Beziehung zwischen Zahlen ein Beispiel für eine strenge Ordnungsrelation, die nicht reflexiv, nicht symmetrisch, aber transitiv ist. Die $\leqq$-Beziehung ist dagegen ein Beispiel für eine nichtstrenge Ordnungsrelation oder, wie man auch sagt, reflexive Halbordnung. Sie hat folgende Eigenschaften:

1. Reflexivität: $\forall(x)\,(x \leqq x)$
2. Transitivität: $\forall(x)\,\forall(y)\,\forall(z)\,[(x \leqq y \,\&\, y \leqq z) \supset (x \leqq z)]$
3. Asymmetrie: $\forall(x)\,\forall(y)\,[(x \leqq y \,\&\, y \leqq x) \supset (x = y)]$.

29 Vgl. P. M. Cohen, Universal Algebra, New York—Evanston—London 1965, p. 41

30 N. Bourbaki, Die Architektur der Mathematik, a. a. O., S. 212

31 N. Bourbaki, Théorie des ensembles (Fascicule de résultats), Paris 1951, S. 32—33

Man sieht unschwer, daß es auch bei der Definition der Ordnung auf die konkrete Natur der Elemente nicht ankommt. Die Ordnungsstrukturen wie auch die algebraischen Strukturen gehören zu den Basis-Strukturen, weil sie das Fundament vieler mathematischer Theorien und Disziplinen bilden. Eine detaillierte logische Analyse der Ordnungsstrukturen und der Relationen überhaupt gaben CH. S. PEIRCE, E. SCHRÖDER und B. RUSSELL.

3. Topologische Strukturen

Eine Menge M besitzt eine topologische Struktur, wenn jedem Element von M eine gewisse Familie von Untermengen aus M, die *Umgebungen* dieses Elements heißen, zugeordnet ist und wenn diese Umgebungen gewissen Bedingungen (den Axiomen topologischer Strukturen) genügen. Eine Menge mit einer topologischen Struktur wird *topologischer Raum*, und die Elemente dieser Menge werden *Punkte* genannt.[32]

Mittels topologischer Strukturen werden solche intuitiv bekannten Begriffe wie „. . . ist benachbart zu . . .", „. . . strebt gegen . . .", „. . . ist wenig verschieden von . . ." mathematisch exakt definiert. Diese Begriffe wurden, nachdem die Infinitesimalrechnung entstanden war und besonders nachdem in ihr Widersprüche und paradoxe Resultate auftraten, eingehend untersucht. B. RIEMANN gilt als Schöpfer der Topologie, obgleich die Grundlagen der allgemeinen Topologie in ihrem heutigen Verständnis der bekannte deutsche Mathematiker HAUSDORF zu legen begann. Heute nehmen Forschungen zur Topologie in der Mathematik einen zentralen Platz ein.

4. Außer diesen drei genannten Grundstrukturen (den algebraischen, den topologischen und den Ordnungsstrukturen), die BOURBAKI „Mutterstrukturen" nennt, gibt es die zusammengesetzten, von BOURBAKI „Mehrfach-Strukturen" genannt, die zwei oder mehrere der Mutterstrukturen gleichzeitig enthalten.

Ein einfaches Beispiel für eine komplexe Struktur ist die Menge der reellen Zahlen, der gleichzeitig drei Grundstrukturen aufgeprägt sind. Viele mathematische Theorien und Disziplinen kann man als Kombination mehrerer Mutterstrukturen betrachten, wenngleich ein solches Herangehen, wie N. BOURBAKI anerkennt, in gewisser Hinsicht auch schematisch und statisch ist. Nichtsdestoweniger besitzt es für die Analyse mathematischer Objekte eine außerordentlich große Bedeutung, weil es gestattet, sie von einem einheitlichen Standpunkt aus zu betrachten.

„Vom axiomatischen Gesichtspunkt aus", schreibt N. BOURBAKI, „erscheint die Mathematik so als eine Schatzkammer von abstrakten Formen, den mathematischen Strukturen; und es trifft sich so — ohne daß wir wissen, warum —, daß gewisse Aspekte der empirischen Wirklichkeit in diese Formen passen, als wären sie ihnen ursprünglich angepaßt worden."[33] Während es im vorigen und sogar

[32] N. BOURBAKI, Topologie générale, Paris 1951, S. 4—5

[33] N. BOURBAKI, Die Architektur der Mathematik, a. a. O., S. 218

noch zu Beginn dieses Jahrhunderts eine starke Tendenz gab, die Mathematik als eine Gesamtheit einzelner Disziplinen mit ihren jeweils spezifischen Objekten und Untersuchungsmethoden zu betrachten, wurde die Einheit ihrer verschiedenen Theorien und Disziplinen in dem Maße immer deutlicher sichtbar, wie es gelang, sie auf ein allgemein-mengentheoretisches Axiomensystem zurückzuführen. Für die Herausbildung dieser Einheit spielte die von den Bourbakianern nachdrücklich propagierte Idee der mathematischen Strukturen eine bedeutende Rolle. Sie verstehen die mathematischen Theorien als bestimmte Hierarchien von Grundstrukturen und weisen auf dieser Grundlage den Zusammenhang zwischen solchen scheinbar entfernten Disziplinen wie der euklidischen Geometrie und der Theorie der Integralgleichungen, der Theorie der Primzahlen und der algebraischen Kurven usw. überzeugend nach. Die Systematisierung der verschiedenen mathematischen Theorien, die Entwicklung eines Kerns, um den sich diese Theorien gruppieren, und schließlich deren systematische Deduktion aus der axiomatisierten Mengentheorie sind ein großes Verdienst der Bourbakianer. Wie A. A. LJAPUNOV zu Recht hervorhebt, stellt die Konzeption BOURBAKIS die bedeutendste Erscheinung in der heutigen Mathematik dar.[34]

Obgleich die unter dem Pseudonym „BOURBAKI" publizierenden Autoren die wesentlichen Besonderheiten der modernen Mathematik richtig aufdecken, verzichten sie doch auf eine wissenschaftliche Aufklärung der Frage, warum mathematische Strukturen mit der „empirischen Wirklichkeit" übereinstimmen. Es ergibt sich, daß „die Verbindung von Mathematik und Wirklichkeit ... nichts weiter war als eine zufällige Berührung zweier Disziplinen".

Eine richtige Antwort auf diese Frage kann man nur erhalten, wenn man anerkennt, daß die mathematischen Strukturen und der Gegenstand der Mathematik im ganzen einen objektiven Inhalt ausdrücken. In den mathematischen Strukturen werden die Quantitätsverhältnisse und Raumformen der realen Welt abgebildet. Sie sind keine willkürlichen Schöpfungen des menschlichen Denkens, sondern besitzen objektiven Charakter, d. h., sie existieren unabhängig von unserem Bewußtsein. Es ist völlig klar, daß sie selbst in „reiner" Gestalt in der Wirklichkeit nicht existieren. In der wissenschaftlichen Forschung können wir freilich zeitweilig davon abstrahieren und sie gesondert betrachten. Die Berechtigung für ein solches Vorgehen gibt die Wirklichkeit selbst. Wir können ja nur deshalb von den qualitativen Besonderheiten der Gegenstände und Prozesse absehen, weil in der objektiven Welt, in den Gegenständen und Prozessen selbst Beziehungen existieren, die sich innerhalb gewisser Grenzen indifferent gegenüber deren Qualität verhalten. Die Strukturen dieser Beziehungen sind für die unterschiedlichsten Dinge bezüglich ihres konkreten Inhalts gleich oder, wie die Mathematiker sagen, isomorph.

Der Begriff der mathematischen Struktur erweist sich als eine derart weitrei-

34 А. А. Ляпунов, О фундаменте и стиле современной математики. „Математическое просвещение", 5, 1960.

chende Abstraktion, daß er hinsichtlich seiner Allgemeinheit ganz dicht an die logischen Kategorien herankommt, von denen K. MARX sagt: „Ist es zum Verwundern, daß in letzter Abstraktion ... jedes Ding sich als logische Kategorie darstellt? Ist es zum Verwundern, daß, wenn man nach und nach alles fallenläßt, was die Individualität eines Hauses ausmacht, wenn man von den Baustoffen absieht, woraus es besteht, von der Form, die es auszeichnet, man schließlich nur noch einen Körper vor sich hat, daß, wenn man von den Umrissen dieses Körpers absieht, man schließlich nur einen Raum hat; daß, wenn man endlich von den Dimensionen dieses Raumes abstrahiert, man zum Schluß nichts mehr übrig hat als die Quantität an sich, die logische Kategorie der Quantität?"[35]

Die Mathematik untersucht zwar die quantitative Seite der realen Welt, aber nicht die Kategorie der Quantität als solche. Die Analyse dieser wie auch anderer universeller Kategorien ist Gegenstand der Dialektik und Logik.

Aus heutiger Sicht könnte man die Mathematik als die Wissenschaft von den quantitativen Beziehungen definieren, unter der Voraussetzung, daß diese Beziehungen im weiteren Sinne verstanden und nicht auf Zahlen und Größen beschränkt werden. Diesen Standpunkt vertreten in ihren Arbeiten auch die angesehenen sowjetischen Mathematiker A. N. KOLMOGOROV und A. D. ALEXANDROV.[36] „Im allgemeinen", schreibt Alexandrov, „können beliebige Formen und Beziehungen der Wirklichkeit Gegenstand der Mathematik sein, die objektiv in einem so hohen Grade vom Inhalt unabhängig sind, daß von diesem völlig abstrahiert werden kann ... Außerdem betrachtet man in der Mathematik nicht nur unmittelbar aus der Wirklichkeit abstrahierte Formen und Beziehungen, sondern auch logisch mögliche, die auf der Grundlage bereits bekannter Formen und Beziehungen definiert werden."[37] Solche Formen sind beispielsweise die Figuren im mehrdimensionalen oder unendlich-dimensionalen Raum, die man natürlich nicht mit den Figuren des gewöhnlichen uns umgebenden dreidimensionalen Raumes identifizieren darf. Nach A. N. KOLMOGOROV kann man die Raumformen und -beziehungen als Spezialfall der quantitativen Beziehungen betrachten, da diese nur die äußere Seite der Gegenstände und Erscheinungen charakterisieren, d. h. die Seite, die sich indifferent zu deren konkretem Inhalt verhält. Durch dieses Herausheben der Raumformen aus der allgemeinen Klasse der quantitativen Beziehungen soll die Spezifik dieser Formen unterstrichen und auf die relative Selbständigkeit der Geometrie im System der mathematischen Wissenschaften hingewiesen werden.[38]

[35] K. MARX, Das Elend der Philosophie, MEW Bd. 4, Berlin 1959, S. 127

[36] А. Н. Колмогоров, Математика. Большая Советская Энциклопедия, т. 26, Москва 1954; А. Д. Александров, Математика. „Философская Энциклопедия", т. 3, Москва 1964, стр. 329—335.

[37] А. Д. Александров, Математика. a. a. O., стр. 229

[38] А. Н. Колмогоров, Математика. a. a. O.
Vgl. „Историко-математические исследования", выпуск X. Москва 1957.

Die Spezifik des Gegenstandes der Mathematik bedingt einige wesentliche Besonderheiten der mathematischen Abstraktion. Wir möchten hier vor allem auf jene Besonderheiten aufmerksam machen, durch die sie sich von der Abstraktion unterscheidet, wie sie in der Naturwissenschaft und den Erfahrungswissenschaften im allgemeinen gehandhabt wird.

Da in den mathematischen Begriffen lediglich die quantitative Seite der Gegenstände und Prozesse abgebildet wird, geben diese Begriffe, wie A. D. ALEXANDROV bemerkt, ein höchst einseitiges Bild von der Wirklichkeit. Der Mathematiker muß, wenn er die quantitativen Verhältnisse und Raumformen in „reiner" Gestalt herausheben will, eine Abstraktion von „größter Kraft" anwenden, weil er verpflichtet ist, von allen qualitativen Besonderheiten und spezifischen Eigenschaften der Gegenstände und Erscheinungen zu abstrahieren. Über diese Eigentümlichkeit der mathematischen Abstraktion waren sich bereits die antiken Philosophen im klaren.

ARISTOTELES, einer der universellen Denker jener Zeit, beschreibt das Herangehen des Mathematikers an die reale Welt so: „Er betrachtet nämlich die Dinge, indem er alles Sinnliche wegläßt — z. B. das Schwere und das Leichte, das Harte und sein Gegenteil, ferner das Warme und das Kalte und die übrigen sinnlichen Gegensätze —; er läßt nur das Quantum und das Zusammenhängende übrig — bisweilen das in einer Richtung, bisweilen das in zwei Richtungen und bisweilen das in drei Richtungen Zusammenhängende —, betrachtet die Affektionen des Quantums und Zusammenhängenden nur, insofern sie Quanta und zusammenhängend sind und nicht in irgendeiner davon verschiedenen Hinsicht . . ."[39]

Im Vergleich zur Naturwissenschaft geht der Abstraktionsprozeß in der Mathematik bedeutend weiter. In gewissem Sinne kann man sagen, daß dort, wo die naturwissenschaftliche Forschung haltmacht, die mathematische erst beginnt. Am Beispiel der Geometrie läßt sich das gut illustrieren. Bekanntlich existieren die räumlichen Eigenschaften materieller Körper nicht von diesen isoliert. Sie werden vollständig durch die inneren und äußeren Beziehungen der Körper bestimmt, jedoch zum besseren Verständnis der Raumeigenschaften sind wir gezwungen, zeitweilig von allen Eigenschaften außer den geometrischen zu abstrahieren. Der Begriff des geometrischen Körpers liefert daher ein äußerst einseitiges Bild der Wirklichkeit. Aber auch der Begriff des physikalischen Körpers ist bereits eine Abstraktion, weil wir hier alle nichtphysikalischen Eigenschaften außer acht lassen. Beim Begriff des geometrischen Körpers abstrahieren wir schließlich noch von den physikalischen Eigenschaften und behalten nur seine räumlichen Eigenschaften übrig. Es ist darum natürlich, daß neben der umfangreichen Anwendung mathematischer Begriffe in der theoretischen Physik die für diese Wissenschaft spezifischen physikalischen Begriffe von grundlegender Bedeutung sind. In einigen Teilgebieten der Mechanik, z. B. der Kinematik, nähert sich die physi-

[39] ARISTOTELES, Metaphysik, K3, 1061a

kalische Abstraktion der mathematischen. Ein materieller Körper wird in ihr als Massepunkt, d. h. als dimensionsloser Punkt, behandelt, unter der Voraussetzung, daß die Abmessungen des Körpers im Vergleich zur Länge seiner Bahnen und seiner Abstände zu anderen Körpern klein sind. Natürlich untersucht die Kinematik spezifisch physikalische Eigenschaften der Körper, wie ihre Geschwindigkeit, Beschleunigung u. ä.

Eine zweite Besonderheit des mathematischen Abstraktionsprozesses besteht darin, daß er sehr oft über mehrere Verallgemeinerungsstufen läuft. Deshalb sind die meisten mathematischen Abstraktionen sogenannte Abstraktionen von Abstraktionen. Diesen Vorgang haben wir oben am Beispiel der historischen Herausbildung des Zahlbegriffs versucht deutlich zu machen.

Noch klarer vielleicht läßt sich dieser Abstraktionsprozeß über mehrere Verallgemeinerungsstufen an dem für die gesamte Mathematik grundlegenden Begriff der Funktion erkennen, der das Ergebnis wissenschaftlicher Untersuchungen konkreter Wechselbeziehungen zwischen verschiedenen Größen ist, die in Naturwissenschaft und Technik betrachtet werden. In der Tat drücken die meisten naturwissenschaftlichen Gesetze einen funktionalen Zusammenhang zwischen Größen aus, so beispielsweise das Fallgesetz

$$s = \frac{gt^2}{2},$$

wobei s den Weg, g die Fallbeschleunigung und t die Zeit bezeichnet.

Eine völlig analoge mathematische Form dieser Gleichung hat die Formel

$$W = \frac{UC^2}{2},$$

in der W die zum Laden eines Kondensators aufgewendete Arbeit, U die zwischen feldbegrenzenden Platten eines Kondensators bestehende Spannung und C die Kapazität bedeutet.

Abstrahieren wir von dem konkreten Inhalt der in diesen Gleichungen vorkommenden Größen, lassen sich beide in Gestalt der allgemeinen Formel

$$y = \frac{ax^2}{2}$$

ausdrücken.

Eben diese Funktion nun ist Gegenstand der Mathematik.

Es werden hier nämlich keine konkreten Größen untersucht, sondern eine allgemeine Form der quantitativen Abhängigkeit von Größen, d. h. jenes Gesetz, das Größen so untereinander verknüpft, daß, wenn eine der Größen sich ändert, dies in Abhängigkeit von den anderen geschieht.

Die Mathematik untersucht verschiedene Arten von Funktionen, ganze, rationale, logarithmische, trigonometrische usw. Wenn sie etwas über beliebige

Funktionen aussagen will, muß sie von den konkreten Besonderheiten der verschiedenen Funktionsarten abstrahieren und den abstrakten Begriff der Funktion überhaupt einführen. Dies ist aber bereits eine höhere Abstraktionsstufe. Ein weiterer Abstraktionsschritt ist die Bildung des Begriffs des Funktionals, der eine natürliche Verallgemeinerung des Funktionsbegriffs darstellt, diesen also als Spezialfall enthält.

Man kann leicht weitere Beispiele angeben. Aber es genügt, an die Verallgemeinerung einiger abstrakter mathematischer Begriffe zu erinnern, wie des mathematischen Raumes, des Integrals, der Gruppe und anderer, um sich davon zu überzeugen, daß der Verallgemeinerungsprozeß in der Mathematik im allgemeinen mehrere Abstraktionsstufen durchläuft, wobei jede eine Erweiterung des entsprechenden Begriffsumfangs bedeutet.

In der Geschichte der Mathematik lassen sich drei große historische Abschnitte in der Entwicklung der mathematischen Abstraktion unterscheiden. In dem ersten Abschnitt, in den die Entstehung der Arithmetik und der Geometrie fällt, wird, wie wir sahen, von der konkreten qualitativen Natur der Objekte abstrahiert. Im zweiten, charakterisiert durch die Einführung der Buchstabensymbolik und die Entwicklung der Algebra, geht man dazu über, von konkreten Zahlen und Größen zu abstrahieren. Schließlich wird im dritten Abschnitt, der die Entwicklung der modernen Mathematik umfaßt, nicht nur von der konkreten Natur der Objekte abstrahiert, sondern auch von den konkreten funktionalen Zusammenhängen zwischen ihnen. So versteht man beispielsweise heute unter „Multiplikation" nicht nur die Multiplikation von Zahlen, sondern es werden auch Vektoren, Mengen (in der Mengenlehre) und Aussagen (in der mathematischen Logik) multipliziert. Es werden also nicht nur die Untersuchungsobjekte, sondern auch die über sie erklärten Verknüpfungen als Variablen betrachtet.

Eine dritte Eigentümlichkeit der mathematischen Abstraktion bilden die sogenannten idealen Objekte. „Punkt", „Gerade" und „Ebene" der euklidischen Geometrie sind ideale Objekte, weil sie durch Idealisierung zustande kommen. Faßt man die Idealisierung noch etwas weiter als Methode zur Bildung von Begriffen, die die Eigenschaften realer Objekte entweder verzerrt darstellen oder ihnen fehlende Eigenschaften zuschreiben, kann man zu Recht behaupten, daß die eigentlichen Gegenstände der Mathematik abstrakter oder idealer Natur sind. Diese Objekte sind aber keine Frucht der reinen Phantasie. Sie dienen, wie auch die ganze Mathematik, der Erkenntnis der Wirklichkeit.

Im Grunde sind auch die mathematischen Begriffe des potentiellen und des aktualen Unendlichen ideale Objekte. Diese Begriffe können, wie wir im dritten Kapitel zeigen werden, nur unter Zuhilfenahme verschiedener Abstraktionen der Realisierbarkeit gebildet werden.

Die Anwendung dieser Abstraktionen der Realisierbarkeit kennzeichnet eine vierte Besonderheit des mathematischen Erkenntnisprozesses, insbesondere seine gegenwärtige Entwicklungsphase.

Eine fünfte, mit der vierten unmittelbar zusammenhängende, Eigentümlichkeit besteht darin, daß viele mathematische Abstraktionen, die auf der Basis von Erfahrung und Praxis oder durch eine rein logische Theorienentwicklung entstanden sind, später nicht durch die Erfahrung gerechtfertigt werden müssen. In der Tat operiert man in der Mathematik überall nur mit Abstraktionen, d. h., man verwendet vor allem die Logik, aber nicht das Experiment, wie dies meistens in der Naturwissenschaft der Fall ist. Damit hängen nicht zuletzt die unterschiedlichen Beziehungen zur Erfahrung von Mathematik und Naturwissenschaft zusammen, worüber wir im vierten Kapitel sprechen werden. Eine weitere Besonderheit der mathematischen Erkenntnis ist die Verwendung einer symbolischen Sprache und algorithmischer Prozesse; auf sie wollen wir hier nicht eingehen.

Das Kernstück der mathematischen Methode bildet die axiomatische Methode, durch die am besten die Besonderheit der mathematischen Erkenntnis charakterisiert wird. In der axiomatischen Methode sehen viele Gelehrte das Wesen des mathematischen Wissens. Diese Frage ist für die gesamte weitere Darlegung so wichtig, daß wir es für zweckmäßig halten, ihr hier den entsprechenden Platz einzuräumen.

Kapitel 2

Die axiomatische Methode und ihre Rolle in der Mathematik

Wichtigstes Merkmal der Mathematik, durch das sie sich von der Naturwissenschaft ebenso unterscheidet wie von den Erfahrungswissenschaften überhaupt, ist der rein deduktive Charakter ihrer Beweise.

Die Erfahrungswissenschaften, auch die entwickeltsten, ziehen ständig Beobachtung und Experiment zur Begründung und Überprüfung ihrer Behauptungen heran. Völlig anders liegen die Dinge in der Mathematik. Wir können tausendmal die Winkelsumme eines Dreiecks messen und uns davon überzeugen, daß sie gleich 180° ist, aber bewiesen wird dieser geometrische Satz dadurch nicht. Er gilt erst dann als bewiesen, wenn er logisch korrekt aus anderen bereits bewiesenen Sätzen oder aus den der betreffenden Theorie zugrunde liegenden Axiomen abgeleitet werden kann.

In der Mathematik streben wir danach, alle zu beweisenden Sätze einer Theorie — ihre Theoreme — rein deduktiv, d. h. allein mit logischen Mitteln, aus einer relativ kleinen Anzahl von Ausgangssätzen — ihren Axiomen — zu erhalten. Dies ist der Grund, weshalb die axiomatische Methode in der Mathematik eine so entscheidende Rolle spielt. Heute ist sie die allgemein übliche Methode zum Aufbau mathematischer Theorien. Bevor sie jedoch für die Mathematik diese Bedeutung erlangte, mußten viele Generationen von Gelehrten angestrengt an der Aufhellung der logischen Beziehungen zwischen den Sätzen einer Theorie und ihren Grundannahmen (Axiomen) arbeiten. Zum besseren Verständnis des Wesens der axiomatischen Methode wollen wir kurz auf die historische Entstehung der Grundlagen der Axiomatik eingehen.

1. Die Entwicklung der Grundideen der axiomatischen Methode

Die Mathematik axiomatisch aufzubauen war erst möglich, nachdem sie sich aus einer empirischen zu einer theoretischen Wissenschaft entwickelt hatte. Dieser Umwandlungsprozeß vollzog sich hauptsächlich im alten Griechenland vom 6. bis 4. Jahrhundert v. u. Z. und fand seine klassische Vollendung in den „Elementen" EUKLIDS (3. Jahrhundert v. u. Z.). Die vorgriechische Mathematik, einschließlich der babylonischen und ägyptischen, hatte im wesentlichen empirischen und angewandten Charakter. Einzelne Ansätze zu einer Theorie gingen in der Menge der empirisch gefundenen Lösungsmethoden für praktische mathematische Aufgaben unter. Mit anderen Worten, das Schwergewicht mathematischer Tätigkeit lag hier vorwiegend in der algorithmischen Behandlung mathematischer Fragen und weniger in deren abstrakt-theoretischer Durchdringung.[1] Jedenfalls kannten die Völker des alten Orients den Begriff der deduktiven Wissenschaft noch nicht, soweit wir dies heute überhaupt auf Grund ihrer erhalten gebliebenen mathematischen Kultur beurteilen können.

Die alten Griechen übernahmen viele mathematische Kenntnisse von den Ägyptern und Babyloniern. Sie unterzogen diese empirischen Kenntnisse einer logischen Analyse mit dem Ziel, rationale Zusammenhänge zwischen ihnen aufzudecken. Sie gingen dabei davon aus, daß mathematische Erkenntnisse nicht auf empirischem Wege, sondern durch logisches Schließen zu gewinnen sein müssen.[2] Wahrscheinlich unterschied sich die frühe griechische Mathematik kaum von der altorientalischen. Die entscheidende Wende trat im 5. Jahrhundert v. u. Z. mit der Entdeckung inkommensurabler Strecken durch die Pythagoreische Mathematikerschule ein. Nach einem Bericht von PROKLOS soll THALES von Milet bereits im 6. Jahrhundert v. u. Z. begonnen haben, die deduktive Methode in der Geometrie anzuwenden. PYTHAGORAS entwickelte diese Methode weiter, dessen Schüler viel taten, die Geometrie von zufälligem empirischem Material zu reinigen. Nach PROKLOS hat HIPPOKRATES von Chios als erster versucht, die geometrischen Kenntnisse in Gestalt eines logischen Systems darzustellen, dessen gesamter Inhalt sich auf einige wenige Sätze und Definitionen aufbaut.[3]

Gegenwärtig gibt es keine befriedigende Antwort auf die Frage, wie und warum sich die Mathematik von einer empirischen in eine theoretische, d. h. deduktive Wissenschaft wandelte. A. N. KOLMOGOROV erklärt dies mit dem entwickelteren gesellschaftspolitischen und kulturellen Leben der griechischen Staaten, was zu einer hohen Entwicklung der Dialektik führte, der Kunst des Meinungsstreits, der Gewohnheit, eigene Behauptungen im Kampf mit dem Gegner zu verteidigen.[4] VAN DER WAERDEN sieht dieses Problem so: Schon zur Zeit THALES' waren die ägyptische und babylonische Mathematik tote Weisheit. Man kannte zwar die Rechenvorschriften, aber nicht die ihnen zugrunde liegenden Gedankengänge. Wie sollte beispielsweise „THALES die genauen und richtigen Rechenvorschriften von den falschen unterscheiden? Sehr einfach, indem er sie bewies, indem er ein logisch abgeschlossenes System aus ihnen machte".[5]

[1] Dies sieht man besonders deutlich an der Mathematik des alten China. Vgl. „Историко-математические Исследования", выпуск X, Москва 1957

[2] H. EVES and C. NEWSON, An Introduction to the Foundations and Fundamental Concepts of Mathematics, New York 1960, p. 10

[3] ebenda, p. 12

[4] А. Н. Колмогоров, Математика. a. a. O.

[5] B. L. VAN DER WAERDEN, Erwachende Wissenschaft, a. a. O., S. 147

Seit THALES arbeiteten die altgriechischen Gelehrten an Problemen des deduktiven Schließens und des Aufbaus eines Systems des wissenschaftlichen Wissens. Einen besonders großen Einfluß auf den logischen Aufbau der Mathematik übten die Arbeiten des Begründers der formalen Logik, ARISTOTELES, aus.

Schon in den Jahren seiner Zugehörigkeit zur Akademie PLATONS, wo offenbar auch EUKLID studierte, interessierte sich ARISTOTELES für die Probleme des Aufbaus des wissenschaftlichen Wissens. Unter dem Einfluß seines Lehrers PLATON, der nachdrücklich eine strenge Beweisführung in der Wissenschaft forderte, schuf ARISTOTELES nicht nur die sogenannte Syllogistik, als die erste geschlossene Theorie des deduktiven Schließens, sondern er schuf auch in seinen Schriften die Grundlagen für eine Methodologie der deduktiven Wissenschaften.

Jede beweisende (oder apodiktische) Wissenschaft geht, nach ARISTOTELES, von gewissen Prinzipien, d. h. Grundbegriffen und Grundsätzen aus, deren Existenz und Bedeutung vorausgesetzt oder auf andere Weise deutlich gemacht werden muß. Alles andere muß bewiesen werden.[6] Das Wahrsein der Grundsätze und die Existenz der Grundbegriffe können nicht bewiesen werden. Zahlreiche Wissenschaftshistoriker sind der Ansicht, daß ARISTOTELES in seinen analytischen Untersuchungen die Grundlagen der Axiomatik aufgebaut hat, die man in groben Zügen wie folgt charakterisieren kann:

1. Die Sätze einer beweisenden Wissenschaft zerfallen in Grundsätze, das sind Sätze, die ohne Beweis angenommen werden, und Lehrsätze, d. h. Sätze, die bewiesen werden müssen.
2. Die in den Sätzen auftretenden Begriffe sind entweder Grundbegriffe, also Begriffe, die, da sie nicht durch noch allgemeinere Begriffe erklärbar sind, undefiniert vorausgesetzt werden, oder abgeleitete Begriffe, d. h. solche, die durch Definition einzuführen sind.
3. Die Grundsätze sind deshalb unbeweisbar, weil ihre Wahrheit unmittelbar evident ist. „Denn bei den obersten Grundsätzen der Wissenschaft darf man nicht erst nach dem Warum fragen, sondern jeder dieser Sätze muß durch sich selbst glaubhaft sein.“[7]
4. Die Grundbegriffe sind undefinierbar, weil ihr Sinn unmittelbar verständlich sein muß.

„Es sind aber“, betont ARISTOTELES, „von den Prinzipien, die man in den beweisenden Wissenschaften verwendet, die einen der jeweiligen Wissenschaft eigentümlich, die anderen allgemein.“[8] Die allgemeinen Prinzipien nannte ARISTOTELES „Axiome“. Außer ihnen enthält jede Wissenschaft Prinzipien, die nur

[6] ARISTOTELES, Zweite Analytik II, 9, 93b

[7] ARISTOTELES, Topik I, 1, 10b

[8] ARISTOTELES, Zweite Analytik I, 10, 76a

ihr eigen sind. Ein solches spezifisches Prinzip der Arithmetik ist z. B. der Begriff der Einheit, in der Geometrie sind es die Punkte und Linien.[9]

Einige ausländische Wissenschaftler schreiben ARISTOTELES auch solche Ideen zu, die erst wesentlich später formuliert worden sind (beispielsweise die Forderung nach Vollständigkeit einer deduktiven Theorie). S. A. JANOVSKAJA sieht darin eine Modernisierung aristotelischer Gedanken.[10] Unbestreitbar ist, daß ARISTOTELES' Untersuchungen über die fundamentalen Bestandteile einer deduktiven Theorie in den „Elementen" ihren Niederschlag fanden, was für den Einfluß der von ARISTOTELES entwickelten Methodologie auf EUKLID spricht.

Die „Elemente" EUKLIDS sind das erste bekannte Beispiel einer axiomatischen Darstellung der Geometrie. Er stellt eine endliche Anzahl von Axiomen oder Postulaten[11] an den Anfang und leitet aus ihnen alle übrigen 465 Theoreme ab.

Einige Forscher halten EUKLIDS Definitionen für das Schwächste an seinen „Elementen", da nicht wenige von ihnen nebelhaft und verschwommen sind, so daß man durch sie die verschiedensten geometrischen Objekte charakterisieren kann. F. KLEIN kommt darauf in seiner „Elementarmathematik" zu sprechen. Er schreibt: „Er (EUKLID) beginnt mit der ‚Erklärung' aller möglichen geometrischen Begriffe, wie *Punkt*, *Linie*, *Gerade*, *Fläche*, *Ebene*, *Winkel*, *Kreis* usw. Die erste Erklärung lautet: *Ein Punkt ist, dessen Teile nichts ist.* Wir werden das aber kaum als eigentliche Definition anerkennen können, da ein Punkt doch keineswegs durch diese Eigenschaften allein bestimmt ist. Weiter heißt es dann: *die Linie ist Länge ohne Breite.* Hier ist gar die Richtigkeit der Aussage zweifelhaft . . . An dritter Stelle wird dann die *Gerade als eine Linie erklärt, die gleichmäßig in bezug auf ihre Punkte liegt.* Der Sinn dieser Aussage ist vollends dunkel und man kann sich alles mögliche darunter denken."[12] EUKLID, der in seinem Werk die Grundbegriffe nicht aufzählt, versuchte in einigen Fällen, sie durch andere, kompliziertere zu definieren. Wenn er beispielsweise den geometrischen Punkt als etwas, was keine Teile und keine Größe hat, und eine Linie als Länge ohne Breite definiert, versucht

[9] Die allgemeinen Prinzipien („Axiome") bilden — etwas vergröbert dargestellt — den Bestand an logischen Mitteln einer deduktiven Theorie; die einer Wissenschaft eigentümlichen Postulate werden in der modernen Methodologie „spezifische Axiome" genannt, sie bestimmen den Inhalt der jeweiligen Theorie und können wie im Falle der NEWTONschen Mechanik auch nichtmathematischer, nichtlogischer Natur sein. (Anm. d. Hrsg.)

[10] С. А. ЯНОВСКАЯ, Из истории аксиоматики. „Историко-математические исследования", выпуск XI, Москва 1958

[11] EUKLID verwendet nicht wie ARISTOTELES das Wort ‚axioma' (Axiom), sondern ‚aitema(ta)'. Die Liste der am Anfang des Ersten Buches aufgezählten Axiome ist nicht vollständig, in späteren Büchern werden bei Bedarf weitere Postulate eingeführt. Einige fehlen auch ganz, sie werden stillschweigend benutzt und konnten erst später explizit dargestellt werden. Vgl. S. 59—60. (Anm. d. Hrsg.)

[12] F. KLEIN, Die Elementarmathematik vom höheren Standpunkte aus, Bd. II Berlin 1925, S. 212—213

er damit offensichtlich, den Abstraktionsprozeß der geometrischen Grundbegriffe aus der Realität zu verdeutlichen. EUKLIDs Erklärungen mögen vielleicht für die Anwendung geometrischer Begriffe auf reale Verhältnisse eine Bedeutung haben, bei der Herleitung der Theoreme aus den Axiomen spielen sie jedenfalls keine Rolle, und EUKLID selbst benutzte sie nicht. Grundbegriffe sind nicht definierbar, und ihre Eigenschaften, die für die Ableitung von Theoremen notwendig sind, sind in den Axiomen enthalten.

EUKLID hat nicht alle Axiome, die zum Aufbau der Geometrie erforderlich sind, angegeben, so die Axiome der Stetigkeit und der Anordnung. Bei seinen Beweisen verwendet er sie stillschweigend.[13] Kennzeichnend für die EUKLIDische Axiomatik ist ihr konkreter Charakter, da die Grundbegriffe und Postulate nur eine einzige inhaltliche Interpretation erfahren. Unter einem Punkt, einer Geraden und einer Ebene versteht er die uns aus der täglichen Erfahrung bekannten räumlichen Gebilde (z. B. wird eine gerade Linie als dünner gespannter Faden, eine Ebene als ideal glatte Fläche vorgestellt usw.). EUKLID bewies die Theoreme durch Reduktion auf das von ihm zugrunde gelegte Axiomensystem. Aber dies gelang ihm, wie der bekannte Logiker HAO WANG schreibt.[14] nur teilweise, d. h., er vermochte nicht alle Sätze seiner Geometrie aus seinem Axiomensystem herzuleiten. Es dauerte noch sehr lange, bis man durch eine vollständige Formalisierung alle impliziten Annahmen zu expliziten machen konnte.

Lange Zeit galt die Geometrie EUKLIDs als die einzig richtige Lehre von den Eigenschaften des Raumes und ihr axiomatischer Aufbau als Muster und Ideal wissenschaftlicher Strenge. Von der großen Popularität der „Elemente" zeugt die Tatsache, daß sie nach der Bibel das am weitesten verbreitete Buch waren. Die axiomatische Methode EUKLIDs benutzte ARCHIMEDES (ca. 287—212 v. u. Z.) zur Darstellung der theoretischen Mechanik und wesentlich später NEWTON in seinen berühmten „Naturalis philosophiae principia mathematica" für den Aufbau der klassischen Mechanik. Berühmt ist auch der Versuch SPINOZAS, die Ethik axiomatisch aufzubauen.

Alle diese Versuche fügten der Axiomatik, wie sie EUKLID benutzt hat, nichts prinzipiell Neues hinzu. Die axiomatische Methode wurde lediglich auf andere, nichtmathematische Bereiche, wie z. B. auf die Mechanik, angewandt. Man erkennt unschwer, daß diese Axiomatisierungsversuche anderer Wissensgebiete, die in dieser Weise bis in die erste Hälfte des 19. Jahrhunderts unternommen wurden, von der Existenz eines einzigen Bereiches von Gegenständen ausgingen, die dem Axiomensystem genügen. In Hinblick auf die Physik ist diese Ansicht

13 Eine ausführliche kritische Würdigung des axiomatischen Aufbaus der „Elemente" EUKLIDS findet der Leser in
Н. В. ЕФИМОВ, Высшая геометрия, Москва 1953;
Я. Л. ТРАЙНИН, Основания геометрии, Москва 1961

14 HAO WANG, A Survey of Mathematical Logic, Peking and Amsterdam 1964, p. 35

völlig natürlich; sie wird heute stillschweigend von der Mehrheit der Forscher akzeptiert.

Die weitere Entwicklung der Wissenschaft erschütterte den Glauben sowohl an die Existenz einer einzig möglichen Geometrie als auch an die Unangreifbarkeit ihrer euklidischen Begründung. Bekanntlich hatte KANT versucht, ausgehend von der Annahme, daß die Sätze der euklidischen Geometrie synthetische Urteile a priori sind, die Existenz einer apriorischen Metaphysik nachzuweisen.

Die Entdeckung nichteuklidischer Geometrien demonstrierte deutlich, daß es neben der euklidischen Geometrie noch andere, von dieser abweichende Geometrien geben kann, die logisch zwingend, d. h. denkmöglich, sind. Dadurch änderten sich die Anschauungen über das Wesen geometrischer Axiome und über den geometrischen Raum. Wir haben gesehen, daß die Grundbegriffe und Axiome der Geometrie bei EUKLID nur eine Interpretation gestatten: Sie idealisieren unsere intuitiven Vorstellungen von dem uns umgebenden physikalischen Raum. Später stellte sich heraus, daß diese Grundbegriffe und -sätze auch noch anderen Objekten und den zwischen ihnen bestehenden Beziehungen genügen. Beispielsweise kann man unter einem Punkt eine Kugel mit einem gegebenen Durchmesser, unter einer Geraden einen unendlichen Kreiszylinder mit dem Querschnitt des Kugeldurchmessers verstehen und unter einer Ebene eine Raumschicht zwischen zwei Oberflächen, deren Abstand voneinander gleich dem des Kugeldurchmessers ist.[15]

Noch interessanter ist die analytische Interpretation der Axiome der Geometrie. Beschränkt man sich auf die Planimetrie, kann man einen Punkt als reelles Zahlenpaar (x, y) auffassen (weil jeder Punkt der Ebene wohlbestimmte Koordinaten hat und umgekehrt Abszisse und Ordinate zusammen genau einen Punkt der Ebene definieren) und eine Gerade als Verhältnis dreier Zahlen $a:b:c$ mit $a^2 + b^2 \neq 0$ usw. Man kann leicht zeigen, daß alle Axiome der euklidischen Geometrie durch die genannten Objekte erfüllt werden.[16] Auf dieser Möglichkeit der arithmetischen Interpretation basiert bekanntlich die analytische Geometrie, die die geometrischen Eigenschaften der Objekte mit rein algebraischen und analytischen Methoden untersucht.

Diese Beispiele machen deutlich, daß die Axiome der euklidischen Geometrie nicht notwendig mit den konkreten räumlichen Formen in Zusammenhang gebracht werden müssen, an die wir uns schon auf der Schulbank gewöhnt haben und die EUKLID seiner Geometrie bewußt zugrunde legte. Die unterschiedlichsten Objekte können die Bedingungen ein und desselben Axiomensystems erfüllen, wobei diese Objekte nichtgeometrischer und sogar nichtmathematischer Natur sein können. Als Beispiel für eine solche nichtmathematische Interpretation sei

[15] Ausführlicher dazu siehe
В. И. Костин, Основания геометрии, Москва 1948, стр. 109—124

[16] Siehe
Я. Л. Трайнин, Основания геометрии, Москва 1961, стр. 282

auf die Theorie der Mannigfaltigkeit der Farberscheinungen hingewiesen, die von dem deutschen Mathematiker GRASSMANN entwickelt wurde. Später wurde die geometrische Methode mit Erfolg von H. HELMHOLTZ und J. C. MAXWELL in der Farbenlehre angewandt.

Betrachtet man also die geometrischen Grundbegriffe und Axiome als Leerformen, die verschiedene konkrete Interpretationen zulassen, ergibt sich erstens die Möglichkeit, den Anwendungsbereich geometrischer Untersuchungsmethoden wesentlich zu erweitern, und zweitens gestattet das, die Geometrie in ihrer Allgemeinheit zu entwickeln. Der euklidische Ansatz bezieht die Geometrie nur auf eine der möglichen Interpretationen, und damit kommt die Allgemeinheit der Theorie nicht zur Geltung.

Eine solche abstrakte Betrachtungsweise der Geometrie wurde von zahlreichen Untersuchungen vorbereitet, die nach der Entdeckung der nichteuklidischen Geometrien angestellt wurden. GRASSMANN hat bereits 1844 von der Notwendigkeit gesprochen, die Geometrie als einen Teil der Mathematik von der Lehre von den Eigenschaften des realen Raumes (d. h. von der Geometrie als einem Teil der Physik) zu trennen. „Meine Ausdehnungslehre", schreibt er, „bildet die abstrakte Grundlage der Raumlehre (Geometrie), das heißt, sie ist die von allen räumlichen Anschauungen gelöste, rein mathematische Wissenschaft, deren spezielle Anwendung auf den Raum die Raumlehre ist. Die Raumlehre, da sie auf etwas in der Natur gegebenes, nämlich den Raum, zurückgeht, ist kein Zweig der reinen Mathematik, sondern eine Anwendung derselben auf die Natur."[17]

Diese Ideen wurden in den „Vorlesungen über neuere Geometrie" M. PASCHS (1882) weiterentwickelt, in denen er unterstreicht, daß die geometrische Deduktion von der Bedeutung der geometrischen Begriffe ebenso unabhängig sein muß, wie sie von Zeichnungen unabhängig ist. In „*I principi della geometria logicamente esposti*" (1889) des bekannten italienischen Mathematikers G. PEANO werden die Grundelemente der Geometrie als „Dinge" betrachtet, die die allerverschiedenste Bedeutung haben können.

In vollendetster Form ist diese Ansicht in D. HILBERTS „Grundlagen der Geometrie" (erstmals 1899 veröffentlicht) ausgedrückt. Zum Unterschied von EUKLID verbindet HILBERT mit den Grundbegriffen und Axiomen der Geometrie keinerlei konkrete Deutung. „Wir denken", schreibt er, „drei verschiedene Systeme von Dingen: Die Dinge des *ersten* Systems nennen wir *Punkte* und bezeichnen sie mit $A, B, C, \ldots$; die Dinge des *zweiten* Systems nennen wir *Geraden* und bezeichnen sie mit $a, b, c, \ldots$; die Dinge des *dritten* Systems nennen wir *Ebenen* und bezeichnen sie mit $\alpha, \beta, \gamma, \ldots$"[18]

Punkte, Geraden und Ebenen können in bestimmten Relationen zueinander stehen. Diese Relationen werden durch die Worte „kongruent", „zwischen",

17 H. GRASSMANN, Gesammelte mathematische und physikalische Werke, 1. Bd., 1. Teil, Leipzig 1894, S. 297

18 D. HILBERT, Grundlagen der Geometrie, 7. Aufl., Leipzig—Berlin 1930, S. 2

„liegt auf", „stetig" und „parallel" bezeichnet. Eine exakte und für die mathematischen Zwecke vollständige Beschreibung dieser Relationen wird von den Axiomen der Geometrie gegeben. Hieraus wird deutlich, daß die Grundbegriffe und Axiome im HILBERTschen System einen abstrakteren Charakter als im System EUKLIDs besitzen. In der Tat sind die Axiome EUKLIDs Abstraktionen von konkreten räumlichen Objekten, HILBERTS Axiome hingegen abstrahieren von räumlichen Vorstellungen und können daher auch die Eigenschaften nichträumlicher Objekte beschreiben.

Der Unterschied des EUKLIDischen Axiomensystems und des HILBERTschen besteht also darin, daß wir in dem einen ein konkretes oder inhaltliches, in dem anderen ein abstraktes System vor uns haben. Jedoch ist weder das eine noch das andere System ein formales System im strengen Sinne des Wortes. Ein abstraktes System steht einem formalen bereits bedeutend näher, weil seine Sätze verschiedene Interpretationen zulassen. Für den Übergang von einem abstrakten System zu einem formalen ist noch ein weiterer Schritt nötig: Es müssen die Ableitungsregeln, die bei der Gewinnung der Theoreme aus den Axiomen benutzt werden, genau angegeben und alle Sätze der Theorie in symbolischer Form dargestellt werden.

Die Präzisierung der Mittel des logischen Schließens ist sowohl, um das Minimum an Ausgangsbehauptungen einer Theorie (die Axiome) festzustellen, als auch für die Stringenz der Beweise von erstrangiger Bedeutung. Bei einer inhaltlichen axiomatischen Theorie stoßen wir in dieser Hinsicht auf bedeutende Schwierigkeiten. Wenn wir ein Axiomensystem auf eine konkrete Interpretation beziehen, stützen wir uns ungewollt auf jene intuitiven Vorstellungen, die sich bei uns mit dieser Interpretation verknüpfen. Dabei kann es jedoch geschehen, daß wir unbemerkt auch solche Sätze für den Beweis verwenden, die nicht explizit als Axiom formuliert sind. So geschah es mit der euklidischen Geometrie: In den Beweisen für eine Reihe von Theoremen benutzte EUKLID faktisch einige Axiome (Anordnungsaxiome, Stetigkeitsaxiom), die er nirgends explizit formuliert hat. In einer strengen Theorie ist die Verwendung solcher intuitiv evidenter, jedoch nicht explizit angegebener Voraussetzungen nicht zulässig.

Das schränkt selbstverständlich die Rolle der Intuition im wissenschaftlichen Schaffen keineswegs ein. Die Auswahl der Axiome, die Suche nach dem Beweis eines Theorems, die allgemeine Erfassung des Problems — all das wird in bedeutendem Maße von der Intuition geleitet. Die Untersuchung der Geometrie zeigt deutlich, welche große Rolle die Intuition (in Form der räumlichen Vorstellung) bei der Feststellung geometrischer Gesetze spielt. Ebenso hilft uns die räumliche Vorstellung beim Aufbau einer axiomatischen Theorie bei der Bestimmung dessen, was vom Axiomensystem erfaßt und welcher Weg eingeschlagen werden muß, um neue Ergebnisse zu erhalten. In einer fertigen Theorie jedoch ist eine Bezugnahme auf die Intuition unzulässig. In dieser Hinsicht kann man die Intuition mit einem Baugerüst vergleichen: Es ist notwendig, um das Gebäude zu errichten, wird aber sofort abgenommen, wenn das Gebäude fertig ist.[19]

In einer konkreten, inhaltlichen axiomatischen Theorie bereitet es hin und wieder Schwierigkeiten, die für die logische Herleitung wesentlichen Eigenschaften der Objekte von den unwesentlichen zu sondern. Dieser Defekt ist in abstrakten axiomatischen Theorien weitgehend behoben. Aber auch hier werden die Regeln und Gesetze der Logik, die für die Herleitung der Theoreme verwendet werden, als bekannt vorausgesetzt und nicht exakt und explizit formuliert. Die Präzisierung des logischen Apparates hat jedoch eine große Bedeutung für die Bewertung der Theoreme, die aus einem gewissen Axiomensystem gewonnen werden können.

Um Stringenz bei der Verwendung der logischen Regeln zu erreichen, ist es erforderlich, den Prozeß des logischen Schließens selbst zu formalisieren. Wenn wir beim logischen Schließen einen Gedanken aus einem anderen herleiten, interessieren wir uns nicht für den konkreten Inhalt dieser Gedanken. Ein Schluß kann seiner Form nach richtig sein, auch wenn seine Voraussetzungen falsch sind. Die Grundlagen für dieses formale Herangehen an die Logik wurden schon von ARISTOTELES geschaffen, der bereits Variable in die Logik einführte, was ihm die Möglichkeit gab, die logischen Schlußformen vom konkreten Inhalt der Schlußfolgerungen selbst zu trennen.

Lange Zeit beschränkte sich die traditionelle Logik auf eine Bearbeitung, Deutung und Systematisierung dessen, was ARISTOTELES hinterlassen hat. Diese Situation änderte sich in der Mitte des vorigen Jahrhunderts grundlegend. Mit dem Entstehen der Algebra der Logik als historisch erster Form der mathematischen Logik begann die weitere Ausarbeitung der Theorie der Deduktion. Die ersten Vertreter der Algebra der Logik beschränkten sich zunächst darauf, mit exakteren Methoden die gleichen Probleme zu untersuchen, die bereits ARISTOTELES aufgeworfen hatte, sie erreichten dabei aber einen bedeutenden Fortschritt in der Formalisierung des Schließens.

Der nächste wesentliche Schritt war verbunden mit der Entstehung der Logistik, die die Subjekt-Prädikat-Logik des ARISTOTELES durch die Logik der Relationen ergänzte. ARISTOTELES betrachtete nur Aussagen, die einem Gegenstand eine Eigenschaft zu- oder absprechen. Die Relationslogik erfaßt Aussagen, in denen eine Beziehung zwischen Gegenständen ausgedrückt wird. Daß einem Gegenstand eine Eigenschaft zukommt, ist ein Sonderfall einer Relation. In der modernen mathematischen Logik versteht man deshalb unter dem Prädikat einer Aussage nicht nur Eigenschaften, sondern auch verschiedenartige Beziehungen (sogenannte mehrstellige Prädikate).

Indem die Logistik die Theorie des deduktiven Schließens dadurch erweiterte, daß sie auch Relationsaussagen erfaßte, veränderte sie sowohl den Aufbau der

[19] Ausführlicher dazu vgl. R. BALDUS, Nichteuklidische Geometrie, Berlin 1927, В. Ф. КАГАН, Основания геометрии, ч. II, Москва 1956

mathematischen Logik als auch deren Ziele. Mit den Arbeiten des deutschen Mathematikers und Logikers GOTTLOB FREGE begann die Darstellung der mathematischen Logik in axiomatischer Gestalt. Das schafft die Möglichkeit, in einem Beweis jede wie auch immer geartete Bezugnahme auf Intuition und Evidenz auszuschließen und damit die Stringenz des Beweises zu gewährleisten.

Das Bestreben, axiomatische Theorien rein formal zu konstruieren, entstand bereits Mitte des vorigen Jahrhunderts, wurde jedoch erst am Anfang unseres Jahrhunderts tatsächlich verwirklicht. Die Schwierigkeiten bei der Begründung der Mathematik, die besonders deutlich im Zusammenhang mit den Paradoxien der Mengenlehre zutage traten, zwangen die Mathematiker, neue Mittel und Methoden der Begründung zu suchen. Insbesondere wurde zu dieser Zeit klar, daß die Methode, die Widerspruchsfreiheit eines Axiomensystems mit Hilfe von Modellen oder Interpretationen zu beweisen, nur relativen Charakter besitzt[20] und daher nicht frei von einer Reihe von Schwierigkeiten ist.

Um diese Schwierigkeiten zu überwinden, hat HILBERT seine Beweistheorie oder Metamathematik vorgeschlagen. Die Grundidee dieser Theorie besteht darin, daß mathematische Theorien in Gestalt formaler Axiomensysteme dargestellt werden, für deren Untersuchung nur solche Schlußweisen angewendet werden dürfen, die alle zweifelhaften Elemente der mengentheoretischen Methoden ausschließen. Zweifelhaft oder bedenklich in diesem Sinne sind insbesondere solche Schlußweisen, die sich auf die Abstraktion des aktual Unendlichen und auf nichteffektive oder „reine" Existenzbeweise stützen.

Auf diese Weise entsteht über der eigentlichen, formalisierten Mathematik gewissermaßen eine neue Mathematik, die Metamathematik; in ihr kommt, im Gegensatz zu den formalisierten Schlußweisen der formalisierten Mathematik, das inhaltliche Schließen zur Anwendung. Es dient dazu, die Widerspruchsfreiheit der Axiome zu sichern. Zu diesem Zweck ist es nötig, die Methoden der mathematischen Logik anzuwenden, die zu dieser Zeit in den Arbeiten von FREGE, PEANO und RUSSELL bereits hinreichend ausgearbeitet waren. „HILBERTS Ideen", schreibt P. S. NOVIKOV, „erzeugten einen Umschwung in den Fragen der Grundlagen der Mathematik und bildeten den Beginn einer neuen Etappe in der Entwicklung der axiomatischen Methode."[21] Diese neue Etappe ist dadurch gekennzeichnet, daß völlig von den inhaltlichen Elementen der axiomatischen Theorie abstrahiert wird. Die Axiome selbst werden nun als rein formale Festsetzungen betrachtet, die die undefinierbaren Elemente der Theorie charakterisieren. Die eigentliche Theorie verwandelt sich bei vollständiger Formalisierung in ein System von

20 Die Modell- oder Interpretationsmethode reduziert das Problem der Widerspruchsfreiheit eines Axiomensystems auf die Widerspruchsfreiheit eines anderen und insofern ist der Beweis der Widerspruchsfreiheit nur relativ. Das letztendlich grundlegende Modell ist die Mengenlehre, es muß also für sie oder eine ihr äquivalente Theorie ein absoluter Widerspruchsfreiheitsbeweis gefunden werden. (Anm. d. Hrsg.)

21 P. S. NOVIKOV, Grundzüge der mathematischen Logik, Berlin 1973, S. 6

Sätzen, die ihrerseits eine Folge von Wörtern darstellen. Die Wörter wiederum sind Folgen von Buchstaben (Zeichen). Auf diese Weise gelangen wir dazu, anstelle des Sinnes der Sätze einer Theorie formale Ausdrücke einer künstlichen Wissenschaftssprache zu betrachten. Eine solche Formalisierung setzt jedoch voraus, daß nicht nur die Theorie selbst, sondern auch jene logischen Mittel, die bei der Herleitung der Theoreme aus den Axiomen Verwendung finden, formalisiert werden.

Um eine konkretere Vorstellung von der gegenwärtigen Etappe in der Entwicklung der axiomatischen Methode zu erhalten, wollen wir nun kurz auf die Prinzipien für die Konstruktion formaler Systeme eingehen.

2. *Formale Axiomensysteme und Wissenschaftssprachen*

Ein formales Axiomensystem stellt eine Abstraktion von der inhaltlichen Theorie einer gewissen Wissenschaft, meist der Mathematik und Logik, dar. Jedes derartige System besteht aus drei Grundbestandteilen:

a) Im ersten Teil des Systems werden alle Grundobjekte aufgezählt, mit denen es die Theorie zu tun hat; außerdem werden die Operationen angegeben, mit deren Hilfe aus den Grundobjekten andere, abgeleitete Objekte gebildet werden. In einem formalen System abstrahieren wir vollständig vom konkreten Inhalt der Begriffe, wir reduzieren — wie S. C. Kleene es ausdrückt — alle Schlüsse auf ihre Form. Es ist daher am günstigsten, die Grundbegriffe einer inhaltlichen Theorie als solche Objekte zu betrachten. Diese Objekte bezeichnen wir durch Symbole, die sich identifizieren bzw. unterscheiden lassen. Meist werden darum als Grundobjekte eines formalen Systems dessen Grundzeichen betrachtet.[22] Ebenso wie die abgeleiteten Begriffe einer inhaltlichen axiomatischen Theorie, ausgehend von deren Grundbegriffen, definiert werden, werden die abgeleiteten Objekte eines formalen Systems aus den Grundobjekten konstruiert.

Im ersten Teil eines Systems müssen also angegeben werden: 1. die Grundsymbole oder Grundzeichen, die die Objekte (Atome) des Systems bezeichnen, 2. Operationen, mit deren Hilfe aus den Grundobjekten abgeleitete Objekte gebildet werden und 3. Formationsregeln, die angeben, auf welche Weise mit Hilfe der Operationen die Bildung neuer Objekte aus den Grundobjekten vor sich geht.

b) Im zweiten Teil eines formalen Systems wird angegeben, wie die elementaren und nichtelementaren Sätze des Systems gebildet werden. Ebenso wie im ersten Teil müssen auch hier aufgewiesen werden: 1. Operationen mit den Symbolen, 2. Formationsregeln, mit deren Hilfe aus den bereits vorhandenen Symbolen elementare Sätze konstruiert werden, 3. Operationen mit elementaren Sätzen und 4. eine weitere Art von Formationsregeln, die es gestatten, aus elementaren Sätzen zusammengesetzte zu bilden.

22 S. C. Kleene, Introduction to Metamathematics, Amsterdam 1952, p. 69

Die beiden Teile eines formalen Systems bilden die Morphologie.[23] Diese Bezeichnung verweist auf die Analogie zur Morphologie natürlicher Sprachen, die ebenfalls die Verfahrensweisen für die Bildung und Veränderung der Wörter untersucht.

c) Der dritte und eigentlich theoretische Teil eines formalen Systems besteht aus den Axiomen und den Ableitungsregeln (Deduktionsregeln). Die Wahrheit der Axiome (genauer: der den Axiomen entsprechenden Grundannahmen der Theorie – Anm. d. Hrsg.) kann innerhalb des formalen Systems nicht bewiesen werden; sie muß außerhalb des Systems festgestellt werden, die Axiome können jedoch auch Hypothesen entsprechen. Die bewiesenen Sätze des Systems werden Theoreme genannt. Die Ableitungsregeln gestatten es, exakt festzustellen, welche Theoreme aus den Axiomen erhalten werden können. Gewöhnlich enthält ein System eine endliche Anzahl von Axiomen, es gibt jedoch Systeme mit einer unendlichen Anzahl von Axiomen, die dann mit Hilfe von bestimmten Axiomenschemata vorgegeben werden.

Außer der axiomatischen Methode für die Konstruktion formaler Systeme gibt es noch die sogenannte genetische oder konstruktive Methode. Diese Methode ist in den letzten Jahren von den Anhängern der konstruktiven Richtung in der Mathematik untersucht und ausgearbeitet worden.

Bei der genetischen Konstruktion eines formalen Systems wird von Anfang an angenommen, daß bestimmte Objekte vorhanden und bestimmte Handlungen mit ihnen zulässig sind. Alle anderen Objekte ergeben sich auf konstruktivem Wege mit Hilfe einer bestimmten Definition. Eine solche Definition besteht aus drei Punkten: 1. Zunächst werden gewisse ursprüngliche Objekte aufgezählt und charakterisiert; 2. danach wird eine bestimmte Prozedur für die Bildung neuer Elemente aus den ursprünglichen eingeführt; 3. alle anderen Objekte ergeben sich durch Wiederholung der erwähnten Prozedur. Andere als die durch diese Punkte definierten Elemente gibt es in einem solchen System nicht. Eine solche Definition wird gewöhnlich induktiv genannt. Sie trägt konstruktiven Charakter, denn sie betrachtet nur solche Objekte als existent, die wir konstruieren können. Dabei wird die Abstraktion der potentiellen Realisierbarkeit[24] zugelassen, nach welcher wir nach jedem Konstruktionsschritt stets den folgenden Schritt ausführen können. Das einfachste Beispiel für eine induktive Definition ist die Definition des Begriffs der natürlichen Zahl:

1. 0 ist eine natürliche Zahl;
2. wenn a eine natürliche Zahl ist, dann ist auch a eine natürliche Zahl;
3. es gibt keine anderen natürlichen Zahlen als die, die sich nach den Punkten 1 und 2 ergeben.

[23] Vgl. H. B. Curry and R. Feys, Combinatory Logic, Amsterdam 1958, p. 15

[24] und die mit ihr unmittelbar verbundene Abstraktion der potentiellen Unendlichkeit

Ausgehend von der Null können wir mit Hilfe der Operation der Nachfolge (′) jede vorgegebene natürliche Zahl konstruieren:

$$1 = (0)' , \qquad 2 = (1)' = ((0)')' , \qquad 3 = (2)' = (((0)')')' .$$

Die natürlichen Zahlen sind also, in der Terminologie RUSSELLS ausgedrückt, die „Nachkommenschaft der 0".[25]

Die induktive Definition betrifft die Morphologie des formalen Systems. Im eigentlich theoretischen Teil eines solchen Systems wird gewöhnlich nur die Regel für den Beweisaufbau (die Beweisidee) definiert. Darunter versteht man, daß man den Beweis in Gestalt einer endlichen Folge von elementaren Sätzen darstellen kann. Jedes Glied dieser Folge ist entweder ein Axiom oder eine Formel, die unmittelbar aus anderen Formeln nach den Beweisregeln (oder der Beweisregel) folgt.[26] Die Endformel dieser Konstruktion ist das zu beweisende Theorem.

Um den Prozeß der Konstruktion eines formalen Axiomensystems zu illustrieren, bringen wir ein Beispiel aus dem HILBERTschen Axiomensystem der euklidischen Geometrie.

Wir zeigen, wie man die ersten beiden Axiome aus der Gruppe der Verknüpfungsaxiome in formaler Gestalt darstellen kann.

„*1. Zu zwei Punkten A, B gibt es stets eine Gerade a, die mit jedem der beiden Punkte A, B zusammengehört.*

2. Zu zwei Punkten A, B gibt es nicht mehr als eine Gerade, die mit jedem der beiden Punkte A, B zusammengehört.

Hier wie im Folgenden sind unter zwei, drei, . . . Punkten . . . stets verschiedene Punkte . . . zu verstehen."[27]

Die Buchstaben A, B sind Individuenvariable für Punkte; a, b sind Individuenvariable für Geraden. Die Relation der Zugehörigkeit (Inzidenz) eines Punktes zu einer Geraden bezeichnen wir durch „I". Alle anderen Wörter, die in der Formulierung der Axiome vorkommen, können mittels der bekannten Symbole der mathematischen Logik ausgedrückt werden. Die Verschiedenheit von Objekten bezeichnen wir mit „≠", ihre Identität mit „=". Damit erhalten die Axiome folgende symbolische Gestalt:

$$1.\ \forall(A)\,\forall(B)\,[(A \neq B) \supset \exists(a)\,(\mathrm{I}(A, a)\ \&\ \mathrm{I}(B, a))] .$$

Das ist zu lesen als: „Für alle A und alle B gilt: Wenn (der Punkt) A verschieden ist von (dem Punkt) B, dann gibt es eine Gerade a derart, daß A mit a zusammengehört und B mit a zusammengehört." Die gewisse Künstlichkeit, die sich durch

[25] B. RUSSELL, Einführung in die mathematische Philosophie, München 1923, S. 22—23

[26] Gewöhnlich gestatten es die Beweisregeln, zusätzlich auch früher bewiesene Theoreme in diese Folge einzuführen. Diese Regel verkürzt Beweise beträchtlich, sie ist jedoch eliminierbar, da anstelle des Theorems auch sein ganzer Beweis als Teilfolge in den betreffenden Beweis eingesetzt werden kann. (Anm. d. Hrsg.)

[27] D. HILBERT, Grundlagen der Geometrie, a. a. O., S. 3

die Übersetzung des Formelausdruckes in die Umgangssprache ergibt, gewährleistet die nötige Präzision bei der Wiedergabe des Gedankens.

2. $\forall(A)\,\forall(B)\,\forall(a)\,\forall(b)\,[((A \neq B)\,\&\,\mathrm{I}(A,a)\,\&\,\mathrm{I}(B,a)\,\&\,\mathrm{I}(A,b)\,\&\,\mathrm{I}(B,b)) \supset (a = b)]$,

d. h.: „Für alle Punkte und alle Geraden gilt: wenn (die Punkte) *A* und *B* voneinander verschieden sind und sowohl *A* und *B* mit (der Geraden) *a* als auch *A* und *B* mit (der Geraden) *b* zusammengehören, dann ist (die Gerade) *a* identisch mit (der Geraden) *b*.“ Auf ähnliche Weise kann man auch die restlichen 18 Axiome der euklidischen Geometrie in Hilberts Axiomensystem formalisieren.[28]

Um ein formales System mit mathematischen Methoden zu untersuchen, muß es vollständig in symbolischer Form dargestellt werden. An die Stelle inhaltlichen Schließens in einer konkreten Theorie tritt bei einer formalen Untersuchung die Umwandlung der Formeln. Die Fragen, was diese Formeln bedeuten, wie sie mit dem realen Inhalt der Theorie zusammenhängen, welchen Sinn der Ableitungsprozeß hat usw., überschreiten den Rahmen der formalen Untersuchung. Es erhebt sich die Frage, wovon wir uns leiten lassen, wenn wir formale Systeme auswählen, um sie zu erforschen. Das wichtigste Kriterium ist hier selbstverständlich die Anwendbarkeit des jeweiligen Systems auf irgendeinem wissenschaftlichen Gebiet, d. h. das Vorliegen einer Interpretation. Formale Systeme werden geschaffen, wenn eine Wissenschaft bereits eine hinreichend entwickelte Theorie hervorgebracht hat.

Unter einer Interpretation eines formalen Systems versteht man die Herstellung einer Zuordnung zwischen den formalen Ausdrücken (Formeln) des Systems und gewissen inhaltlichen Aussagen, deren Bedeutung unabhängig von dem formalen System definiert wird. So kann man z. B. die Formeln der euklidischen Geometrie inhaltlich sowohl als Sätze aus dem Bereich der Geometrie als auch aus dem Bereich der Arithmetik deuten, die dann verschiedene Deutungen oder Interpretationen des formalen Systems bilden, nämlich einmal eine geometrische, im anderen Falle eine arithmetische. Die Bedeutung der Termini und der Sätze jeder dieser Interpretationen hängt nicht von den Formeln des Systems ab, und deshalb können wir anstelle einer Interpretation auch eine beliebige andere verwenden. Ein formales System kann auch eine Interpretation in einem anderen, ebenfalls formalen System haben. So kann das formale Axiomensystem der Geometrie mit Hilfe der formalen Ausdrücke der Arithmetik interpretiert werden.

Solche Interpretationen gestatten es, die Struktur verschiedener formaler Theorien zu vergleichen, und aus diesem Grunde werden sie in der modernen formalen Logik verwendet. Die größere Bedeutung haben jedoch ohne Zweifel die inhaltlichen Interpretationen, und unter ihnen wiederum vor allem diejenigen, deren dem formalen System entsprechende Sätze wahr sind. Mit anderen Worten:

[28] Ausführlicher dazu siehe R. Carnap, Einführung in die symbolische Logik, Wien—New York 1968

Eine echte Interpretation, die gewisse objektive Sachverhalte richtig widerspiegelt, zeigt damit gleichzeitig, daß auch das formale System ebenfalls einige allgemeine reale Zusammenhänge widerspiegelt, wenn auch in abstrakter Form.

Wenn wir von einer inhaltlichen Interpretation eines formalen Systems sprechen, setzen wir durchaus nicht voraus, daß jedem formalen Ausdruck (jeder Formel) eine inhaltliche Behauptung zugeordnet ist. Ein formales System ist nicht eine einfache Beschreibung der Erfahrung, sondern es ist ein Resultat der Abstraktion und Idealisierung, und infolgedessen spiegelt es die Wirklichkeit nicht direkt und unmittelbar wider, sondern auf eine weitaus kompliziertere Weise. Es ist daher verständlich, daß nicht jede Formel in empirischen Termini ausgedrückt werden kann. Selbst in inhaltlichen axiomatischen Theorien kann nicht zu jedem Satz ein empirisches Äquivalent gefunden werden. Wenn eine axiomatische Theorie für eine empirische Wissenschaft konstruiert wird, ist es oft von Nutzen, einen Unterschied zwischen solchen Sätzen, die unmittelbar empirischen Daten zugeordnet werden können, und solchen, wo eine solche Zuordnung unmöglich ist, durchzuführen. Eine solche Unterscheidung macht es möglich, festzustellen, in welchem Maße die Sätze eines Systems durch Daten der empirischen Erfahrung bestätigt werden können.[29] Der gegenwärtige Entwicklungsstand der axiomatischen Methode ist dadurch gekennzeichnet, daß die Axiomatik dazu verwendet wird, die verschiedensten Systeme von formalisierten Wissenschaftssprachen aufzubauen. Im Grunde genommen ist heute eine strenge axiomatische Theorie undenkbar ohne Verwendung spezieller Wissenschaftssprachen, insbesondere formalisierter logischer Sprachen, die in jede formale Theorie als Bestandteil eingehen.

Die natürlichen Sprachen, die gesprochene und geschriebene Umgangssprache, verfügen, obwohl sie für die Kommunikation bestens geeignet sind, nicht über jene Exaktheit und Strenge, die den künstlich geschaffenen formalisierten Sprachen eigen sind. In der natürlichen Sprache besitzen eine Reihe von Wörtern und Ausdrücken eine Vielfalt von Bedeutungen, es gibt eine ganze Reihe von Unregelmäßigkeiten und Ausnahmen usw. All das erschwert es, die logische Form der Schlüsse explizit darzustellen, oder macht es völlig unmöglich. Es versteht sich daher, daß eine solche Sprache nicht benutzt werden kann, um eine Theorie zu formalisieren. Man greift daher zur Konstruktion verschiedener Kunstsprachen, um die formale Struktur von Theorien zu untersuchen und insbesondere die logischen Schlußweisen exakt zu analysieren.

Bei einem richtigen methodischen Herangehen an die Frage nach dem Wechselverhältnis von Sprache und Denken kann die Schaffung künstlicher Sprachen keine Mißverständnisse hervorrufen. Künstliche Wissenschaftssprachen sind ein Hilfsmittel der wissenschaftlichen Erkenntnis. Sie ergänzen und verstärken unsere natürliche Sprache. Jedoch ändert sich in diesem Falle die Auffassung der Sprache

[29] K. Simon, Definable Terms and Primitive in Axiom Systems, „The Axiomatic Method with Special Reference to Geometry and Physics", Amsterdam 1959, p. 443—444

selbst in gewisser Hinsicht, weil sie die Besonderheiten der Kunstsprachen berücksichtigen muß.

Die natürliche Sprache stellt ein System von Lauten oder Buchstaben dar. Daneben ist es jedoch durchaus zulässig, auch beliebige Signale, Symbole, Gesten usw. in die Betrachtung einzubeziehen. Die Semiotik als allgemeine Theorie der Zeichensysteme betrachtet die Sprache eben unter diesem allgemeinen Gesichtspunkt, d. h. als ein bestimmtes System von Zeichen. Für sie ist es völlig gleichgültig, was als Sprachmaterial dient: Jede Gesamtheit von definierten und verständlichen Zeichen kann als Ausgangsmaterial für eine Sprache betrachtet werden.

Unter dem Gesichtspunkt der Semiotik ist die Sprache durch zwei äußerst wichtige Besonderheiten gekennzeichnet: erstens durch das Vorliegen eines spezifischen Alphabets, d. h. einer bestimmten Gesamtheit von Zeichen ähnlich den Buchstaben der Schriftsprache, und zweitens durch die Existenz von Regeln, mit denen festgelegt wird, wie aus Zeichen bestimmte Zeichenkombinationen aufgebaut werden. Diese Zeichenkombinationen heißen Ausdrücke oder Wörter dieser Sprache.[30]

Da die Hauptfunktion der Sprache im Gedankenaustausch zwischen den Menschen besteht, interessieren uns nur solche Symbolkombinationen, die sinnvolle Ausdrücke (Phrasen) bilden. Aus ihnen können nach bestimmten Regeln Sätze gebildet werden. Die Untersuchung dieser Regeln bildet den Gegenstand der Grammatik der Wissenschaft. In jeder Grammatik können wir wenigstens drei Arten von Ausdrücken unterscheiden: Namen, die Objekte benennen, Sätze, die Urteile (Aussagen) ausdrücken, und Funktoren, die dazu dienen, Ausdrücke zu kombinieren. Selbstverständlich erfordert eine hinreichend vollständige und adäquate Charakterisierung der Grammatik einer natürlichen Sprache die Einführung weiterer grammatischer Kategorien, die es ermöglichen, bestimmte Spracherscheinungen konkreter zu analysieren.

Wenn wir eine beliebige Sprache analysieren, stoßen wir auf drei grundlegende Faktoren: 1. die Menschen, die diese Sprache benutzen, 2. die Ausdrücke der Sprache selbst, 3. die Objekte, auf die sich diese Ausdrücke beziehen. Dementsprechend werden drei Bereiche der semiotischen Analyse unterschieden: die Pragmatik, die Syntax und die Semantik. Wenn z. B. ein Forscher eine zu untersuchende Sprache nicht kennt und auch die Menschen, die diese Sprache sprechen, den Forscher nicht verstehen (eine Situation, in der sich z. B. Forscher bei der Untersuchung der Sprachen zurückgebliebener Stämme befinden), dann muß dieser sorgfältig beobachten, unter welchen Bedingungen gewisse Ausdrücke gebraucht werden, von welchen sozialen, emotionalen, psychischen und anderen Faktoren sie begleitet werden, mit welchem Ziel sie verwendet werden, mit welchen realen Objekten die Bedeutung der Ausdrücke zusammenhängt usw.

Abstrahiert man von den Personen, die die Sprache verwenden, und analysiert man nur die Beziehungen zwischen den sprachlichen Ausdrücken und dem,

[30] H. B. Curry, Foundations of Mathematical Logic, New York 1963, p. 29—30
A. Church, Introduction to Mathematical Logic, vol. I Princeton (N.J.) 1956, pp. 15—48

worauf sie sich beziehen, kommt man zum Gegenstand der Semantik. Die deskriptive Semantik ist eine linguistische Disziplin. Zum Unterschied davon analysiert die theoretische oder logische Semantik Sprachen mit genau festgelegten semantischen Regeln; zu ihnen gehören vor allem die formalisierten Sprachen.

Wenn man bei der Untersuchung einer Sprache sowohl von den Personen, die diese Sprache verwenden, als auch von dem, was die Ausdrücke der Sprache bezeichnen, abstrahiert, hat man es mit der logischen Syntax zu tun. Solche Untersuchungen werden oft auch formal genannt, weil hier nur die Form der sprachlichen Ausdrücke betrachtet wird, d. h. eine bestimmte Gesamtheit von Zeichen und die Anordnung, in der sie in einem Ausdruck auftreten.[31] Dieses verallgemeinerte und abstrakte Herangehen an die Sprache und die Grammatik rechtfertigt sich bei der Konstruktion künstlicher Wissenschaftssprachen, vor allem der formalisierten Sprache der Logik und Mathematik, vollkommen.

Eine formalisierte Sprache wird in Analogie zu natürlichen Sprachen aufgebaut. Das Alphabet einer solchen Sprache enthält Symbole, die in logische und deskriptive unterteilt werden. Die deskriptiven Symbole bezeichnen Objekte oder Klassen von Objekten (Prädikate) einer bestimmten konkreten, beispielsweise mathematischen Theorie. Die logischen Symbole stehen für die logischen Zusammenhänge, die in allen Theorien gleichartig sind oder, genauer gesagt, die vielen Theorien gemeinsam sind.

Ebenso wie eine Folge von Buchstaben des Alphabets ein Wort oder einen Ausdruck bildet, bildet eine (endliche) Folge von Symbolen die Ausdrücke (Formeln und Terme) einer formalisierten Sprache. Um sinnvolle von sinnlosen Ausdrücken zu unterscheiden, wird der Begriff der wohlgeformten Formel eingeführt, der einem sinnvollen Ausdruck der natürlichen Sprache entspricht.

Nun sind noch die Ableitungs- oder Umformungsregeln zu formulieren und einige wohlgeformte Formeln als Axiome auszuwählen, um aus ihnen Theoreme abzuleiten. Da wir in einer formalisierten Sprache vom konkreten Inhalt der Formeln absehen, muß eine solche Ableitung der Theoreme nach exakt festgelegten Regeln und ohne Bezugnahme auf den Sinn und den Inhalt vor sich gehen. Mit anderen Worten: Man muß mit den durch die Symbole bezeichneten abstrakten Objekten wie mit physischen Objekten umgehen. Damit wird „das inhaltliche Schließen durch ein äußeres Handeln nach Regeln ersetzt", wie HILBERT es ausdrückt.[32]

31 Eine ausführliche Darstellung der Grundideen der Semiotik ist zu finden in CH. MORRIS, Foundations of the Theory of Signs, „International Encyclopedia of Unified Science",vol. 1, 2, Chicago 1938
Zu den Ideen der logischen Syntax und Semantik vgl.
R. CARNAP, Die logische Syntax der Sprache. Wien 1934
R. CARNAP, Introduction to Semantics, Cambridge 1942
W. STEGMÜLLER, Das Wahrheitsproblem und die Idee der Semantik, Wien—New York 1968

32 D. HILBERT, Grundlagen der Geometrie, a. a. O., S. 283

Die bei der Ableitung von Theoremen in einer formalisierten Sprache oder Theorie benutzte Methode wird oft logistische Methode genannt. Dieser Terminus ist verbunden mit dem ursprünglichen Sinn des Begriffs „Logistik" als Rechenkunst. Seit den Arbeiten G. BOOLES wird auch das Schließen in bestimmten Kalkülen dargestellt und als Kalkültechnik gedeutet. Das inhaltliche Denken in Gestalt eines bestimmten Kalküls darzustellen heißt, es zu formalisieren.

Das Wesen der logischen Formalisierung besteht darin, daß inhaltliche logische Zusammenhänge, wie die Verbindung von Aussagen durch die Verknüpfung „und" (Konjunktion), „oder" (Alternative), „wenn . . ., dann . . ." (Implikation) usw., durch logische Konstanten ausgedrückt werden. Nachdem wir Aussagen mit Hilfe von Variablen gekennzeichnet und Regeln für den Aufbau der Formeln aufgestellt haben, ist es möglich, einige wohlgeformte Formeln als Axiome auszusondern. Aus ihnen ergeben sich dann mit Hilfe der Ableitungsregeln andere wohlgeformte Formeln.[33] Jedoch ist eine solche Formalisierung noch keine formalisierte Sprache, wenn nicht eine konkrete Interpretation dafür aufgewiesen wird. Im Falle der Aussagenlogik ist diese Interpretation der Wahrheitswert der Aussagen, d. h. Wahrheit und Falschheit.

Die Begriffe „formales System" und „formalisierte Sprache" sind ihrem Wesen nach Begriffe gleicher Ordnung, auch wenn sie verschiedene Aspekte des Problems ausdrücken. Wir werden im weiteren deswegen keinen Unterschied zwischen ihnen machen.

3. Grundprobleme der Axiomatik; die syntaktischen und semantischen Methoden ihrer Analyse

Die axiomatische Methode des Aufbaus einer Theorie erfordert, wie wir gesehen haben, eine exakte Festlegung der Axiome und der Grundbegriffe einer Theorie und außerdem eine Bestimmung der Ableitungsregeln und der Methoden für die Definition abgeleiteter Begriffe. Dementsprechend kann man die Hauptaufgaben bei der Analyse axiomatischer Theorien unterteilen in:

1. Untersuchung der Axiome, die der Theorie zugrunde liegen

Verschiedene Theorien unterscheiden sich vor allem durch das System der Axiome voneinander. Es ist die spezifische Aufgabe der Axiomatik, diese Axiome zu untersuchen. Die früher übliche Annahme, Axiome seien evidente und von selbst einleuchtende Behauptungen, die deswegen keines Beweises bedürften, hat sich als unhaltbar erwiesen. Die Entwicklung der Mathematik hat gezeigt, daß wir häufig solche Sätze an den Anfang stellen müssen, die durchaus nicht evident sind.

[33] Eine konkrete Darstellung der Formalisierung der Logik gehört nicht zu unserer Aufgabe; der Leser kann sich mit ihr anhand eines beliebigen Lehrbuches zur Logik bekannt machen, z. B.:
P. S. NOVIKOV, Grundzüge der mathematischen Logik, Berlin 1973
S. C. KLEENE, Introduction to Metamathematics, Amsterdam 1952
A. CHURCH, Introduction to Mathematical Logic, vol. I, Princeton (N.J.) 1956

Und umgekehrt haben wir nicht selten Theoreme zu beweisen, die völlig evident zu sein scheinen. Aber das ist nicht das wichtigste. Unter erkenntnistheoretischem Gesichtspunkt ist Evidenz eine subjektive Charakteristik eines Urteils, denn was als evident betrachtet wird, wechselt von Person zu Person, und selbst die gleiche Person kann zu verschiedenen Zeiten einen verschiedenen Begriff von Evidenz haben. Deshalb kann sie selbstverständlich nicht als Kriterium für die Objektivität wissenschaftlicher Erkenntnis dienen.

Bereits Ende des 19. Jahrhunderts wurde die Forderung nach Evidenz ersetzt durch die Forderungen, daß jedes Axiomensystem widerspruchsfrei und vollständig sein muß und die Axiome unabhängig voneinander sein sollen. Den Sinn dieser Begriffe erklären wir weiter unten.

2. Untersuchung der Regeln des logischen Schließens

Mit deren Hilfe erhalten wir die Theoreme aus den Axiomen. Da diese Regeln vielen Theorien gemeinsam sind, ist es möglich, sie gesondert zu untersuchen.

3. Analyse der Grundbegriffe einer axiomatischen Theorie

Sie wird nur für solche Theorien durchgeführt, die nur eine einzige Interpretation zulassen (Mechanik, Physik, Biologie). Und selbst hier wird diese Analyse eher im Rahmen der ursprünglichen, inhaltlichen Theorie und nicht in der axiomatischen durchgeführt. In den axiomatischen Systemen der Mathematik und der Logik werden die Grundbegriffe implizit durch das System der Axiome definiert.

4. Untersuchung der Regeln und Methoden für die Definition neu einzuführender Begriffe

Auch dies geschieht innerhalb der Logik, da diese Regeln und Methoden für die verschiedensten Theorien gleich sind.

Alle Grundprobleme der Axiomatik kann man sowohl unter syntaktischem als auch unter semantischem Gesichtspunkt untersuchen. Die Untersuchung eines formalen Axiomensystems oder einer formalisierten Sprache ohne Berücksichtigung der Interpretation wird, wie wir wissen, der logischen Syntax zugeordnet. Ebenso wie die Syntax der Grammatik die Regeln der Wort- und Satzbildung erforscht, hat es die logische Syntax mit der Konstruktion formalisierter Sprachen zu tun. Alle Fragen, die mit der Konstruktion solcher Sprachen zusammenhängen, werden von der elementaren Syntax erforscht. Ihr Hauptziel besteht darin, die Formationsregeln und Umformungsregeln für die formalen Ausdrücke einer Sprache exakt zu formulieren. Wenn wir im Besitz solcher Regeln sind, können wir stets feststellen, ob eine gegebene Formel wohlgeformt, ob sie ein Axiom oder ein Theorem ist. Da eine Bezugnahme auf den Inhalt bei einer solchen Untersuchung ausgeschlossen ist, erinnert die syntaktische Erörterung solcher Fragen an eine Art von Spiel mit Symbolen. Diese Analogie hat HERMANN WEYL bei der Analyse des HILBERTschen Programms der Grundlegung der Mathematik gezogen.[34]

In der Tat wird, wie wir sahen, bei einer syntaktischen Analyse das inhaltliche Schließen ersetzt durch das Operieren mit abstrakten, durch Symbole bezeichneten Objekten nach bestimmten exakt festgelegten Regeln. Für den Laien scheint ein solches Operieren mit Formeln dem Schachspiel oder, besser, der Lösung einer Schachaufgabe analog zu sein. Ähnlich wie wir beim Schachspiel über einen Bestand von Figuren und Spielregeln verfügen, besitzen wir bei der syntaktischen Analyse einen gewissen Bestand an Symbolen und exakten Formations- und Umformungsregeln. Wie man beim Schach aus der Ausgangsstellung durch die Anwendung der Spiegelregeln zu verschiedenen anderen Positionen gelangt, so erhalten wir bei der syntaktischen Betrachtung aus einigen wohlgeformten Formeln (den Axiomen) mit Hilfe der Umformungsregeln Theoreme verschiedener Art. Man kann also sagen, daß ein syntaktisches System eine Formelmenge darstellt, die aus den Ausgangsformeln und den aus ihnen mit Hilfe effektiver Formationsregeln und Umformungs-(Deduktions-)Regeln gewonnenen Theoremen besteht.

Die theoretische Syntax untersucht die Struktur formalisierter Sprachen, außerdem analysiert sie solche wichtigen allgemeintheoretischen Probleme wie Widerspruchsfreiheit, Vollständigkeit und Unabhängigkeit der Axiome. Die Widerspruchsfreiheit bringt, ganz allgemein ausgedrückt, die innere Stimmigkeit eines Systems zum Ausdruck. Ein syntaktisches System heißt widerspruchsfrei, wenn in ihm nicht zwei Aussagen A und $\neg A$, d. h. zwei Aussagen, von denen die eine die Negation der anderen ist, ableitbar sind.[35]

Wenn sich ein System als syntaktisch widersprüchlich erweist, bedeutet das, daß es keine Interpretation dafür gibt und daß es folglich nicht imstande ist, irgendwelche realen Verhältnisse abzubilden.

Die Forderung nach Vollständigkeit eines syntaktischen Systems kann in einem starken und in einem schwachen Sinne formuliert werden. Ein System heißt syn-

[34] Vgl. H. WEYL, Philosophie der Mathematik und Naturwissenschaft, a. a. O., S. 20

[35] Diese Fassung des Prinzips der Widerspruchsfreiheit ist bereits nicht mehr „rein" syntaktisch, denn sie setzt die Deutung des Zeichens „¬" als „nicht", d. h. als Negation und des Symbols A als Aussage voraus, das entsprechende System ist also schon als (zweiwertige) Logik interpretiert. Darüber hinaus gibt es verschiedene und verschieden starke Definitionen der Widerspruchsfreiheit. Die im Text gebrachte Fassung bezeichnet die sog. klassische Widerspruchsfreiheit. Rein syntaktische Bestimmungen der Widerspruchsfreiheit gehen auf den amerikanischen Logiker E. L. POST zurück: ein Axiomensystem ist widerspruchsfrei, wenn nicht alle wohlgeformten Formeln des Systems aus den Axiomen ableitbar sind, d. h. wenn nach den Formationsregeln mehr Ausdrücke gebildet werden können, als nach den Umformungsregeln aus den Axiomen ableitbar sind. Speziell für die Aussagenlogik gibt es eine noch allgemeinere Fassung: ein Axiomensystem ist widerspruchsfrei in diesem Sinne, wenn eine einzelne Variable (die nach den Formationsregeln in allen Systemen eine wohlgeformte Formel ist) nicht ableitbar ist. (Anm. d. Hrsg.)

taktisch vollständig im starken Sinne, wenn in ihm jede Formel, die sich nach den Formationsregeln bilden läßt, beweisbar oder widerlegbar ist. Syntaktische Vollständigkeit eines Systems im schwachen Sinne bedeutet, daß das Hinzufügen einer Formel, die aus den Axiomen nicht ableitbar ist, das System widersprüchlich macht.

Die Forderung nach Unabhängigkeit der Axiome eines syntaktischen Systems betrifft die Beseitigung redundanter Axiome. Ein Axiom heißt syntaktisch unabhängig, wenn es aus den anderen Axiomen des Systems nicht ableitbar ist. Ein Axiomensystem heißt syntaktisch unabhängig, wenn keines seiner Axiome aus den jeweils übrigen ableitbar ist, d. h., wenn es keine Axiome enthält, die nicht unabhängig sind.

Von allen diesen Forderungen ist die wichtigste die Forderung der Widerspruchsfreiheit, denn davon, ob diese erfüllt ist, hängt das Schicksal des formalen Systems selbst ab. Die Forderung der Vollständigkeit garantiert die Möglichkeit, alle Ausdrücke des jeweiligen Systems abzuleiten oder zu widerlegen, jedoch kann eine nichtvollständige Theorie auch eine wesentliche Rolle in der Erkenntnis spielen. Am wenigsten wichtig ist die Forderung der Unabhängigkeit des Axiomensystems, denn jedes redundante, d. h. nicht unabhängige Axiom kann unter die Theoreme eingereiht werden. Jedoch auch diese Forderung kann nicht völlig ignoriert werden, denn redundante Axiome erschweren es, die Widerspruchsfreiheit zu beweisen, vor allem sind sie hinderlich, wenn die Rolle eines jeden Axioms im einzelnen geklärt werden soll.

Die Untersuchung interpretierter formaler Systeme bildet, wie bereits erwähnt, den Gegenstand der logischen Semantik. Auch bei semantischen Untersuchungen lassen wir uns hin und wieder implizit von inhaltlichen Überlegungen leiten. So verhält es sich bei der Auswahl formaler Systeme für die Untersuchung, bei der Festlegung der Axiome, der Grundbegriffe und -operationen. Bei semantischen Untersuchungen wird ein formales System stets zusammen mit seiner Interpretation betrachtet. Mit anderen Worten: Bei einer solchen Untersuchung hat man immer die Zuordnung eines formalen Systems zu einer inhaltlichen Theorie über einen gewissen Objektbereich, die als Interpretation dient, im Auge.

Der Unterschied zwischen dem syntaktischen und dem semantischen Herangehen läßt sich am besten am Beispiel logischer Systeme oder Kalküle illustrieren. Bei einem semantischen Herangehen werden unter den Symbolen eines Systems (z. B. des Aussagenkalküls) bestimmte Aussagen (Behauptungen) verstanden, die entweder wahr oder falsch sein können. Von den anderen Eigenschaften der Aussagen wird dabei abgesehen. Die grundlegenden Operationen sind die Ableitungen zusammengesetzter Aussagen mit Hilfe der Konjunktion, der Alternative, der Negation und der Implikation. Diese Operationen entsprechen im Grunde den inhaltlichen logischen Zusammenhängen, die durch die Verknüpfungen „und", „oder", „nicht", „wenn . . ., dann . . ." ausgedrückt werden. Der Wahrheitswert der zusammengesetzten Aussagen, die mit Hilfe der aufgezählten Operationen gebildet werden, wird mit Hilfe von Wahrheitsmatrizen oder Wahrheitswertetabellen bestimmt.

Bei einer syntaktischen Untersuchung beginnt die Darlegung des Systems sofort mit der Einführung einiger Axiome oder Ausgangsformeln. Indem man auf sie die angegebenen Ableitungsregeln anwendet, erhält man die beweisbaren Formeln oder Theoreme. Dieses Verfahren haben wir im Teil 2 betrachtet. Ein auf diesem Wege erhaltenes formallogisches System kann nun mit Hilfe von Operationen mit Aussagen interpretiert werden. Aber die logische Interpretation ist nicht die einzige, die für dieses System möglich ist. Anstelle von zwei Wahrheitswerten für Aussagen (Wahrheit und Falschheit) können z. B. auch zwei mögliche Stellungen eines Relais oder einer elektrischen Schaltung (offen und geschlossen) genommen werden. Auf dieser Interpretation beruht die Anwendung der mathematischen Logik auf die Analyse von Schaltsystemen. Anstatt mit Schaltsystemen zu experimentieren, kann man nun Vereinfachungen an formalen Ausdrücken herleiten und auf diese Weise die ökonomischste technische Lösung für eine Aufgabe bestimmen. Dieses Beispiel zeigt, daß syntaktische Untersuchungen nicht nur helfen, die Stringenz und Exaktheit logischer Ableitungen zu gewährleisten, sondern auch gestatten, die effektivsten Lösungen für technische Aufgaben zu finden. Im Zusammenhang mit der umfangreichen Anwendung kybernetischer Automaten, die verschiedene Seiten der Verstandestätigkeit der Menschen modellieren, wird die Bedeutung von Untersuchungen dieser Art immer weiter anwachsen.

Wie bereits bemerkt, sind die Grundforderungen, die an ein formales System gestellt werden, die der Widerspruchsfreiheit, der Vollständigkeit und der Unabhängigkeit. Dem semantischen Herangehen entsprechen auch semantisch gefaßte Definitionen dieser Forderungen, die oben unter syntaktischem Gesichtspunkt charakterisiert wurden.

Die semantische Widerspruchsfreiheit eines Systems kann auf zwei Wegen festgestellt und definiert werden. Erstens heißt ein System semantisch widerspruchsfrei, wenn es mindestens eine Interpretation oder ein Modell besitzt. Oft sagt man dafür auch, ein System sei semantisch widerspruchsfrei, wenn es realisierbar ist.

Der Beweis der Widerspruchsfreiheit mit Hilfe der Modellmethode ist jedoch, wie oben erwähnt, relativ. Mit dieser Methode reduzieren wir die Widerspruchsfreiheit eines Axiomensystems, beispielsweise der euklidischen Geometrie, auf die Widerspruchsfreiheit eines anderen Axiomensystems, z. B. der Arithmetik. Zu diesem Zweck definieren wir die Grundbegriffe der Geometrie mit Hilfe der Grundbegriffe der Arithmetik, derart, daß die Axiome der Geometrie eine logische Folge der Axiome der Arithmetik sind.[36] In diesem Falle müßte sich jeder Widerspruch in der Geometrie als ein Widerspruch in der Arithmetik zu erkennen geben. Dabei setzen wir die Zuverlässigkeit und Widerspruchsfreiheit der Arithmetik als von Anfang an festgestellt voraus, obwohl wir sie faktisch nicht beweisen. Der

[36] Vgl. H. WEYL, Philosophie der Mathematik und Naturwissenschaft, a. a. O., S. 18—20

Beweis der Widerspruchsfreiheit reduziert sich also mit der Modellmethode darauf, für ein neues System eine Interpretation in den Termini eines alten zu finden, an dessen Widerspruchsfreiheit wir nicht zweifeln. So verhielt es sich in der Geschichte der Geometrie tatsächlich.

In der ersten Zeit, als noch keine Interpretation für die nichteuklidische Geometrie LOBAČEVSKIJS bekannt war, hat dieser sie selbst vorsichtig „imaginär" genannt.[37] Erst 40 Jahre nach der Entdeckung der neuen Geometrie fand der italienische Mathematiker E. BELTRAMI eine lokale Interpretation auf einer Oberfläche konstanter negativer Krümmung. Später wurden weitere Interpretationen gefunden. Ein besonders einfaches Modell an einem Kreis in der euklidischen Geometrie hat F. KLEIN konstruiert. Die Widerspruchsfreiheit der euklidischen Geometrie wiederum kann mit Hilfe der arithmetischen Interpretation bewiesen werden. Auf diese Weise können wir zeigen, daß es, wenn es keine Widersprüche in der Arithmetik der reellen Zahlen gibt, auch keine logischen Widersprüche in der euklidischen und der nichteuklidischen Geometrie geben kann.

Mit anderen Worten: Die Aussagen der nichteuklidischen Geometrie sind von der gleichen Zuverlässigkeit wie die Ergebnisse der Arithmetik der natürlichen Zahlen, denn die Arithmetik der reellen Zahlen kann auf der Grundlage der Arithmetik der natürlichen Zahlen aufgebaut werden. Die Widerspruchsfreiheit der Arithmetik wiederum durch andere Theorien, insbesondere durch die Mengentheorie, zu beweisen, scheint jedoch eine aussichtslose Angelegenheit zu sein. HILBERT schlug deshalb hier einen zweiten Weg ein: Er versuchte, die Methode des direkten Beweises anzuwenden, welche zeigen soll, daß wir, wenn wir von den zugrunde gelegten Axiomen ausgehen und die Ableitungsregeln strikt einhalten, nie zu zwei einander widersprechenden Aussagen gelangen können.

HILBERTS Versuch, mit rein formalen Methoden die Widerspruchsfreiheit zu beweisen, konnte nicht verwirklicht werden. 1931 bewies der österreichische Mathematiker K. GÖDEL ein Theorem, welches besagt, daß die Widerspruchsfreiheit eines formalen Systems nicht mit den in diesem System formalisierten Mitteln gelöst werden kann.[38] Aus diesem Theorem wird ersichtlich, daß wir uns auf einer gewissen Etappe des Beweises dem inhaltlichen Schließen zuwenden müssen. Bei einer Analyse des HILBERTschen Programms zur Begründung der Mathematik hebt der polnische Mathematiker A. MOSTOWSKI zu Recht hervor, daß der einzig folgerichtige Standpunkt, der sowohl mit dem gesunden Menschenverstand als auch mit den Traditionen der Mathematik übereinstimmt, die Annahme ist, daß Quelle und letztendlich *raison d'être* des Begriffs der Zahl, der natürlichen ebenso wie der reellen, die Erfahrung und die praktische Anwendbarkeit sind.[39]

[37] So lautet der Titel einer in frz. Sprache erschienenen Abhandlung LOBAČEVSKIJS „Géométrie imaginaire" (Crelles Journal, 17, Berlin 1837). (Anm. d. Hrsg.)

[38] Dieses Theorem ist z. B. in S. C. KLEENE, Introduction to Metamathematics, Amsterdam 1952, p. 204—208 dargelegt.

[39] Vgl. A. MOSTOWSKI, The Present State of Investigations in the Foundations of Mathematics. „Rozpravy Mat.", IX, Warszawa 1955

Eine der wichtigsten Forderungen an ein formales System ist die Forderung nach dessen semantischer Vollständigkeit. Es ist üblich, absolute Vollständigkeit und Vollständigkeit bezüglich einer Interpretation (relative Vollständigkeit) zu unterscheiden. Ein System gilt als semantisch vollständig im absoluten Sinne, wenn in ihm alle Sätze, die jedes beliebige Modell des Systems erfüllen, und nur diese ableitbar sind. Ein formales System heißt vollständig bezüglich einer gewissen Interpretation (oder vollständig im relativen Sinne), wenn in ihm jeder Satz, dem in dieser Interpretation eine wahre Aussage entspricht, herleitbar ist. Anders ausgedrückt: Ein vollständiges System ermöglicht es, alle Sätze zu beweisen, die in einer bestimmten Interpretation des Systems wahr sind.

Da aber jedes System, das hinreichende Ausdrucksmittel enthält, um die Arithmetik der natürlichen Zahlen (z. B. in PEANOs Axiomensystem der natürlichen Zahlen) auszudrücken, unvollständig ist,[40] beschränkt man sich auf die schwächere Forderung nach Kategorizität (oder Monomorphie). Ein axiomatisches System heißt monomorph (oder kategorisch), wenn es widerspruchsfrei ist und wenn alle seine Modelle untereinander isomorph sind. Die Monomorphie eines Systems bestimmt demnach die Struktur aller seiner Interpretationen und damit auch eine Art von Vollständigkeit. So ist z. B. das erwähnte Axiomensystem von PEANO für die natürlichen Zahlen monomorph, weil alle seine Modelle Progressionen und folglich untereinander isomorph sind.

Damit ein System keine redundanten Axiome enthält, müssen diese so gewählt sein, daß sie voneinander unabhängig sind. Ein Axiom gilt in einem System als semantisch unabhängig, wenn es aus den übrigen Axiomen des Systems nicht herleitbar ist. Ein Axiomensystem wird semantisch unabhängig genannt, wenn alle seine Axiome semantisch unabhängig sind. Um die Unabhängigkeit eines Axioms zu beweisen, muß eine Interpretation des Systems gefunden werden, die alle anderen Axiome erfüllt außer dem gerade untersuchten. Dieses wird durch seine Negation ersetzt. Mit anderen Worten: Für den Beweis der Unabhängigkeit eines Axioms von den übrigen ist es notwendig, die Widerspruchsfreiheit eines Axiomensystems zu beweisen, das aus den übrigen Axiomen des ersten Systems und einem neuen Axiom besteht, welches die Negation des untersuchten Axioms ist.[41] Um z. B. die Unabhängigkeit des fünften Postulats von EUKLID (des Parallelenaxioms) von den übrigen Axiomen (den sogenannten Axiomen der absoluten Geometrie) zu beweisen, muß die Widerspruchsfreiheit eines Systems bewiesen werden, welches aus den Axiomen der absoluten Geometrie und dem

[40] Vgl. dazu Kapitel 9. Abschnitt 2 (Anm. d. Hrsg.)

[41] Im allgemeinen ist es nicht erforderlich, daß die neue Interpretation neben den restlichen Axiomen auch die Negation des fraglichen Axioms erfüllt. Die Unabhängigkeit des fraglichen Axioms ist bewiesen, wenn eine Interpretation aufgewiesen ist, die alle übrigen Axiome erfüllt und das fragliche Axiom nicht erfüllt. Der Beweis der Widerspruchsfreiheit des neuen Systems, das aus den restlichen Axiomen und der Negation des untersuchten Axioms entsteht, ist bereits ein weiterer Schritt. (Anm. d. Hrsg.)

Axiom von LOBAČEVSKIJ, der Negation des euklidischen Parallelenaxioms, besteht. Damit wird der Beweis für die Unabhängigkeit des fünften Postulats auf den Beweis der Widerspruchsfreiheit der LOBAČEVSKIJschen Geometrie zurückgeführt.

An die spezifische Aufgabe der Axiomatik — die Untersuchung der Axiome auf Widerspruchsfreiheit, Vollständigkeit und Unabhängigkeit — schließt sich unmittelbar das Problem an, neue Begriffe in axiomatischen und formalisierten Systemen zu definieren. Wir betrachten hier nur jene Arten von Begriffsdefinitionen, die in formalen Systemen am häufigsten benutzt werden.[42]

Die traditionelle Einteilung der Definitionen in reale und nominale geht auf ARISTOTELES zurück. Realdefinitionen beziehen sich auf reale Dinge und Erscheinungen, nominale auf sprachliche Zeichen. Nach dieser Einteilung sind die Definitionen, die in formalen Zeichensystemen verwendet werden, nominal. Sie werden ihrerseits wieder in syntaktische und semantische Definitionen eingeteilt. Syntaktische Definitionen stellen eigentlich Regeln dar, welche es gestatten, ein Zeichen (Symbol) durch ein anderes zu ersetzen. Gewöhnlich wird ein längerer und komplizierterer symbolischer Ausdruck durch einen einfacheren und kürzeren ersetzt. In den semantischen Definitionen berücksichtigt man die Bedeutung des zu definierenden Terminus oder Zeichens. Semantische Definitionen werden häufig noch weiter unterteilt in analytische und synthetische.

Allgemein kann man die Definitionen für Zeichensysteme nach folgendem Schema klassifizieren[43]:

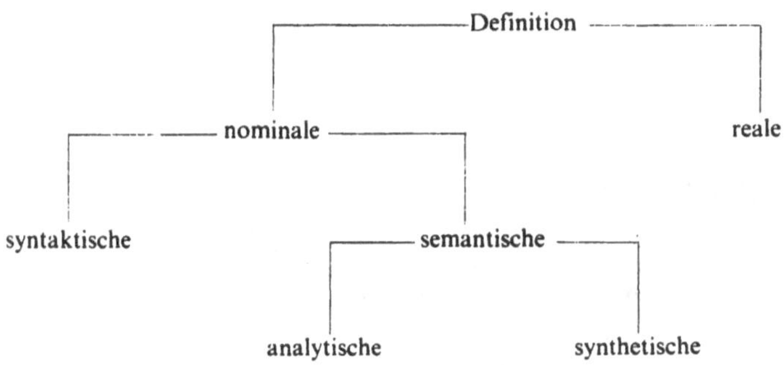

Die wichtigsten Arten syntaktischer Definition sind die induktiven und die impliziten Definitionen.

Induktive Definitionen dienen, wie bereits erwähnt, dazu, aus den Ausgangsobjekten einer formalen Theorie mit Hilfe eines in den Formationsregeln genau

42 Eine ausführliche Darstellung der Fragen, die mit der Definition von Begriffen und deren Bedeutung zusammenhängen, ist zu finden in: D. P. GORSKIJ, Über die Arten der Definition und ihre Bedeutung in der Wissenschaft. „Studien zur Logik der wissenschaftlichen Erkenntnis" Berlin 1967, S. 361—433

43 Dieses Schema wurde von R. ROBINSON vorgeschlagen, vgl. R. ROBINSON, Definition, Oxford 1950

angegebenen Verfahrens neue Objekte zu bilden. Wenn wir einen gewissen Vorrat an Ausgangsobjekten besitzen, erhalten wir durch wiederholte Anwendung der Formationsregeln alle übrigen Objekte der Theorie.

Die wichtigste Form impliziter Definitionen ist die Definition durch Axiome. Diese spielt in Axiomensystemen eine große Rolle. Sie wurde von BURALI-FORTI, einem Nachfolger G. PEANOS, ausführlich analysiert. Die Definitionen durch Axiome heißen implizite oder indirekte Definitionen, weil dabei die Eigenschaften des einzuführenden Terminus in den Axiomen exakt angegeben werden. Wir haben bereits angemerkt, daß es bei der formalen Darstellung der Geometrie für uns keine Notwendigkeit gibt, zu wissen, was die Termini „Punkt", „Gerade", „Ebene" bedeuten. Alle Eigenschaften, die dazu erforderlich sind, aus den Axiomen Theoreme abzuleiten, sind in den Axiomen aufgeführt. So besteht zwischen den Grundbegriffen und den Axiomen einer Theorie ein untrennbarer Zusammenhang: Man kann die Bedeutung eines Terminus nicht ändern, ohne dabei die Axiome zu ändern und umgekehrt.

Die letzte, jedoch nicht unwichtigste Aufgabe axiomatischer Untersuchungen ist es, die Prinzipien des logischen Folgerns und die Regeln für das Ableiten der Theoreme aus den Axiomen zu untersuchen. Auch dies kann sowohl auf syntaktischer wie auf semantischer Ebene getan werden. Diese Fragen bilden den Gegenstand der mathematischen Logik und überschreiten daher den Rahmen dieser Arbeit.[44]

4. Die Axiomatisierung der Mathematik und anderer Wissenschaften

Die axiomatische Methode entstand, wie wir wissen, vor mehr als 2300 Jahren in der aristotelischen Syllogistik und der Geometrie EUKLIDS. Jahrhundertelang war die Geometrie im wesentlichen das einzige Anwendungsgebiet der Axiomatik.

Nach dem Erscheinen der „Elemente" EUKLIDS versuchten viele Kommentatoren, die axiomatische Darstellung der Geometrie zu verbessern, und zwar durch eine Vergrößerung der Anzahl der Axiome, deren Mangelhaftigkeit bereits antiken Mathematikern bewußt geworden war. Wenn es dadurch auch gelang, in gewissem Maße einzelne Mängel der EUKLIDschen Darstellung zu verbessern, ergaben diese Arbeiten jedoch in prinzipieller Hinsicht nichts Neues. Hinzu kommt, daß die Hauptanstrengungen der Kommentatoren darauf gerichtet waren, EUKLID gerade dort zu berichtigen, wo er zweifellos recht hatte. Es handelt sich um das fünfte Postulat, das Parallelenaxiom, welches viele Mathematiker erfolglos mit Hilfe der anderen Axiome zu beweisen versuchten. Wir wollen auf solche Versuche nicht im einzelnen eingehen, sondern bemerken, daß alle diese „Beweise" Fehler

[44] Für die Beschäftigung mit diesem Gegenstand vgl. z. B.
P. S. NOVIKOV, Grundzüge der mathematischen Logik, Berlin 1973
G. ASSER, Einführung in die mathematische Logik, Teil I—II, Leipzig 1959 und 1972
K. BERKA und L. KREISER, Logik-Texte, Berlin 1971
G. KLAUS, Moderne Logik, Berlin 1964

enthalten, die größtenteils darin bestehen, daß in diesen Beweisen stillschweigend Voraussetzungen benutzt wurden, die dem fünften Postulat äquivalent sind.

Die Entdeckung der nichteuklidischen Geometrie stimulierte in bedeutendem Maße auch die Analyse, Überprüfung und Revision der Axiome der euklidischen Geometrie. Der erste bedeutende Schritt in dieser Richtung wurde von M. PASCH in seinen „Vorlesungen über neuere Geometrie" (1882) getan. Sein Hauptverdienst besteht darin, daß er als erster die bis dahin versteckt gebliebenen und stillschweigend benutzten Anordnungsaxiome, welche die Anordnung von Punkten auf einer Geraden definieren, formulierte und in die Geometrie einführte. Allerdings betrachtet PASCH nicht Geraden und Ebenen, sondern lediglich Strecken und begrenzte Flächen- und Raumstücke, mit der Begründung, daß uns unbegrenzte Geraden, Ebenen und Räume in der Erfahrung nicht gegeben sind. Aber auch Strecken, Flächen- und Raumstücke sind abstrakte Objekte und nicht unmittelbar in der Erfahrung gegeben. Dadurch, daß er Strecken, Flächen- und Raumstücke als Grundbegriffe einführte, komplizierte er das Axiomensystem der Geometrie beträchtlich und machte dessen Darlegung höchst schwerfällig.

Etwa in den gleichen Jahren wurden sorgfältig durchgeführte Untersuchungen zur logischen Begründung der Geometrie durch eine von G. PEANO geleitete Schule italienischer Mathematiker abgeschlossen. Der PEANO-Schüler M. PIERI setzte sich in der Arbeit „Della geometria come sistema ipotetico-deduttivo" (1899) das Ziel, alle Begriffe dieser Wissenschaft auf die zwei Grundbegriffe „Punkt" und „Bewegung" zurückzuführen. Damit wurde jedoch das System der Geometrie außerordentlich kompliziert.

Die im Jahre 1889 veröffentlichten Grundlagen der Geometrie D. HILBERTS gingen bedeutend über die vorangegangenen Versuche, die euklidische Geometrie axiomatisch darzustellen, hinaus. Sie wurden zu einem klassischen Werk.[45] HILBERT baute ein derart vollkommenes Axiomensystem der Geometrie auf, daß sein Buch bis heute als Muster dient. Die insgesamt zwanzig Axiome der Geometrie teilt HILBERT in fünf Gruppen ein: In den Axiomen der ersten Gruppe wird zwischen den Begriffen „Punkt", „Gerade" und „Ebene" eine Verknüpfung hergestellt („Axiome der Verknüpfung", Inzidenz-Axiome); die Axiome der zweiten Gruppe bestimmen den Begriff „zwischen", sie ermöglichen die Anordnung der Punkte auf einer Geraden, in einer Ebene und im Raume (das sind die von M. PASCH untersuchten „Axiome der Anordnung"); die Axiome der dritten Gruppe definieren den Begriff der Kongruenz; die vierte Gruppe besteht lediglich aus dem Parallelenaxiom; die fünfte Gruppe schließlich enthält die Axiome der Stetigkeit.

Eine derartige Einteilung der Axiome in Gruppen gibt die Möglichkeit, sich die logische Struktur klar vorzustellen und, was besonders wichtig ist, zu verfolgen,

[45] Eine vorzügliche geschichtliche Darstellung gibt В. Ф. КАГАН, Основания геометрии, ч. II, Москва 1957

inwieweit es möglich ist, die Geometrie zu entwickeln, indem man sich nur auf die Axiome einer oder einiger dieser Gruppen stützt. So können wir z. B. dadurch, daß wir das Parallelenaxiom aus der Betrachtung ausschließen, alle Theoreme der absoluten Geometrie herleiten.[46] Nach den Arbeiten HILBERTS wurde damit begonnen, verschiedene Teile der Geometrie (die hyperbolische und die elliptische Geometrie, die Differentialgeometrie, die projektive Geometrie usw.) axiomatisch aufzubauen. Gegenwärtig sind die wichtigsten geometrischen Theorien axiomatisiert. Dadurch, daß man die Axiome vorliegender Theorien variierte, wurden neue wertvolle Resultate erzielt.

Die gegenwärtige Forschung zur Axiomatisierung der Geometrie ist durch eine Formalisierung der Theorie gekennzeichnet. Damit wird es möglich, metamathematische Methoden auf die Untersuchung geometrischer Theorien anzuwenden. Eine große Zahl derartiger Arbeiten wurde auf einem internationalen Symposium zur axiomatischen Methode, das Ende 1957 bis Anfang 1958 an der California University stattfand, vorgetragen.[47]

In der Arithmetik wurde die axiomatische Methode bedeutend später angewandt als in der Geometrie. Erst gegen Ende des vorigen Jahrhunderts wurden Axiomensysteme der natürlichen Zahlen ausgearbeitet. Das besondere Interesse für die natürlichen Zahlen erklärt sich damit, daß es möglich ist, alle anderen Zahlenbereiche (rationale, irrationale und komplexe Zahlen) auf den natürlichen Zahlen aufzubauen. Darüber hinaus reduziert sich auch die Geometrie in ihrer analytischen Interpretation auf die Untersuchung der Eigenschaften ganzer Zahlen[48] (genauer gesagt, auf endliche oder unendliche Gesamtheiten solcher Zahlen).

Die Theorie der natürlichen Zahlen kann auf einer minimalen Anzahl von Grundbegriffen und Axiomen aufgebaut werden. Gegen Ende des vorigen Jahrhunderts wurden von R. DEDEKIND, CH. S. PEIRCE, G. FREGE, G. CANTOR, G. PEANO u. a. verschiedene Axiomensysteme für die natürlichen Zahlen aufgebaut. Das bekannteste wurde das PEANOsche Axiomensystem, das sich in vieler Hinsicht auf das System von DEDEKIND stützt. In diesem System werden drei Grundbegriffe (d. h. undefinierte Begriffe) verwendet: „Null“, „Zahl“ und „Nachfolger“.

Als Axiome fungieren die folgenden fünf Sätze:

1. Null (0) ist eine Zahl.
2. Der Nachfolger irgendeiner Zahl ist eine Zahl.
3. Es gibt nicht zwei Zahlen mit demselben Nachfolger.
4. Null ist nicht Nachfolger irgendeiner Zahl.
5. Jede Eigenschaft der Null, die auch der Nachfolger jeder Zahl mit dieser Eigenschaft besitzt, kommt allen Zahlen zu.

[46] Diese Geometrie heißt absolut, weil sie als Bestandteil sowohl in die euklidische als auch in die nichteuklidische Geometrie eingeht.

[47] „The Axiomatic Method with Special Reference to Geometry and Physics“, Amsterdam 1959

[48] B. RUSSELL, Einführung in die mathematische Philosophie, a. a. O., S. 4

Die letzte Behauptung ist, wie man leicht sieht, das Prinzip der mathematischen Induktion. Mit Hilfe der drei Grundbegriffe und der fünf Axiome kann man jede beliebige natürliche Zahl definieren, denn nach dem zweiten Axiom besitzt jede natürliche Zahl einen Nachfolger.

Das Axiomensystem von PEANO wird jedoch nicht nur von den natürlichen Zahlen erfüllt. In der Tat bleiben alle fünf Axiome PEANOs gültig, wenn man unter „Null" die 1, unter „Zahl" und „Nachfolger" die unendliche Zahlenfolge $\frac{1}{2}, \frac{1}{4}, \ldots$ versteht, in der man jeden Nachfolger aus dem Vorgänger durch Multiplikation mit $\frac{1}{2}$ erhält. Man kann eine ganze Menge anderer Interpretationen aufweisen, für die die Axiome von PEANO gültig bleiben. Dieser Umstand veranlaßte FREGE und RUSSELL, eine logische Definition des Zahlbegriffs zu suchen, um so die Mehrdeutigkeit der Interpretationen zu beseitigen. Darauf werden wir im siebenten Kapitel ausführlicher eingehen.

In der Algebra ist die Axiomatisierung unmittelbar mit speziellen Untersuchungen verbunden und dient nicht nur dazu, die Theorie strenger darzustellen oder tiefer in das Wesen der Theorie einzudringen.[49]

Mit Hilfe der axiomatischen Methode werden die wesentlichsten Eigenschaften solcher fundamentaler algebraischer Begriffe wie Ring, Gruppe und Körper charakterisiert. So kann man z. B. eine Gruppe definieren als ein System von Elementen a, b, c ... mit einer gewissen (Multiplikation genannten) Gruppenoperation, welche zwei Elementen a, b ein eindeutig definierbares Gruppenprodukt a, b nach den folgenden Axiomen zuordnet:

1. Für beliebige Elemente a, b, c gilt das assoziative Gesetz: $a \cdot (b \cdot c) = (a \cdot b) \cdot c$.
2. Es existiert ein Einselement 1 derart, daß $1a = a$.
3. Zu jedem Element a gibt es ein inverses Element a^{-1}, derart, daß $a \cdot a^{-1} = 1$.

Ein wesentlicher Zug des Axiomensystems der Gruppentheorie ist, daß es, ebenso wie das anderer algebraischer Theorien, unvollständig ist. Dieser Umstand macht diese Theorien jedoch durchaus nicht nutzlos, wenn er auch ihre formale Untersuchung erschwert.

Im Zusammenhang mit den Antinomien der CANTORschen Mengentheorie, über die wir im dritten und im sechsten Kapitel sprechen werden, wurden zu Beginn unseres Jahrhunderts Versuche angestellt, den Mengenbegriff zu präzisieren, um diese Antinomien auszuschließen. Als Mittel für die Lösung dieser Schwierigkeiten wurde die axiomatische Methode gewählt. Es wurden zwei Axiomensysteme der Mengentheorie geschaffen: das auf der Typentheorie basierende System RUSSELLs und das typenfreie System E. ZERMELOs. In der Typentheorie RUSSELLs werden die in der Mengentheorie entstandenen Antinomien dadurch ausgeschlossen, daß das Prinzip der Mengenbildung eingeschränkt wird. Es wird eine Hierarchie von Typen eingeführt: Individuen haben den Typus 0,

[49] E. W. BETH, Foundations of Mathematics, Amsterdam 1959, p. 132

eine Menge oder Klasse dieser Individuen hat dann den Typus 1, eine Menge, deren Elemente Mengen mit dem Typus 1 sind, hat selbst den Typus 2 usw. Es wird verboten, daß eine Klasse Elemente enthält, die vom gleichen Typus sind wie die Klasse.[50] Damit wird insbesondere auch die Menge aller Mengen, die sich selbst als Element enthalten, (die RUSSELLsche Antinomie) aus der Betrachtung ausgeschlossen. In der Folgezeit wurden die Axiomensysteme von RUSSELL und ZERMELO durch andere Mathematiker vervollständigt und verbessert. So entstanden die Systeme von ZERMELO-FRAENKEL, NEUMANN-BERNAYS, QUINE u. a.[51]

Alle diese Axiomensysteme der Mengentheorie haben hauptsächlich das Ziel, den Mengenbegriff so abzugrenzen, daß er nicht zu Antinomien führt. Die Schule von BOURBAKI benutzt seit den dreißiger Jahren die axiomatische Methode, um die mathematischen Theorien aus der allgemeinen Mengenlehre herzuleiten. Auf der Grundlage der axiomatischen Mengentheorie, heißt es bei BOURBAKI, kann die gesamte gegenwärtig bekannte Mathematik aufgebaut werden.[52]

Von den nichtmathematischen Wissenschaften war es zuerst die Physik, die die axiomatische Methode benutzte. Zwar hatte sie schon ARISTOTELES auf die Logik angewandt, jedoch fand sie erst mit der NEWTONschen Darstellung der Grundlagen der Mechanik wirklichen Eingang in außermathematische Wissenschaften.

Nach NEWTON wurden verschiedene Gebiete der Physik, von der Mechanik und der Thermodynamik bis hin zur relativistischen Mechanik, einige Teile der Quantenmechanik und der Kosmologie, axiomatisiert.

Am erfolgreichsten wurde die axiomatische Methode bisher in der Mechanik angewendet; es wurden Axiomensysteme der Quantenmechanik, der Festkörpermechanik und der relativistischen Mechanik aufgebaut, die meistenteils auf kinematischen Begriffen wie „Ort", „Geschwindigkeit", „Beschleunigung" usw. aufbauen.

Es gibt jedoch auch axiomatische Theorien dynamischen Typs, d. h. solche, in denen Begriffe der Dynamik als Grundbegriffe auftreten: Masse, Kraft, Impuls usw. Diese Theorien sind ihrer Struktur nach sogar einfacher. Da jedoch dynamische Größen über kinematische definiert werden müssen, zieht man es meistens vor, die Axiomensysteme der Mechanik auf kinematischen Begriffen aufzubauen, wobei zweifellos auch der Umstand eine Rolle spielt, daß kinematische Grundbegriffe einer unmittelbaren empirischen Interpretation zugänglich sind. HERMES betrachtet die kinematischen Begriffe als für diesen Zweck am besten geeignet.[53]

50 Oder, was dasselbe in prädikatenlogischer Ausdrucksweise besagt: Wenn eine Aussagenfunktion (ein mengenerzeugender Ausdruck) vom Typus n ist, müssen die Argumente vom Typus n — 1 sein. (Anm. d. Hrsg.)

51 Für eine Übersicht über diese Systeme vgl.
HAO WANG and R. MCNAUGHTON, Les systèmes axiomatiques de la théorie des ensembles, Paris 1953

52 N. BOURBAKI, Foundations of Mathematics for the Working Mathematician, „Journal of Symbolic Logic", vol. 14 (1949), p. 1—8

53 H. HERMES, Zur Axiomatisierung der Mechanik, „The Axiomatic Method with Special Reference to Geometry and Physics", a. a. O., p. 283

Die Axiomatisierung der Physik stößt auf eine Reihe von Schwierigkeiten prinzipiellen Charakters. Bei der Axiomatisierung der Mathematik abstrahieren wir vom konkreten Inhalt der Termini und Sätze und richten unsere ganze Aufmerksamkeit auf die formale Struktur der untersuchten Theorie. Völlig anders verhält es sich in der Physik und anderen Erfahrungswissenschaften. Hier werden die Begriffe stets in ihrer konkreten Bedeutung verwendet, sonst würde sich die Physik in Mathematik verwandeln. Außerdem werden in der Physik alle Schlußfolgerungen im Experiment, in der Erfahrung überprüft. Dementsprechend muß von der Theorie gefordert werden, daß ihre Voraussagen mit den experimentellen Daten übereinstimmen. Und schließlich ist ein Physiker vor allem an der Möglichkeit interessiert, mit der Theorie eine möglichst große Klasse von Erscheinungen zu erfassen, während den Logiker vor allem die Strenge und die Abgeschlossenheit der Theorie interessieren. Für den Physiker ist eine Theorie darum vor allem von Interesse als ein Weg dazu, eine bessere Theorie zu schaffen, besser jedoch nicht im Sinne der formalen Strenge des Aufbaus, sondern im Sinne ihrer weiteren Entwicklung und Verallgemeinerung.[54]

Die Ziele des axiomatischen Aufbaus einer physikalischen Theorie hängen in wesentlichem Maße davon ab, wie die Theorie selbst aufgefaßt wird. Wird eine Theorie verstanden als ein Mittel zur Erklärung der physikalischen Realität, d. h. als eine formale Konstruktion, in der empirische Daten auf deduktive Weise verknüpft werden, dann ist es natürlich, jene Axiomatisierung als die bessere zu betrachten, die den Forderungen nach formaler Strenge am meisten entspricht. Die Erwägungen der formalen Stringenz werden jedoch zweitrangig, wenn wir bestrebt sind, die Sätze der Theorie entweder aus unmittelbar überprüfbaren Ausgangsbehauptungen oder aus solchen Grundprinzipien, deren Folgerungen experimentell überprüfbar sind, abzuleiten. Die Axiomatisierung bildet daher nur einen Teilaspekt der Entwicklung einer physikalischen Theorie und nicht den wichtigsten.

Neben dem axiomatischen Aufbau physikalischer Theorien und der damit zusammenhängenden deduktiven Methode der Gewinnung von Folgerungen aus den Axiomen spielt in den theoretischen Überlegungen eines Physikers die Methode der mathematischen Hypothese eine bedeutende Rolle. Diese Methode ist ihrem Wesen nach eine Anwendung der hypothetisch-deduktiven Methode auf die Physik. Als Hypothesen werden hier gewisse Behauptungen betrachtet, die in Gestalt von Gleichungen zwischen bestimmten physikalischen Größen ausgedrückt sind. Solche Hypothesen kann man gewinnen, indem man die Gleichungen vorliegender Theorien variiert. Auf einem solchem Wege kann z. B. die Quantenmechanik formal-mathematisch aus der klassischen Mechanik gewonnen werden. Die Suche nach einer richtigen Hypothese stellt jedoch eine äußerst schwierige Aufgabe dar, für die es kein festliegendes Schema gibt. Ist die Hypothese je-

54 P. Fevrie, Logical Structure of Physical Theories, „The Axiomatic Method ...“, a. a. O., p. 377

doch einmal gefunden, kann man aus ihr Schlußfolgerungen ziehen und diese experimentell überprüfen, womit die Hypothese entweder bestätigt oder widerlegt wird.

Außer in der Physik und der Kosmologie wurde die axiomatische Methode in den letzten Jahren auch in der Biologie angewandt, und zwar sowohl dazu, bestimmte Gebiete der Genetik darzustellen, als auch dazu, eine spezielle biologische Sprache zu schaffen. Hier sind in erster Linie die Arbeiten des englischen Wissenschaftlers J. H. WOODGER zu erwähnen, der einer der Pioniere der Anwendung exakter logisch-mathematischer Methoden in dieser Wissenschaft ist.[55]

Die Anwendung der axiomatischen Methode in nichtmathematischen Wissenschaften setzt gewöhnlich erst dann ein, wenn in diesen Wissenschaften die gebräuchlichen mathematischen Methoden der quantitativen Analyse der Erscheinungen, z. B. die Methoden der Analysis und der Statistik, eine hinreichende Verbreitung erlangt haben. Die Anwendung der axiomatischen Methode in der Biologie wurde erst sinnvoll und möglich, nachdem sich die mathematischen Methoden eingebürgert hatten. Das erklärt auch weitgehend, warum der Versuch SPINOZAS, die Ethik zu axiomatisieren, ebensowenig erfolgreich war wie der Versuch RODBERTUS', die politische Ökonomie, und der Versuch VICOS, die Ethnologie axiomatisch darzustellen.

Je tiefer wir in eine Erscheinung eindringen, desto größere Möglichkeiten haben wir, die in ihr auftretenden Größen quantitativ zu erfassen und folglich die Mathematik und auch die axiomatische Methode anzuwenden. Es darf jedoch nicht vergessen werden, daß die axiomatische Methode nur dann anwendbar ist, wenn die Begriffe, auf die sie angewandt wird, einen relativ stabilen und fixierten Inhalt besitzen, da sie von der Veränderung und Entwicklung der Begriffe abstrahiert. Sie kann deshalb keine universelle Erkenntnismethode sein.

5. *Bedingungen und Grenzen der Anwendung der axiomatischen Methode*

Axiomatisierung und Formalisierung einer wissenschaftlichen Theorie ermöglichen es, die Struktur dieser Theorie besser klären und die logischen Abhängigkeiten zwischen den verschiedenen Elementen der Theorie deutlicher darstellen zu können. Um eine richtige Vorstellung von den Möglichkeiten der axiomatischen Methode zu bekommen, muß man ihre Anwendungsbedingungen kennen. Dazu ist es vor allem nötig, den Unterschied zwischen den Forschungsmethoden zu klären, die beim inhaltlichen bzw. beim formalen (axiomatischen) Herangehen verwendet werden.

Eine inhaltliche Theorie besitzt gewöhnlich keine exakt festgelegte Struktur. Bei der Herleitung von Sätzen aus anderen werden die Ableitungsregeln als selbstverständlich vorausgesetzt. Oft wird dabei auf die Intuition Bezug genommen, der

[55] J. H. WOODGER, The Axiomatic Method in Biology, Cambridge 1937
J. H. WOODGER, Biology and Language, Cambridge 1952

Bestand an logischen Mitteln, die in den Ableitungen verwendet werden, bleibt unbestimmt.

Ein formales System beseitigt diese Mängel inhaltlicher Theorien. Es besitzt eine explizit bezeichnete Struktur und exakt definierte Konstruktions- und Ableitungsregeln. Ein formales System kann zwar in gewissem Sinne unabhängig von einer Interpretation erforscht werden, aber dieses Moment spielt insgesamt eine relativ untergeordnete Rolle in der Entwicklung einer Theorie. Es gehört nicht zu unserer Aufgabe, die Wechselbeziehungen von inhaltlichen und formalen Momenten in der Entwicklung einer Theorie ausführlich zu verfolgen. Im Zusammenhang mit dem uns interessierenden Problem sind drei Aspekte hervorzuheben, die die Priorität einer inhaltlichen Theorie gegenüber der formalen bedingen.

Erstens hängen die Struktur und die Eigenschaften eines formalen Systems letzten Endes von den Besonderheiten jener inhaltlichen Theorie ab, deren Formalisierung es ist.

Zweitens beziehen wir uns bei der Untersuchung formaler Systeme stets auf eine Metatheorie, in der wir die Eigenschaften der Formalismen und die in ihnen zulässigen Schlußweisen beschreiben. Man muß sich daran erinnern, daß sich die metatheoretischen Schlußweisen ebenso wie das Schließen in einer inhaltlichen Theorie auf den Sinn und den Inhalt stützen und daß die Schlußfolgerungen eine intuitive Überzeugungskraft besitzen.

Drittens hat die Untersuchung der Formalismen gezeigt, daß keine wie auch immer geartete Formalisierung einer hinreichend reichhaltigen inhaltlichen Theorie vollständig ist. In einem gewissen Sinne ist das Wechselverhältnis zwischen einer inhaltlichen Theorie und einem formalen System dem Verhältnis zwischen einem Gegenstand und seinem Modell vergleichbar. Ähnlich wie ein Modell niemals eine allseitige und erschöpfende Kenntnis des Gegenstandes liefern kann, kann auch ein formales System nicht alle Besonderheiten und Eigenschaften einer inhaltlichen Theorie vollständig ausdrücken.

Wir wollen nun die Wechselbeziehungen zwischen der inhaltlichen und der formalen Seite im Prozeß der theoretischen Erkenntnis etwas ausführlicher betrachten.

Die erste Etappe besteht darin, daß eine inhaltliche Theorie aufgebaut wird, in deren Begriffen und Aussagen die objektiven Gesetzmäßigkeiten eines Gegenstandsbereiches der realen Welt widergespiegelt werden. Diese Theorie kann dann in verschiedenen formalen Systemen formalisiert werden, in denen bestimmte Eigenschaften der inhaltlichen Theorie widergespiegelt werden. Die formalen Systeme widerspiegeln also indirekt über die zugrunde gelegten inhaltlichen Theorien Beziehungen und Eigenschaften eines gewissen Bereiches der realen Welt. Ein formales System ist also eine Art Abstraktion von Abstraktionen, wie sie in der Mathematik üblich sind.

Unter logisch-mathematischem Gesichtspunkt unterscheiden sich verschiedene formale Systeme voneinander durch ihre Struktur, d. h. durch den Bestand an Ausgangsobjekten (dem Alphabet, wie man oft sagt) und durch die zugrunde gelegten Axiome und Ableitungsregeln. Beispielsweise unterscheidet sich der Prädikatenkalkül der mathematischen Logik, der eine Erweiterung des Aussagenkalküls darstellt, von letzterem grundlegend sowohl durch die Axiome und Ableitungsregeln als auch durch das Alphabet, denn der Prädikatenkalkül betrachtet nicht nur Aussagenverknüpfungen, sondern auch die innere Struktur elementarer Aussagen. Das zeigt, wie die inhaltliche Betrachtungsweise die Struktur der zu schaffenden formalen Theorie beeinflußt.

Es erhebt sich die Frage, wie der Anwendungsbereich formaler Systeme beschaffen ist und wo man den größten Effekt bei der Anwendung formaler Untersuchungsmethoden erwarten kann. Die Entwicklung der modernen Logik zeigt, daß in den formalen Systemen hauptsächlich solche Schlußweisen modelliert werden, die für die deduktiven Wissenschaften charakteristisch sind (Mathematik, einige Bereiche der theoretischen Physik und der theoretischen (mathematischen) Naturwissenschaft überhaupt).

Die wichtigste Besonderheit der deduktiven Wissenschaften ist die Anwendung der axiomatischen Methode beim Aufbau der Theorie. Diese Methode legt die logischen Zusammenhänge zwischen fertigen und unveränderlichen Begriffen und Aussagen fest. Folglich erzielt die axiomatische Methode (und erzielen die formalen Methoden überhaupt) den größten Effekt in den Bereichen der Wissenschaft, wo die verwendeten Begriffe eine bedeutende Stabilität besitzen bzw. wo man von ihrer Veränderung und Entwicklung absehen kann. Unter diesen Bedingungen erlangt die Untersuchung der inneren logischen Wechselbeziehungen zwischen den verschiedenen Elementen der Theorie eine große Bedeutung. Deshalb sind die bedeutendsten Ergebnisse bei der Axiomatisierung und Formalisierung von Theorien in der Mathematik und den mathematischen Naturwissenschaften anzutreffen.

In den letzten Jahren drangen und dringen formale Methoden immer mehr auch in die theoretische Physik, in die Biologie, in die strukturelle Linguistik und in die mathematische Ökonomie ein. Allerdings muß sich ein Forscher hier mit einer ganzen Reihe von Schwierigkeiten auseinandersetzen, die darin bestehen, die vorliegenden Mittel und Methoden der formalen Analyse an die außerordentlich komplizierten Situationen anzupassen, die in diesen Wissenschaften untersucht werden. Die Formalisierung sichert jedoch zumindest eine Systematisierung wissenschaftlicher Erkenntnisse. Eine solche Systematisierung ermöglicht es, einen bedeutenden Teil des Inhalts einer Theorie aus einer vergleichsweise geringen Zahl von Voraussetzungen (Axiomen) zu erhalten. In der Mathematik konnten in dieser Hinsicht die erstaunlichsten Resultate erreicht werden.

In gewissen Fällen können wir die entsprechenden Theoreme auf rein mechanischem Wege erhalten. Das wird dadurch erreicht, daß der Prozeß der Beweisführung formalisiert wird, d. h., der Beweis eines Theorems wird in elementare Schritte aufgegliedert. Diese elementaren Schritte sind bedeutend trivialer als die großen Schritte, die ein Mathematiker in seiner praktischen Arbeit gewöhnlich tut. Es ist klar, daß die Aufgliederung eines Beweises in eine große Zahl elementarer Schritte die Arbeit eines Mathematikers bedeutend verlangsamen würde und es erschwert, den gesamten Beweis und einzelne größere Beweisabschnitte zu überblicken. Deshalb macht ein Mathematiker davon auch praktisch keinen Gebrauch, wenn er ein Theorem beweist.

Erst die Entwicklung elektronischer Rechenmaschinen machte die Methoden der Formalisierung der Beweisführung praktisch sinnvoll und verwertbar. Für den Menschen sind die Aufgliederung eines Beweises in eine große Anzahl elementarer Schritte ebenso wie die Durchführung langer Berechnungen eine äußerst ermüdende, einförmige und uninteressante Arbeit, die zudem durch seine natürlichen Gaben (Gedächtnis, Aufmerksamkeit, Ermüdbarkeit usw.) begrenzt ist. Für die Maschine existieren diese Grenzen nicht. Die Formalisierung eines Beweises und seine Aufgliederung in elementare Schritte machen es möglich, elektronische Rechenmaschinen für die Überprüfung von Beweisen einzusetzen. Hao Wang weist darauf hin, daß eben auf diesem Wege schließlich die wichtigste Anwendung der Mathematik zu finden sein wird, die auf deren Wesen und nicht auf zufälligen Momenten beruht und darin besteht, mit Beweisen ebenso effektiv zu verfahren wie mit Berechnungen. So hat es z. B. eine gewisse Vorarbeit bereits gestattet, auf einem Universalautomaten alle Theoreme der Quantorenlogik mit Identität aus den Russell-Whiteheadschen „Principia Mathematica" (neuntes Kapitel) in weniger als 9 Minuten zu beweisen.[56]

B. Meltzer weist darauf hin, daß die Anwendung von Rechenmaschinen für das Beweisen von Theoremen bisher in zwei Richtungen vor sich ging: Die eine Richtung sucht heuristische Methoden, die auf der Beobachtung dessen beruhen, wie Menschen Mathematik betreiben. Die andere Richtung verwendet Methoden der Metamathematik. Hierzu gehört insbesondere die „resulution method" von J. A. Robinson, die darauf beruht, daß die Axiome und die Negation des zu testenden Theorems auf die konjunktive Normalform gebracht und dem Computer eingegeben werden, so daß das Input aus einer Menge von Sätzen (clauses) besteht, von denen jeder aus einer Alternative atomarer Prädikate gebildet wird. Das behauptete Theorem ist dann und nur dann ein Theorem, wenn die Konjunktion dieser *clauses* unerfüllbar ist. Robinsons „resulution method" entscheidet die

[56] Hao Wang, Process and Existence in Mathematics, „Essays on the Foundations of Mathematics", ded. to A. A. Fraenkel on his Seventieth Anniversary, ed. by Y. Bar-Hillel. Jerusalem, Magna Press, 1961, p. 323
1958 wurde im Rechenzentrum (jetzt Institut für Kybernetik) der Akademie der Wissenschaften der Ukrainischen SSR die Richtigkeit der Beweise von Theoremen überprüft, die ein Jahr vorher auf diesem neuen Gebiet der Mathematik gewonnen wurden. Vgl.
В. М. Глушков, Мышление и кибернетика. „Вопросы философии", 1963, №. 1

Erfüllbarkeit oder Unerfüllbarkeit der konjunktiven Normalform durch Iteration einer einzigen Operation.[57]

Heuristische Methoden hingegen können vor allem dazu beitragen, ein anderes, weitaus komplizierteres Problem zu lösen: das Problem, einen Beweis zu finden und nicht nur zu überprüfen.[58] Es ist jedoch, wie HAO WANG bemerkt, absurd, anzunehmen, wir könnten eine Maschine mit dem Unterbewußtsein POINCARÉS ausstatten.[59] Das weist darauf hin, daß die Formalisierung im Prozeß der wissenschaftlichen Forschung eine Hilfsrolle spielt und die Intuition und die wissenschaftliche Erfahrung die bestimmenden Faktoren in der Forschung bleiben.

Nachdem wir die Anwendungsbedingungen formaler Forschungsmethoden betrachtet haben, können wir dazu übergehen, die Möglichkeiten und Grenzen der Axiomatisierung und Formalisierung einer Theorie einzuschätzen. Eine solche Einschätzung kann einerseits vom Standpunkt der mathematischen Logik aus vorgenommen werden, andererseits vom Standpunkt der Erkenntnistheorie und der Methodologie anderer Wissenschaften aus.

Die wichtigsten Ergebnisse, die eine Einschätzung der Anwendungsmöglichkeiten der axiomatischen Methode vom Standpunkt der Logik aus gestatten, gehen auf den Mathematiker und Logiker KURT GÖDEL zurück. Er bewies 1931 im Alter von 23 Jahren seinen berühmten Satz, wonach jedes System, welches hinreichende Ausdrucksmittel enthält, nicht vollständig sein kann. Dies übte einen revolutionierenden Einfluß auf die gesamte Grundlagenforschung der Mathematik aus.

Bis zu GÖDELS Entdeckung herrschte die Meinung, daß es in jedem Bereich der Mathematik und Logik möglich sei, ausgehend von den Axiomen, eine unbegrenzte Zahl von wahren Sätzen über den entsprechenden Bereich zu gewinnen. Die ersten Untersuchungen zum Problem der Vollständigkeit logischer Kalküle schienen diese Meinung zu bestätigen. 1919 hatte der amerikanische Mathematiker und Logiker E. L. POST das Problem der Vollständigkeit für den Aussagen-

[57] B. MELTZER, Some Recent Developments in Complete Strategies for Theorem-Proving by Computer, „Zeitschrift für Mathematische Logik und Grundlagen der Mathematik", Bd. 14 (1968), H. 5, S. 377

[58] Zu den logischen Verfahren, die dabei Verwendung finden, vgl.
SEREBRJANNIKOV legt ein Verfahren zur Bestimmung der Folgen aus einer Prämissenmenge und ein Verfahren zur Bestimmung der Voraussetzungen, aus denen ein gegebenes Theorem folgt, vor. Bei diesen Verfahren brauchen die entsprechenden Ausdrücke nicht auf die Normalform gebracht zu werden. (Anm. d. Hrsg.)

[59] HAO WANG, Process and Existence . . ., a. a. O., p. 334
Unter dem „Unterbewußtsein POINCARÉS" ist nicht POINCARÉS eigenes Unterbewußtsein zu verstehen, sondern „Unterbewußtsein im Sinne POINCARÉS". Dieser hat dem Unterbewußten eine wichtige Rolle im mathematischen Schöpfungsprozeß zugeschrieben. Vgl. dazu auch S. 144 (Anm. d. Hrsg.)

kalkül untersucht und ein Entscheidungsverfahren für die Sätze dieses Kalküls angegeben. Damit kann man effektiv entscheiden, ob ein vorgelegter Ausdruck in diesem Kalkül beweisbar ist. In den folgenden 10 Jahren wurde eine Reihe weiterer Ergebnisse publiziert, von denen das bedeutendste GÖDELs Beweis der Vollständigkeit des Prädikatenkalküls 1. Stufe ist. Diese und verwandte Ergebnisse betrachteten viele Mathematiker als Bestätigung dessen, daß die axiomatische Methode die adäquate Grundlage für alle mathematischen Theorien ist. Diese Ansicht wurde durch die Veröffentlichung einer neuen Arbeit GÖDELs „Über formal unentscheidbare Sätze der ‚Principia Mathematica' und verwandter Systeme"[60] erschüttert. Dieses Ergebnis GÖDELs von der Unvollständigkeit einer umfangreichen Klasse von Axiomensystemen rief, wie L. HENKIN sagt, einen Schock in der mathematischen Welt hervor und veränderte die Positionen hinsichtlich des endgültigen Wertes der formaldeduktiven Methode grundlegend.[61] In der Tat zeigte GÖDEL, daß jedes beliebige Axiomensystem, mit dessen Hilfe die Arithmetik formalisiert wird (z. B. das System der „Principia Mathematica" von RUSSELL und WHITEHEAD), wesentlich unvollständig ist, d. h., es gibt mindestens eine arithmetische Behauptung, die wahr, aber aus den Axiomen nicht beweisbar ist. Das gilt nicht nur für ein Axiomensystem der Arithmetik, sondern jedes genügend reichhaltige formale System (d. h. jedes System, das die formale Arithmetik einschließt) ist unvollständig, wenn es widerspruchsfrei ist, d. h., in einem solchen System kann man eine wahre Behauptung formulieren, die in diesem System ebensowenig bewiesen werden kann wie ihre Negation.[62]

Der zweite wichtige Satz von GÖDEL, auf den wir noch ausführlicher zu sprechen kommen, betrifft den Beweis der Widerspruchsfreiheit formaler Systeme. Nach diesem Satz kann die Widerspruchsfreiheit eines formalen Systems nicht in diesem System selbst bewiesen werden, d. h., es existiert kein Beweis der Widerspruchsfreiheit dieses Systems, der mit den Mitteln dieses Systems geführt werden kann.

Die Entdeckungen GÖDELs, die als einer der größten Beiträge zur Wissenschaft unserer Zeit eingeschätzt werden, besaßen eine gewaltige Bedeutung für die gesamte weitere Entwicklung der Grundlagenforschung der Mathematik. Einige Wissenschaftler bezeichnen die ganze folgende Zeit sogar als „nachgödelsche Etappe".[63]

Unserer Auffassung nach können aus diesen Entdeckungen folgende methodologische Schlußfolgerungen gezogen werden:

60 K. GÖDEL, Über formal unentscheidbare Sätze der „Principia Mathematica" und verwandter Systeme, „Monatshefte für Mathematik und Physik, Bd. 38 (1931)
gekürzter Abdruck in: K. Berka und L. Kreiser, Logik-Texte, Berlin 1971

61 L. HENKIN, Completness, „Philosophy of Science Today", Ed. Morgenbesser New York—London 1967, p. 30

62 Ausführlicher dazu vgl. S. C. KLEENE, Introduction to Metamathematics, a. a. O., p. 204ff.

63 Vgl. z. B. ST. KÖRNER, On the Relevance of Postgödelian Mathematics to Philosophy, „Problems of the Philosophy of Mathematics", Ed. Lakatos Amsterdam 1967, p. 119

1. Die axiomatische Methode kann nicht als die universelle Methode der Mathematik angesehen werden. Sie hat bestimmte Grenzen, die, wie wir gesehen haben, selbst die Möglichkeit ausschließen, die Arithmetik der natürlichen Zahlen zu formalisieren, weil es unmöglich ist, mit Hilfe der axiomatischen Methode alle inhaltlich wahren Aussagen der Zahlentheorie zu erschöpfen. Um so mehr betrifft das kompliziertere mathematische Theorien, denn keine Theorie, die die formale Arithmetik enthält, kann vollständig aus Axiomen erhalten werden. Noch begrenzter scheint die Anwendung der axiomatischen Methode in den Erfahrungswissenschaften (Physik, Chemie, Biologie u. a.) zu sein, in denen induktive Schlüsse ein besonderes Gewicht besitzen. In diesem Zusammenhang ist ein Vortrag von P. BERNAYS von Interesse, in dem er davon spricht, daß es heute eher angebracht sei, vor einer Überschätzung der Axiomatik zu warnen, als sie zu empfehlen. Es gäbe, sagt er, heute Mathematiker, für die die Wissenschaft erst mit der Axiomatik beginnt, und auch einige mathematisch denkende Philosophen könnten sich keine wissenschaftliche Sprache ohne Axiomatik denken. Das würde jedoch bedeuten, jede Wissenschaft als wesentlich deduktiv zu betrachten, während faktisch nur einige Wissenschaften und auch die erst in einem entwickelten Stadium auf deduktivem Wege aufgebaut sind. In den empirischen Wissenschaften könne eine verfrühte Axiomatisierung die Forschung von der Natur ablenken und beschränken.[64]

2. Eine weitere wichtige Schlußfolgerung ergibt sich unmittelbar aus dem zweiten Satz von GÖDEL über die Unmöglichkeit, die Widerspruchsfreiheit eines genügend reichhaltigen formalen Systems mit den in diesem System formulierten Mitteln zu beweisen. Dieser Satz erschütterte die Überzeugung von der Realisierbarkeit des HILBERTschen Programms der Begründung der Mathematik, nach welchem der Beweis der Widerspruchsfreiheit mit streng finiten Methoden geführt werden sollte. Dieser Beweis erfordert jedoch die Hinzuziehung solcher Schlußweisen, die in dem betreffenden System nicht formalisiert sind. Darüber werden wir in den folgenden Kapiteln ausführlich sprechen.

3. GÖDELS Ergebnisse gestatten es, das Verhältnis von beweisbaren und wahren Sätzen in Wissenschaftssprachen zu präzisieren. Ein in der Umgangssprache formulierter Satz gibt uns eine mehr oder weniger adäquate Information über die Beziehungen und Eigenschaften eines gewissen Gegenstandsbereichs. Der Begriff des Beweises hingegen hängt damit zusammen, daß die logischen Beziehungen zwischen einzelnen Sätzen untersucht werden. Das setzt bereits die Benutzung eines mehr oder weniger entwickelten deduktiven Apparates voraus. Die Axiome und Ableitungsregeln werden aber nur in formalisierten Systemen oder Wissenschaftssprachen ausdrücklich und exakt formuliert; sie dienen dazu, die Wahrheit der Sätze einer Theorie festzustellen, wobei vorausgesetzt wird, daß den beweisbaren

[64] P. BERNAYS, Scope and Limit of Axiomatics, „Delaware Seminare in the Foundations of Physics“, Berlin—New York 1967, p. 188

Theoremen eines Axiomensystems wahre Sätze der inhaltlichen Theorie entsprechen. Die Frage ist nun, ob auch umgekehrt jeder wahre Satz beweisbar ist (Problem der Vollständigkeit einer axiomatischen Theorie). Wie der Satz von GÖDEL gezeigt hat, ist nicht jeder Satz, der in der Sprache eines hinreichend ausdrucksfähigen Systems formuliert werden kann, auch entscheidbar. Man muß also die Begriffe „beweisbarer Satz" und „wahrer Satz" unterscheiden.[65]

4. Selbstverständlich darf man aus den Entdeckungen GÖDELS keine pessimistischen Schlüsse oder gar Schlüsse hinsichtlich unüberwindbarer Grenzen der menschlichen Erkenntnis ziehen. In Wirklichkeit zeigen diese Ergebnisse nur, daß wir unsere Potenzen auf der Suche nach der Wahrheit und die der Erfindung nicht durch den Rahmen irgendeines vorgegebenen formalisierten Systems begrenzen dürfen. Natürlich kann man, wenn ein gewisser Satz in einem gegebenen System oder einer formalisierten Sprache nicht beweisbar ist, diese Sprache so erweitern, daß die in der alten Sprache unentscheidbaren Sätze in der neuen, erweiterten Sprache entscheidbar werden. Das folgt wiederum aus den Arbeiten GÖDELS. Jedoch bleibt in der neuen, erweiterten Sprache immer ein gewisser nicht formalisierbarer Rest.

Eine genügend reichhaltige inhaltliche Theorie kann also nie vollständig formalisiert werden. Jedoch wird der nicht formalisierbare Rest immer kleiner, obwohl er niemals verschwinden kann. Mit der Entwicklung der Wissenschaft und der Praxis erweitern und präzisieren sich die Mittel und Methoden der Formalisierung. Wenn sie auch in jeder gegebenen Etappe der Entwicklung der Wissenschaft begrenzt sind, gibt es doch insgesamt keine starren und unüberwindlichen Grenzen für die Formalisierung. S. A. JANOVSKAJA sieht in dieser Tatsache die Erscheinungsform eines dialektischen Widerspruchs in der Entwicklung unserer Erkenntnis — des Widerspruchs zwischen inhaltlicher Theorie und ihrem Ausdruck in formalen Systemen. Dieser Widerspruch wirkt als eine der treibenden Kräfte bei der Vervollkommnung formaler Systeme. Der Suche nach neuen Beweisregeln und dem Erfindungsgeist der Mathematiker überhaupt sind keinerlei endgültige Grenzen gesetzt. Die Beweise GÖDELS selbst, die sich auf die äußerst scharfsinnige Idee der Arithmetisierung der Metamathematik stützen, sind eine schöne Illustration dessen. Man muß immer beachten, daß sich der GÖDELsche Unvollständigkeitssatz auf genau fixierte Schlußregeln eines formalen Systems bezieht. Niemand kann es jedoch einem Mathematiker verbieten, neue Ableitungsregeln zu schaffen und stärkere Schlußweisen zu verwenden als seine Vorgänger. Ein bemerkenswertes Beispiel dieser Art ist der Beweis der Widerspruchsfreiheit der formalen Arithmetik von G. GENTZEN und P. S. NOVIKOV mit nichtfiniten Methoden.

5. Die Resultate GÖDELS, die zunächst fast als ein Schlag gegen die Grundlagenforschung der Mathematik aufgefaßt wurden, haben in Wirklichkeit dabei

[65] Vgl. dazu: L. HENKIN, Truth and Probability, „Philosophy of Science Today", Ed. Morgenbesser New York—London 1967, p. 14—22

mitgewirkt, eine Reihe von neuen Problemen und Aufgaben auf diesem Gebiet zu stellen und zu lösen. Allerdings untergruben sie das Vertrauen in jene Konzeptionen der Begründung der Mathematik, die auf neopositivistischen und formalistischen Grundsätzen basierten. Davon werden wir im zweiten Teil der Arbeit ausführlicher sprechen. Schließlich wurden dank dieser Ergebnisse sowohl die Potenzen als auch die Grenzen der axiomatischen Methode bedeutend besser verstanden.

Die erfolgreiche Anwendung dieser Methode in der Mathematik hatte die Ansicht hervorgebracht, sie sei die einzige Methode der Begründung und des Aufbaus der Mathematik und überhaupt jeder exakten Erkenntnis. Die Entwicklung der mathematischen Grundlagenforschung hat jedoch gezeigt, daß die axiomatische Methode selbst einer Begründung bedarf und daß zweitens auch eine nichtaxiomatische Begründung und ein nichtaxiomatischer Aufbau der Mathematik möglich sind.

Die Notwendigkeit, sich anderen, von der Axiomatik verschiedenen Schlußweisen zuzuwenden, tritt besonders in der Metamathematik zutage. Wie wir gesehen haben, ist es bei der metamathematischen Untersuchung formaler Systeme notwendig, auf solche Abstraktionen wie die aktuale Unendlichkeit zu verzichten.

Unsere Schlüsse und Ableitungen müssen hier inhaltlichen Charakter besitzen und über eine intuitive Überzeugungskraft verfügen. Mit anderen Worten: Man muß hier auf die axiomatische und mengentheoretische Denkweise verzichten und sich der sogenannten genetischen oder konstruktiven Methode zuwenden.

Der prinzipielle Unterschied der genetischen Methode von der axiomatischen besteht darin, daß man beim axiomatischen Aufbau von einem gewissen System ursprünglicher Aussagen über die Objekte einer Theorie ausgeht, während man beim genetischen Aufbau sofort mit den Ausgangsobjekten der Theorie beginnt. Durch logische Operationen mit den Axiomen erhält man die Theoreme als deren logische Folgerungen. Bei einer genetischen Methode muß man gewisse Operationsregeln für die Ausgangsobjekte benutzen, um andere, abgeleitete Objekte zu gewinnen. Nach S. C. KLEENE werden beim genetischen Vorgehen die Objekte auf eine gewisse geordnete Weise erzeugt oder konstruiert, und die Theoreme drücken dann die Eigenschaften eines Systems von Objekten aus, welche auf diese Weise erzeugt worden sind.[66] Selbstverständlich werden hierbei, ebenso wie bei der axiomatischen Methode, deduktive Schlußweisen benutzt.

Bei der Anwendung der genetischen Methode für die Begründung der Mathematik kann man sich wie HILBERT und die Formalisten auf finite Schlußweisen begrenzen, man kann jedoch auch eine nichtfinite Methode verwenden, insbesondere die Abstraktion der potentiellen Realisierbarkeit, wie dies die konstruktive

[66] S. C. KLEENE, Foundations of Mathematics, „Encyclopedia Britannica“, vol. 15, p. 82

Richtung in der Mathematik tut, oder die Abstraktion der potentiellen Unendlichkeit.[67]

In der Gegenwart wird die genetische Methode nicht nur für die Begründung der Mathematik benutzt, sondern auch für die Begründung der Metamathematik, wobei man von anderen Ideen und Prinzipien ausgeht als die axiomatische Methode. Die Arbeiten zur konstruktiven oder genetischen Begründung nahmen seit den dreißiger Jahren einen großen Aufschwung. In dieser Zeit wurden die Begriffe des Algorithmus und der rekursiven Funktionen präzisiert, auf deren Grundlage man die gegenwärtig existierende Mathematik konstruktiv aufbauen kann.

Im Zusammenhang mit der Entwicklung der Rechentechnik und der Programmierung gewinnen die Forschungen zu einem konstruktiven Aufbau der Mathematik praktische Bedeutung, denn viele Konstruktivisten sehen ihr Ziel darin, die Mathematik an die realen Erfordernisse der Naturwissenschaft und Technik anzupassen, und verzichten dabei auf solche weitreichenden Abstraktionen wie die aktuale Unendlichkeit und die damit eng zusammenhängenden mengentheoretischen Denkweisen.

All das zeigt ein weiteres Mal, daß die axiomatische Methode nicht die einzige Methode für die Begründung und den Aufbau einer Theorie ist. Die Entwicklung und Ausarbeitung neuer, von der Axiomatik unterschiedener Denkmethoden geben die Möglichkeit, auch die Anwendungsbedingungen und die Grenzen der axiomatischen Methode richtig einzuschätzen.

6. Ursprung und Wesen der Axiome der Mathematik

In einer axiomatisch aufgebauten Theorie werden, wie wir gesehen haben, alle Theoreme rein logisch aus den Axiomen abgeleitet. Damit reduziert sich die Frage nach der Wahrheit der Theoreme auf die Frage nach der Wahrheit der Axiome. Hier ergeben sich zwei Fragen: Mit welcher Begründung halten wir die Axiome selbst für wahr? Und wenn sie wahr sind, sind sie dann empirische oder Erfahrungswahrheiten, oder haben sie einen vor der Erfahrung liegenden apriorischen Ursprung?

Die Überzeugung vom apriorischen Charakter der mathematischen Axiome hielt sich lange Zeit bei vielen Wissenschaftlern. Da die mathematischen Axiome den Charakter notwendigen Wissens besitzen, argumentierten die Anhänger eines vor aller Erfahrung liegenden Ursprungs der Axiome, könnten und brauchten sie nicht durch die sinnliche Erfahrung bestätigt zu werden.

Einer der ersten Versuche, diese Ansicht zu begründen, war der Versuch PLATONS, den apriorischen Charakter der geometrischen Erkenntnis zu beweisen. PLATON behauptete, daß wir niemals mittels der Sinne Erkenntnis über geometri-

67 В. А. Смирнов, Генетический метод построения научной теории. „Философские вопросы современной формальной логики", стр. 269

sche Punkte, Geraden und Ebenen gewinnen können. Wir können weder einen Punkt noch eine Gerade oder eine Ebene sehen, weil ein Punkt keine Teile, eine Gerade keine Breite und eine Ebene keine Dicke besitzt. Alle anschaulichen Darstellungen geometrischer Objekte stellen nur grobe Annäherungen an deren wirkliche mathematische Eigenschaften dar.

Eine solche Argumentation hält jedoch der Kritik nicht stand, obwohl sie eine wichtige Besonderheit der mathematischen Erkenntnis unterstreicht. In der Tat haben wir es nicht nur hier, sondern auch in den Erfahrungswissenschaften häufig mit sinnlich nicht wahrnehmbaren Objekten zu tun. Trotzdem betrachten wir die Wahrheiten dieser Wissenschaften nicht als apriorische.

Im ersten Kapitel haben wir bei der Betrachtung des Idealisierungsprozesses die Beispiele des mathematischen Pendels und des idealen Gases angeführt, die in der Wirklichkeit nicht existieren. Die Einführung dieser Begriffe ermöglicht es jedoch, die Schwingungsgesetze und das Verhalten realer Gase besser zu studieren.

Es gibt keinen Grund, die Punkte, Geraden und Ebenen der Geometrie nicht ebenfalls als solche Objekte anzusehen, die durch einen Idealisierungsprozeß gewonnen wurden. Wenn das aber so ist, dann stammen die geometrischen Wahrheiten letzten Endes ebenso aus der Erfahrung wie die Wahrheiten empirischer Wissenschaften. Damit aber erweist sich PLATONs Argumentation bezüglich des apriorischen Charakters des mathematischen Wissens als unhaltbar.

Auch in der neueren Zeit, als bereits genügend Material vorlag, das den Ursprung der wissenschaftlichen Erkenntnis aus der Erfahrung nachwies, blieb die Überzeugung vom apriorischen Charakter der mathematischen Axiome weitverbreitet. So schreibt KANT: „Zuvörderst muß bemerkt werden, daß eigentliche mathematische Sätze jederzeit Urteile a priori und nicht empirisch sind, weil sie Notwendigkeit bei sich führen, welche aus Erfahrung nicht abgenommen werden kann".[68] Im Gegensatz zu LEIBNIZ und HUME betrachtet KANT die mathematischen Prinzipien nicht als analytisch, sondern als synthetisch. In analytischen Urteilen ist das Prädikat schon im Subjektbegriff enthalten und kann auf rein logischem Wege daraus abgeleitet werden. In synthetischen Urteilen geht der Inhalt des Prädikatbegriffes über den des Subjektbegriffes hinaus. KANT versucht, an dem Axiom, daß „die gerade Linie zwischen zweien Punkten die kürzeste sei", zu zeigen, daß dies ein synthetisches Urteil sei, weil der Begriff vom Geraden nichts von Größe enthält, sondern nur eine Qualität. Der Begriff des Kürzesten kommt völlig neu hinzu und kann durch keine Zergliederung aus dem Begriff der geraden Linie gezogen werden. Hier muß nach KANTs Ansicht die Erfahrung zu Hilfe genommen werden, durch die allein die Synthese möglich ist.

Jedoch besteht nach KANT ein prinzipieller Unterschied zwischen den empirischen Wissenschaften und der Mathematik darin, daß synthetische Erfahrungsurteile nur a priori gültig sind, während mathematische Urteile a priori und

[68] I. KANT, Prolegomena zu einer jeden künftigen Metaphysik, die als Wissenschaft wird auftreten können, A 28

apodiktisch sind. Die reine Mathematik muß alle ihre Begriffe in der reinen Anschauung darstellen, die allein den Stoff zu synthetischen Urteilen *a priori* geben kann. Die Geometrie legt die reine Anschauung des Raumes zugrunde, die Arithmetik bringt Zahlbegriffe durch sukzessive Hinzusetzung der Einheiten in der Zeit zustande.[69] Wie man sieht, tragen bei KANT die mathematischen Wahrheiten deshalb apriorischen Charakter, weil er Raum und Zeit nicht als objektive Existenzformen der materiellen Dinge betrachtet, sondern als Eigenschaften unserer Sinnlichkeit, die es erst möglich machen, die Dinge (genauer: die Erscheinungen, denn die Dinge an sich sind nach KANT unerkennbar) zu erkennen. Mit anderen Worten: Der Mensch besitzt in den Kategorien Raum und Zeit von Anfang an fertige Formen der Anschauung, durch die er die äußeren Gegenstände wahrnimmt.

Natürlich müssen auch bei KANT die Sätze der Mathematik eine objektive Bedeutung haben, aber er macht diese Objektivität letzten Endes von Eigenschaften unseres Bewußtseins abhängig: „Man würde den Raum des Geometers für bloße Erdichtung halten, und ihm keine objektive Gültigkeit zutrauen; weil man garnicht einsieht, wie Dinge notwendig mit dem Bild, das wir uns von selbst und zum voraus von ihnen machen, übereinstimmen müßten. Wenn aber dieses Bild, oder vielmehr diese formale Anschauung, die wesentliche Eigenschaft unserer Sinnlichkeit ist, vermittels deren uns allein Gegenstände gegeben werden, diese Sinnlichkeit aber nicht Dinge an sich selbst, sondern nur ihre Erscheinungen vorstellt, so ist ganz leicht zu begreifen und zugleich unwidersprechlich bewiesen: Daß alle äußeren Gegenstände unserer Sinnenwelt notwendig mit den Sätzen der Geometrie nach aller Pünktlichkeit übereinstimmen müssen, weil die Sinnlichkeit durch ihre Form äußerer Anschauung (den Raum), womit sich der Geometer beschäftigt, jene Gegenstände als bloße Erscheinungen selbst allererst möglich macht."[70]

Sind jedoch die Axiome der euklidischen Geometrie synthetische Urteile a priori, die nicht die räumlichen Eigenschaften der Dinge widerspiegeln, sondern umgekehrt als Sätze über die Formen der reinen Anschauung den Dingen ihre räumlichen Eigenschaften vorschreiben, dann können, weil die Formen der reinen Anschauung unveränderlich sind, andere als diese Axiome nicht möglich sein. Die Entdeckung der nichteuklidischen Geometrien versetzte der KANTschen Doktrin einen schweren Schlag. Die Entwicklung der Geometrie selbst hat die Haltlosigkeit des KANTschen Standpunktes gezeigt.

Es könnte scheinen, daß nach dem Scheitern des KANTschen Apriorismus eine apriorische Auffassung von den mathematischen Axiomen der Vergangenheit angehören sollte. Es ist aber nicht so. Die Schwierigkeiten der Entwicklung der Mathematik und die Schwäche der spontan-materialistischen Auffassung vom Charakter der wissenschaftlichen Erkenntnis wurden auch nach KANT

69 I. KANT, Prolegomena ..., A 53

70 I. KANT, Prolegomena ..., A 60—A 61

oft dafür ausgenutzt, den Apriorismus in der Mathematik zu verteidigen. Als Beispiel führen wir die Ansichten RUSSELLS aus der Zeit an, als er die Grundlagen für den Logizismus legte.

„Die ganz reine Mathematik", lesen wir in den „Problemen der Philosophie", ist a priori wie die Logik. Dies wurde von den Empirikern energisch geleugnet, welche behaupteten, daß die Erfahrung in demselben Maße die Quelle unserer Kenntnis der Mathematik sei wie unsere Kenntnis der Geographie. Sie behaupteten, daß durch die wiederholte Erfahrung, zwei Dinge und zwei andere Dinge zu sehen und zu finden, daß sie zusammen vier Dinge ausmachen, wir durch Induktion zu dem Schluß gelangt sind, daß zwei Dinge und zwei andere Dinge immer zusammen vier Dinge ergeben." „Tatsache ist", fährt er fort, „daß wir bei einfachen mathematischen Urteilen wie ‚zwei und zwei sind vier' und auch bei manchen logischen Urteilen die allgemeine Behauptung als richtig erkennen können, ohne sie aus Beispielen zu schließen, obwohl gewöhnlich irgendein Beispiel nötig ist, um uns den Sinn der allgemeinen Behauptung klar zu machen."[71]

In der philosophischen Literatur wurde die Verwandtschaft der Ansichten RUSSELLS aus dieser Periode mit dem objektiven Idealismus PLATONS hervorgehoben. RUSSELL trennt das Allgemeine vom Einzelnen und betrachtet die mathematischen und logischen Beziehungen als besondere Universalien, die nicht an die einzelnen Dinge gebunden sind, und qualifiziert die Welt dieser Universalien als die wahrhaft mathematische Welt. Er erklärt diesen Gedanken an folgendem Beispiel: In der Behauptung „Edinburgh liegt nördlich von London" stellt die Beziehung „nördlich von" ein solches Universale dar, da es keinen Ort und keine Zeit gibt, wo man die Beziehung „nördlich von" finden könnte, sie existiert in Edinburgh ebensowenig wie in London. Ebenso verhält es sich in der Mathematik: Die Beziehungen, die sie untersucht, haben den Charakter von Universalien und gehören nicht zu den konkreten Dingen. Folglich kann die Erkenntnis mathematischer Axiome oder logischer Gesetze nicht durch die Erfahrung begründet werden, da diese es nur mit konkreten Dingen und deren Eigenschaften zu tun hat, während die Axiome Universalien darstellen, die mit den Einzeldingen nicht zusammenhängen.

Wir wollen hier nicht ausführlich auf die Entwicklung der Ansichten RUSSELLS eingehen, wir möchten lediglich anmerken, daß die apriorische Auffassung der mathematischen Axiome auch nach KANT von bedeutenden Denkern verteidigt wurde. Auch in unserer Zeit fehlt es nicht an Verteidigern und Propagandisten dieser Konzeption. Öfter wird dabei die apriorische Deutung der Axiome als in gleichem Maße zulässig betrachtet wie die empirische. Diese Idee wird z. B. von dem amerikanischen Philosophen ST. BARKER verteidigt.[72]

Die Vertreter der Ansicht, daß die Axiome der Mathematik aus der Erfahrung stammen, haben einen wesentlichen Beitrag zur Begründung der wissenschaft-

[71] B. RUSSELL, Probleme der Philosophie, Wien—Stuttgart 1950, S. 78, 80

[72] ST. F. BARKER, Philosophy of Mathematics, New Jersey 1964, pp. 51—54

lichen Auffassung vom Wesen und vom Ursprung der Axiome geleistet. Bereits im 17. Jahrhundert hatte FRANCIS BACON den Nachweis der These versucht, daß die Axiome induktive Verallgemeinerungen aus der Erfahrung darstellen. Im 19. Jahrhundert wurde der Erfahrungscharakter der Axiome besonders von solchen hervorragenden Gelehrten wie dem Astronomen J. HERSCHEL, dem Logiker J. ST. MILL, dem Physiologen und Physiker H. HELMHOLTZ, dem Mathematiker N. I. LOBAČEVSKIJ und vielen anderen verteidigt. Gegner des KANTschen Apriorismus in der Mathematik waren K. F. GAUSS, L. BOLTZMANN u. a.

Die ausführlichste Begründung der empirischen Herkunft mathematischer Axiome finden wir in der ersten Hälfte des 19. Jahrhunderts in den Artikeln J. HERSCHELS und den Arbeiten J. ST. MILLS. MILL widmet dieser Frage in seinem „System der deduktiven und induktiven Logik“ drei Kapitel. Er kritisiert die von WHEWELL verbreitete Ansicht, nach welcher die Begriffe und Axiome der Geometrie „einen Bestandteil unseres Geistes ausmachen, welcher sich aus seinem eigenen Material heraus eine apriorische Wissenschaft aufbaut“. Er schreibt: „Mag diese Lehre auch von noch so hochstehenden Autoritäten gebilligt sein, sie scheint mir psychologisch unrichtig.“[73] Wir können zwar von einer Linie sprechen, als ob sie keine Breite hätte, weil wir die geistige Fähigkeit besitzen, nur einen Teil unserer Vorstellung oder Anschauung zu beachten, aber wir können uns keine Linie ohne Breite *vorstellen*. Diese Begriffe entspringen nach MILLS Standpunkt demnach nicht einer Vorstellung oder Anschauung a priori, sondern sie sind induktive Verallgemeinerungen unserer Erfahrungen.

Jede induktive Verallgemeinerung bildet eine Hypothese. Daher können nach MILL auch mathematische Definitionen als Verallgemeinerungen aus der Erfahrung nicht absolut gewiß sein. „Dieser Charakter von Notwendigkeit, den man den Wahrheiten der Mathematik beilegt, und sogar . . . die eigentümliche Gewißheit, welche man ihnen zuschreibt, beruht auf einer Täuschung.“[74]

MILL erklärt die Genauigkeit und Gewißheit, die man der Mathematik zuschreibt, ebenso wie sein Vorgänger STEWART dadurch, daß diese Wissenschaft auf Hypothesen gebaut ist. Wenn wir aber von einer Reihe von Hypothesen ausgehen, können wir in jeder Wissenschaft, nicht nur in der Mathematik, zu einem System von Lehren gelangen, die ebenso gewiß wie die der Geometrie sind, d. h. sich mit den Hypothesen in ebenso strengem Einklang befinden, und unter der Voraussetzung, daß dieselben wahr sind, mit ebenso unwiderstehlicher Gewalt unsere Beistimmung erzwingen.[75] Wenn man daher sagt, daß die Lehren der Geometrie notwendige Wahrheiten sind, dann besteht — nach MILL — diese Notwendigkeit nur darin, daß sie aus den Annahmen, aus denen man sie herleitet, mit Notwendigkeit folgen. Die Annahmen selbst aber sind induktive Verallgemeinerungen, Hypothesen, und deswegen entsprechen sie nur annähernd den Dingen.

[73] J. ST. MILL, System der deduktiven und induktiven Logik, Aalen 1968, S. 260—261

[74] ebenda, S. 260

[75] ebenda, S. 263

Außer von den Definitionen hängt die Wahrheit geometrischer Aussagen auch von der Wahrheit der Axiome ab. Obwohl MILL auch hier betont, daß die Axiome aus der Erfahrung stammen und empirischen Charakter besitzen, erkennt er sie gleichzeitig als absolut gewiß an. Zum Unterschied von den Definitionen, die er als Hypothesen betrachtet, sind für ihn die Axiome wahr „ohne eine Beimischung von Hypothese".[76]

Aber auch hier gleicht die Mathematik den meisten anderen Wissenschaften: In fast allen gibt es einige allgemeine Sätze, die absolut wahr sind, während der größere Teil nur mehr oder weniger wahr ist. So ist z. B. das Trägheitsgesetz „wahr ohne Einschränkung und ohne Möglichkeit des Irrtums". In Wirklichkeit ist auch das Trägheitsgesetz, wie wir heute wissen, eine Idealisierung realer Bewegungsvorgänge der Natur und ist daher nur annähernd wahr.

Bei der Betrachtung der Axiome der Geometrie und der Gesetze der Mechanik als absolute Wahrheiten teilte MILL wie die meisten seiner Zeitgenossen die Illusion, diese hätten einen endgültigen, absolut gewissen Charakter. Die weitere Entwicklung der Wissenschaft zeigt, daß diese Ansichten falsch waren. In ihnen drückte sich zweifellos eine metaphysische Begrenztheit der Ansichten MILLS aus, sein Bestreben, Wahrheit und Falschheit als einander vollständig ausschließende Kategorien zu betrachten.

Die Schwäche der MILLschen Position wird auch da deutlich, wo es um die Begründung des notwendigen Charakters mathematischer Wahrheiten geht. Er kritisiert WHEWELL mit Recht dafür, daß dieser notwendige Wahrheiten als solche definierte, deren Verneinung unmöglich ist. An konkreten Beispielen aus der Geschichte der Wissenschaft zeigt MILL, daß die Unmöglichkeit der Verneinung stets relativen Charakter trägt.[77] Es gab eine Zeit, in der die Existenz der Antipoden verneint wurde oder als das heliozentrische Weltsystem abgelehnt wurde, weil es dem gesunden Menschenverstand und der Alltagserfahrung widersprach. MILL selbst jedoch versucht, den notwendigen Charakter wissenschaftlicher Gesetze nicht aus den objektiven Eigenschaften der Erscheinungen, sondern durch die rein subjektive Wiederholung von Assoziationen zu erklären. Nach seiner Ansicht entsteht die Vorstellung vom notwendigen Zusammenhang der Dinge infolge der Wiederholung von Ideenassoziationen. Der Bezug auf die Ideenassoziationen kann natürlich den notwendigen Zusammenhang der Erscheinungen nicht erklären.

Als MILL und HERSCHEL über die mathematischen Axiome schrieben, meinten

[76] ebenda, S. 267

[77] Sowohl MILL als auch WHEWELL verstehen die Unmöglichkeit rein subjektiv, sie setzen „undenkbar" = „unbegreiflich" = „unmöglich" (vgl. MILL, System . . ., a. a. O., S. 276). Die moderne modale Logik hat gezeigt, daß die Modalitäten „notwendig, möglich, unmöglich" sehr verschiedene Bedeutungen haben, es werden physische, logische, epistemologische, deontische u. a. Modalitäten unterschieden. Natürlich ist nach einem Grundgesetz der modalen Logik eine Aussage notwendig, wenn ihre Negation unmöglich ist (Np = U — p), aber entscheidend ist, wie diese Modalbegriffe interpretiert werden. (Anm. d. Hrsg.)

sie die Axiome der euklidischen Geometrie. Von der Axiomatisierung anderer mathematischer Disziplinen war damals noch keine Rede, und die LOBAČEVSKIJ-BÓLYAIsche Geometrie hatte noch den Status einer „*imaginären*" Geometrie und war nur wenigen Gelehrten bekannt. MILL konnte daher verständlicherweise die neuen Ergebnisse nicht bewerten. Jedoch eben die Entdeckung der neuen, nichteuklidischen Geometrien bestätigte, daß die Frage nach der Wahrheit der Geometrie nur in der Erfahrung gelöst werden kann.

In der Tat ist die Geometrie LOBAČEVSKIJS und BÓLYAIS, obwohl sie mit den gewohnten Raumvorstellungen nicht übereinstimmt, dennoch mathematisch widerspruchsfrei. Um festzustellen, welche Geometrie die Eigenschaften des physikalischen Raumes genauer widerspiegelt, sind exakt durchgeführte Experimente notwendig. Bereits LOBAČEVSKIJ hat spezielle astronomische Messungen vorgenommen. Er berechnete die Winkelsumme des von Sonne, Erde und Sirius gebildeten Dreiecks. Allerdings könnte selbst bei der heutigen Beobachtungstechnik ein solches Experiment keinen entscheidenden Beweis erbringen, noch weniger bei der damaligen. Aber der Schöpfer der nichteuklidischen Geometrie war überzeugt, daß in den Begriffen selbst noch nicht jene Wahrheit enthalten ist, die man beweisen wollte und die, ähnlich den physikalischen Gesetzen, nur in der Erfahrung, wie z. B. astronomischen Beobachtungen, geprüft werden kann.[78] Er kritisierte die Vorstellung vom apriorischen Charakter der mathematischen Begriffe und Axiome und schrieb, die ersten Begriffe, mit denen eine Wissenschaft beginnt, müßten klar sein und auf die kleinste Anzahl reduziert werden. Nur dann können sie eine feste und hinreichende Grundlage für eine Lehre sein. Diese Begriffe werden durch die Sinne erworben.[79]

Obwohl die Entdeckung der nichteuklidischen Geometrie die Ansicht, daß die geometrischen Axiome vor der Erfahrung liegende Wahrheiten a priori seien, stark erschütterte, war die Überzeugung von der Möglichkeit apriorischer Erkenntnis unter den Wissenschaftlern weitverbreitet. Der diesem entgegengesetzte empirische Standpunkt, wie er von MILL und anderen verfochten wurde, litt an einer Reihe von Mängeln, und seine Argumentation konnte die Mathematiker nicht befriedigen.

Einen neuen Schritt in dieser Richtung tat HELMHOLTZ in seinem bekannten Vortrag „Über den Ursprung und die Bedeutung der geometrischen Axiome". V. F. KAGAN weist darauf hin, daß sich HELMHOLTZ nicht auf eine triviale, die alten Argumente gegen KANTS Auffassung der Axiome wiederholende Position stellt, sondern konsequent einen neuen Standpunkt entwickelt, der sich auf die Untersuchungen zur nichteuklidischen Geometrie stützt. HELMHOLTZ war bestrebt, Ideen, die bislang nur einem engen Kreis von Mathematikern angehörten, breiten Kreisen der wissenschaftlichen Öffentlichkeit zugänglich zu machen und nicht nur

78 Н. И. ЛОБАЧЕВСКИЙ, Полное собрание сочинений, т. 2. Москва–Ленинград 1949, стр. 147
79 ebenda, стр. 186

ihre mathematische, sondern auch ihre philosophische Bedeutung zu zeigen. Gestützt auf die Arbeiten BELTRAMIS und RIEMANNS wies HELMHOLTZ nach, daß die Unterschiede zwischen den Axiomen der euklidischen Geometrie und der nichteuklidischen Geometrie letzten Endes zu erklären sind durch die unterschiedlichen räumlichen Verhältnisse, die sie ausdrücken. Da die geometrischen Eigenschaften nicht unabhängig von den physikalischen Eigenschaften existieren, können wir uns von der Richtigkeit der angenommenen Axiome nur überzeugen, wenn wir den geometrischen Begriffen eine entsprechende physikalische Interpretation geben. „Nehmen wir aber zu den geometrischen Axiomen noch Sätze hinzu, die sich auf die mechanischen Eigenschaften der Naturkörper beziehen", schrieb er, „... dann erhält ein solches System von Sätzen einen wirklichen Inhalt, der durch Erfahrung bestätigt oder widerlegt werden kann, eben deshalb aber auch durch Erfahrung gewonnen werden kann."[80]

Hier entwickelt HELMHOLTZ die Ideen N. I. LOBAČEVSKIJS von der Rolle der physikalischen Eigenschaften der Körper für die Untersuchung ihrer geometrischen Eigenschaften weiter. Der Leitgedanke der ganzen Arbeit ist die Idee vom Zusammenhang der Axiome mit den ihnen entsprechenden Interpretationen, eine Idee, die für die Begründung des objektiven Charakters der geometrischen Erkenntnis von großer Wichtigkeit ist.

Wenn die Axiome bestimmte Eigenschaften der realen Welt widerspiegeln, wenn sie eine Interpretation erlauben, dann können sie keine vor der Erfahrung liegenden Wahrheiten a priori und auch keine willkürlichen Schöpfungen des menschlichen Denkens sein. Von der Unhaltbarkeit des Apriorismus haben wir bereits gesprochen. Die subjektiv-idealistische Ansicht, nach der die Axiome Schöpfungen unseres Denkens oder reine Konventionen sind, wird am ausgeprägtesten vom Konventionalismus ausgesprochen, wie ihn z. B. der bedeutende französische Mathematiker H. POINCARÉ vertrat.

Er trat gegen KANTS Ansicht auf, wonach die Axiome synthetische Urteile a priori sind, erkannte jedoch auch ihre erfahrungsmäßige Herkunft nicht an. „*Die geometrischen Axiome*", schrieb er, „*sind also weder synthetische Urteile a priori noch experimentelle Tatsachen. Es sind auf Übereinkommen beruhende Festsetzungen;* unter allen möglichen Festsetzungen wird unsere Wahl von experimentellen Tatsachen *geleitet*; aber sie bleibt *frei* und ist nur durch die Notwendigkeit begrenzt, jeden Widerspruch zu vermeiden. In dieser Weise können auch die Postulate *streng* richtig bleiben, selbst wenn die erfahrungsmäßigen Gesetze, welche ihre Annahme bewirkt haben, nur annähernd richtig sein sollten.

Mit anderen Worten: *Die geometrischen Axiome* (ich spreche nicht von den arithmetischen) *sind nur verkleidete Definitionen.* Was soll man dann aber von der folgenden Frage denken: Ist die euklidische Geometrie richtig?

[80] H. v. HELMHOLTZ, Über den Ursprung und die Bedeutung der geometrischen Axiome, Berlin (West), o. J., S. 45

Die Frage hat keinen Sinn.

Ebenso könnte man fragen, ob das metrische System richtig ist und die älteren Maß-Systeme falsch sind, ob die Cartesischen Koordinaten richtig sind und die Polar-Koordinaten falsch. Eine Geometrie kann nicht richtiger sein wie eine andere; sie kann nur *bequemer* sein."[81]

Aus dem angeführten Zitat ist ersichtlich, daß POINCARÉ die Axiome der Geometrie als Konventionen betrachtet, die wir lediglich nach dem Prinzip der Bequemlichkeit auswählen. Dieses Prinzip erinnert in vieler Hinsicht an E. MACHS Prinzip der „Denkökonomie"; POINCARÉ hat in seinen Arbeiten wiederholt seine Übereinstimmung mit den Ansichten MACHS unterstrichen. Es ist natürlich nicht zu leugnen, daß Erwägungen der Einfachheit und Bequemlichkeit beim Aufbau einer Theorie und besonders bei der Auswahl der Axiome eine Rolle spielen. Unter sonst gleichen Bedingungen ziehen wir immer einfachere Axiome komplizierteren vor. Aber solche Überlegungen haben eher rein formale und untergeordnete Bedeutung. Letzten Endes lassen wir uns, ob wir uns dessen bewußt sind oder nicht, bei der Auswahl der Axiome nicht so sehr von den Forderungen der Einfachheit und Bequemlichkeit leiten als vielmehr davon, daß die auf diesen Axiomen beruhende Theorie die Verhältnisse der wirklichen Welt richtig widerspiegelt.

POINCARÉ selbst hat nur darauf hingewiesen, daß wir bei der Auswahl der Axiome „jeden Widerspruch zu vermeiden" haben. Der Beweis der Widerspruchsfreiheit eines Axiomensystems stützt sich, wie wir gesehen haben, auf die Existenz einer Interpretation dieser Axiome. Mit anderen Worten: wenn die Axiome die Wirklichkeit richtig widerspiegeln, dann können sie nicht widersprüchlich sein. Die völlig unumgängliche Forderung der Widerspruchsfreiheit erlegt folglich der Freiheit der Wahl ernsthafte Beschränkungen auf.

So ist die Wahl einer bestimmten Geometrie für die praktische Anwendung nicht durch Erwägungen der Einfachheit und Bequemlichkeit zu erklären, sondern dadurch, wie genau sie die Raumverhältnisse der realen Welt widerspiegelt. Die breite Anwendbarkeit der euklidischen Geometrie ist eben dadurch zu erklären, daß sie die räumlichen Eigenschaften der uns umgebenden Welt hinreichend genau abbildet. Mit der Entwicklung der Wissenschaft wurde jedoch klar, daß die Geometrie des physikalischen Raumes von der euklidischen verschieden ist. Das wurde von EINSTEIN theoretisch vorausgesagt und durch astronomische Beobachtungen bestätigt.[82] Diese Abweichung ist jedoch für irdische Maßstäbe so gering,

81 H. POINCARÉ, Wissenschaft und Hypothese, Leipzig und Berlin 1928, S. 51—52

82 Gemeint sind die drei von EINSTEIN vorausgesagten Effekte: die Perihelbewegungen der Planeten, die Ablenkung dicht an der Sonne vorbeigehender Lichtstrahlen und die Rotverschiebung der Spektrallinien.
(Vgl. В. Л. Гинзбург, Экспериментальная проверка общей теории относительности. „Эйнштейн и современная физика", Москва 1956)

daß sie vernachlässigt werden kann. Sie drückt sich z. B. nicht in technischen Berechnungen aus. Wir wählen folglich die euklidische Geometrie nicht deswegen, weil sie einfacher und bequemer ist als die RIEMANNsche, die in der allgemeinen Relativitätstheorie verwendet wird, sondern deswegen, weil sie für die praktische Anwendung völlig hinreichend ist.

POINCARÉ jedoch hat mehrmals betont, daß wir eher auf das Gesetz von der geradlinigen Ausbreitung des Lichtes verzichten würden als auf die euklidische Geometrie, eben wegen ihrer Bequemlichkeit und Einfachheit. Die allgemeine Relativitätstheorie jedoch verzichtet auf die euklidische Geometrie und hält dafür das Gesetz von der Ausbreitung des Lichtes auf den kürzesten Linien (das sind im allgemeinen geodäsische Linien) aufrecht.

Wir haben die drei grundlegenden Auffassungen vom Wesen und Ursprung mathematischer Axiome betrachtet, wobei wir sie hauptsächlich anhand von Material aus der Geometrie illustriert haben. Weder der Standpunkt des Apriorismus noch der des Konventionalismus halten einer ernsthaften wissenschaftlichen Kritik stand. Jedoch auch der empiristische Standpunkt, wie er z. B. von J. ST. MILL vertreten wurde, kann die Mathematiker, vor allem die modernen Mathematiker, nicht befriedigen, denn er berücksichtigt eine Reihe von neuen wissenschaftlichen Tatsachen nicht und stützt sich zudem auf metaphysische Vorstellungen über den Erkenntnisprozeß.

Der dialektische Materialismus, der die Beschränktheit des metaphysischen Materialismus und des Empirismus überwunden hat, schafft die Möglichkeit, richtig an die Frage nach dem Ursprung und dem Wesen der mathematischen Axiome heranzugehen.

Die Grundbegriffe und die Axiome der Mathematik stellen eine annähernd getreue Widerspiegelung der Quantitäts- und Raumverhältnisse der uns umgebenden Welt dar. Die Richtigkeit dieser Widerspiegelung, die Wahrheit der Erkenntnis kann nur die Erfahrung, die Praxis bestätigen. „Freilich darf dabei nicht vergessen werden, daß das Kriterium der Praxis schon dem Wesen der Sache nach niemals irgendeine menschliche Vorstellung vollständig bestätigen oder widerlegen kann."[83] Das bedeutet, daß man die Axiome nicht, wie etwa MILL, als irgendwelche absolute Wahrheiten betrachten kann. Da die mathematischen Begriffe und Aussagen Abstraktionen sind, ist es sinnlos, die Frage zu stellen, ob die Axiome genau den empirischen Daten entsprechen. Während des Abstraktionsprozesses geht ständig eine Vergröberung der Wirklichkeit vor sich, werden eine Reihe von Umständen vernachlässigt.

Besonders wichtig für das Verständnis der Natur der Axiome ist die Tatsache, daß eine Vielzahl von Interpretationen für sie aufgewiesen werden kann. Wenn alle logisch widerspruchsfreien Interpretationen gleichwertig sind, dann gibt es keinen Grund, eine von ihnen vorzuziehen. Ebenso kann man, solange man inner-

[83] W. I. LENIN, Materialismus und Empiriokritizismus, Werke Bd. 14, Berlin 1973, S. 137

halb der reinen Mathematik verbleibt, unmöglich sagen, welches der widerspruchsfreien Axiomensysteme der Geometrie die Eigenschaften des realen physikalischen Raumes genauer oder besser widerspiegelt. Aber obwohl diese Systeme unter rein logischem Gesichtspunkt gleichberechtigt sind, sind sie in bezug auf die Anwendung der Mathematik auf die reale Welt nicht gleich. A. N. KOLMOGOROV verweist darauf, daß das rein mathematische Herangehen nicht die Frage beseitigt, welches der logisch denkbaren (widerspruchsfreien) Systeme der Geometrie im „physikalischen" Raum, in dem wir leben und wirken, verwirklicht wird.[84] Dazu jedoch müssen wir den Axiomen des Systems eine bestimmte physikalische Interpretation geben und folglich über den Rahmen der reinen Mathematik hinausgehen und uns im Grunde genommen mit der Untersuchung physikalischer Hypothesen befassen. Da aber verschiedene Interpretationen möglich, sind, verliert die Antwort auf die gestellte Frage, wie er anmerkt, ihre völlige Eindeutigkeit.

Unter rein logischem Gesichtspunkt sind verschiedene Axiomensysteme der Geometrie möglich, so wie überhaupt zu einer Frage eine Menge von Hypothesen möglich ist. Welches dieser Systeme für die Untersuchung des realen physikalischen Raumes besser geeignet ist, kann nur die Erfahrung, das Experiment entscheiden. Da aber jede Erfahrung nur Näherungscharakter besitzt, kann man nicht erwarten, daß ein einziges umfassendes System der Geometrie geschaffen werden kann, dessen Axiome dann sozusagen absolut wahren und universellen Charakter besäßen.

7. *Die Bedeutung der axiomatischen Methode*

Eine der wichtigsten Funktionen der Axiomatisierung einer Theorie ist es, das wissenschaftliche Material zu systematisieren. Wir haben gesehen, daß die axiomatische Methode als notwendiges Element der Formalisierung die wissenschaftlichen Erkenntnisse derart ordnet und systematisiert, daß die Sätze der Theorie aus einer vergleichsweise kleinen Anzahl von Ausgangssätzen — den Axiomen — abgeleitet werden.

Diese Systematisierung des wissenschaftlichen Materials auf der Grundlage der axiomatischen Methode unterscheidet sich wesentlich von jener Art Systematisierung, die der traditionellen Logik bekannt war. Die traditionelle Logik reduzierte diese Systematisierung in der Regel auf eine Klassifikation, wobei sie fast keine Rücksicht auf den inneren Zusammenhang zwischen ihnen nahm. Die axiomatische Methode beschränkt sich nicht darauf, das vorliegende wissenschaftliche Material lediglich zu klassifizieren. Ihre Funktion besteht darin, die wissenschaftlichen Erkenntnisse auf eine solche Weise zu organisieren, daß dabei der innere logische Zusammenhang zwischen den verschiedenen Sätzen der Theorie verfolgbar wird.

Eine vollständige Formalisierung, bei der erstens von der inhaltlichen Bedeutung der Axiome abstrahiert wird und zweitens die Regeln für die Ableitung neuer

[84] Vgl. A. H. Колмогоров, Лобачевский и математическое мышление девятнадцатого века, a. a. O., стр. 90

Sätze aus den Ausgangssätzen aufgezählt werden, macht es möglich, die Struktur verschiedener Theorien zu untersuchen und zu vergleichen. Die Anwendung exakter logisch-mathematischer Methoden besitzt gegenüber den anderen, inhaltlichen Methoden bestimmte Vorzüge. In der Tat können wir, wenn wir einige inhaltliche Theorien formalisiert haben, völlig exakt feststellen, worin die Gemeinsamkeiten und Unterschiede zwischen ihnen bestehen, sowohl was das Alphabet dieser Theorie betrifft als auch im Hinblick auf die bei der Gewinnung der Theoreme verwendeten Ableitungsregeln.

Die Methoden der modernen mathematischen Logik sind vor allem dem Zweck angepaßt, die Struktur deduktiver Theorien, d. h. vor allem der Mathematik und der mathematischen Naturwissenschaften, zu untersuchen. In den Wissenschaften jedoch, die sich auf die Erfahrung stützen und dabei induktive Schlußweisen verwenden, können diese logisch-mathematischen Methoden nur zum Teil angewendet werden, und zwar in dem Maße, in dem diese Wissenschaften die Deduktion anwenden.

Die Untersuchungen zur Wahrscheinlichkeitslogik und zur Methodologie der empirischen Wissenschaften, die besonders in den letzten Jahrzehnten eine intensive Entwicklung erfahren haben, lassen hoffen, daß auch auf diesem Gebiet wesentliche Veränderungen vor sich gehen werden. Die Methoden der Wahrscheinlichkeitslogik gestatten es, den Prozeß des induktiven Schließens teilweise zu formalisieren. Diese Formalisierung beruht darauf, daß die Begriffe und die Methoden der induktiven Wahrscheinlichkeit oder des Bestätigungsgrades einer Hypothese durch empirische Daten verwendet werden.[85]

Dadurch, daß wir die logische Struktur von Theorien, die auf die Untersuchung verschiedener Objekte der Wirklichkeit anwendbar sind, erforschen, erhalten wir einen fertigen logisch-mathematischen Apparat für die Untersuchung eines konkreten Bereiches von Erscheinungen. Wenn wir uns z. B. davon überzeugt haben, daß gewisse Objekte den Axiomen der Gruppentheorie genügen, dann können wir den Apparat der Gruppentheorie dazu benutzen, die Beziehungen zwischen diesen Objekten darzustellen. Dieses axiomatische Herangehen erleichtert die Untersuchung bedeutend, denn es enthebt uns der Notwendigkeit, Theoreme über dieses System von Objekten neu zu bestimmen, da es lediglich eine der möglichen Interpretationen der Gruppentheorie ist. Mit anderen Worten: Die axiomatische Methode gibt dem Forscher einen fertigen Apparat in die Hand, um die logisch-mathematischen Zusammenhänge zwischen Untersuchungsobjekten zu klären. Diese Tatsache wird nicht selten von den Idealisten dazu ausgenutzt, die Behauptung von der besonderen, apriorischen Natur der mathematischen Erkenntnis zu begründen. In Wirklichkeit ist sie eine Bestätigung dafür, daß zwischen den verschiedenen Sätzen mathematischer Theorien ein rationaler Zusammenhang

[85] Vgl. dazu ausführlicher:

G. I. Ruzavin, Die Wahrscheinlichkeitslogik und ihre Rolle in der wissenschaftlichen Forschung, „Studien zur Logik der wissenschaftlichen Erkenntnis", Berlin 1967, S. 248—306

besteht. Die axiomatische Methode ermöglicht es, diesen Zusammenhang explizit darzustellen.

Eine der wichtigsten Funktionen der axiomatischen Methode besteht darin, die notwendige Stringenz der Schlußweisen zu gewährleisten. In formalisierten axiomatischen Theorien ist jede Bezugnahme auf Intuition und Evidenz ausgeschlossen; alle Schlußfolgerungen müssen mit Hilfe der Ableitungsregeln aus den Ausgangssätzen (-formeln) gewonnen werden. Man kann daher sagen, daß die Formalisierung der Schlußweisen bedeutet, sie exakter und strenger zu machen.

Wir haben am Beispiel der Geometrie EUKLIDS gesehen, daß erst dann alle Axiome, auf die sich EUKLID bei den Beweisen seiner Theoreme stützt, explizit angegeben werden konnten, als die Geometrie formalisiert wurde. Ein anderes lehrreiches Beispiel in dieser Beziehung ist die Entstehung der Analysis. Sowohl die Begründer der Analysis, NEWTON und LEIBNIZ, als auch deren Nachfolger betrachteten das unendlich Kleine einmal als eine endliche Größe und dann wieder als Null und berücksichtigten es nicht.

Infolgedessen traten in der Analysis eine Reihe von Mißverständnissen, Unstimmigkeiten und mit der Zeit auch Antinomien auf. Das gab offenen Fideisten, wie G. BERKELEY, den Anlaß, zu erklären, die Sätze der Analysis seien in gleichem Maße unbegründet wie die Offenbarungen des Glaubens. Ausführlicher wird davon im nächsten Kapitel die Rede sein. Es ist jedoch bereits hier hervorzuheben, daß diese Verschwommenheit des Begriffs des unendlich Kleinen und die Tatsache, daß die Regeln für das Operieren damit keine Begründung besaßen, den Angriffspunkt für BERKELEY abgaben. Er traf damit tatsächlich den schwächsten Punkt der Infinitesimalrechnung, und seine Kritik zu beantworten war nicht einfach.

Um die Haltlosigkeit dieser Kritik zu zeigen, war es vor allem notwendig, die Grundbegriffe der Differential- und Integralrechnung zu präzisieren und strenger zu gestalten. Das geschah in der Theorie der Grenzwerte von A. CAUCHY und in den Arbeiten zur Arithmetisierung der Analysis von K. WEIERSTRASS, R. DEDEKIND und schließlich in der Mengentheorie G. CANTORS. Sowohl die Geschichte der Begründung der Analysis als auch die Geschichte der Geometrie stellen, im Grunde genommen, die Geschichte der Präzisierung der Grundbegriffe und Axiome dieser Grunddisziplinen der Mathematik dar. Die ursprünglichen, weitgehend intuitiven Begriffe wurden Schritt für Schritt präzisiert, sie wurden strenger und formaler. Die Methode der Formalisierung spielt in der Forschung zu den Grundlagen der Mathematik und Logik eine dominierende Rolle.

Mit der Aufgabe, die Stringenz der Schlußweisen zu gewährleisten, hängt unmittelbar auch das Problem zusammen, die Antinomien der Mengenlehre und Logik zu überwinden. Wie im weiteren gezeigt werden wird, treten die in der CANTORschen Mengenlehre entdeckten Antinomien durch einen zu freien Umgang mit dem Mengenbegriff auf. Eine der Methoden, die Mathematik vor den gegenwärtig bekannten Antinomien zu bewahren, besteht in der Axiomatisierung der Mengentheorie.

In den verschiedenen Axiomensystemen der Mengentheorie von ZERMELO, FRAENKEL, BERNAYS, VON NEUMANN u. a. wird der Mengenbegriff auf eine Weise abgegrenzt, daß die gegenwärtig bekannten Antinomien von vornherein ausgeschlossen sind. Es gibt allerdings keine Garantie dafür, daß in der auf diese Weise modifizierten Theorie keine neuen Antinomien auftreten können. H. WEYL sagt mit Recht, daß eine Axiomatisierung, die auf die Präzisierung des Mengenbegriffs abzielt, die Antinomien nur lokalisieren, nicht aber überhaupt beseitigen kann. Das beweist ein weiteres Mal, daß eine formale Untersuchung die Schwierigkeiten einer inhaltlichen Theorie nicht vollständig lösen kann.

Die auf der axiomatischen Methode beruhende Formalisierung einer Theorie besitzt wesentliche Bedeutung für die Erklärung und Präzisierung der Begriffe dieser Theorie und für die Explizierung der in ihr verwendeten Beweismethoden. Auf den ersten Blick könnte es scheinen, als sei die wissenschaftliche Terminologie, die sich in vielen Fällen wesentlich vom gewöhnlichen Sprachgebrauch unterscheidet, gekünstelter und weniger klar als die Umgangssprache. Jedoch eben durch einen gewissen künstlichen Charakter werden die größere Exaktheit und Bestimmtheit und damit eine größere Klarheit der Begriffe erreicht. Es gibt Fälle, in denen wir nicht imstande sind, eine Frage richtig zu stellen, und noch weniger, sie zu beantworten, solange wir nicht den betreffenden Begriff präzisiert haben. Um beispielsweise die Frage zu lösen, ob eine stetige Funktion existiert, die an keinem Punkt eine Ableitung besitzt, waren umfangreiche Arbeiten B. BOLZANOS und K. WEIERSTRASS' zur Präzisierung der Begriffe „Stetigkeit" und „Differenzierbarkeit" erforderlich. Erst danach war es möglich, die Existenz einer stetigen Funktion zu beweisen, welche an keiner Stelle differenzierbar ist. Ebenso erfordert die Beurteilung lösbarer und unlösbarer Probleme der Mathematik eine strenge Definition des Algorithmenbegriffs, der zwar auch früher weitgehend verwendet wurde, jedoch nicht immer in eindeutiger Weise.

In vielen Fällen besitzt ein nicht präzisierter Begriff (ein Explikandum einer Explikation) nicht nur eine, sondern zwei oder mehr Bedeutungen (Explikate). Dieser Umstand tritt in den Naturwissenschaften und anderen Erfahrungswissenschaften öfter ein. Als ein Beispiel dafür kann der Streit um den Begriff der lebendigen Kraft in der Physik dienen. Einige Wissenschaftler waren der Ansicht, daß dieser Begriff durch das Produkt der Massen eines Körpers mit seiner Geschwindigkeit dargestellt werden muß, d. h., sie explizierten ihn durch $m \cdot v$, während andere den Ausdruck $\frac{m \cdot v^2}{2}$ als Explikat vorschlugen. Die weitere Entwicklung der Physik hat gezeigt, daß faktisch gar nicht von einem Begriff gesprochen werden kann, sondern von zwei, die in der modernen Mechanik „Impuls" bzw. „kinetische Energie" genannt werden.[86] Auf den alten Begriff der lebendigen Kraft hat die Wissenschaft wegen seiner Mehrdeutigkeit verzichtet.

Auch in der Mathematik tritt die Notwendigkeit auf, Begriffe, die der Umgangssprache entnommen sind, zu präzisieren. Ein solches Beispiel ist der Wahrscheinlichkeitsbegriff. Im gewöhnlichen Sprachgebrauch wird nicht deutlich unterschieden, ob mit „Wahrscheinlichkeit" ein Maß für die Möglichkeit des Eintretens eines Ereignisses, der Grad des subjektiven Glaubens an ein Ereignis, der Bestätigungsgrad einer Hypothese durch Erfahrungsdaten usw. gemeint ist.

Um diesen Begriff für die Charakterisierung von quantitativen Gesetzmäßigkeiten massenhafter Zufallsereignisse zu verwenden, mußten die Mathematiker seine Bedeutung durch ein spezielles Axiomensystem definieren. Diese Axiome beschreiben die formalen Eigenschaften der mathematischen Wahrscheinlichkeit. Später wurde gefunden, daß nicht nur die relativen Häufigkeiten von massenhaften Zufallsereignissen diesen formalen Eigenschaften genügen, sondern beispielsweise auch die Bestätigungsgrade, die Hypothesen durch empirische Daten erlangen. So entstand die logische oder induktive Interpretation der Wahrscheinlichkeit.[87]

Ebenso wie die Explikation von Begriffen besitzt auch die mit Hilfe der Formalisierung erreichbare Präzisierung der logischen Mittel eine entscheidende Bedeutung dafür, Beweise streng zu gestalten, d. h. von jeder Bezugnahme auf Evidenz und Intuition frei zu halten.

Mit dem Problem der Formalisierung hängt unmittelbar das Problem zusammen, formalisierte Wissenschaftssprachen zu schaffen. Das Hauptziel, das dabei verfolgt wird, ist es, eine Sprache zu konstruieren, die von den Mängeln der Umgangssprache frei ist. Formalisierte Sprachen finden wegen ihrer Exaktheit und Eindeutigkeit dort Verwendung, wo erhöhte Anforderungen an die Stringenz des Schließens gestellt werden. Die formalisierte Sprache der Logik z. B. ermöglicht es, die logische Form von Schlußweisen, die ihrem Inhalt nach voneinander verschieden sind, explizit darzustellen. Auf der Grundlage solcher formalisierter Sprachen wiederum können spezielle Informationssprachen konstruiert werden, die speziell der Verwendung in Maschinen angepaßt sind. Zwar wird hier die Kunst-

86 Der Streit um die Bedeutung der „vis viva" war zwischen Leibniz und Descartes ausgebrochen und zog sich auch unter deren Anhängern noch lange Zeit hin. Auch Kant z. B. hat in seiner ersten Schrift „Gedanken von der wahren Schätzung der lebendigen Kräfte" daran Anteil genommen. Eine Übersicht über den historischen Verlauf dieser Auseinandersetzung und die mit ihr zusammenhängenden philosophischen, mechanischen und mathematischen Probleme gibt F. Engels in der „Dialektik der Natur", und zwar in dem Aufsatz „Maß der Bewegung. — Arbeit" (MEW Bd. 20, Berlin 1962, S. 370—383). (Anm. d. Hrsg.)

87 Die logische Interpretation der Wahrscheinlichkeit ist sogar die ursprüngliche Intention dieses Begriffs gewesen. Die Begründer der Wahrscheinlichkeitsrechnung Bernoulli, Laplace u. a. einschließlich Leibniz verstanden die Wahrscheinlichkeit logisch, auch wenn dies noch nicht deutlich vom Begriff der psychologischen Erwartung getrennt war und des öfteren der Versuch gemacht wurde, mit dieser Interpretation auch die relativen Häufigkeiten zufälliger Ereignisse zu erfassen. Die Häufigkeitsdeutung gewann vor allem im 19. Jahrhundert durch Erfordernisse der Physik, der Statistik usw. die vorrangige Bedeutung. (Anm. d. Hrsg.)

sprache unter Berücksichtigung dessen aufgebaut, wie die Termini in den natürlichen Sprachen verwendet werden, aber das Prinzip der Formalisierung selbst bleibt in Kraft.

Die wesentlichste Bedeutung der Formalisierung und der axiomatischen Methode besteht darin, daß sie ein äußerst wertvolles Instrument für die wissenschaftliche Forschung, für das Auffinden neuer mathematischer Gesetzmäßigkeiten ist. Die ersten Axiomensysteme, z. B. das der euklidischen Geometrie oder PEANOS Axiomensystem der natürlichen Zahlen, waren außerhalb des Bereiches, in dem sie entstanden, nicht erfolgreich anwendbar. Später jedoch wurden solche Axiomensysteme entwickelt, die auch in den verschiedensten anderen Bereichen, darunter in den angewandten Wissenschaften, Verwendung fanden. Hierzu gehören insbesondere die Axiome der Gruppentheorie. Infolge ihrer breiten Anwendbarkeit wurde es möglich, diese Axiomensysteme als fertigen theoretischen Forschungsapparat zu benutzen. In der Tat können wir, wenn wir feststellen, daß ein gewisses System von Objekten einem bestimmten System von Axiomen genügt, auch sämtliche Theoreme, die logisch aus den Axiomen folgen, verwenden. Damit entfällt die Notwendigkeit, diese Theoreme jedesmal für verschiedene Gegenstandsbereiche neu zu beweisen.

Als besonders wichtig ist hervorzuheben, daß es die axiomatische Methode gestattet, jene grundlegenden Leitideen deutlich herauszustellen, die oft durch zweitrangige Details überschattet werden und ohne die axiomatische Methode bedeutend schwerer zu erfassen sind. Mit Hilfe der axiomatischen Methode wird es möglich, den Forschungsgegenstand der Mathematik tiefer zu verstehen und den Zusammenhang zu erfassen, der nicht nur innerhalb einzelner mathematischer Theorien besteht, sondern auch innerhalb der Mathematik insgesamt. Die Betrachtung verschiedener mathematischer Strukturen unter dem Blickwinkel der axiomatischen Methode trägt, wie wir im ersten Kapitel festgestellt haben, dazu bei, eine allgemeine Vorstellung von der Mathematik als einer einheitlichen Wissenschaft zu bilden und ihr Wesen zu klären.

In den empirischen Wissenschaften spielt die axiomatische Methode keine solche entscheidende Rolle wie in der Mathematik und den rein deduktiven Wissenschaften. Jedoch auch hier erweist sie sich als äußerst wertvolles Instrument, wenn es darum geht, die gewonnenen Erkenntnisse zu systematisieren und in einer einheitlichen Theorie zu vereinigen, ein Problem heuristisch zu bewerten oder wissenschaftliche Hypothesen empirisch zu überprüfen. Schließlich dient sie auch dazu, die innere Übereinstimmung empirischer Aussagen untereinander festzustellen. In allen derartigen Fällen, meint P. BERNAYS, kann das axiomatische Denken sehr fruchtbar sein.[88]

In den Natur- und den anderen Erfahrungswissenschaften wird die axiomatische Methode häufig zur hypothetisch-deduktiven Methode modifiziert. Dabei werden

[88] P. BERNAYS, Scope and Limit of Axiomatics, a. a. O., p. 188.

Hypothesen verschiedenen Allgemeinheitsgrades in einem einheitlichen deduktiven System vereinigt, in dem dann die Hypothesen von niedrigerem Allgemeinheitsgrad logisch aus den Hypothesen mit höherem Allgemeinheitsgrad folgen. Die Hypothesen der untersten Ebene werden in der Regel so gewählt, daß sie unmittelbar experimentell überprüfbar sind. Hypothetisch-deduktive Systeme sind einer axiomatischen Theorie sehr ähnlich, sie werden jedoch zum Unterschied von letzterer für die Untersuchung eines wohlbestimmten Erscheinungsbereiches geschaffen und gestatten folglich immer nur eine Interpretation. Genauer gesagt, diese Interpretation wird hier von Anfang an vorausgesetzt. Beim axiomatischen Herangehen hingegen wird, besonders in seiner modernen Form, von der intendierten Interpretation abstrahiert. Es wird auch keine Vorsorge dafür getroffen, daß die Schlußfolgerungen aus den Axiomen eine empirische Interpretation oder Überprüfung zulassen. Hypothesen werden am besten im Rahmen von hypothetisch-deduktiven Systemen indirekt geprüft. Aus den Hypothesen werden empirisch überprüfbare Folgerungen abgeleitet, und dadurch wird es möglich, Hypothesen, die keine unmittelbare empirische Prüfung zulassen, zu bestätigen (oder zu widerlegen).[89] Eine solche indirekte Überprüfung wird nicht nur in der Naturwissenschaft vorgenommen, sondern auch in der angewandten Mathematik. Wir werden im vierten Kapitel zeigen, daß diese Methode im Prinzip auch geeignet ist, indirekt die Wahrheit mathematischer Theorien zu beurteilen.

Schließlich spielt die hypothetisch-deduktive Methode eine bedeutende Rolle bei der Schaffung sogenannter mathematischer Hypothesen, wo wir anhand der Bestätigung von Folgerungen aus einem Gleichungssystem Schlüsse hinsichtlich der Gültigkeit dieser Gleichungen ziehen.[90] Die hypothetisch-deduktive Methode ist demnach eine spezielle Erscheinungsweise, in der sich die Ideen der Axiomatik in der empirischen Erkenntnis darstellen.

Hilbert drückte seine allgemeine Auffassung vom Wesen der axiomatischen Methode mit den Sätzen aus: „Durch Vordringen zu immer tieferen Schichten von Axiomen ... gewinnen wir auch in das Wesen des wissenschaftlichen Denkens selbst immer tiefere Einblicke und werden uns der Einheit unseres Denkens immer mehr bewußt. Im Zeichen der axiomatischen Methode erscheint die Mathematik berufen zu einer führenden Rolle in der Wissenschaft überhaupt."[91]

[89] Vgl.: Г. И. Ризавин, Роль гипотетико-дедуктивного метода в построении физической теории. „Вопросы философии", 1968, №. 7, стр. 63—65

[90] ebenda, S. 60—63

[91] D. Hilbert, Axiomatisches Denken, „Gesammelte Abhandlungen", Bd. III, Berlin 1935, S. 156

Kapitel 3

Das Problem der Unendlichkeit und die Grundlegung der Mathematik

Der Begriff der Unendlichkeit durchdringt die ganze Mathematik in einem solchen Grade, daß viele Wissenschaftler, unter ihnen auch H. WEYL, die Mathematik als „die Wissenschaft vom Unendlichen“ definieren.[1]

Bei der Analyse der Schwierigkeiten in der Grundlegung der Mathematik weist D. HILBERT darauf hin, daß die Ursachen hierfür in der unbeschränkten Verwendung des Unendlichen liegen. Deshalb schlägt er vor, „die Schlußweisen mit den Unendlichen“ durch „endliche Prozesse“ zu ersetzen, die gerade dasselbe leisten.[2] Diese finite Einstellung HILBERTS ist begleitet von einer Kritik der traditionellen Auffassungen vom Unendlichen.

Man kann ohne Übertreibung sagen, daß die verschiedenen Versuche einer neuen Grundlegung der Mathematik wesentlich davon abhängen, wie das Problem der Unendlichkeit im allgemeinen und der mathematischen Unendlichkeit im besonderen gelöst wird. Die Geschichte der Mathematik zeigt deutlich, daß die wichtigsten Etappen in der Geschichte der Begründungsversuche jedesmal von einer radikalen Revision der Unendlichkeitskonzeption begleitet waren. Besonders deutlich läßt sich dieser Zusammenhang in der Geschichte der Grundlegung der Infinitesimalrechnung verfolgen.

Der Begriff der aktual unendlich kleinen Größen, der mit der Entstehung der Infinitesimalrechnung auftrat, brachte mit der Zeit eine große Zahl von Schwierigkeiten und Antinomien hervor. Diese Schwierigkeiten wurden in der Grenzwerttheorie A. CAUCHYS und der danach erfolgten Arithmetisierung der Analysis überwunden. Die auf die Theorie der Grenzwerte gestützte Begründung der Analysis führte dazu, daß der Begriff der potentiellen Unendlichkeit in der Mathematik der vorherrschende wurde. Später jedoch erwies sich, daß sich die Theorie der Grenzwerte in versteckter Weise auf den Begriff der aktual unendlichen Größen stützt. G. CANTOR baute die gesamte Mengenlehre auf diesem Begriff des aktual unendlich Großen auf und schuf damit das Fundament für die mengentheoretische

[1] H. WEYL, Philosophie der Mathematik und Naturwissenschaft, a. a. O., S. 54

[2] D. HILBERT, Grundlagen der Geometrie, a. a. O., S. 263–264

Grundlegung der Mathematik. Nach den Arbeiten CANTORS und seiner Nachfolger schien es den Mathematikern, daß ihre Wissenschaft nunmehr die endgültige Begründung erfahren habe, und die Idee der aktualen Unendlichkeit erreichte, nach einem Ausdruck HILBERTS, „eine schwindelnde Höhe des Erfolges". Die Antinomien der Mengentheorie zwangen die Mathematiker jedoch, diese Meinung aufzugeben.

Im vorliegenden Kapitel werden wir zwei Grundformen der mathematischen Unendlichkeit — die aktuale und die potentielle Unendlichkeit — betrachten und beiläufig auch die sogenannte faktische oder praktische Unendlichkeit berühren. Da die Idee der aktualen Unendlichkeit der gesamten klassischen Mathematik zugrunde liegt, ist es zweckmäßig, mit ihr zu beginnen, obwohl sie abstrakter und intuitiv weniger einsichtig ist als die potentielle oder gar die „faktische" Unendlichkeit. Vorher jedoch müssen wir die Abstraktionsverfahren betrachten, auf denen die verschiedenen Typen der mathematischen Unendlichkeit beruhen.

1. Mathematische Unendlichkeit und die verschiedenen Abstraktionen der Realisierbarkeit

Der Begriff der mathematischen Unendlichkeit ist ebenso wie jeder beliebige andere Begriff das Resultat einer Abstraktion. Die reale Unendlichkeit hat nicht nur quantitativen, sondern auch qualitativen Charakter. Dieser qualitative Charakter der Unendlichkeit der materiellen Welt drückt sich in ihrer unendlichen Mannigfaltigkeit in Raum und Zeit aus. Das wichtigste Merkmal der realen Unendlichkeit ist ihre Unerschöpflichkeit. Das bedeutet, daß jedesmal bei einer Veränderung der raum-zeitlichen Maßstäbe der Erscheinungen wesentlich neue Eigenschaften und Gesetzmäßigkeiten der Erscheinungen aufgedeckt werden.

Die Mathematik, als die Wissenschaft von den quantitativen und räumlichen Beziehungen der realen Welt, muß notwendigerweise von den qualitativen Besonderheiten der Dinge und Prozesse abstrahieren. Deswegen beschränkt sie sich bei der Untersuchung der Unendlichkeit der materiellen Welt darauf, jene Seite der materiellen Unendlichkeit zu erforschen, die gegenüber der qualitativen Seite der Dinge und Prozesse indifferent ist.

Man kann innerhalb der Mathematik mindestens drei verschiedene Typen von Abstraktionen unterscheiden, die zu drei verschiedenen Unendlichkeitsbegriffen führen. In seiner unmittelbaren Erfahrung hat es der Mensch stets mit endlichen Dingen und Erscheinungen zu tün. Wenn man davon und von den praktischen Möglichkeiten, mathematische Objekte zu konstruieren, absieht, gelangt man zu den verschiedenen mathematischen Unendlichkeitsbegriffen.

Alle mathematischen Konstruktionen, alle Schlüsse und Beweise haben einen endlichen Charakter. Aber bereits eine endliche Zahl von Konstruktionsschritten kann praktisch unausführbar sein, so z. B. eine Konstruktion, zu deren Realisierung eine Billion (10^{12}) Schritte erforderlich sind. Ein Jahrhundert umfaßt vier

Milliarden (4 · 10^9) Sekunden, d. h., eine solche Konstruktion muß als praktisch unrealisierbar betrachtet werden. Man kann sich Zahlen vorstellen, zu deren Niederschrift weder die Zeit noch das Papier von tausend Generationen ausreichen. Und die Mathematik operiert nicht nur mit solchen gewaltigen endlichen Zahlen, sondern auch mit unendlichen, transfiniten Zahlen.

Nachdem man zu der Erkenntnis gekommen war, daß die natürliche Zahlenreihe unbegrenzt fortgesetzt werden kann, hat die Idee der Unendlichkeit ihren festen Platz in der Mathematik gefunden. Einige Wissenschaftler meinen sogar, daß es diese Wissenschaft von Anfang an mit dem Unendlichen zu tun hatte.[3] A. A. Markov wendet dagegen ein, daß das Unendliche über Abstraktionen in die Mathematik eingeführt wird.[4] Tatsächlich müssen wir, um von der Unendlichkeit des Zählvorgangs oder der Konstruktion irgendwelcher mathematischer Objekte sprechen zu können, von gewissen Voraussetzungen oder Hypothesen hinsichtlich der Realisierbarkeit solcher Handlungen oder Konstruktionen ausgehen. Mit anderen Worten: Wir müssen von den praktischen Konstruktionsmöglichkeiten absehen und die Möglichkeit einer solchen Konstruktion in einem abstrakten Sinne annehmen.

Die natürlichste Voraussetzung ist die Abstraktion der „faktischen" Realisierbarkeit. In dieser Voraussetzung wird der Unterschied berücksichtigt, der zwischen der Realisierbarkeit eines Objekts, zu dessen Konstruktion eine kleine Anzahl von Schritten erforderlich ist, und einem Objekt besteht, dessen Konstruktion eine astronomisch große Zahl von Schritten erfordert. Dabei werden die Begriffe „groß" und „klein" benutzt, ohne daß dafür feste Kriterien angeführt werden: Ihr Sinn muß aus den Bedingungen der Aufgabe klar werden. Das zeigt, daß der Begriff der faktischen Realisierbarkeit relativen Charakter besitzt. Dennoch existiert eine Grenze zwischen einer realisierbaren Anzahl von Objekten und einer unrealisierbaren, wenn sie auch nicht starr ist. Eine genaue Grenze zwischen dem, was realisierbar und was nicht realisierbar ist, kann nur durch eine inhaltliche Analyse gezogen werden. Das ist uns nicht nur aus der Mathematik bekannt, sondern auch aus der alltäglichen Erfahrung und der gesellschaftlichen Praxis. Vom Standpunkt der herkömmlichen Mathematik aus besteht jedoch kein prinzipieller Unterschied zwischen einer Konstruktion, die hundert, und einer Konstruktion, die eine Billion von Schritten erfordert. Für sie ist nur eines wichtig: Im ersten wie im zweiten Fall wird angenommen, daß das Objekt in einer endlichen Anzahl von Schritten zu konstruieren ist.

Wenn wir von der Abstraktion der „faktischen" Realisierbarkeit ausgehen, können wir das Unendliche als das Nichtrealisierbare bezeichnen. Der Begriff der „faktischen" Unendlichkeit wird in großem Umfang bei der Anwendung der Mathematik auf Naturwissenschaft und Technik angewandt, wo man sich nur für

[3] A. Heyting, Intuitionism. An Introduction, Amsterdam 1971, p. 1

[4] Vgl. die Kommentare A. A. Markovs zur russischen Ausgabe von Heytings „Intuitionism", S. 161

Näherungsergebnisse interessiert. So wird z. B. der Abstand zu der am weitesten entfernten Galaxis mit 10^{27} cm als eine im Vergleich zu irdischen Maßstäben praktisch unendliche Größe betrachtet. Bei der Beschäftigung mit den Gesetzen der irdischen Mechanik, insbesondere mit dem Gesetz des freien Falls, setzen wir den Erdradius als unendlich groß an. Die Ausmaße, die wir in der Mikrowelt antreffen, stellen im Verhältnis zu den Abmessungen der Makrokörper praktisch unendlich kleine Größen dar. Beispielsweise beträgt der Durchmesser eines Elektrons lediglich 10^{-12} cm. Analoge Beispiele könnte man hinsichtlich der Massen, der Energien und anderer Eigenschaften der Körper anführen. In Naturwissenschaft und Technik wird die Unendlichkeit sehr oft in diesem praktischen Sinne verstanden, d. h. als eine hinreichend große bzw. hinreichend kleine Größe. Die damit gewonnenen Resultate befinden sich in Übereinstimmung mit der Erfahrung. Und das ist völlig verständlich, weil wir die realen physikalischen Größen in einer gewissen Näherungsstufe kennen.

Damit erhebt sich die Frage: Wenn der Begriff der „faktischen" Unendlichkeit in der Naturwissenschaft in einem derartigen Umfang angewendet wird und dabei zu Ergebnissen führt, die mit der Erfahrung gut übereinstimmen, kann dann nicht die Mathematik selbst diesen Begriff verwenden? Sollte man nicht in der Mathematik auf solche abstrakteren Formen der mathematischen Unendlichkeit wie die potentielle und die aktuale Unendlichkeit verzichten?

In den letzten Jahren sind sowohl in der Sowjetunion als auch in anderen Ländern Arbeiten erschienen, in denen die Möglichkeit erörtert wird, den Begriff der „faktischen" Unendlichkeit sowohl für die Grundlegung der Mathematik als auch für deren effektivere Anwendung zu verwenden.[5] Es besteht kein Zweifel, daß der Zusammenhang der „faktischen" Unendlichkeit mit der realen Welt fühlbarer ist, wodurch auch die Anwendung der Mathematik auf reale Prozesse erleichtert wird. „Sowie die Mathematik mit wirklichen Größen rechnet", schrieb ENGELS, „wendet sie diese Anschauungsweise auch ohne weiteres an. Der irdischen Mathematik gilt bereits die Erdmasse als unendlich groß, wie in der Astronomie die irdischen Massen und die ihnen entsprechenden Meteore als unendlich klein, ebenso verschwinden ihr die Entfernungen und Massen der Planeten des Sonnensystems, sobald sie über die nächsten Fixsterne hinaus die Konstitution unseres Sternensystems untersucht. Sobald aber die Mathematiker sich in ihre uneinnehmbare Festung der Abstraktion, die sogenannte reine Mathematik zurückziehen, werden alle jene Analogien vergessen . . ."[6] Tatsächlich wird in der reinen Mathematik eine Entfernung von 10^{27} cm ebensowenig als unendlich betrachtet wie z. B. 1 cm. Selbst eine Größe von der Größenordnung $10^{10^{10}}$ cm müssen wir theoretisch

5 Vgl. z. B. D. VAN DANTZIG, Is $10^{10^{10}}$ a Finit Number? „Dialectica", 1956, Nr. 9, pp. 273—277 А. С. ЕСЕНИН-ВОЛЬПИН, Анализ потенциальной осуществимости. „Логические исследования", Москва 1959, стр. 218—262

6 F. ENGELS, Dialektik der Natur, MEW Bd. 20, Berlin 1962, S. 548

als endlich ansehen. Deswegen operiert ENGELS, wenn er in dem Fragment „Über die Urbilder des Mathematisch-Unendlichen in der wirklichen Welt" von unendlich großen oder unendlich kleinen Größen spricht, im wesentlichen mit dem Begriff der „faktischen" Unendlichkeit. Mit anderen Worten, hier wird „unendlich" gleichgesetzt mit „hinreichend groß" bzw. „hinreichend klein".

In der Gegenwart werden in der Mathematik nur zwei Formen der Unendlichkeit, die potentielle und die aktuale, verwendet. Den Begriff der „faktischen" Unendlichkeit einzuführen würde bedeutende Schwierigkeiten hervorrufen. Im Grunde genommen müßten wir dann auf die Vorstellung verzichten, daß es möglich ist, die natürliche Zahlenreihe unbegrenzt fortzusetzen. Selbst die Anhänger der Hypothese von der faktischen Realisierbarkeit gestehen ein, daß ein Verzicht auf solche grundlegenden Abstraktionen wie die der potentiellen Realisierbarkeit und der potentiellen Unendlichkeit die Mathematik völlig lähmen würde.[7]

Die Abstraktion der potentiellen Realisierbarkeit setzt voraus, daß von der tatsächlichen Möglichkeit, mathematische Objekte zu konstruieren, abgesehen wird. Bei der faktischen Realisierbarkeit unterscheiden wir die Konstruktion eines Objekts, die eine kleine Zahl von Schritten erfordert, von einer Konstruktion, für die eine große Zahl von Schritten erforderlich ist, obwohl diese Grenze selbst ungenügend bestimmt ist. Bei der potentiellen Realisierbarkeit abstrahieren wir von den realen Konstruktionsmöglichkeiten: Wir nehmen an, daß wir nach jedem Konstruktionsschritt über die (materiellen) Möglichkeiten verfügen, den nächsten Schritt zu tun.

Schließlich kann man auch eine solche Abstraktion der Realisierbarkeit einführen, welche die Konstruktion einer unendlichen Menge gewisser mathematischer Objekte zuläßt. Mit anderen Worten: Hier sehen wir nicht nur von den realen Grenzen der Konstruktion von Objekten ab, sondern betrachten sie als bereits konstruiert und existent, selbst dann, wenn die Menge dieser Objekte unendlich ist. Diese Hypothese wird manchmal Abstraktion der absoluten Realisierbarkeit genannt.[8] Mit ihrer Hilfe können wir zum Begriff der aktualen Unendlichkeit gelangen.

2. *Aktuale Unendlichkeit und die mengentheoretische Grundlegung der Mathematik*

Die Hypothese der absoluten Realisierbarkeit, welche die Existenz jedes Objektes annimmt, das sich ohne Widerspruch denken läßt, ist die stärkste Hypothese der Realisierbarkeit. Sie ist unlösbar mit dem Begriff der Aktualität verbunden, welcher bedeutet, daß alle Elemente nicht nur endlicher, sondern auch unendlicher Mengen gleichzeitig existieren. Von diesem Standpunkt aus wird die Reihe der natürlichen Zahlen als abgeschlossen und gegeben betrachtet. Dabei muß hervor-

[7] А. С. Есенин-Вольпин, Анализ . . ., a. a. O., стр. 224

[8] Ю. А. Петров, Некоторые логические и философские проблемы абстракций бесконечности. „Вестник Московского университета", серия VIII. Экономика, философия, 1964, №. 3, стр. 62

gehoben werden, daß die Existenz mathematischer Objekte nicht mit der Möglichkeit verbunden wird, sie zu konstruieren, sondern ihre Existenz wird einfach durch Axiome und Definitionen postuliert.

Auf der Grundlage der Abstraktion der absoluten Realisierbarkeit wird der Begriff der aktualen Unendlichkeit eingeführt, d. h. einer vollendeten, mit allen ihren Elementen vorgegebenen Unendlichkeit. Betrachtet man z. B. die Gesamtheit der natürlichen Zahlen oder der Punkte einer Strecke als abgeschlossene Menge von Objekten, so stellen sie Beispiele für aktual unendliche Mengen dar.

Der Begriff der aktualen Unendlichkeit entsteht mit Hilfe eines Idealisierungsprozesses, wovon wir im ersten Kapitel gesprochen haben. Im vorliegenden Fall bietet die Idealisierung die Möglichkeit, den einfachen und gut untersuchten Apparat der klassischen Logik auf unendliche Mengen anzuwenden. Dieser Apparat entstand und rechtfertigte sich völlig bei der Untersuchung endlicher Mengen. Die Idealisierung besteht bei der aktualen Unendlichkeit folglich darin, daß wir mit einer unendlichen Menge in Analogie zu endlichen Mengen schließen. Außerdem abstrahieren wir von den konkreten Verfahren zur Konstruktion der Elemente der unendlichen Mengen und nehmen außerdem an, daß diese Elemente gleichzeitig existieren und nicht erst in einem Konstruktionsprozeß entstehen.

N. A. Šanin verweist bei der Analyse des Begriffs der aktualen Unendlichkeit auf vier Momente im Prozeß seiner Herausbildung:

1. Wenn wir über einen gewissen Bestand an konstruktiven Operationen verfügen, mit deren Hilfe wir mathematische Objekte konstruieren, können wir annehmen, daß diese Objekte nicht nur potentiell realisierbar sind, sondern bereits konstruiert sind und daß folglich alle Ergebnisse dieser Konstruktionen gleichzeitig existieren.
2. In Gedanken setzen wir diese fiktive Situation mit einer realen Situation gleich, d. h., wir behandeln die fiktive Gesamtheit von Objekten als eine reale, indem wir die Methoden der klassischen Logik auf sie anwenden.
3. Wir stellen uns diese fiktive Gesamtheit von Objekten unabhängig von dem Bestand an konstruktiven Operationen vor.
4. Danach geben wir der Fiktion noch mehr Freiheit und stellen uns unendliche Gesamtheiten gleichzeitig existierender Objekte vor, die selbst ihrer Herkunft nach mit keinerlei konstruktiven Operationen zusammenhängen.[9] Als grundlegendes Schlußverfahren wird dabei die axiomatische Methode angewandt.

Da die aktuale Unendlichkeit eine außerordentlich starke Abstraktion darstellt, sind mit ihrem Verständnis eine ganze Reihe von Schwierigkeiten verbunden. Vor allem sträubt sich unsere Intuition gegen die Vorstellung von der Unendlichkeit als einem abgeschlossenen Prozeß. Die Abgeschlossenheit der Unendlichkeit

[9] Н. А. Шанин, Конструктивные вещественные числа . . ., a. a. O., стр. 287—288

wird oft als deren Liquidation verstanden. So denken wir uns z. B. die Zahlenreihe als unbegrenzt fortsetzbar, und unserer Intuition fällt es nicht leicht, sich an diese Vorstellung zu gewöhnen. Alle diese Einwände setzen jedoch stillschweigend die potentielle Realisierbarkeit der mathematischen Objekte voraus, während sich die aktuale Unendlichkeit auf die Hypothese der absoluten Realisierbarkeit stützt.

Bereits ARISTOTELES hatte gegen die Benutzung des Begriffs der aktualen Unendlichkeit Einwände erhoben; er schloß daraus, daß ihm nur Zählungen an endlichen Mengen bekannt waren, darauf, daß es nur endliche Zahlen gäbe.[10] Außerdem argumentiert ARISTOTELES, daß das Unendliche nicht existieren könne, sonst würde das Endliche vom Unendlichen aufgehoben und zerstört, weil die endliche Zahl durch die unendliche Zahl vernichtet wird.[11] Die mittelalterliche Scholastik lehnte das Aktual-Unendliche mit dem Satz „infinitum actu non datur" ab.

CANTOR begegnet diesen Einwänden, indem er zeigt, daß man an unendlichen Mengen ebenso bestimmte Zählungen wie an endlichen vornehmen kann, vorausgesetzt, daß man sie wohlordnet. Der Unterschied besteht nur darin, daß das Resultat der Zählung — die Anzahl — bei endlichen Mengen von der jeweiligen Anordnung unabhängig ist, während bei unendlichen Mengen die Anzahl durch die Anordnung („das Gesetz der Zählung") mitbestimmt wird.[12]

Häufig hat man auch betont, daß man die aktuale Unendlichkeit nicht in ein Ganzes vereinigen, nicht in Gedanken zusammenfassen könne. Dagegen wendet BOLZANO ein, daß man, um sich ein aus gewissen Gegenständen a, b, c, d, ... bestehendes Ganze zu denken, sich durchaus nicht zuvor jeden dieser Gegenstände einzeln vorstellen müsse.[13] Wenn wir also die Hypothese der aktualen Realisierbarkeit akzeptieren, dann müssen wir auch den Begriff der aktualen Unendlichkeit akzeptieren, obwohl er zu höchst unerwarteten Folgerungen führt.

Eine dieser Folgerungen ist die Feststellung, daß für unendliche Mengen das Axiom „Ein Teil ist weniger als das Ganze" seinen Sinn verliert. GALILEI hat bereits im 17. Jahrhundert bemerkt, daß man die Quadrate der positiven Zahlen auf folgende Weise den positiven ganzen Zahlen selbst eineindeutig zuordnen kann:

$$\begin{array}{ccccc} 1, & 4, & 9, & \dots, & n^2, \dots \\ \updownarrow & \updownarrow & \updownarrow & & \updownarrow \\ 1, & 2, & 3, & \dots, & n, \dots \end{array}$$

[10] Vgl. z. B.: ARISTOTELES, Metaphysik, K 10.9, 1066a 35—1066b 21, M 8, 1083b 36—1084a 11

[11] G. CANTOR interpretiert diese Stelle folgendermaßen: ARISTOTELES erkannte, daß die Addition einer endlichen und einer unendlichen Zahl eine unendliche Zahl ergibt, während CANTOR beweisen konnte, daß zwar $n + \omega = \omega$, daß aber $\omega + n = (\omega + n)$, wobei $(\omega + n)$ eine von ω verschiedene Zahl ist. Das heißt, steht das Endliche „hinter" dem Unendlichen, dann „bleibt es erhalten und verbindet sich mit jenem zu einem neuen, weil modificirten Unendlichen" (CANTOR). (Anm. d. Hrsg.)

[12] G. CANTOR, Über unendliche lineare Punktmannigfaltigkeiten, Nr. 5, „Gesammelte Abhandlungen", Berlin 1932, S. 174

[13] B. BOLZANO, Paradoxien des Unendlichen, Leipzig 1921, S. 15

In dieser Tabelle entspricht jeder Zahl der unteren Zeile nur eine Zahl der oberen Zeile, deren Quadrat. Und umgekehrt entspricht jedem Quadrat nur eine Zahl.[14] Eine derartige Zuordnung der Elemente von Mengen heißt umkehrbar eindeutig oder eineindeutig. Zwei Mengen heißen äquivalent, wenn man zwischen ihren Elementen eine eineindeutige Zuordnung herstellen kann. (Die Äquivalenz von Mengen darf nicht mit der Identität von Mengen verwechselt werden: identische Mengen haben dieselben Elemente.)

Alle äquivalenten Mengen verfügen über eine bestimmte gemeinsame Eigenschaft, die man mit Hilfe der Abstraktion der Identifizierung bestimmen kann: die *Mächtigkeit*. Im Falle einer endlichen Menge ist sie gleich der Anzahl der Elemente der Menge. Bei unendlichen Mengen, bemerkt CANTOR, war jedoch bisher nicht von einer präzis definierten Anzahl ihrer Elemente die Rede, wohl aber konnte auch ihnen eine bestimmte, von ihrer Anordnung völlig unabhängige Mächtigkeit zugeschrieben werden.[15]

Unter Verwendung des Begriffs der Mächtigkeit können wir eine unendliche Menge definieren als eine Menge, die einer ihrer echten Teilmengen gleichmächtig ist. Zum Beispiel ist die Menge der natürlichen Zahlen der Menge ihrer Quadrate oder der Menge aller geraden Zahlen oder der Mengen aller Zahlen, die ein Vielfaches von 3, 5, 7 oder überhaupt ein Vielfaches ungerader Zahlen sind usw., gleichmächtig. Sowohl die Menge der Quadrate als auch die Menge der geraden Zahlen oder der ungeraden Zahlen sind Teilmengen der Menge der natürlichen Zahlen, und doch sind sie der gesamten Menge gleichmächtig. Beispiele dieser Art rufen in der Regel Befremden bei denjenigen hervor, die mit der Beschäftigung mit der Mengenlehre beginnen. Es scheint unmöglich zu sein, daß eine Teilmenge der Grundmenge äquivalent ist. Auf dieser Grundlage entsteht auch das kritische Verhältnis zur aktualen Unendlichkeit.

CANTOR selbst ist, wie er sagt, „fast wider meinen Willen, weil im Gegensatz zu mir wertgewordenen Traditionen, durch den Verlauf vieljähriger wissenschaftlicher Bemühungen und Versuche, logisch dazu gezwungen worden".[16] Fast ein Vierteljahrhundert verwandte er darauf, unendliche Mengen systematisch daraufhin zu untersuchen, wie zwischen ihnen Zuordnungen hergestellt werden können. Nach mühsamen Forschungen konnte er beweisen, daß die Mengen der ganzen, der rationalen und sogar der algebraischen Zahlen der Menge der natürlichen Zahlen äquivalent und folglich abzählbar sind. Mit anderen Worten, man kann allen diesen Mengen die Menge der natürlichen Zahlen eineindeutig zuordnen. Noch überraschender ist der Satz, daß ein Quadrat genausoviele Punkte enthält wie eine Strecke oder — was dasselbe besagt — daß man zwischen den Punkten einer Strecke und den Punkten eines Quadrates eine eineindeutige Zuordnung herstellen kann. CANTOR, der für den Beweis dieses Satzes drei Jahre benötigt hatte, traute

14 Hierbei werden nur die positiven Werte der Quadratwurzeln in Betracht gezogen.

15 G. CANTOR, Über unendliche lineare Punktmannigfaltigkeiten, Nr. 5 a. a. O., S. 167

16 ebenda, S. 175

seinem Ergebnis anfangs selbst nicht. „Ich sehe es“, schrieb er an DEDEKIND, „und kann es doch nicht glauben!“[17]

Der Begriff der Mächtigkeit einer Menge macht es möglich, verschiedene unendliche Mengen zu vergleichen. In dieser Hinsicht ist er dem Begriff der Anzahl einer endlichen Menge analog. Ebenso wie eine endliche Anzahl hängt die Mächtigkeit unendlicher Mengen weder vom Charakter der Elemente noch von ihrer Anordnung ab. CANTOR nennt die Mächtigkeit einer Menge ihre Kardinalzahl, um damit zu unterstreichen, daß der Bereich der definierbaren Größen mit den endlichen Größen nicht abgeschlossen ist, sondern daß es nach dem Endlichen ein Transfinitum gibt, das ebenso wie das Endliche durch bestimmte, wohldefinierte und voneinander unterscheidbare Zahlen determiniert werden kann.

Auch für die transfiniten Kardinalzahlen gibt es Rechenregeln, die sich jedoch von der Arithmetik der reellen Zahlen unterscheiden. Hier müssen zunächst von Anfang an die transfiniten Kardinalzahlen von den transfiniten Ordinalzahlen unterschieden werden. Bei natürlichen Zahlen sind die Rechenregeln für beide gleich, für transfinite Kardinal- und Ordinalzahlen jedoch unterscheiden sie sich. Wir wollen das an einigen Beispielen illustrieren.

Die Addition zweier oder mehrerer Kardinalzahlen wird zurückgeführt auf die Bestimmung der Mächtigkeit der entsprechenden Mengen. CANTOR bezeichnet die Mächtigkeit durch zwei Striche über dem Mengensymbol: $\overline{\overline{M}}$. Damit wird angedeutet, daß wir hier sowohl vom konkreten Charakter der Elemente als auch von ihrer Anordnung absehen. Es sei $\mathfrak{m}$ die Kardinalzahl oder Mächtigkeit der Menge M und $\mathfrak{n}$ die Kardinalzahl (Mächtigkeit) der Menge N. Dann ergibt sich die Summe der Kardinalzahlen aus der Mächtigkeit der Vereinigungsmenge von M und N, und diese erhalten wir durch Addition der einzelnen Mächtigkeiten[18]:

$$\mathfrak{m} + \mathfrak{n} = \overline{\overline{(M \cup N)}} = \overline{\overline{M}} + \overline{\overline{N}} .$$

[17] CANTOR suchte nach Mengen von höherer Mächtigkeit als der des Kontinuums. Er nahm an, eine solche Menge sei die Menge der Punkte eines Quadrates. Er versuchte daher, die Unmöglichkeit einer eineindeutigen Zuordnung zwischen den Punkten einer Strecke und den Punkten eines Quadrates zu beweisen. Dabei fand er unerwartet gerade das Gegenteil und teilte, selbst noch verblüfft, das Ergebnis DEDEKIND mit. In einem Brief vom 20. Juni 1877 soll er dabei „je le vois, mais je ne le crois pas“ geschrieben haben, berichtet A. FRAENKEL (Das Leben GEORG CANTORS, In: G. CANTOR, Gesammelte Abhandlungen, Berlin 1932, S. 458). In dem veröffentlichten Briefwechsel zwischen CANTOR und DEDEKIND ist der Satz nicht zu finden. (Anm. d. Hrsg.)

Ausführlicher kann man sich mit der Geschichte der Mengenlehre bekanntmachen durch Ф. А. МЕДВЕДЕВ, Развитие теории множеств, Москва 1965

Die Entwicklung der Ideen CANTORS ist dargestellt in: A. FRAENKEL, Das Leben GEORG CANTORS, enthalten in: GEORG CANTOR, Gesammelte Abhandlungen mathematischen und philosophischen Inhalts, Berlin 1932.

[18] Natürlich nur unter der Voraussetzung, daß die Mengen M und N elementfremd sind, d. h. daß ihr Durchschnitt leer ist: $M \cap N = \emptyset$. (Anm. d. Hrsg.)

Als Beispiel wollen wir nun die Mächtigkeit einer Menge bestimmen, die sich aus der Vereinigung der Menge der natürlichen Zahlen, deren Mächtigkeit CANTOR mit $\aleph_0$ bezeichnet,[19] und einer endlichen, aus k Elementen bestehenden Menge ergibt. Die Menge der natürlichen Zahlen ist abzählbar unendlich, sie stellt eine Folge von Zahlen dar, deren jede um eins größer ist als ihr Vorgänger. Die zweite Menge besteht aus einer endlichen Anzahl von Elementen. Da die Vereinigung von Mengen nicht von der Anordnung der Mengen abhängt, können wir zunächst alle Elemente der endlichen Menge abzählen und dann zu den Elementen der unendlichen Menge übergehen. Das letzte Element der endlichen Menge sei k. Dann bezeichnen wir das erste Element der Menge der natürlichen Zahlen durch $k + 1$, das nächste durch $k + 2$ usw. Auf diese Weise können alle Elemente dieser Mengen eineindeutig der Folge der natürlichen Zahlen zugeordnet werden, obwohl die Folge der natürlichen Zahlen selbst nur eine Teilmenge der Vereinigungsmenge ist und ihre Mächtigkeit als Summand in die Summe beider Mächtigkeiten eingeht:

$$1, 2, \dots, k, k + 1, k + 2, \dots, k + n \dots .$$

Allgemein ausgedrückt: Die Addition einer endlichen Kardinalzahl und der Kardinalzahl einer abzählbar unendlichen Menge ergibt die Kardinalzahl der abzählbar unendlichen Menge:

$$k + \aleph_0 = \aleph_0 .$$

Hier liegt, nach einem Ausdruck CANTORS, der Stein des Anstoßes auf dem Weg zum Unendlichen. Aber man kann noch weiter gehen und beweisen, daß die Vereinigung zweier abzählbar unendlicher Mengen die Mächtigkeit der abzählbar unendlichen Menge hat. In der Tat sind sowohl die Menge der geraden Zahlen als auch die Menge der ungeraden Zahlen der Menge der natürlichen Zahlen äquivalent, gleichzeitig aber bildet ihre Vereinigung die Menge der natürlichen Zahlen. Folglich ist die Kardinalzahl der Menge der natürlichen Zahlen gleich der Summe der Kardinalzahlen der Menge der geraden und der Menge der ungeraden Zahlen, d. h.:

$$\aleph_0 + \aleph_0 = \aleph_0 .$$

Die Multiplikation von Kardinalzahlen wird definiert als wiederholte Addition:

$$\aleph_0 + \aleph_0 = 2 \cdot \aleph_0 = \aleph_0$$
$$\aleph_0 + \aleph_0 + \cdots + \aleph_0 = \aleph_0 .$$

Die Potenzbildung für Kardinalzahlen wird als wiederholte Multiplikation erklärt:

$$\aleph_0^2 = \aleph_0 \cdot \aleph_0 = \aleph_0$$
$$\aleph_0^k = \aleph_0 \cdot \aleph_0 \cdot \dots \cdot \aleph_0 = \aleph_0 .$$

[19] ℵ (aleph) ist der erste Buchstabe des hebräischen Alphabets.

Wenn wir für endliche Mengen die gleichen Zahlen verwenden können, um die Anzahl der Elemente zu bestimmen und um ihre Anordnung zu charakterisieren, müssen wir diese Begriffe — wie bereits erwähnt — für unendliche Mengen streng unterscheiden.

Als transfinite Ordinalzahl bezeichnet man den Ordnungstypus wohlgeordneter unendlicher Mengen. Der Ordnungstypus ist die allgemeine Eigenschaft, die allen ähnlichen Mengen gemeinsam ist, d. h. alle Mengen, zwischen denen es eine eineindeutige und ordnungstreue Zuordnung gibt.[20] Wir bezeichnen nach CANTOR die Ordinalzahl einer Menge durch einen Querstrich über dem Mengensymbol: $\overline{M}$. Die Ordinalzahl der Reihe der natürlichen Zahlen bezeichnen wir mit ω. Es läßt sich zeigen, daß das kommutative Gesetz für die Addition bei transfiniten Ordinalzahlen nicht gilt.

Wir wollen als Beispiel die Summe der Ordinalzahlen $k + \omega$ und die Summe $\omega + k$ bestimmen. Die erste Summe hat den Ordnungstypus der Menge

$$a_1, a_2, \ldots, a_k; b_1, b_2, \ldots, b_n, \ldots,$$

d. h., sie hat den gleichen Ordnungstyp wie die Reihe der natürlichen Zahlen, und deswegen ist

$$k + \omega = \omega .$$

Dagegen hat die Menge

$$b_1, b_2, \ldots, b_n, \ldots; a_1, a_2, \ldots, a_k$$

nicht den Ordnungstyp der Menge der natürlichen Zahlen,

$$\omega + k = (\omega + k),$$

wobei $(\omega + k)$ eine wohlbestimmte, von ω verschiedene Ordinalzahl ist.

Daraus ergibt sich, daß das kommutative Gesetz für transfinite Ordinalzahlen nicht gilt:

$$\omega + k \neq k + \omega .$$

Man sieht jedoch unschwer, daß die beiden Vereinigungsmengen die gleiche Mächtigkeit $\aleph_0$ haben.

20 Eine Menge heißt wohlgeordnet, wenn in ihr eine Ordnungsrelation definiert ist (vgl. oben, S. 45/46) und wenn es in ihr ein erstes („kleinstes") Element gibt. Die Menge der natürlichen Zahlen ist offensichtlich wohlgeordnet bezüglich der Relation $>$. Alle Mengen gleicher Mächtigkeit, die wohlgeordnet sind bezüglich der gleichen Ordnungsrelation bzw. zu einer Ordnungsrelation, die ebenfalls zu jedem Element ein darauffolgendes definiert, gehören zum gleichen Ordnungstypus und besitzen daher die gleiche Ordinalzahl. Beispielsweise ist die Menge der ungeraden Zahlen ebenfalls wohlgeordnet bezüglich der Relation $>$; da sie, wie oben gezeigt, der Menge der natürlichen Zahlen äquivalent ist, hat sie also auch den gleichen Ordnungstypus wie die Menge der natürlichen Zahlen. (Anm. d. Hrsg.)

Man könnte zunächst den Eindruck haben, alle unendlichen Mengen hätten nur eine Mächtigkeit. Sowohl die Menge der natürlichen Zahlen als auch die Menge der rationalen Zahlen und die Menge der algebraischen Zahlen sind abzählbar unendlich. Das Hinzufügen einer beliebigen abzählbaren (endlichen oder unendlichen) Menge zu diesen Mengen ergibt, wie wir sahen, wieder eine abzählbare Menge. Selbst die Multiplikation mit einer abzählbaren Menge führt nicht über die Mächtigkeit abzählbarer Mengen hinaus.

Wenn wir jedoch die Menge der natürlichen Zahlen mit der Menge aller reellen Zahlen vergleichen oder mit der Menge aller Punkte einer Strecke, dann stellen wir fest, daß sie nicht die gleiche Mächtigkeit haben. Sowohl die Menge der reellen Zahlen als auch die Menge der Punkte einer Strecke haben eine größere Mächtigkeit als die abzählbaren Mengen. Daher kann man weder die reellen Zahlen noch die Punkte einer Strecke mit Hilfe der natürlichen Zahlen „abzählen". Die Mächtigkeit der Menge der reellen Zahlen oder die Menge der Punkte einer Strecke bzw. irgendeiner geometrischen Figur, die mindestens eine Linie enthält, wird Mächtigkeit des Kontinuums genannt und durch $\mathfrak{c}$ bezeichnet. Sie ist größer als $\aleph_0$; $\mathfrak{c} < \aleph_0$.

Die Mächtigkeit des Kontinuums ist jedoch noch nicht die höchste Mächtigkeit. Zu jeder beliebigen Menge kann man eine Menge angeben, deren Mächtigkeit größer ist. Die Mächtigkeit der Menge aller Teilmengen einer gegebenen nicht leeren Menge ist stets größer als die Mächtigkeit dieser Menge.[21] Es gibt folglich keine Menge mit einer größten Mächtigkeit. Hierin sind die transfiniten Kardinalzahlen den natürlichen Zahlen ähnlich: Ebenso wie es keine größte natürliche Zahl gibt, gibt es auch keine größte transfinite Kardinalzahl. Im Prinzip können Mengen mit stets anwachsender Mächtigkeit konstruiert werden, und deshalb können die transfiniten Kardinalzahlen ebenso wie die natürlichen Zahlen als eine unbegrenzt anwachsende Reihe dargestellt werden. Wie jede natürliche Zahl genau einen Nachfolger hat, so folgt auf jede transfinite Kardinalzahl eine und nur eine weitere Kardinalzahl

$$\aleph_0, \aleph_1, \dots, \aleph_\omega, \aleph_{\omega+1}, \dots .$$

Es erhebt sich die Frage, welchen Platz in dieser Reihe die Mächtigkeit des Kontinuums einnimmt. Es gelang CANTOR nicht, Mengen festzustellen, deren Mächtigkeit zwischen der Mächtigkeit abzählbar unendlicher Mengen und der Mächtigkeit des Kontinuums liegt. Deshalb sprach er die Vermutung aus, daß das Kontinuum unmittelbar auf $\aleph_0$ folgt, d. h. $\mathfrak{c} = \aleph_1$. Die Entscheidung dieses als

21 Man verifiziert leicht, daß die Menge $M = \{a, b, c\}$ zerlegbar ist in die Teilmengen $\{a\}$, $\{b\}$, $\{c\}$, $\{a, b\}$, $\{b, c\}$, $\{a, c\}$, $\{a, b, c\}$ und $\{\ \}$. Die Menge dieser Teilmengen $\{\{\ \}, \{a\}, \{b\}, \{c\}, \{a, b\}, \{a, c\}, \{b, c\}, \{a, b, c\}\}$ enthält also $2^3 = 8$ Elemente. Allgemein enthält die Menge aller Teilmengen einer k-elementigen Menge 2^k Elemente. Das gilt auch für unendliche Mengen. Die Menge der Teilmengen der Menge der natürlichen Zahlen hat die Mächtigkeit $2^{\aleph_0} = \aleph_1$ usw. (Anm. d. Hrsg.)

Kontinuumshypothese bekannten Satzes widerstand lange Zeit allen Anstrengungen. HILBERT bezeichnete sie seinerzeit als eines der wichtigsten ungelösten Probleme der Mathematik. Neuere Ergebnisse, die hier in den letzten Jahren erreicht wurden, hängen eng mit der Axiomatisierung der CANTORschen Mengentheorie zusammen, und wir gehen daher später auf sie ein. Die Arbeiten CANTORS und seiner Nachfolger hatten zur Folge, daß die Begriffe und Methoden der Mengenlehre einen festen Platz in der Mathematik einnahmen. In der ersten Zeit allerdings zeigten die Mathematiker wenig Interesse für unendliche Mengen. Bald jedoch überzeugten sie sich davon, daß diese Lehre ein äußerst wertvolles Instrument der wissenschaftlichen Forschung darstellt. Die Mengentheorie macht es möglich, alle mathematischen Disziplinen unter einem einheitlichen Gesichtspunkt zu analysieren: Elemente von Mengen können alle möglichen mathematischen Objekte sein — Zahlen, Figuren, Funktionen usw. Diese Allgemeinheit befreit in vielen Fällen von der Notwendigkeit, Theoreme für spezielle Arten von mathematischen Objekten zu beweisen. Diese Beweise können nun in allgemeiner Form geführt werden. Die außerordentliche Allgemeinheit und Anwendungsbreite der Begriffe und Methoden der Mengentheorie nicht nur für die Weiterentwicklung des faktischen Gehalts der Mathematik, sondern auch für deren Grundlegung führten mit der Zeit zu einer Vorherrschaft mengentheoretischer Ideen in der Mathematik.[22] Einer der hervorragendsten Spezialisten auf diesem Gebiet, A. FRAENKEL, erklärte, daß man die Erfassung der aktualen Unendlichkeit mit den Methoden der Mengentheorie als eine Erweiterung unseres wissenschaftlichen Horizonts betrachten kann, deren Bedeutung nicht geringer ist als die des kopernikanischen Systems in der Astronomie, der Relativitätstheorie oder selbst der Quantentheorie in der Physik.[23]

H. POINCARÉ drückte auf dem zweiten internationalen Mathematikkongreß die Überzeugung aus, daß die Mengentheorie der Mathematik eine endgültige und absolute Grundlage gibt. „Jetzt bleiben in der Mathematik", sagte er, „nur ganze Zahlen und endliche oder unendliche Systeme ganzer Zahlen . . . Die Mathematik . . . ist vollständig arithmetisiert . . . Wir können heute sagen, daß absolute Strenge erreicht ist."[24] Es war Ironie des Schicksals, daß unmittelbar danach in der Mengentheorie Antinomien entdeckt wurden, die deutlich machten, daß das Fundament der Mathematik, die Mengentheorie selbst, nicht völlig gesichert ist. Die ersten Antinomien (BURALI-FORTI, CANTOR) betreffen Spezialfragen der Mengentheorie, und CANTOR selbst hoffte noch, sie in Zukunft ausschalten zu können.

Im Jahre 1902 jedoch entdeckte RUSSELL eine neue Antinomie, die unmittelbar mit der CANTORschen Mengendefinition zusammenhängt. Diese Definition verbie-

22 Vgl. dazu ausführlicher,
A. FRAENKEL and Y. BAR-HILLEL, Foundations of Set Theory, Amsterdam 1958

23 Vgl. A. FRAENKEL, Abstract Set Theory (Studies in Logic), Amsterdam 1953, p. 331

24 H. POINCARÉ, Du rôle de l'intuition et de la logique en mathématiques, „C.R. du IIme Congr. Intern. des Math., (Paris 1900) Paris 1902, S. 201

tet es nicht, Mengen zu betrachten, die sich selbst (oder Mengen gleichen Typs) als Element enthalten. So ist z. B. eine Aufstellung aller Kataloge einer Bibliothek selbst sicher ein Katalog, die Zusammenfassung aller Verzeichnisse ist selbst ein Verzeichnis usw. Solche Mengen heißen *außerordentliche Mengen* im Gegensatz zu Mengen, die nicht so beschaffen sind, den *ordentlichen* Mengen (Die Menge aller Dreiecke ist kein Dreieck usw.).

Wir bilden nun die Menge A aller *ordentlichen* Mengen, d. h. die Menge aller der Mengen, die sich nicht selbst als Element enthalten, und stellen die Frage, ob diese Menge eine *ordentliche* oder eine *außerordentliche* Menge ist.

Nehmen wir an, sie sei eine *ordentliche* Menge. Dann enthält sie sich selbst als Element (denn A ist die Menge aller *ordentlichen* Mengen); laut Definition aber ist jede Menge, die sich selbst als Element enthält, *außerordentlich*.

Nehmen wir nun an, die Menge A sei eine *außerordentliche* Menge. Laut Definition enthalten alle *außerordentlichen* Mengen sich selbst als Element, also gehört die Menge A aller *ordentlichen* Mengen selbst zu den *ordentlichen* Mengen.

Die RUSSELLsche Menge führt also in jedem Falle zu einem Widerspruch: Aus der Annahme, sie sei eine *ordentliche* Menge, folgt, daß sie *außerordentlich* ist; aus der Annahme, daß sie *außerordentlich* sei, folgt, daß sie eine *ordentliche* Menge ist. Es entsteht eine Antinomie.

RUSSELL hat diese Antinomie am Beispiel eines Dorfbarbiers popularisiert, der den Auftrag gehabt hat, alle diejenigen Einwohner seines Dorfes zu rasieren, die sich nicht selbst rasieren. Es erhebt sich die Frage: Wie soll er mit sich selbst verfahren? Wenn er sich selbst rasiert, gehört er zur Menge derjenigen, die sich selbst rasieren, und diese soll er nicht rasieren. Rasiert er sich jedoch nicht selbst, dann gehört er zur Menge derjenigen, die sich nicht selbst rasieren, und muß sich folglich rasieren.[25]

Das Bekanntwerden der RUSSELLschen Antinomie war, nach einem Ausdruck HILBERTS, „in der mathematischen Welt geradezu von katastrophaler Wirkung".[26] Gegen CANTORS Lehre wurden von den verschiedensten Seiten die heftigsten Angriffe gerichtet. An die Stelle von Einmütigkeit und Verständnis traten Meinungsverschiedenheiten und Zweifel. Und obwohl seit der Zeit, da die ersten Antinomien entdeckt wurden, mehr als ein halbes Jahrhundert vergangen ist, wurde noch keine befriedigende Lösung gefunden.

Viele Mathematiker, denen die ersten Antinomien bekannt wurden, ignorierten

25 Dieses Beispiel ist genau genommen keine Antinomie, sondern eher eine Illustration der RUSSELLschen Antinomie. In der Tat ist die hier beschriebene Situation äußerst unwahrscheinlich. Übrigens wäre es hinreichend, hinter den Worten „die Einwohner seines Dorfes" die Bedingung „außer sich selbst" hinzuzufügen, damit die Antinomie verschwindet. Curry rechnet dieses Beispiel daher zu den Pseudoantinomien. (Vgl. H. CURRY, Foundations of Mathematical Logic, New York—San Francisco—Toronto—London 1963, p. 22)

26 D. HILBERT, Grundlagen der Geometrie, a. a. O., S. 273

sie in der ersten Zeit einfach, weil sie der Ansicht waren, es handle sich um höchst gekünstelte Konstruktionen. Da weder in der Analysis noch in der Geometrie derartige Antinomien festgestellt wurden, war es nicht erforderlich, sich wegen einiger Antinomien zu beunruhigen, die in dem Randgebiet der Mengentheorie entstanden. Es ist jedoch klar, daß eine solche Einstellung schon deswegen nicht befriedigen kann, weil wir nie sicher sein können, daß diese Antinomien nicht auch in der Analysis oder in der Geometrie auftreten, auch wenn diese auf mengentheoretischer Grundlage aufgebaut werden.

Ein bedeutender Teil von Mathematikern sieht den Ausweg aus diesen Schwierigkeiten darin, daß die Verwendung des Mengenbegriffs in einem bestimmten Axiomensystem Einschränkungen unterworfen wird, indem die Axiomensysteme von Anfang an so aufgebaut sind, daß die Verwendung von Begriffen, die zu Widersprüchen führen, ausgeschlossen ist. Mit diesen Fragen werden wir uns im sechsten Kapitel ausführlicher befassen.

Die radikalste Lösung wurde von den Intuitionisten vorgeschlagen. Sie unterzogen die Idee der absoluten Unendlichkeit und die auf ihr beruhende CANTORsche Mengenlehre insgesamt einer Kritik. Die Begriffe „für alle gilt" und „es gibt" können nach Ansicht BROUWERS, des Begründers des Intuitionismus, auf unendliche Mengen nicht angewendet werden. Die Sinnhaftigkeit jeder Behauptung über die Existenz eines Elementes mit einer bestimmten Eigenschaft in einer unendlichen Menge besteht darin, daß dieses Element tatsächlich aufgewiesen wird. Offensichtlich kann man aber nicht alle Elemente einer unendlichen Menge durchmustern. Aus diesem Grunde lehnen die Intuitionisten die aktuale Unendlichkeit ab und kehren zur werdenden, zur potentiellen Unendlichkeit zurück.

3. Potentielle Unendlichkeit und die neue konstruktivistische Grundlegung der Mathematik

Dem Begriff der potentiellen Unendlichkeit liegt, wie bereits gesagt, die Hypothese der potentiellen Realisierbarkeit zugrunde. Obwohl in Wirklichkeit unsere Möglichkeiten, gewisse Objekte zu konstruieren, stets durch bestimmte Bedingungen (das vorhandene Material, Zeit, Raum usw.) beschränkt sind, können wir theoretisch von diesen Beschränkungen absehen.

Die Hypothese der potentiellen Realisierbarkeit nimmt die Konstruierbarkeit nicht nur solcher Objekte an, die man (wenigstens prinzipiell) auch praktisch herstellen kann, sondern läßt auch potentiell realisierbare Objekte zu, d. h. Objekte, die unter der Voraussetzung realisierbar sind, daß wir über die entsprechenden Möglichkeiten verfügen. Diese Voraussetzung stellt selbstverständlich eine Idealisierung dar: Sie schematisiert und vergröbert den wirklichen Sachverhalt, denn die realen Konstruktionsmöglichkeiten sind immer durch einen gewissen Rahmen beschränkt.

Die Abstraktion der potentiellen Realisierbarkeit besteht, wie A. A. MARKOV feststellt, darin, daß „von den realen Grenzen unserer konstruktiven Möglichkeiten, die durch die Begrenztheit unseres Lebens im Raum und in der Zeit bedingt sind", abgesehen wird.[27]

Gestützt auf diese Abstraktion, können wir den Begriff der potentiellen Unendlichkeit einführen als einen unbegrenzten Prozeß der Konstruktion mathematischer Objekte, in dem es keinen letzten Schritt gibt. In der Tat geht die Hypothese der potentiellen Realisierbarkeit davon aus, daß nach n Schritten stets der $(n + 1)$-te Schritt möglich ist. Das aber bedeutet, daß im Prinzip die Existenz eines unbegrenzten Prozesses oder der potentiellen Realisierbarkeit angenommen werden kann. Die Elemente dieser Unendlichkeit existieren nicht gleichzeitig, sondern entstehen nacheinander im Konstruktionsprozeß. So verstehen wir die Folge der natürlichen Zahlen als eine Folge, die mit 1 beginnt und Schritt für Schritt zu den Zahlen 2, 3, 4, ... übergeht und kein letztes Glied besitzt. Die Tatsache, daß es einige Anstrengung erfordert, sich die Folge der natürlichen Zahlen als eine abgeschlossene Menge von Zahlen vorzustellen, zeigt, daß die Idee der potentiellen Unendlichkeit intuitiv bei weitem klarer ist als die Idee der aktualen Unendlichkeit. Uns scheint daher, daß es die Idee der potentiellen Unendlichkeit war, die ursprünglich in der Mathematik entstanden ist. Die Vorstellung von der Möglichkeit einer unbegrenzten Fortsetzbarkeit der Folge der natürlichen Zahlen stützt sich, wie bereits gesagt, auf die Idee der potentiellen Realisierbarkeit, auch wenn diese ungenau formuliert und undeutlich bewußtgemacht worden ist.

Die erste Formulierung des Begriffs der potentiellen Unendlichkeit treffen wir in der antiken Wissenschaft bei ANAXAGORAS (um 500 bis 427 v. u. Z.).

Bei der Erörterung der Teilbarkeit der Körper schrieb er: „*Denn von dem Kleinen gibt es kein Allerkleinstes, sondern immer noch ein Kleineres. Denn es ist unmöglich, daß das Seiende durch Teilung bis ins Unendliche aufhört zu sein.*"[28] Der Prozeß der Teilung wird hier in abstrakter Form analysiert, denn er abstrahiert erstens von den qualitativen Besonderheiten des Prozesses, wenn die rein quantitative Verkleinerung eines Körpers zu qualitativ neuen Elementen führt (in unseren heutigen Begriffen: Molekül, Atom, „Elementar"-teilchen); zweitens abstrahiert er von den praktischen Möglichkeiten, diesen Prozeß zu realisieren, d. h., die unendliche Teilbarkeit wird als ein potentiell realisierbarer Prozeß aufgefaßt. Dieses abstrakte Herangehen an das Problem der Teilbarkeit der Materie traf auf ernsthafte Einwände von seiten der antiken Atomisten. Wenn man die unbegrenzte Teilbarkeit der Körper annimmt, argumentierten sie, räumt man die Möglichkeit ein, in diesem Prozeß bis zu Punkten zu gehen. Wenn es „im Kleinen kein Allerkleinstes" gibt, kann man jeden Teil eines Körpers weiter teilen und gelangt so

27 А. А. МАРКОВ, Теория алгорифмов. „Труды Математического института имени В. А. Стеклова", т. XLII, стр. 15

28 W. CAPELLE, Die Vorsokratiker. Berlin 1961, S. 267

letzten Endes zu Punkten. Dann aber hört der Körper auf zu sein, was offenbar absurd ist.[29]

In der Gegenwart wird der objektive Charakter der potentiellen Unendlichkeit auf Grund einer unrichtigen Interpretation des Begriffs negiert. Die potentielle Unendlichkeit stellt, wie wir schon erwähnten, eine Idealisierung wirklicher Vorgänge dar. Man kann daher nicht fordern, daß diese Unendlichkeit in der realen Welt mit eben den Eigenschaften existiert, die ihr die Mathematiker zuschreiben. Wir suchen in der Natur auch keine Punkte, Geraden und Ebenen in der Art, wie sie in der Geometrie existieren. Der amerikanische Logiker CURRY benutzt jedoch eben den Umstand, daß es „in unserer Umgebung nichts gibt, was der Idee der Unendlichkeit entspricht", um die Haltlosigkeit der „realistischen" (lies: materialistischen — G.R.) Betrachtungsweise der Mathematik zu begründen.[30] HILBERTS Behauptung: „Das Unendliche findet sich nirgends realisiert; es ist weder in der Natur vorhanden noch als Grundlage in unserem verstandesmäßigen Denken zulässig"[31] scheint uns nur zur Hälfte wahr zu sein. HILBERT betont völlig zu Recht, daß der naive Eindruck, die Materie sei unbegrenzt teilbar, mit den Methoden der modernen Wissenschaft widerlegt wurde. In dem Artikel „Über das Unendliche" zieht er aus der Theorie vom atomaren Aufbau der Materie und aus der Entdeckung der Energiequanten den Schluß, „daß ein homogenes Kontinuum, welches die fortgesetzte Teilbarkeit zuließe und somit das Unendliche im Kleinen realisieren würde, in der Wirklichkeit nirgends angetroffen wird".[32]

Wir können der Ansicht, daß „die unendliche Teilbarkeit eines Kontinuums ... nur eine in Gedanken vorhandene Operation" ist, völlig zustimmen. Aber eben deshalb kann natürlich der Begriff der potentiellen Unendlichkeit nicht für sich in Anspruch nehmen, den *physikalischen* Prozeß der Teilung der Materie adäquat widerzuspiegeln. Bei diesem Prozeß handelt es sich nicht um eine quantitative Verringerung eines Materieteilchens, sondern auch um einen Übergang von einer Qualität zu einer anderen. Der kleinste Teil eines Stoffes, der noch die Eigenschaften dieses Stoffes zeigt, ist das Molekül. Teilt man das Molekül weiter, erhält man qualitativ neue Gebilde, Atome, die sich von den Molekülen grundlegend unterscheiden. Die Teilung des Atoms wiederum führt zu Elementarteilchen, die ebenfalls eine neue Qualität gegenüber den Atomen darstellen. Der Prozeß der Teilung der Materie ist also stets mit qualitativen Veränderungen verbunden. Der Begriff der potentiellen Unendlichkeit abstrahiert aber, ebenso wie jeder andere mathematische Begriff, von den qualitativen Besonderheiten der Erscheinungen und Prozesse und betrachtet diese in „reiner", in idealisierter Form. Es ist durchaus verständlich, daß ein solches Unendliches nicht in der Natur existieren kann. Darin ist HILBERT unbedingt im Recht.

29 Vgl. W. CAPELLE, Die Vorsokratiker, a. a. O., S. 295 (Leukipp) und 396 (Demokrit)

30 Vgl. H. B. CURRY, Outlines of Formalist Philosophy of Mathematics, Amsterdam 1951, p. 3

31 D. HILBERT, Grundlagen der Geometrie, a. a. O., S. 288

32 ebenda, S. 266

Wenn HILBERT der mathematischen Unendlichkeit ihren objektiven Charakter abspricht und ihr nur die Rolle einer Idee im Sinne eines KANTschen Vernunftbegriffes, der alle Erfahrung übersteigt, zuschreibt[33], macht er dem Idealismus Zugeständnisse. Allerdings zeigt eine genauere Analyse, daß für HILBERT die Unendlichkeit, ebenso wie jede andere ideale Aussage der theoretischen Mathematik, vor allem eine Form der Universalität darstellt. Eine der fruchtbaren Ideen seiner Beweistheorie besteht bekanntlich darin, daß „die Mathematik zu einem Bestande von Formeln (wird), und zwar erstens solchen, denen inhaltliche Mitteilungen finiter Aussagen, also im wesentlichen numerische Gleichungen oder Ungleichungen, entsprechen, und zweitens von weiteren Formeln, die für sich allein keinerlei Bedeutung haben und die idealen Gebilde unserer Theorie sind".[34] Diese idealen Gebilde sind Generalisierungen finiter Aussagen. So gelangen wir z. B. auf Grund der numerischen Gleichungen

$2 + 3 = 3 + 2; 5 + 7 = 7 + 5$ usw.

zu der Formel

$a + b = b + a$,

die alle diese Einzelfälle erfaßt.

Ebenso wie es nur wegen des Vorhandenseins finiter Einzelaussagen möglich ist, sich Formeln, formalen Gebilden der Mathematik zuzuwenden, so kann auch das „Operieren mit dem Unendlichen ... nur durch das Endliche gesichert werden".[35]

Entsprechend der finiten Einstellung HILBERTS müssen den formalen Systemen, mit denen es die Beweistheorie oder Metamathematik zu tun hat, intuitiv einsichtige Behauptungen und überzeugende logische Schlüsse zugrunde liegen. Da die aktuale Unendlichkeit dieser Forderung nicht genügt, wird sie in der Metatheorie nicht verwendet.

Es ergibt sich also, daß die Idee der Unendlichkeit auch als Grundlage in unserem verstandesmäßigen Denken zulässig ist, wenn man ihren Zusammenhang mit den endlichen Prozessen und Objekten nicht vergißt. Und HILBERT selbst hat auf dem Gebiet der Mathematik viel dazu beigetragen, diesen Zusammenhang zu klären. Wenn — worauf ENGELS hinweist — alles wirkliche, erschöpfende Erkennen nur darin besteht, daß wir das Einzelne im Gedanken aus der Einzelheit in die Besonderheit und aus dieser in die Allgemeinheit erheben, daß wir das Unendliche im Endlichen, das Ewige im Vergänglichen auffinden und feststellen[36], dann sind die „idealen Gebilde" HILBERTS ein ausgezeichnetes Beispiel für solches Erkennen in der Mathematik.

[33] ebenda, S. 288

[34] ebenda, S. 281

[35] ebenda, S. 288

[36] F. ENGELS, Dialektik der Natur, MEW Bd. 20, Berlin 1962, S. 499

Der Begriff der potentiellen Unendlichkeit ist einer der Fundamentalbegriffe der gesamten Mathematik. Im wesentlichen stützen wir uns bei allen unseren Rechenoperationen und in vielen Schlußweisen implizit sowohl auf die Hypothese der potentiellen Realisierbarkeit als auch auf die Idee der potentiellen Unendlichkeit. Auf diese Ideen stützt sich auch in vieler Hinsicht die Grundlegung der Mathematik. Es ist kein Zufall, meint E. W. BETH, daß bereits ARISTOTELES den Mathematikern geraten habe, sich auf die potentielle Unendlichkeit zu beschränken.[37]

Nachdem die Analysis auf der Grenzwerttheorie aufgebaut worden war, begann die Idee der potentiellen Unendlichkeit die dominierende Rolle in der Mathematik zu spielen. Nachdem die Mengentheorie geschaffen wurde, trat die Idee der aktualen Unendlichkeit in den Vordergrund, während die potentielle Unendlichkeit vorübergehend auf die zweite Stelle rückte. Nach der Entdeckung der Antinomien der Mengenlehre wandte sich eine Reihe von Mathematikern wieder der Idee der potentiellen Unendlichkeit zu und versuchte, mit deren Hilfe einen Ausweg aus den Schwierigkeiten zu finden, die mit der Grundlegung der Mathematik in Zusammenhang stehen.

Zu Beginn unseres Jahrhunderts trat der holländische Mathematiker L. E. J. BROUWER mit einer Kritik des Begriffs der aktualen Unendlichkeit und der unbegründeten Anwendung des Gesetzes vom ausgeschlossenen Dritten auf unendliche Mengen auf. In einem seiner ersten Artikel „De onbetrouwbaarheid der logische principes"[38] (Die Unzuverlässigkeit der logischen Prinzipien) wies er nach, daß die Gesetze und Prinzipien der klassischen Logik aus dem Bereich endlicher Mengen abstrahiert und später ohne hinreichende Begründung auf unendliche Mengen angewendet wurden. Einige dieser Prinzipien besitzen jedoch für unendliche Mengen keine Gültigkeit. Wir haben das bereits am Beispiel des Prinzips „Das Ganze ist größer als der Teil" gesehen. Vor allem dem Gesetz vom ausgeschlossenen Dritten spricht BROUWER die Anwendbarkeit auf unendliche Mengen ab. Dieses Gesetz behauptet bekanntlich, daß eine beliebige Aussage entweder wahr oder falsch sein muß, ein Drittes gibt es nicht. Symbolisch kann das folgendermaßen dargestellt werden:

$$A \vee \neg A \,.$$

A möge die Aussage bedeuten, daß ein gewisses Element einer Menge über eine Eigenschaft P verfügt. Dann bedeutet nicht-A ($\neg A$), daß kein Element dieser Menge die Eigenschaft P besitzt, oder, anders gesagt, alle Elemente haben die Eigenschaft nicht-P ($\neg P$). Weiterhin mögen wir über die Möglichkeit verfügen, in jedem Falle zu entscheiden, ob ein Element der Menge diese Eigenschaft besitzt. Dann können wir unter der Bedingung, daß die Menge aus einer endlichen Anzahl

37 E. W. BETH, The Foundation of Mathematics, Amsterdam 1959, p. 365

38 L. E. J. BROUWER, De onbetrouwbaarheid der logische principes, „Tijdschrift voor Wijsbegeerte", 2, S. 152—156

von Elementen besteht, alle Elemente der Menge durchmustern und uns überzeugen, ob es ein Element mit der fraglichen Eigenschaft P gibt oder ob sie alle die Eigenschaft nicht-P haben. Anders gesagt, im Falle einer endlichen Menge können wir im Prinzip immer entscheiden, ob eine diese Menge betreffende Aussage A wahr ist oder falsch. Dieser Umstand liegt nach Ansicht BROUWERS der Anwendung des Gesetzes vom ausgeschlossenen Dritten zugrunde. Wir können hierbei zwar auf praktische Schwierigkeiten stoßen, z. B. wenn eine Menge aus einer Trillion oder mehr Elementen besteht, aber diese Schwierigkeit ziehen wir nicht in Betracht.

Im Falle unendlicher Mengen haben wir jedoch nicht einmal die prinzipielle Möglichkeit, alle Elemente einer Menge zu überprüfen, denn der echte Sinn der Unendlichkeit besteht nach BROUWER in ihrer Unabgeschlossenheit. Deshalb schlägt er vor, anstelle der aktualen Unendlichkeit die potentielle Unendlichkeit zu betrachten.

In der Folgezeit schlossen sich H. WEYL, A. HEYTING und andere Mathematiker BROUWER an, es bildete sich die intuitionistische Richtung in der Grundlegung der Mathematik. Obwohl die philosophischen Ansichten der Intuitionisten, wie im achten Kapitel gezeigt werden wird, falsch sind und mit vollem Recht in der sowjetischen Literatur kritisiert worden sind, haben die wichtigsten Ideen von BROUWER und WEYL im wesentlichen die Grundzüge der konstruktiven Richtung in der Mathematik bestimmt.

Die Anhänger der konstruktiven Richtung beschränken sich bei der Grundlegung der Mathematik auf die potentielle Unendlichkeit und ziehen nur konstruktive Objekte in Betracht. Der wichtigste Grund dafür, daß sich die konstruktive Mathematik auf die Abstraktion der potentiellen Realisierbarkeit und auf effektive Beweisverfahren beschränkt, besteht darin, daß damit der Zusammenhang der Begriffe der Mathematik mit dem experimentellen Material der technischen und der Naturwissenschaften „spürbarer“ gemacht werden soll.[39]

4. Die Einheit von potentieller und aktualer Unendlichkeit in der Entwicklung der Mathematik

Ebenso wie das Unendliche nur in Einheit mit dem Endlichen erkannt werden kann, so kann auch die mathematische Unendlichkeit in vollem Umfang nur unter Berücksichtigung des wechselseitigen Zusammenhangs ihrer aktualen und ihrer potentiellen Form erfaßt werden. Obwohl es Gründe für die Annahme gibt, daß die potentielle Unendlichkeit infolge ihrer größeren intuitiven Evidenz früher entstanden ist als die aktuale Unendlichkeit, so haben sich diese beiden Formen in der weiteren Entwicklung der Mathematik entweder ständig abgelöst oder aber gegenseitig ergänzt.

Ideen, die dem Begriff der aktualen Unendlichkeit ähneln, hat ARISTOTELES in

[39] Н. А. ШАНИН, Конструктивные вещественные числа ..., a. a. O., стр. 22

der antiken griechischen Mathematik der Frühperiode, deren Entwicklung uns in ihren Einzelheiten völlig unbekannt ist, festgestellt. Über diese Ideen können wir nur urteilen anhand einiger Hinweise, die sich in den Aporien ZENONS, in Bemerkungen DEMOKRITS über die Berechnung des Kegelvolumens und an einigen anderen Stellen finden.[40]

Eine der frühesten Konzeptionen der Unendlichkeit, die uns erhalten ist, ist die des ANAXAGORAS. In ihr wird, wie wir im vorigen Paragraphen gesehen haben, die Unendlichkeit als ein potentiell realisierbarer Prozeß betrachtet. Die Konzeption des ANAXAGORAS zeigt, daß die Griechen, ungeachtet aller praktischen Grenzen bei der Teilung der Körper, theoretisch eine unendliche Teilbarkeit zuließen. Mit dieser Konzeption ist jedoch eine ganze Reihe von logischen Schwierigkeiten verbunden, die z. B. in den Aporien des ZENON aus Elea deutlich hervortreten.

In der bekanntesten dieser Aporien „ACHILLES und die Schildkröte" versucht ZENON nachzuweisen, daß der schnellfüßige ACHILLES die langsam kriechende Schildkröte niemals einholen könne, weil der Verfolger jedesmal erst dorthin gelangen müsse, von wo die Schildkröte schon losgelaufen sei, so daß sich der Abstand zwischen ihnen zwar stets verringert, aber niemals verschwindet, weil man eine Strecke bis ins Unendliche teilen, eine unendliche Anzahl von Strekken jedoch nicht in endlicher Zeit durchlaufen kann.

Auch in den anderen Aporien benutzt ZENON die Möglichkeit, Strecken oder Körper bis ins Unendliche zu teilen, und kommt dann, von dieser Annahme ausgehend, auf völlig logischem Wege zu einem Widerspruch mit der sinnlichen Erfahrung. In der „Dichotomie" genannten Aporie versucht ZENON mit Hilfe der Annahme, daß eine Strecke bis ins Unendliche geteilt werden könne, zu beweisen, daß ein sich bewegender Körper niemals das Ende einer Strecke erreichen kann. In der Tat muß ein Körper, um das Ziel zu erreichen, zunächst die Hälfte der Strecke zurücklegen, dann die Hälfte der verbleibenden Hälfte, d. h. ein Viertel der Strecke, dann ein Achtel usw. ad infinitum. Es entsteht eine geometrische Reihe

$$1/2, 1/4, 1/8, \dots, 1/n^2, \dots$$

Da man also eine Strecke bis ins Unendliche teilen kann, die Unendlichkeit aber nie durch eine endliche Anzahl von Schritten erschöpft werden kann, erreicht der sich bewegende Körper niemals sein Ziel. Ebenso könnte man zeigen, daß ein Körper überhaupt keine Bewegung beginnen kann. Denn um die Hälfte des Weges zu erreichen, muß er zunächst ein Viertel durchlaufen, zuvor jedoch ein Achtel der Strecke usw. ad infinitum.

[40] Vgl. E. W. BETH, The Foundations of Mathematics, a. a. O., p. 365

Wir wollen nicht im einzelnen auf eine Analyse der Aporien ZENONS eingehen,[41] sondern stellen nur fest, daß sie alle auf der Vorstellung von der unendlichen Teilbarkeit einer Strecke bzw. eines Körpers oder der Zeit aufgebaut sind. Diese Vorstellung ist eine Schematisierung des realen Teilungsprozesses, und stützt sich auf die Abstraktion der potentiellen Realisierbarkeit und auf die untrennbar mit ihr zusammenhängende Abstraktion der potentiellen Unendlichkeit. Es leuchtet ein, daß man eine solche Abstraktion nicht mit empirischen Erfahrungsdaten begründen kann. Gerade gegen solche Versuche, die unendliche Teilbarkeit von Figuren und Körpern empirisch zu begründen, gegen die Vorstellung, die Bewegung sei eine mechanische Summe von Ruhezuständen, sind die Aporien ZENONS gerichtet. ZENON hat selbstverständlich ebensowenig die Bewegung als sinnlich beobachtbare Tatsache geleugnet, wie er nicht daran zweifelte, daß ACHILLES die Schildkröte einholt. Für ihn war etwas ganz anderes wichtig: Er wollte zeigen, daß die theoretischen Vorstellungen von der Bewegung und der unendlichen Teilbarkeit zu einem Widerspruch mit der Erfahrung und der Beobachtung führen.

Vom gegenwärtigen Standpunkt aus erscheint dieser Widerspruch völlig natürlich. Die Vorstellung von der unendlichen Teilbarkeit von Körpern und Figuren ist eine Abstraktion: sie vereinfacht und schematisiert wirkliche Prozesse und widerspricht daher der Erfahrung. Um die Möglichkeit zu gewinnen, von einer bis ins Unendliche geteilten Strecke zum Endlichen zu gelangen, d. h. um die Aporie zu lösen, muß ein ebenso abstraktes Verfahren für das Summieren unendlich kleiner Größen gefunden werden. Mit anderen Worten, wir müssen die eine Abstraktion mit Hilfe einer anderen eliminieren: wenn wir die abstrakte Möglichkeit zulassen, eine Strecke[42] bis ins Unendliche zu teilen, dann müssen wir auch die Möglichkeit zulassen, nunmehr das Unendliche zu summieren und so eine endliche Strecke zu erhalten.

Die heutige Mathematik verfügt über einen entsprechenden formalen Apparat. Wenn z. B. der Weg, den ein sich bewegender Körper in der Aporie „Dichotomie" durchläuft, die unendliche Reihe $1/2, 1/4, \ldots, 1/2^n$ darstellt, dann kann man die Summe dieser Reihe folgendermaßen ermitteln:

Die Reihe $\frac{1}{2} + \frac{1}{4} + \frac{1}{8} + \cdots + \frac{1}{2^n}$

[41] Eine ausführliche Darstellung der Zenonschen Aporien ist zu finden in
С. А. Богомолов, Актуальная бесконечность, Москва-Ленинград 1934
Der gegenwärtige Problemstand wird erläutert in dem Artikel
С. А. Яновская, Преоделены ли в современной науке трудности, известные под названием „апорий Зенона"? „Проблемы логики", Москва 1963
Eine andere als die hier dargelegte Interpretation, ebenfalls unter mathematischem Gesichtspunkt, gibt
B. L. VAN DER WAERDEN, Zenon und die Grundlagenkrise der griechischen Mathematik, „Mathematische Annalen". Bd. 117, Berlin 1940—1941 (Anm. d. Hrsg.)

[42] Im folgenden wird vorausgesetzt, daß die Strecke die Länge 1 hat. (Anm. d. Hrsg.)

hat die Partialsummenfolge[43]:

$$\frac{1}{2}, \frac{3}{4}, \frac{7}{8}, \ldots, \frac{2^n - 1}{2^n}, \ldots$$

Diese Partialsummenfolge konvergiert gegen den Grenzwert

$$S = \lim_{n\to\infty} s_n = \lim_{n\to\infty} \frac{2^n - 1}{2^n} = 1\,.\text{[44]}$$

Es muß jedoch beachtet werden, daß man die ZENONschen Aporien nicht allein mit formal-logischen Mitteln lösen kann. In ihnen hat der geniale Grieche zum ersten Male die Frage aufgeworfen, wie mit den Begriffen und Kategorien der Logik die Bewegung und die Widersprüche der Dinge und Erscheinungen der realen Welt widergespiegelt werden können. „Die Frage", schrieb LENIN aus diesem Anlaß, „ist nicht die, ob es eine Bewegung gibt, sondern wie man sie in der Logik der Begriffe zum Ausdruck bringen soll."[45]

Die mit dem Begriff der Unendlichkeit verbundenen Schwierigkeiten, die ZENON und andere antike Gelehrte aufgedeckt hatten, veranlaßten die Griechen dazu, in der Mathematik vollständig darauf zu verzichten, unendliche Prozesse zu verwenden. DEMOKRIT versuchte, diese Schwierigkeiten zu überwinden, indem er die Legalität des Begriffs der aktualen Unendlichkeit im Sinne ANAXAGORAS' leugnete. Er nahm im Gegensatz dazu an, daß der Prozeß der Teilung physikalischer Körper nicht unendlich sein kann, sondern daß eine Grenze existiert, über die hinaus eine Teilung unmöglich ist. Diese unteilbaren Teilchen sind die Atome.

DEMOKRIT nahm an, daß auch geometrische Figuren aus Atomen zusammengesetzt sind. Eine Strecke kann folglich nicht in unendlich viele Teile geteilt werden. Daher scheinen in der atomistischen Mathematik einige der ZENONschen Aporien überwunden zu sein. Jedoch hat DEMOKRIT den Aufbau der Mathematik derart kompliziert, daß viele ihrer Sätze nicht mehr gelten oder starke Änderun-

[43] nämlich: $\frac{1}{2}$, $\frac{1}{2} + \frac{1}{4} = \frac{3}{4}$, $\frac{1}{2} + \frac{1}{4} + \frac{1}{8} = \frac{7}{8}$ usw.

[44] Ähnlich löst sich auch die Aporie „Achilles und die Schildkröte" auf. Gesetzt, ACHILLES läuft zwölfmal so schnell wie die Schildkröte und gibt ihr eine Längeneinheit (z. B. 1 km) Vorsprung. Dann läuft die Schildkröte, während Achilles diesen km zurücklegt, $\frac{1}{12}$ km weiter. Während Achilles diesen $\frac{1}{12}$ km durchläuft, kriecht die Schildkröte um $\frac{1}{12^2}$ km weiter usw. Zenon erkannte, daß die entstehende Reihe eine unendliche geometrische Reihe darstellt, die damalige Mathematik bot aber keine Möglichkeit, die Summe

$1 + \frac{1}{12} + \frac{1}{12^2} + \ldots$

der von Achilles bis zu dem Moment, in dem er die Schildkröte einholt, zurückgelegten Teilstrecken zu ermitteln. In der Tat bildet die Partialsummenfolge das allgemeine Glied $\frac{12}{11}\left(1 - \frac{1}{12}n\right)$, sie konvergiert gegen $\frac{12}{11}$, d. h. Achilles holt die Schildkröte nach $\frac{12}{11}$ km ein.

(Anm. d. Hrsg.)

[45] W. I. LENIN, Philosophische Hefte, Werke Bd. 38, Berlin 1964, S. 242—243

gen erfahren. So kann man beispielsweise nicht mehr jede Strecke halbieren, sondern nur solche Strecken, die aus einer geraden Anzahl von Atomen bestehen.[46]

E. W. BETH bezeichnet, gestützt auf die Untersuchungen des Mathematikhistorikers P. TANNERY, diese Entwicklungsperiode der Mathematik als die Periode der Schaffung einer atomistischen Kontinuumstheorie.[47] Die Entdeckung inkommensurabler Strecken, wie z. B. Seite und Diagonale eines Quadrats, erschütterte das Vertrauen in diese Theorie gründlich, denn nach dieser Theorie sind inkommensurable Strecken unmöglich. Auch die früher entstandene pythagoreische Proportionslehre, die von der Voraussetzung ausging, daß beliebige Strekken kommensurabel sind, erwies sich als unhaltbar. Das hatte im 5. Jahrhundert v. u. Z. die erste Grundlagenkrise der Mathematik zur Folge.

Den Ausweg aus dieser Krise fand EUDOXOS von Knidos, dessen bemerkenswerte Proportionstheorie in vieler Hinsicht an die 1872 von R. DEDEKIND geschaffene Theorie der irrationalen Zahlen erinnert. An die Stelle des als falsch erwiesenen Prinzips der Kommensurabilität setzt EUDOXOS das folgende Postulat: Es seien $\bar{a}$ und $\bar{b}$ zwei beliebige Strecken; dann kann man die kleinere von ihnen (z. B. $\bar{a}$) so oft zu sich selbst hinzufügen, bis ihre Summe größer ist als $\bar{b}$, d. h. wenn $\bar{a} < \bar{b}$, dann gibt es eine Zahl n derart, daß $n\bar{a} > \bar{b}$. Das aber bedeutet, „daß alle Strecken von vergleichbarer Größenordnung sind, daß *es weder ein aktual Unendlichkleines noch ein aktual Unendlichgroßes* im Kontinuum gibt".[48] In der Tat, wie groß die Strecken auch sein mögen, stets können wir nach dem Axiom des EUDOXOS die Strecke $\bar{a}$ so oft zu sich selbst hinzufügen, daß $n\bar{a} > \bar{b}$. Daraus folgt, daß es im Kontinuum keine größte Strecke gibt. Analog kann man zeigen, daß es in ihm keine kleinste Strecke gibt. Es ist ersichtlich, daß sich die Proportionstheorie des EUDOXOS implizit auf die Abstraktion der potentiellen Realisierbarkeit stützt, denn er nimmt an, daß es nach jedem Schritt des Prozesses die Möglichkeit gibt, eine größere Strecke als die vorige zu konstruieren. Damit spielt hier aber auch der Begriff der potentiellen Unendlichkeit implizit eine Rolle, obwohl er explizit in den Schlüssen nie auftaucht.

Um die Schwierigkeiten zu umgehen, die mit unendlichen Prozessen beim Beweis geometrischer Theoreme verbunden sind, schuf EUDOXOS die dann von ARCHIMEDES vervollkommnete Exhaustionsmethode, mit deren Hilfe es gelang, Sätze über die Kreisfläche sowie über die Volumina der Pyramiden, des Kegels und der Kugel zu beweisen. Auch bei der Exhaustionsmethode besteht der Haupt-

46 Denn bei Strecken aus einer ungeraden Anzahl von Atomen müßte das „mittlere" Atom entweder zweimal oder gar nicht gezählt werden. Ein Kreis ist dann überhaupt nicht halbierbar, denn der Mittelpunkt bleibt auch entweder „übrig" oder müßte doppelt gezählt werden. (Anm. d. Hrsg.)

47 E. W. BETH, The Foundations of Mathematics, a. a. O., p. 365

48 H. WEYL, Philosophie der Mathematik und Naturwissenschaft, a. a. O., S. 32

inhalt darin, daß man den Prozeß der Teilung einer Größe so weit fortsetzen kann, daß das Ergebnis kleiner als jede beliebige vorgegebene Größe ist.[49]

Die Exhaustionsmethode ist weitgehende Antizipation der Grenzwerttheorie, wie sie in der Neuzeit entstanden ist. Obwohl EUDOXOS mit ihrer Hilfe das Unendliche aus der Mathematik „vertreiben" wollte, zeigt sich bei genauerem Hinsehen, daß sich diese Methode implizit sowohl auf die Hypothese der potentiellen Realisierbarkeit als auch auf den Begriff der potentiellen Unendlichkeit stützt. Es ist kein Zufall, daß ARISTOTELES jene Unendlichkeit, die in der Proportionslehre des EUDOXOS figuriert, potentielle Unendlichkeit nennt.

„Keineswegs", schrieb der Stagirit, „entzieht dieses unser Ergebnis den Mathematikern den Boden für ihre Arbeit, wenn es ein im Modus der Wirklichkeit stehendes, undurchlaufbares Unendlichgroßes ablehnt. Denn solche Unendlichkeit ist keinesfalls nötig für den Mathematiker — tatsächlich benutzt er sie auch gar nicht —; was der Mathematiker braucht, ist nur die Berechtigung, die endliche (Gerade) so groß anzusetzen, wie er sie jeweils haben will. Nun läßt sich aber nach denselben Verhältnisgesetzen wie die größte Ausdehnungsgröße genausogut jedwede andere Ausdehnungsgröße teilen. Für die mathematischen Beweise macht es daher keinerlei Unterschied aus, ob sich unter den real vorhandenen Ausdehnungsgrößen eine unendliche befindet oder nicht."[50]

Mit der Schaffung der Analysis, die — nach einem Ausdruck von HILBERT — „eine einzige Symphonie des Unendlichen" ist,[51] traten ernsthafte Schwierigkeiten bei der Grundlegung der Mathematik auf, die hauptsächlich mit dem Verständnis der Natur der unendlich kleinen Größen zusammenhängen. Wenn EUDOXOS sich gegen die Verwendung der Begriffe des aktual-unendlich Großen und des aktual-unendlich Kleinen verwahrt hatte, wurde in der neugeschaffenen Analysis eben dieser unbestimmte und verschwommene Begriff des unendlich Kleinen zur Grundlage genommen. Die Mathematiker des 17. und 18. Jahrhunderts verstanden das unendlich Kleine als den kleinsten Wert, den eine unendlich abnehmende Folge im Verlaufe ihrer Veränderung annimmt. Dieser Wert mußte größer als Null sein, gleichzeitig aber auch kleiner als jeder Wert der unendlich abnehmenden Folge. Mit anderen Worten: eine Größe konnte nur bis zu einem gewissen unendlich kleinen Wert verringert werden, über den hinaus jede weitere Verringerung oder Teilung als unmöglich betrachtet wurde. Es ist kein Zufall, daß die unendlich kleinen Größen „Indivisible" genannt wurden.[52]

[49] Ausführlicher behandelt wird die Exhaustionsmethode z. B. in

И. Г. БАШМАКОВА, Лекции по истории математики в Древней Греции. „Историко-математические исследования", выпуск XI, Москва 1958, стр. 309—323

[50] ARISTOTELES, Physikvorlesung, III, 207b (zitiert nach der Übersetzung von H. Wagner, Berlin 1967, S. 80)

[51] D. HILBERT, Grundlagen der Geometrie, a. a. O., S. 269

[52] D. h. das „Unteilbare", ein noch aus der Terminologie der Scholastik herrührender Begriff, er wurde außer von KEPLER und CAVALIERI auch von GALILEI benützt. (Anm. d. Hrsg.)

Diese Methode, mit unendlich kleinen Größen als „Indivisiblen" zu rechnen, wurde vor allem von CAVALIERI und KEPLER dazu benutzt, eine Reihe von Aufgaben zur Berechnung von Flächen und Volumina zu lösen, die mit den Mitteln der früheren Mathematik nicht zu lösen waren.

Die unendlich kleinen Größen wurden von nun an immer mehr nicht als Variable, sondern als Konstante betrachtet. Die Begründer der Infinitesimalrechnung sahen wohl die Schwierigkeiten, die diese Auffassung mit sich bringt, hielten jedoch — wenn auch mit Einschränkungen — an ihr fest.

Besonders LEIBNIZ neigte zu dem Gedanken, daß die unendlich kleinen Größen eigentlich nicht als real existierende Größen, sondern eher als reine Schöpfungen unseres Denkens, als eine Art fiktiver Größen zu betrachten sind. Diese Fiktionen sind seiner Ansicht nach nützlich, weil man mit ihnen kurz und richtig rechnen kann. Ihn interessierte vorwiegend die rechnerische Seite der Infinitesimalrechnung; was die Natur dieser Größen und die Notwendigkeit, sie in die Wissenschaft einzuführen, betrifft, so muß die Erklärung dafür seiner Ansicht nach in der Philosophie gesucht werden.

LEIBNIZ versuchte, die Begründung für die einander ausschließenden Eigenschaften der aktual-unendlich kleinen Größen in seinem Prinzip der Kontinuität zu finden, welches einen Grundpfeiler seiner Philosophie darstellt. „Nichts geschieht auf einen Schlag", schreibt er, „und es ist einer meiner größten und bewährtesten Grundsätze, *daß die Natur niemals Sprünge macht.* Das nannte ich *das Gesetz der Kontinuität.*"[53]

Er glaubte, daß die strenge Stetigkeit von Übergängen auf eben den aktual-unendlich kleinen Größen beruht. Sofern sie als Größen gleich Null betrachtet werden, gewährleisten sie die absolute Stetigkeit des Überganges von einem Zustand einer Qualität eines Dinges in einen anderen. Da sie andererseits als von Null verschiedene Größen angesehen werden, ist die Möglichkeit des Überganges, der Veränderung und Bewegung gesichert.

Auf die schwierigste Frage jedoch — die Frage nämlich, warum die unendlich kleinen Größen beim Differenzieren „abgeworfen" werden — antwortete LEIBNIZ wie die Mehrzahl der damaligen Mathematiker mit dem Hinweis auf die Richtigkeit der dabei gewonnenen Ergebnisse.

NEWTON hingegen hielt die unendlich kleinen Größen im Gegensatz zu LEIBNIZ nicht für bloße Fiktionen. Er bemühte sich darum auch, für die Operationen mit ihnen eine reale und nicht nur formale Begründung zu geben. Diese Begründung sucht er innerhalb der Mathematik im Begriff des „Grenzverhältnisses". Gestützt auf eine sorgfältige Analyse des Textes der „Philosophiae naturalis principia mathematica" kommt N. N. LUZIN zu der Ansicht, daß bei NEWTON „die Theorie der Grenzwerte in fast moderner Form" vorliegt.[54]

[53] G. W. LEIBNIZ, Neue Abhandlungen über den menschlichen Verstand, Frankfurt a. M. 1961, 1. Band, S. XXIX

[54] Н. Н. Лузин, Ньютонова теория пределов. „Исаак Ньютон. Сборник статей к трехсот-

Darüber hinaus sucht NEWTON eine Begründung für die Grundprinzipien der Differentialrechnung in den Begriffen und Methoden der Mechanik. Er stellt die Veränderung variabler Größen (in seiner Terminologie „Fluente") als Bewegung eines Punktes mit variabler Geschwindigkeit dar. Die Augenblicksgeschwindigkeit in einem gegebenen Zeitpunkt ist die Ableitung (oder, in NEWTONS Terminologie, die „Fluxion"). Da wir den Begriff der Geschwindigkeit aus der Erfahrung gewinnen, wird auf diese Weise auch die Rechtmäßigkeit der unendlich kleinen Größen, die für dessen Definition verwendet werden, begründet.

Wie N. N. LUZIN betont, schien für NEWTON das Vorhandensein von Geschwindigkeit und Beschleunigung bei jeder Art von Bewegung in der Natur der Dinge zu liegen.[55] Daher war für ihn die Existenz einer Kurve ohne Tangente oder ohne Krümmung „widernatürlich". Selbstverständlich kann man diese Bezugnahme auf die Mechanik für die Begründung der Infinitesimalrechnung nicht als eine echte Begründung betrachten. Deshalb wandte sich auch NEWTON selbst der Idee des Grenzübergangs zu, obwohl diese Idee von ihm ungenügend ausgearbeitet war. Jedenfalls hatten NEWTONS Ansichten hier keinen entscheidenden Einfluß auf die allgemeine Tendenz, die unendlich kleinen Größen als aktual existierende zu betrachten, obwohl sie beim Rechnen faktisch nicht berücksichtigt wurden. Darin besteht der verwundbarste Punkt der neuentstandenen Disziplin.

Diese Schwäche der neuentstandenen Rechnungsart rief die Kritik der traditionell denkenden Mathematiker hervor, die — nach einem Wort von MARX — „selbst in der Laienwelt widerhallt". Das bedeutet, daß das Problem der Grundlegung der Infinitesimalrechnung nicht nur speziell mathematische, sondern auch weltanschauliche Probleme betraf. Dieser Umstand wird heute von einer ganzen Reihe von Mathematikern auch des Auslandes unterstrichen. A. ROBINSON z. B. hob in seinem Vortrag auf dem Symposion zur Philosophie der Mathematik 1965 hervor, daß in dieser Periode das Problem der Grundlegung der Infinitesimalrechnung für viele in bedeutendem Maße ein philosophisches Problem war, so wie in unserer Zeit das Problem der Begründung der Mengentheorie sowohl unter philosophischem wie unter technischem Aspekt erörtert wird.[56]

Idealisten und Fideisten zögerten nicht, die philosophischen und mathematisch-logischen Schwierigkeiten bei der Begründung der Infinitesimalrechnung auszunutzen. Höchst bezeichnend ist in dieser Hinsicht die Episode, die mit der Entstehung des Pamphlets „The Analyst" von G. BERKELEY zusammenhängt. Dieser erfuhr, daß einer seiner Bekannten (man nimmt an, daß es der Arzt Dr. GARTH war), schon dem Tode nahe, es abgelehnt haben soll, religiöse Fragen zu erörtern, wobei er sich darauf berief, daß die Sätze der christlichen Lehre nicht denselben

летию со дня рождения", Москва–Ленинград 1943, стр. 55

55 ebenda, S. 64

56 Vgl. „Problems in the Philosophy of Mathematics", Ed. I. Lakatos, Amsterdam 1967, p. 28

Glauben verdienen wie z. B. die Mathematik. Daraufhin beschloß BERKELEY, gegen die Mathematiker aufzutreten. Er bestritt in seinem Pamphlet nicht, daß die christlichen Dogmen nicht zu beweisen sind, behauptete aber, daß die Prinzipien der Infinitesimalrechnung noch weniger beweisbar seien, obwohl die Mathematiker dennoch an sie glauben. Er griff die schwache Stelle der NEWTONschen Begründung der „Fluxionsrechnung" — die unbestimmte, doppeldeutige Natur der unendlich kleinen Größen — an und warf NEWTON vor, er habe die „Fluxionen" (Ableitungen) nicht durch exakte logische Schlüsse, sondern durch „Kunstgriffe", „Trugschlüsse" und „Spitzfindigkeiten" hergeleitet.[57]

Um die Formeln des Differentialkalküls zu erhalten, betrachteten die Mathematiker jener Zeit die unendlich kleinen Größen in einer Hinsicht als gleich Null, in anderer Hinsicht als Größen, die größer sind als Null. Die Einführung eines derart widersprüchlichen mathematischen Begriffs machte, wie MARX es ausdrückt, den Kalkül von LEIBNIZ und NEWTON rätselhaft und sogar „mystisch". In der Tat bleibt unverständlich, wie unendlich kleine „Inkrements" (Differentiale) zu endlichen Größen führen können, wenn sie als Nullen betrachtet werden. Wenn sie sich jedoch von Null unterscheiden, dann ist ihre Abtrennung oder — wie MARX es nennt — ihre „gewaltsame Unterdrückung" mathematisch ungerechtfertigt.

Wir wollen an einem Beispiel illustrieren, zu welchen Schwierigkeiten der verschwommene Begriff des unendlich Kleinen beim Errechnen der Ableitung führt. Wir nehmen als Beispiel die Funktion $y = ax^3$ und ermitteln ihre Ableitung. Dazu bestimmen wir zunächst das Verhältnis zwischen dem Zuwachs der Funktion und dem Zuwachs ihres Arguments:

$$\frac{\Delta y}{\Delta x} = \frac{y_1 - y}{x_1 - x} = \frac{a(x_1^3 - x^3)}{x_1 - x} = \frac{a(x_1 - x)(x_1^2 + x_1 x + x^2)}{x_1 - x} = a(x_1^2 + x_1 x + x^2) .$$

Dieses Resultat kann auch in der Form

$$\frac{\Delta y}{\Delta x} = ax_1^2 + ax_1 x + ax^2$$

dargestellt werden.

Setzen wir nun den unendlich kleinen Zuwachs des Arguments Δx (und damit Δx^2) gleich Null, dann erhalten wir die gesuchte Ableitung $3ax^2$. Das aktual-unendlich Kleine muß jedoch nach der Definition, die ihm die Mathematiker des 17. und 18. Jahrhunderts gegeben hatten, größer als Null sein. Es ist demnach unzulässig, es beim Differenzieren abzuwerfen. Und wenn wir es gleich Null setzen, erhalten wir einen Funktionszuwachs gleich Null. Deshalb würde der

[57] G. BERKELEY, The Analyst (Der Analytiker), „Schriften über die Grundlagen der Mathematik und Physik" Frankfurt a. M. 1969, S. 99ff. (Ebenda, S. 147, findet man auch die erwähnte Episode. Anm. d. Hrsg.)

Differentialquotient die Gestalt $\frac{0}{0}$ annehmen. Daher nahmen die Kritiker der neuen Methode an, sie gründe sich auf *Eskamotage.*

LEIBNIZ und NEWTON suchten den Ausweg aus dieser Situation darin, daß sie die Begriffe der Infinitesimalrechnung, insbesondere den des unendlich Kleinen, als Begriffe ganz besonderer Art auffaßten, die sich prinzipiell von den herkömmlichen Begriffen der Mathematik unterscheiden.

Dieser rätselhafte und geheimnisvolle Charakter der neuen Rechnungsart rief die Kritik der traditionell denkenden Mathematiker hervor. „Also", resümiert MARX, „man glaubte selbst an den mysteriösen Charakter der neu entdeckten Rechnungsart, die wahre (und dabei namentlich auch in der geometrischen Anwendung überraschende) Resultate lieferte bei positiv falschem mathematischem Verfahren. Man war so selbst mystifiziert, schätzte den neuen Fund um so höher, machte die Schar der alten orthodoxen Mathematiker um so hirntoller und rief so das gegnerische Geschrei hervor, das selbst in der Laienwelt widerhallt und nötig ist, um den (offensichtlich Druckfehler, muß heißen „dem" — d. Hrsg.) Neuen den Weg zu bahnen."[58] Mit dem letzten Satz meint MARX die Polemik, die um BERKELEYS „The Analyst" entbrannt war.

Die Verschwommenheit und Unbestimmtheit des Grundbegriffs der Infinitesimalrechnung — des Begriffs des unendlich Kleinen — führte in der Folgezeit zu einer Reihe von Widersprüchen und löste letzten Endes die zweite Grundlagenkrise der Mathematik aus.

Der Ausweg aus dieser Krise wurde durch die Grenzwerttheorie gefunden, die ihre Vollendung in den Arbeiten A. CAUCHYS fand. Diese Theorie verdrängte den Begriff des aktual-unendlich Kleinen aus der Mathematik und ersetzte ihn durch den Begriff des Grenzübergangs. Nach dieser Theorie könnte man eine veränderliche Größe, deren Grenzwert Null ist, unendlich klein nennen, was nach der Definition des Grenzwertes besagt, daß ihr Absolutbetrag von einer gewissen Zahl $n > N$ kleiner als jede vorgegebene Zahl ϵ bleibt: $|x_n| < \epsilon$.

Die entstehende Folge von Absolutbeträgen bildet eine unendliche Menge

$$x_1, x_2, x_3, \ldots, x_n, \ldots$$

Jedoch kann hier bereits nicht mehr von einer vollendeten, aktualen unendlichen Menge gesprochen werden, weil ihre Elemente nacheinander im Prozeß der Annäherung von x_n an Null als dem Grenzwert entstehen. Wir haben es demnach mit der werdenden oder potentiellen Unendlichkeit zu tun. Zwar werden bei der

[58] K. MARX, Mathematische Manuskripte (deutsch-russische Parallelausgabe), Moskau 1968, S. 168
Die Fragen die mit MARX' Kritik an den Begründungsversuchen der Differentialrechnung zusammenhängen, werden besprochen in: G. RIESKE/G. SCHENK, Marx und die Mathematik, „Deutsche Zeitschrift für Philosophie" 20 (1972), H. 4

Definition des Grenzwertbegriffs endliche Größenverhältnisse benutzt und der Begriff der potentiellen Unendlichkeit tritt explizit nicht auf, implizit jedoch wird er vorausgesetzt. Es gibt demnach Grund zu der Behauptung, daß sich die Begründung der Analysis mit der Grenzwerttheorie letzten Endes auf den Begriff der potentiellen Unendlichkeit stützt. Die aktual unendlich kleinen Größen des „mystischen Differentialkalküls" (MARX) werden also durch potentiell unendlich kleine Größen ersetzt.

In der Folgezeit wurden in den Arbeiten von K. WEIERSTRASS, G. FREGE, R. DEDEKIND und der italienischen Schule um G. PEANO solche Grundbegriffe der Analysis wie Ableitung, Differential, Integral, Stetigkeit usw. präzisiert, was zu einer Arithmetisierung der Analysis führte, d. h. dazu, daß ihre Grundbegriffe mit Hilfe der Arithmetik der reellen, dann der natürlichen Zahlen definiert wurden. Mit der Arithmetisierung der Analysis wurde anfangs die Aufgabenstellung verfolgt, das Unendliche vollständig aus der Mathematik zu eliminieren. Dieser Begriff tritt jedoch auch hier wieder in versteckter Form auf. Wenn wir von der Menge aller reellen Zahlen, die eine gewisse Eigenschaft besitzen, oder von der Existenz reeller Zahlen, die eine bestimmte Eigenschaft haben, sprechen, dann operieren wir implizit mit dem Begriff der Unendlichkeit. Der Begriff der aktualen Unendlichkeit liegt, wie wir gesehen haben, auch der CANTORschen Mengentheorie zugrunde.

Die Zurückführung der arithmetischen Begriffe auf Begriffe der Mengentheorie, die in den Arbeiten CANTORS, FREGES und DEDEKINDS versucht wurde, stieß auf ernsthafte Schwierigkeiten, die im Zusammenhang mit den Antinomien der Mengentheorie auftraten. FREGE hatte im Vorwort zum ersten Band seines Hauptwerkes „Grundgesetze der Arithmetik" selbst die Aufmerksamkeit der Kritik auf sein Grundgesetz (V) gelenkt und es als die Stelle bezeichnet, „wo die Entscheidung fallen muß".[59] Im Nachwort zum zweiten Band war er gezwungen, folgendes zu schreiben: „Einem wissenschaftlichen Schriftsteller kann kaum etwas Unerwünschteres begegnen, als daß ihm nach Beendigung seiner Arbeit eine der Grundlagen seines Baues erschüttert wird. In diese Lage wurde ich durch einen Brief des Herrn BERTRAND RUSSELL versetzt, als der Druck dieses Bandes sich seinem Ende näherte. Es handelt sich um mein Grundgesetz (V) . . ."[60]

Mit den Antinomien der Mengentheorie ist die dritte Grundlagenkrise der Mathematik verbunden. Unter methodologischem Gesichtspunkt besteht diese Krise in der Mangelhaftigkeit jener Mittel und Methoden der Grundlegung, die in der CANTORschen, auf der Idee der aktualen Unendlichkeit aufgebauten Mengentheorie enthalten sind. In diesem Zusammenhang tritt die Idee der potentiellen Unendlichkeit wieder in den Vordergrund. Sie wird auf neuer Grundlage, unter Heranziehung der Begriffe und Methoden der Algorithmentheorie und der Theorie

[59] G. FREGE, Grundgesetze der Arithmetik, Düsseldorf 1962, Bd. I. S. VII

[60] ebenda, Bd. II. S. 253

der rekursiven Funktionen, von den Anhängern der konstruktiven Richtung in der Mathematik ausgearbeitet.

Dieser kurze historische Exkurs in die Mathematik zeigt, zu welchen Schwierigkeiten die einseitige Betonung einer der Formen der mathematischen Unendlichkeit führt. Uns scheint daher, daß es nicht darum gehen kann, diese Begriffe einander gegenüberzustellen, sondern vielmehr darum, sie in ihrem Zusammenhang und ihrer Einheit als Begriffe zu betrachten, die einander ergänzen.

Kapitel 4

Das Wahrheitsproblem in der Mathematik

Der abstrakte Charakter der mathematischen Objekte und der axiomatische Aufbau ihrer Theorien prägen sowohl die Lösung des Wahrheitsproblems in dieser Wissenschaft im allgemeinen als auch insbesondere die Eigenart, in der hier das Praxiskriterium auftaucht. Da man mit solchen abstrakten Objekten wie einer Linie ohne Breite oder einem Körper ohne substantiellen Inhalt keine realen Experimente durchführen kann, müssen wir uns, um die Wahrheit unserer Begriffe von diesen abstrakten Objekten festzustellen, den Naturwissenschaften zuwenden, in denen diese mathematischen Begriffe eine Rolle spielen. So verfährt man, wie wir im zweiten Kapitel gesehen haben, beispielsweise dann, wenn es darum geht, zu entscheiden, welche Geometrie zu verwenden ist, um den uns umgebenden physikalischen Raum zu beschreiben. Das verweist auf den komplizierten und vermittelten Charakter, den die Feststellung der mathematischen Wahrheit besitzt und den es bei der Analyse dieses Problems zu berücksichtigen gilt.

Wenn eine mathematische Theorie axiomatisch aufgebaut ist, d. h., wenn ihre Theoreme aus einigen vergleichsweise wenigen Axiomen und Ausgangsdefinitionen hergeleitet werden, reduziert sich die Frage nach der Wahrheit der Theorie auf die Frage, ob die Axiome und die beim Beweis der Theoreme verwendeten logischen Schlußweisen wahr sind.[1]

Innerhalb der reinen Mathematik ist die Stringenz der Beweise von erstrangiger Bedeutung dafür, ob ein Theorem als mathematische Wahrheit anerkannt wird. Jeder Mathematiker betrachtet ein Theorem als bewiesen, wenn es streng aus den Axiomen folgt. Die Normen für die Stringenz des Schließens in der Mathematik werden in der mathematischen Logik erforscht, die für die Analyse der logischen Zusammenhänge eine exakte Formelsprache verwendet, wodurch die Unklarheiten, die bei der verbalen Ausdrucksweise möglich sind, beseitigt werden. Der heutige Stand unserer Kenntnisse macht es möglich, eine Reihe von

1 Schlußweisen müssen die Eigenschaft besitzen, die Wahrheit der in den Schluß (Beweis) eingehenden Sätze zu erhalten und auf die Konklusionen weiterzugeben (zu „vererben“), d. h. es muß garantiert sein, daß sich bei wahren Voraussetzungen wahre Schlußfolgerungen ergeben. (Anm. d. Hrsg.)

Problemen, die mit der mathematischen Wahrheit zusammenhängen, mit rein mathematischen Methoden zu lösen. Das wird zu Beginn dieses Kapitels speziell erörtert.

Eine weiter ins Detail gehende Analyse zeigt jedoch, daß der Begriff der Stringenz eines Beweises ebenso wie die Natur der Wahrheit der logischen Prinzipien und der Schlußweisen darüber hinaus einer „philosophischen" Analyse bedarf. Selbst bei der Herangehensweise der Wissenschaftler an gewisse Schlußweisen kann man des öfteren prinzipiell verschiedene Positionen aufzeigen. So haben wir z. B. schon im dritten Kapitel erwähnt, daß die konstruktive Mathematik auf sogenannte „reine" oder nichteffektive Existenzbeweise verzichtet, weil diese sich auf die Idee der abstrakten Unendlichkeit stützen. Die mengentheoretisch orientierte (klassische) Mathematik jedoch hält diese Beweise für völlig akzeptabel. Ebenso verhält es sich mit der Anwendung des Gesetzes vom ausgeschlossenen Dritten. Es ist unschwer zu zeigen, daß dieser Verzicht auf gewisse Prinzipien und Gesetze der klassischen Logik letzten Endes mit Überlegungen methodologischen Charakters zusammenhängt. Das aber zeigt die Notwendigkeit einer ergänzenden, philosophischen Analyse des Wahrheitsproblems in der Mathematik.

Der Wahrheitsbegriff, den wir im inhaltlichen Schließen und selbst innerhalb einer konkreten, nicht formalisierten axiomatischen Theorie verwenden, ist unter formallogischem Gesichtspunkt nicht streng und exakt. Er kann daher in den formalen Theorien der Mathematik, deren Sprache eine exakt festgelegte Struktur besitzt, nicht angewendet werden. Daraus ergibt sich die Notwendigkeit, sich dem semantischen Wahrheitsbegriff zuzuwenden, einem Begriff, der eine Präzisierung des klassischen Wahrheitsbegriffs für die formalen deduktiven Theorien der Mathematik darstellt. Diese Frage, die in der formalen Mathematik eine große Rolle spielt, wird im Teil 2 dargelegt.

Die mathematischen Begriffe und Theorien geben ebenso wie die Theorien anderer Wissenschaften objektiv wahre Kenntnisse über die Eigenschaften und Beziehungen der realen Welt. Wahrheitskriterium dieser Erkenntnisse ist die Praxis, verstanden in einem hinreichend weiten Sinn. Allerdings tritt dieses Kriterium hier wegen der extremen Abstraktheit der Mathematik in spezifischer Form auf. Wir werden am Ende dieses Kapitels versuchen, diese Spezifik aufzudecken und verschiedene idealistische Wahrheitskriterien einer Kritik zu unterziehen.

1. Das Wahrheitsproblem in axiomatischen Theorien der Mathematik

In axiomatischer Form können, wie wir wissen, sowohl ganze mathematische Theorien als auch Teile davon dargestellt werden. Es ist nicht schwer einzusehen, welche große Bedeutung daher die axiomatische Methode für die Analyse des Problems der mathematischen Wahrheit besitzt.

In axiomatischen Theorien gilt ein Theorem als streng bewiesen, wenn es rein logisch aus den Axiomen abgeleitet wird. Eine solche Ableitung schließt es aus, daß im Verlauf des Beweises auf Intuition, Anschaulichkeit (z. B. einer Zeichnung) oder andere außerlogische Faktoren Bezug genommen wird. Das schmälert jedoch nicht im geringsten die Rolle der Intuition im wissenschaftlichen Schöpfungsprozeß. „Mehr denn je", schreibt BOURBAKI, „beherrscht die mathematische Intuition das Entstehen von Entdeckungen."[2] Der amerikanische Mathematiker WILDER nimmt an, daß sich die Rolle des Beweises darauf reduziert, die Vorschläge unserer Intuition zu testen.[3] G. POLYA illustriert in seinem Buch „Mathematik und plausibles Schließen" an zahlreichen Beispielen den Gedanken: „. . . die im Entstehen begriffene Mathematik gleicht jeder anderen Art menschlichen Wissens, das im Entstehen begriffen ist."[4] Bevor wir einen Satz beweisen, müssen wir seine Existenz erraten. Wir verfügen jedoch über keine Theorie, die uns lehren könnte, Theoreme oder andere wissenschaftliche Wahrheiten zu „erraten". Wir können gewisse nützliche Analogien, induktive Verallgemeinerungen von Spezialfällen als Hilfsmittel verwenden und uns gewisser „physikalischer" Argumente bedienen (aus der sogenannten physikalischen Mathematik). In dieser Hinsicht sind die von ARCHIMEDES gemachten Entdeckungen von Interesse. Das interessanteste Beispiel ist sicher die Bestimmung des Kugelvolumens. ARCHIMEDES fand es mit Hilfe mechanischer Gleichgewichtsprinzipien, er war sich jedoch dessen bewußt, daß das so gefundene Ergebnis nicht als bewiesen betrachtet werden kann. „Dies (die Formel für das Volumen der Kugel) ist nun zwar nicht bewiesen durch das hier Gesagte: es (das Gesagte) deutet aber darauf hin, daß das Ergebnis richtig ist", schrieb er.[5]

Mechanische und andere Analogien werden auch von anderen Wissenschaftlern mit Erfolg angewendet. Um festzustellen, um wieviel die Fläche unter einem Zykloidenbogen größer ist als die Fläche des erzeugenden Kreises, schnitt GALILEI die entsprechenden Figuren aus einer Metallplatte aus und wog sie. Es erwies sich, daß das Gewicht der von Zykloidenbogen und Abszisse begrenzten Figur dreimal größer ist als das des Kreises. Daraus leitete GALILEI die Hypothese ab, daß sich auch ihre Flächen wie 3:1 verhalten müssen. „Mathematische Aufgaben und deren Lösungen", schreibt G. POLYA, „können von jedem Erfahrungsgebiet her angeregt werden, von optischen, mechanischen und anderen Erscheinungen."[6] Analogien dieser Art haben jedoch nur eine heuristische Funktion, sie helfen, mehr oder weniger plausible Hypothesen aufzustellen, sie können jedoch nicht als Beweis einer mathematischen Wahrheit angesehen werden. Wir müssen

[2] N. BOURBAKI, Die Architektur der Mathematik II, „Physikalische Blätter", Heft 5, Mosbach 1961, S. 214

[3] R. L. WILDER, The Nature of Mathematical Proof, „The American Mathematical Monthly", 1944, vol. 51, Nr. 6, p. 318

[4] G. POLYA, Mathematik und plausibles Schließen, Bd. I, Basel und Stuttgart 1962, S. 10

[5] Die Methodenlehre des ARCHIMEDES, „Bibliotheca Mathematica", 3. Folge, 7. Bd., 1. Heft, 1906, S. 326

[6] G. POLYA, Mathematik und plausibles Schließen, Bd. I, a. a. O., S. 221

also selbst innerhalb der Mathematik solche Schlußweisen, mit deren Hilfe wir wissenschaftliche Wahrheiten entdecken, von solchen Schlußweisen unterscheiden, mit deren Hilfe wir diese Wahrheiten beweisen. Schlußweisen der ersten Art nennt POLYA „plausibles Schließen", Schlußweisen der zweiten Art nennt er „demonstrativ". Die Mathematik als Wissenschaft ist natürlich vor allem an zwingenden demonstrativen Schlüssen interessiert, mit deren Hilfe eine Entdeckung oder Vermutung zu einer bewiesenen Wahrheit wird. Die Frage, wie einzelne Wissenschaftler dazu kommen, eine wissenschaftliche Wahrheit zu entdecken, geht über den Rahmen der Mathematik hinaus. Deshalb kann man diejenigen großen Mathematiker, die nicht nur ihre neuen Ergebnisse darlegen, sondern wie etwa EULER auch die Methoden angeben, mit denen sie sie entdeckt haben, an den Fingern abzählen. Wenn sie ihren Schöpfungsprozeß analysieren, sind sich die Mathematiker in der Regel dessen bewußt, daß es sich hier nicht um Mathematik, sondern um Psychologie des Entdeckens handelt. Eine derartige psychologische Analyse ist höchst wertvoll, um das Wesen des mathematischen Schöpfertums zu verstehen.

Einen sehr bedeutenden Beitrag auf diesem Gebiet hat H. POINCARÉ geleistet. In einer Reihe von Artikeln zur Methodologie der Wissenschaft und in einem speziellen Kapitel seines Buches „Wissenschaft und Methode", das der mathematischen Erfindung gewidmet ist, entwickelt er den Gedanken, daß das Unterbewußtsein (das „sublime Ich") bei der mathematischen Erfindung die Hauptrolle spielt. In der Sphäre dieses sublimen Ich geht seiner Ansicht nach die automatische Bildung und Auslese der nützlichen Ideenkombinationen vor sich. Intuition und eine besondere ästhetische Sensibilität des Mathematikers wirken dabei wie eine Art von feinem Sieb, durch das die verschiedenen Ideenkombinationen hindurch müssen, wobei sich die nützlichen Kombinationen auch als die mathematisch schönsten erweisen.[7] Diese Ideen POINCARÉs wurden von J. HADAMARD weiterentwickelt, detaillierter dargestellt.[8]

Die Erörterung der mit der Psychologie wissenschaftlichen Entdeckens zusammenhängenden Probleme gehört nicht zu unserer Aufgabe. Wir erwähnen sie lediglich, um den Unterschied zwischen dem psychologischen und dem logischen Herangehen an das Wahrheitsproblem in der Mathematik stärker zu akzentuieren. Unter logischem Gesichtspunkt ist die Ableitung von Sätzen aus anderen von größtem Interesse. Die psychologischen Faktoren, die mit der Entdeckung neuer wissenschaftlicher Wahrheiten zusammenhängen, überschreiten — so wichtig sie auch sind — den Rahmen der logischen Analyse.

Um die Natur der mathematischen Wahrheit zu verstehen, ist es wichtig, sich die Methode zu vergegenwärtigen, mit deren Hilfe diese Wahrheiten gewonnen

7 H. POINCARÉ, Wissenschaft und Methode, Leipzig und Berlin 1914, Kap. 3 (bes. S. 44—52)

8 J. HADAMARD, An Essay on the Psychology of Invention in the Mathematical Field, Princeton 1949

werden. Ein mathematischer Beweis besteht bekanntlich darin, daß gewisse Sätze aus anderen deduziert werden. Es ist leicht einzusehen, daß dieser Prozeß nicht unendlich fortgesetzt werden kann: An einem gewissen Punkt muß man ihn abbrechen und — um einen *regressus ad infinitum* zu vermeiden — einige Sätze ohne Beweis annehmen. Diese Sätze sind die Axiome. Mit der axiomatischen Methode wird es möglich, die im Rahmen einer Theorie unbeweisbaren Sätze explizit darzustellen, womit auch der sogenannte Zirkelbeweis (*circulus vitiosus*) vermieden wird.

Aber auch jeder streng logische Beweis besagt zunächst noch nichts darüber, ob ein Theorem wahr ist, sondern nur darüber, daß es logisch aus den Axiomen folgt. Gewöhnlich nimmt man an, daß es damit bereits streng bewiesen und folglich wahr ist. Es kann sich jedoch herausstellen, daß die Voraussetzungen falsch waren. Natürlich ist ein Theorem mit Notwendigkeit wahr, wenn es logisch aus wahren Voraussetzungen folgt. Dieser logisch notwendige Charakter der mathematischen Wahrheiten ist bedingt durch die deduktiven Schlußweisen, die die Mathematik fast ausschließlich verwendet. Die Methode der mathematischen Induktion, die in mathematischen Beweisen häufig angewendet wird, verleiht mathematischen Schlüssen keinen problematischen Charakter, denn sie ist ihrem Wesen nach eine Vereinigung von Induktion und Deduktion und sichert die Gewinnung notwendig wahrer Schlußfolgerungen.

Da in axiomatischen Theorien die Wahrheit der Theoreme direkt von der Wahrheit der Axiome abhängig ist, müssen wir als erstes die Frage erörtern, unter welchen Bedingungen Axiome wahr sind und auf welche Art und Weise wir dies feststellen können. Darüber hinaus stützt sich jeder logische Schluß auf die Verwendung von Begriffen, in denen bestimmte Eigenschaften der mathematischen Objekte fixiert sind. Deshalb müssen wir auch den Einfluß der Methoden, mit denen mathematische Begriffe gebildet werden, auf den Charakter und die Spezifik mathematischer Wahrheiten erörtern.

Und schließlich bedürfen auch die logischen Schlußverfahren, mit deren Hilfe wir die Theoreme aus den Axiomen gewinnen, einer philosophischen Analyse. Die Notwendigkeit einer solchen Analyse wird noch dadurch verstärkt, daß es in der gegenwärtigen Literatur im westlichen Ausland eine starke Tendenz gibt, die logische Richtigkeit der Schlüsse ihrer Wahrheit gegenüberzustellen. Auf dieser Grundlage werden dann häufig unbegründete Schlußfolgerungen bezüglich eines apriorischen Charakters der Gesetze und Prinzipien sowohl der Logik wie auch der Mathematik gezogen.

In den einzelnen Etappen der Entwicklung der axiomatischen Methode ist die Frage nach der Wahrheit der Axiome auf verschiedene Weise gelöst worden. Wir haben im zweiten Kapitel gesehen, daß ursprünglich, als für die Axiome nur eine einzige Interpretation bekannt war, deren Wahrheit als evident betrachtet wurde. Am markantesten ist diese Ansicht in der Wissenschaftstheorie ARISTOTELES' ausgeprägt. Nach ARISTOTELES' Ansicht ist die Wahrheit der ersten Sätze (Axiome) einer deduktiven Theorie derart evident, daß sie keinerlei Beweises bedarf. Die ersten Prinzipien einer Wissenschaft, meint ARISTOTELES, werden von uns durch die Intuition erkannt. Die Wahrheit aller anderen Sätze kann mit Hilfe logischer Schlüsse festgestellt werden.[9] Diese Betrachtungsweise der Axiome als evidenter Feststellungen ist auch gegenwärtig unter Menschen, die mit der Mathematik wenig vertraut sind, weit verbreitet. Von der Langlebigkeit derartiger Vorstellungen zeugt z. B. die Redensart: „Das ist offensichtlich wie ein Axiom". Auch im Schulunterricht kann man des öfteren auf diese aristotelische Auffassung der Axiome treffen. I. L. TRAJNIN hat festgestellt, daß viele Abgänger der Mittelschule überzeugt sind, die Axiome würden wegen ihrer Evidenz ohne Beweis angenommen.[10] Wenn wir aber Axiome als evidente Wahrheiten auffassen, dann schreiben wir dieses Merkmal allen mathematischen Wahrheiten zu, denn letzten Endes gründen sich diese auf die Evidenz der Axiome, aus denen sie hergeleitet werden.

Aber erstens werden häufig Theoreme bewiesen, die einsichtiger sind als die Axiome. So ist auch z. B. der Satz, daß das Lot von einem Punkt auf eine Gerade kürzer ist als jede andere Verbindung zwischen diesem Punkt mit der Geraden, intuitiv klarer als das Parallelenaxiom. Dennoch wird die erste Behauptung bewiesen, die zweite jedoch ohne Beweis (als Axiom) angenommen. Zweitens gibt es viele mathematische Wahrheiten (darunter auch Axiome), die unserer Intuition und unserem Gefühl für Evidenz widersprechen. Es sei z. B. an die Existenz von Kurven erinnert, die in keinem Punkt eine Tangente besitzen.

Wenn man Axiome nicht als von selbst einleuchtende Behauptungen oder als Wahrheiten a priori betrachten kann, dann muß ihre Wahrheit ebenso wie die Wahrheit der Prinzipien und Gesetze anderer Wissenschaften auf empirischem, praktischem Wege bewiesen werden. Hier treten jedoch eine Reihe von Schwierigkeiten auf, die mit dem abstrakten Charakter der mathematischen Objekte zusammenhängen.

Erstens sind die Axiome der Mathematik keine unmittelbare Verallgemeinerung empirischer Erfahrungsdaten, sondern schließen eine Reihe von Abstraktions- und Idealisierungsstufen ein. Es ist daher natürlich, daß man ihren Inhalt nicht direkt mit experimentellen und Beobachtungsresultaten vergleichen kann.

Zweitens gibt es verschiedene Axiomensysteme für die Beschreibung der Eigenschaften ein und derselben Objekte. Gibt man z. B. den Axiomen der Geometrie eine Interpretation in Termini der Physik, dann erhält man verschiedene physikalische Hypothesen, je nachdem, ob man es etwa mit dem EUKLIDschen Axiomensystem oder mit dem System von LOBAČEVSKIJ-BÓLYAI zu tun hat. Daß lange Zeit außer dem euklidischen keine anderen Systeme der Geometrie bekannt waren, trug in bedeutendem Maße dazu bei, daß die zu dieser Zeit bekannten Axiome und geometrischen Kenntnisse überhaupt verabsolutiert wurden. So nahm

[9] E. W. BETH, The Foundations of Mathematics, a. a. O., p. 31—32

[10] Я. Л. ТРАЙНИН, Основания геометрии, a. a. O., стр. 318.

man z. B. lange Zeit an, daß die Summe der Innenwinkel eines Dreiecks in allen Fällen gleich zwei Rechten sei. Die Entdeckung der verschiedenen Systeme der nichteuklidischen Geometrie hat jedoch gezeigt, daß eine bestimmte Antwort auf diese Frage davon abhängt, welches System gemeint ist. In der euklidischen Geometrie ist die Winkelsumme gleich zwei Rechten, in der Geometrie von LOBAČEVSKIJ-BÓLYAI ist sie kleiner, in der RIEMANNschen Geometrie ist sie größer. All das zeigt, daß die Wahrheit mathematischer Theoreme unmittelbar von den Axiomen abhängt, aus denen sie folgen.

Drittens besteht, wie wir gesehen haben, jeder Beweis für ein Theorem in einem Axiomensystem in der logischen Ableitung (Deduktion) des Theorems aus den Axiomen. Demnach kann über die Wahrheit einzelner Sätze innerhalb formaler Axiomensysteme mit rein logisch-mathematischen Methoden entschieden werden.

Das ist jedoch nur eine Seite des Problems der mathematischen Wahrheit und nicht einmal die wichtigste. Formale Systeme werden für die Untersuchung der realen Welt geschaffen, und deshalb müssen wir wissen, in welchem Maße sie für diese Untersuchung geeignet sind. Mit anderen Worten: Wir müssen wissen, in welchem Grade unsere formalen Systeme der Wirklichkeit entsprechen, d. h. inwieweit sie wahr sind. Diese zweite Seite des Problems ist nicht mit der Wahrheit einzelner Sätze eines formalen Systems verbunden, sondern mit der Wahrheit des Systems als Ganzes. Einige ausländische Logiker, z. B. H. B. CURRY, nennen diese Art von Wahrheit Quasiwahrheit oder Akzeptierbarkeit.[11] Unserer Ansicht nach ist eine solche Gegenüberstellung nicht gerechtfertigt, denn sie schafft die Illusion, daß echte Wahrheit nicht auf der Übereinstimmung von Theorie und Wirklichkeit beruht, sondern auf rein konventionellen logischen Kriterien. Die logischen Kriterien selbst sind ebenso wie die Gesetze der Logik überhaupt insoweit wahr, wie sie mit der Wirklichkeit übereinstimmen.

Die Frage der Wahrheit eines formalen Systems als Ganzen ist ohne eine entsprechende Interpretation des Systems nicht zu lösen. Solche Interpretationen sind, wie CURRY hervorhebt, für die Mathematik von Lebensinteresse, denn wenn sich ein System nicht für ernsthafte Zwecke eignet, wird sich kein Mathematiker dafür interessieren.[12]

Um eine Interpretation eines Axiomensystems oder Kalküls zu erhalten, müssen wir den Grundbegriffen oder primitiven Termen eine bestimmte Bedeutung zuordnen. Innerhalb des Axiomensystems selbst bleibt diese Bedeutung, wie wir bereits wissen, völlig unbestimmt.

Eine Interpretation eines rein formalen oder syntaktischen Axiomensystems verwandelt dieses in eine semantische Theorie, deren Begriffe und Sätze eine bestimmte Bedeutung besitzen. Versteht man z. B. unter „Punkt" einen physikalischen Punkt, d. h. ein Objekt, dessen Abmessungen man unter den Bedingungen

[11] H. B. CURRY, Outlines of Formalist Philosophy of Mathematics, a. a. O., p. 59

[12] ebenda, p. 12

der gegebenen Aufgabe vernachlässigen kann, unter „Gerade" einen dünnen gespannten Faden oder besser den Weg eines Lichtstrahls in einem homogenen Medium, und gibt man den geometrischen Beziehungen, die durch die Worte „liegt zwischen", „liegt auf" usw. ausgedrückt werden, ihren gewöhnlichen Sinn, dann werden alle Sätze der euklidischen Geometrie zu physikalischen Hypothesen, deren Wahrheit oder Falschheit auf experimentellem Wege festgestellt werden muß. So verfuhr z. B. GAUSS, als er die Winkelsumme eines Dreiecks maß, das von den Gipfeln hinreichend weit entfernter Berge gebildet wurde. Er stellte hierbei in den Grenzen der Maßgenauigkeit keine Abweichungen von den Theoremen der euklidischen Geometrie fest.

Der Unterschied zwischen einem rein syntaktischen System oder einem Kalkül und einem interpretierten Axiomensystem oder einer semantischen Theorie ist unter methodologischem Aspekt außerordentlich wichtig. In der reinen Mathematik, die vorwiegend formale Axiomensysteme untersucht, wird das Hauptaugenmerk auf die Ableitung der Sätze aus anderen (der Theoreme aus den Axiomen) und auf die damit verbundenen Probleme gelegt. Die reine Mathematik kann deswegen nur eines garantieren: Wenn die Axiome eines Systems wahr sind, dann sind auch die daraus nach den Regeln der Logik abgeleiteten Theoreme wahr. Die Frage, was diesen Axiomen oder dem formalen System insgesamt in der realen Welt entspricht, überschreitet die Grenzen der reinen Mathematik. So sagt die unter rein logischem Gesichtspunkt betrachtete Geometrie nichts unmittelbar über die physikalischen Eigenschaften des uns umgebenden Raumes aus. In bezug auf die Arithmetik ist diese Ansicht durchaus üblich: ein und dieselben Zahlen werden sowohl zum Zählen von Mineralien als auch von Pflanzen, Sternen und anderen Gegenständen benutzt.

Da die Termini, die in den Axiomen einer mathematischen Theorie vorkommen, erst durch eine bestimmte Interpretation eine Bedeutung erhalten, kann man die Axiome der reinen Mathematik unter dem Gesichtspunkt der mathematischen Logik als Aussagenfunktionen auffassen. Ebenso wie der Wert jeder mathematischen Funktion vom Wert des Arguments abhängt, so wird auch die Bedeutung einer Aussagenfunktion von den Konstanten bestimmt, die anstelle der Variablen eingesetzt werden. Die Bedeutung des Axioms „zu zwei Punkten A, B gibt es stets eine Gerade a, die mit jedem der beiden Punkte A, B zusammengehört" hängt beispielsweise davon ab, wie wir die Termini „Punkt", „Gerade" und die Relation „zusammengehören" interpretieren. Dadurch, daß wir diesen Termini eine bestimmte Bedeutung beilegen, erhalten wir anstelle einer Aussagenfunktion eine völlig bestimmte Aussage, die wahr oder falsch sein kann. Ob sie wahr oder falsch ist, können wir nicht ohne die entsprechende Interpretation feststellen. Ein interpretiertes mathematisches System gehört jedoch bereits nicht mehr zur reinen, sondern zur angewandten Mathematik. Hier wird der tiefe Zusammenhang zwischen theoretischer und angewandter Mathematik sichtbar. Er drückt sich erstens darin aus, daß die reine Mathematik nur mit Hilfe der angewandten Mathematik oder anderer Wissenschaften über Wahrheit und Effektivität ihrer Theorien urteilen kann. Innerhalb der reinen Mathematik sind unterschiedliche Systeme (etwa der Geometrie) untereinander völlig gleichwertig. In der Anwendung der Mathematik jedoch verwandeln sie sich bei entsprechender Interpretation in bestimmte physikalische Hypothesen und können daher nicht mehr als gleichwertig betrachtet werden. Eine Hypothese kann durch experimentelle und Beobachtungsdaten besser bestätigt werden als andere. Wir werden deshalb diejenige Hypothese bevorzugen, deren Bestätigungsgrad größer ist. Zweitens liefern angewandte Mathematik, Naturwissenschaft und Technik der reinen Mathematik jenes empirische Material, aus dessen theoretischer Verarbeitung die verschiedenen mathematischen Theorien, Axiomensysteme und formalen Kalküle entstehen.

Die reine Mathematik ihrerseits versorgt die angewandten Wissenschaften mit einem fertigen mathematischen Apparat für die Erforschung der quantitativen Gesetzmäßigkeiten der Erscheinungen. Nicht selten werden dabei Theorien und Methoden geschaffen, die erst später ihre Anwendung in Naturwissenschaft und Technik finden. So schufen z. B. die Mathematiker der Antike die Theorie der Kegelschnitte; aber diese Theorie fand erst Anwendung, als Kepler und Newton die Planetenbahnen untersuchten und dabei entdeckten, daß sich die Planeten auf elliptischen Bahnen bewegen. Das trifft auch auf die irrationalen Zahlen, auf die Gruppentheorie, die nichteuklidischen Geometrien usw. zu. Wir sehen, daß der Zusammenhang von reiner und angewandter Mathematik sowohl die Weiterentwicklung der Mathematik als auch der angewandten Wissenschaften außerordentlich stimuliert.

Formale Axiomensysteme können, allgemein ausgedrückt, durch die verschiedensten Gesamtheiten von Objekten interpretiert werden, von konkreten Dingen der materiellen Welt bis hin zu solchen abstrakten Objekten wie Mengen.

Es erhebt sich die Frage: Wenn unter rein logischem Gesichtspunkt keine der möglichen Interpretationen eines Axiomensystems den Vorzug vor anderen verdient, welche Begriffe sind dann als undefinierte Grundbegriffe auszuwählen? Auf den ersten Blick könnte es scheinen, daß hier empirische Begriffe oder solche, die man auf empirische Begriffe zurückführen kann, bevorzugt werden sollten. Es besteht kein Zweifel, daß Begriffe dieser Art leichter einer experimentellen Überprüfung zu unterziehen sind, da sie unmittelbar experimentelle Resultate ausdrücken. Die Neopositivisten sind bekanntlich bestrebt, selbst abstrakte Begriffe mit Hilfe sogenannter „Reduktionssätze" auf empirisch überprüfbare zurückzuführen. Sie behaupten, ihre Philosophie habe es nur mit der Erfahrung und nicht mit irgendwelchen metaphysischen Spekulationen zu tun.

Der gesamte Entwicklungsweg der modernen Wissenschaft zeigt jedoch überzeugend, daß man viele äußerst wichtige Begriffe der Wissenschaft nicht in Termini der sinnlichen Erfahrung beschreiben kann. Man versuche z. B., in Termini der sinnlichen Erfahrung ein Elementarteilchen zu beschreiben, das gleichzeitig

Wellen- und Korpuskulareigenschaften besitzt. Vom Standpunkt der Alltagserfahrung aus müßten sich diese Eigenschaften wechselseitig ausschließen, und schon der Begriff des Elementarteilchens selbst geht dem Alltagsbewußtsein nur schwer ein. Man könnte viele andere solcher Beispiele anführen. Sie alle bestätigen, daß viele wichtige Begriffe nicht nur der Mathematik, sondern auch der Erfahrungswissenschaften nicht auf empirisch überprüfbare Termini und Aussagen zurückgeführt werden können. Wenn das möglich ist, dann könnte man die abstrakteren Begriffe einer Wissenschaft aus den Daten von Beobachtungen und Experimenten gewinnen.

In der Regel erfaßt eine Theorie, die sich auf empirische Begriffe oder auf Begriffe geringen Abstraktionsgrades stützt, nur einen ziemlich beschränkten Kreis von Erscheinungen. Und umgekehrt findet eine Wissenschaft immer mehr Anwendungen, je abstrakter ihre Begriffe sind. Wir haben bereits im ersten Kapitel bemerkt, daß die moderne Mathematik trotz ihrer extremen Abstraktheit bedeutend mehr Anwendungsbereiche besitzt als die Elementarmathematik, die bis zum 17. Jahrhundert herrschte. Alle diese Umstände erschweren es bedeutend, die Wahrheit der Sätze der modernen Mathematik zu überprüfen.

Bisher sind wir bei der Behandlung des Problems der Wahrheit axiomatischer mathematischer Theorien noch nicht auf die logischen Mittel für die Ableitung von Sätzen, d. h. auf die Natur des logischen Schließens eingegangen.

Im inhaltlichen mathematischen Schließen werden die Prinzipien und Regeln der Logik als bekannt vorausgesetzt, auch wenn sie nicht exakt formuliert werden. Es wäre jedoch ein Fehler, hieraus den Schluß zu ziehen, daß dieses Schließen und diese Beweise deswegen nicht über die notwendige Stringenz verfügen. Trotz einiger Meinungsverschiedenheiten besitzt die Mehrheit der Mathematiker eine einheitliche Meinung sowohl über die Grundprinzipien des logischen Beweisens als auch über die entsprechenden Normen der Stringenz. Diese intuitiven Vorstellungen bedürfen jedoch einer Begründung und Präzisierung. Deshalb müssen bei der Formalisierung der Mathematik sowohl die Grundprinzipien der Logik als auch die Ableitungsregeln exakt formuliert und aufgezählt werden. Es ist Sache der mathematischen Logik, diese Prinzipien und Regeln zu untersuchen, explizit darzustellen und zu begründen.

Bei der Formulierung der Prinzipien der mathematischen Logik mußten die Wissenschaftler natürlich damit beginnen, jene Schlußweisen zu analysieren, die in der Mathematik üblich sind. Um sie in möglichst exakter und deutlicher Form auszudrücken, war es nötig, die logischen Zusammenhänge durch eine Symbolik auszudrücken und die formalen Methoden der Mathematik für ihre Analyse zu verwenden. Wie wir wissen, erwies sich dabei die axiomatische Methode als das geeigneteste Mittel, die Logik selbst aufzubauen, wobei einige Grundprinzipien oder Axiome der Logik exakt aufgezählt und die Regeln für die Ableitung der zu beweisenden Sätze oder Theoreme formuliert werden. In inhaltlichen Axiomensystemen, wie sie gewöhnlich für die Darstellung der Mathematik verwendet werden, werden die Axiome und Ableitungsregeln nicht explizit formuliert, obwohl sie vorausgesetzt werden. In der formalisierten Mathematik werden in der Regel zu den außerlogischen (spezifischen) Axiomen logische hinzugefügt. Mit anderen Worten, der spezifische Kalkül wird durch einen logischen Kalkül ergänzt. Wenn die Logik in Gestalt eines Kalküls, d. h. rein syntaktisch betrachtet wird, interessiert man sich nicht für den Sinn der darin figurierenden Formeln. Damit wird die in vielen Fällen notwendige Stringenz der Beweise erreicht. Das wirkliche Schließen wird in diesem Fall ersetzt durch das Manipulieren mit Formeln, d. h. durch ein im wesentlichen rein mechanisches Äquivalent, das ein Minimum von intellektueller Anstrengung erfordert.

Es erhebt sich die Frage, ob die mathematische Logik die Prinzipien und Regeln begründet, die sie als Axiome formuliert. Eine negative Antwort auf diese Frage ergibt sich vor allem aus der Tatsache, daß in jedem Axiomensystem die Axiome nicht nur nicht bewiesen, sondern auch nicht begründet werden. Eine solche Begründung kann in einer anderen Theorie oder durch Bezugnahme auf Beobachtungen und Experimente gegeben werden.

Wie wir oben bereits erwähnten, sind in den Grundprinzipien (Axiomen) und Ableitungsregeln der Logik jene Grundsätze formuliert, von denen wir uns intuitiv bei mathematischen Schlüssen leiten lassen. Mit anderen Worten, sie sind, obwohl sie exakt und explizit formuliert sind, nicht unmittelbar begründet. Dieser Umstand wird von vielen führenden Logikern hervorgehoben. So schreibt J. B. Rosser, daß das System der symbolischen Logik auf keine Weise seine eigenen Grundprinzipien begründet. Es kann sie nur exakt definieren.[13] Damit aber erhebt sich eine weitere Frage: Worauf beruht die Richtigkeit der Prinzipien und Regeln des Schlußfolgerns, von denen wir uns in der Logik leiten lassen? Für einen materialistisch denkenden Wissenschaftler ist vollkommen klar, daß die Prinzipien und Ableitungsregeln der Logik keine rein subjektive Schöpfung unseres Denkens sind; sie stellen eine Widerspiegelung bestimmter Eigenschaften und Beziehungen der objektiven Realität dar. Die Richtigkeit dieser Widerspiegelung ist durch die jahrhundertelange Praxis der Menschen bestätigt.

Unsere Schlußverfahren werden jedoch auch vervollkommnet und präzisiert; der Begriff der Stringenz eines Beweises, von dem in der Mathematik oft gesprochen wird, besitzt relativen Charakter. Ein Beweis, der Euklid stringent erschien, war dies nicht für Leibniz. Viele Beweise Leibniz' wiederum waren für Weierstrass nicht hinreichend stringent. In diesem Zusammenhang macht R. C. Wilder die treffende Bemerkung, daß der mathematische Beweis eine Funktion der Zeit darstelle.[14] Außer dem historischen Faktor nehmen auch Philosophie und Methodologie der Wissenschaft einen spürbaren Einfluß auf die Stringenz von Beweisen. In der Tat gelten in den Augen der Anhänger der konstruktiven Richtung in der

[13] J. B. Rosser, Logic for Mathematicians, New York 1963, p. 77
[14] R. L. Wilder, The Nature of Mathematical Proof, a. a. O., p. 315

Mathematik nur solche Beweise als zulässig, die angeben, mit welchem Verfahren das Objekt, dessen Existenz behauptet wird, zumindest potentiell konstruiert werden kann. Nichteffektive Beweise dagegen werden bestenfalls als eine erste Annäherung an die Lösung des Problems betrachtet. Für die klassische Mathematik hingegen sind solche Beweise vollkommen real. All das zeigt, daß die Normen der Stringenz eines Beweises nur für eine bestimmte Zeit und für bestimmte Bedingungen Bedeutung besitzen. R. L. WILDER schreibt, daß wir ganz offensichtlich über keine Norm der Stringenz eines Beweises, die von der Zeit unabhängig ist, verfügen und wahrscheinlich nie verfügen werden.[15]

2. *Der Wahrheitsbegriff in formalisierten Systemen der Mathematik*

Bisher haben wir, wenn von Wahrheit die Rede war, darunter die Übereinstimmung unserer Aussagen mit der Wirklichkeit verstanden. Dieser — bereits auf ARISTOTELES zurückgehende — Wahrheitsbegriff beruht auf der materialistischen Grundvoraussetzung, daß das Bewußtsein die Widerspiegelung der realen Welt im Kopf des Menschen ist. Sowohl in der Alltagspraxis als auch im wissenschaftlichen Denken lassen wir uns von diesem Wahrheitsbegriff leiten. Er kann jedoch wegen seiner außerordentlichen Allgemeinheit und Unbestimmtheit nicht für die Analyse formaler Systeme oder Kalküle der Mathematik verwendet werden.

Der Wahrheitsbegriff wird — ebenso wie andere Begriffe der Umgangssprache — in verschiedenem Sinne gebraucht oder besitzt zumindest verschiedene Schattierungen. Infolge dieser Mehrdeutigkeit können leicht Mißverständnisse und sogar Paradoxien, Antinomien auftreten. In der Tat wurden bereits in der Antike Paradoxien entdeckt, die mit dem Wahrheitsbegriff zusammenhängen. Die interessanteste Antinomie ist die sogenannte Lügnerantinomie, die EUBULIDES zugeschrieben wird. Betrachten wir den Satz: „Die Aussage, die ich jetzt mache, ist falsch (eine Lüge)". Man sieht leicht, daß diese Behauptung auf einem Widerspruch beruht, ganz gleich, ob man sie als wahr oder als falsch, als Lüge betrachtet. Nehmen wir an, sie sei wahr, dann kommen wir zu der kontradiktorischen Schlußfolgerung, denn in der Behauptung selbst wird ihre eigene Falschheit postuliert. Nehmen wir nun an, sie sei falsch, dann kommen wir zu dem Schluß, daß sie wahr sein muß, weil wir ja tatsächlich eingestehen, daß wir die Unwahrheit sprechen. Es entsteht eine Antinomie. Es versteht sich, daß die antike Wissenschaft diese und ähnliche Antinomien nicht ernst nahm, sondern eher als Sophismen betrachtete. Die moderne Logik und Mathematik können jedoch nicht einfach an diesen Antinomien vorbeigehen, denn sie zeigen, daß die Verwendung der Umgangssprache in der Wissenschaft mit einigen wesentlichen Mängeln verbunden ist.

Um die Antinomien zu überwinden, müssen wir ihren Grund herausfinden und versuchen, die Voraussetzungen, auf denen sie beruhen, zu revidieren.

[15] ebenda, p. 319

Es ist erstens nicht schwer zu bemerken, daß die Lügnerantinomie in der natürlichen Sprache, der Umgangssprache, entsteht. Deren Struktur ist aber nicht streng definiert. Die erste Aufgabe besteht folglich darin, die Struktur der Sprache, deren wir uns bedienen, genau zu charakterisieren. Dazu müssen alle Grundbegriffe der Sprache vollständig aufgezählt und die Definitionsregeln für die anderen Termini angegeben werden. Ferner ist es nötig, ein Kriterium dafür zu finden, wann eine Reihe von Grundzeichen ein Satz dieser Sprache ist. Und schließlich müssen die Sätze, die als Axiome angenommen werden, angegeben und die Ableitungsregeln, mit denen die beweisbaren Sätze (Theoreme) der Sprache gewonnen werden, aufgezählt und genau beschrieben werden. Eine solche Sprache heißt, wie wir bereits wissen, formalisierte Sprache, weil man sich bei der Definition ihrer Struktur ausschließlich auf die Form der sprachlichen Ausdrücke, nicht aber ihren Inhalt und Sinn bezieht. Es ist jedoch zu betonen, daß dieses Verfahren, die Struktur einer Sprache zu definieren, nicht das einzig mögliche ist, auch wenn es das verbreitetste ist. Prinzipiell sind auch andere Verfahren für die Präzisierung ihrer Struktur zulässig.

Die erste Bedingung für eine exakte Definition des Wahrheitsbegriffes besteht demnach darin, die Struktur der Sprache, für die der Wahrheitsbegriff definiert wird, exakt zu beschreiben. Völlig exakt in diesem Sinne sind vor allem die formalisierten Sprachen der Mathematik. In den Sprachen der Naturwissenschaften und mehr noch in der natürlichen Sprache kann eine solche exakte Definition nur näherungsweise erreicht werden.

Zweitens entsteht die Lügnerantinomie auch als Folge dessen, daß wir ein und dieselbe (Umgangs-)Sprache einerseits dazu benutzen, um eine Information über gewisse Objekte der Wirklichkeit mitzuteilen, andererseits dazu, um über die Ausdrücke der Sprache selbst zu sprechen. Diese Unbestimmtheit ist es, die — wie man leicht feststellt — die widersprüchliche Situation hervorruft. In der Lügnerantinomie insbesondere werden die Begriffe der Wahrheit und der Falschheit (Lüge) sowohl dazu benutzt, Aussagen selbst zu charakterisieren, als auch dazu, Aussagen auf die Wirklichkeit zu beziehen. Tatsächlich charakterisiert der Begriff der Falschheit (der Lüge) in dem Satz „die Aussage, die ich jetzt mache, ist falsch (eine Lüge)" ein bestimmtes Verhältnis zwischen diesem Satz und der Wirklichkeit. Wenn wir diesen Begriff jedoch auf die in Anführungszeichen gesetzte Aussage anwenden, haben wir es eigentlich nicht mit einer Aussage, sondern mit einem Namen für eine Aussage zu tun. Das ist jedoch etwas völlig anderes.

Die natürliche Sprache, die Umgangssprache, wird also für verschiedene Zwecke verwendet: 1. dazu, Ausdrücke der Sprache zu formulieren und 2. dazu, über diese Ausdrücke zu sprechen. Diese Universalität der natürlichen Sprache ist notwendigerweise mit ihrer Mehrdeutigkeit verbunden, wodurch Mißverständnisse und Antinomien entstehen können. Sprachen dieser Art werden üblicherweise semantisch geschlossene Sprachen genannt. Das bedeutet, daß die zweite Bedingung für eine exakte Definition des Wahrheitsbegriffes darin besteht, keine semantisch geschlossenen Sprachen zu verwenden. Das heißt, daß wir zwei verschiedene Sprachen benutzen müssen, wenn wir den Wahrheitsbegriff oder einen anderen semantischen Begriff einführen. Die erste Sprache, die Sprache, in der wir über die Dinge des jeweiligen Objektbereiches sprechen, heißt Objektsprache, die zweite Sprache, die Sprache, in der über die erste Sprache gesprochen wird, heißt Metasprache. Der Wahrheitsbegriff bezieht sich auf die Objektsprache, wird jedoch in der Metasprache formuliert.

Um eine exakte semantische Definition des Wahrheitsbegriffes zu erhalten, ist es nicht nur nötig, die formale Struktur der Sprache, für die diese Definition gegeben wird, zu kennen, sondern es müssen auch die Bedingungen der materialen Adäquatheit dieser Definition geklärt werden. Mit anderen Worten, wir müssen wissen, welche Bedingungen unser Wahrheitsbegriff erfüllen muß, um möglichst exakt jenen Inhalt widerzuspiegeln, und von denen wir intuitiv geleitet werden, wenn wir von Wahrheit sprechen.

Dem semantischen Wahrheitsbegriff liegt die aristotelische oder klassische Konzeption zugrunde, nach der die Wahrheit eines Satzes[16] in seiner Übereinstimmung mit der Realität besteht. Nehmen wir ein konkretes Beispiel. Unter welchen Bedingungen betrachten wir den Satz „Der Schnee ist weiß" als wahr und unter welchen Bedingungen als falsch? Entsprechend der klassischen Wahrheitskonzeption müssen wir sagen, daß er wahr ist, wenn der Schnee tatsächlich weiß ist und falsch, wenn der Schnee nicht weiß ist. Ausführlicher formuliert kann man also die Bedingungen für die Wahrheit dieses Satzes in Gestalt folgender Äquivalenz darstellen.

Der Satz „Der Schnee ist weiß" ist wahr und dann und nur dann, wenn der Schnee weiß ist.

Auf der linken Seite dieser Äquivalenz wird in Anführungszeichen der Name dieses Satzes angegeben, auf der rechten Seite steht der Satz selbst. Offensichtlich kann man an die Stelle des Satzes „Der Schnee ist weiß" jeden beliebigen anderen wahren Satz setzen. Wir können deshalb anstelle konkreter Sätze Variable einführen. Wenn wir eine Aussage durch den Buchstaben p bezeichnen und vereinbaren, daß X ihr Name sein soll, dann erhalten wir folgende Bedingung für die Wahrheit eines Satzes:

X ist wahr dann und nur dann, wenn p.

Jede Äquivalenz, die sich dadurch ergibt, daß für p ein konkreter Satz und für X dessen Name eingesetzt wird, hat die obige Struktur. Wir können also sagen, daß die Definition der Wahrheit eines Satzes als seiner Übereinstimmung mit der

16 Wir beschränken uns hier auf die Definition der Wahrheit von Sätzen, da sie beim Aufbau formalisierter Sprachen die wesentliche Rolle spielen. Damit ist eine Erweiterung des Wahrheitsbegriffs auf andere sprachliche Ausdrücke nicht ausgeschlossen.

Wirklichkeit dann adäquat ist, wenn sich aus ihr alle Äquivalenzen dieser Struktur ergeben.

Für den Aufbau der eigentlichen Definition des Wahrheitsbegriffes in der Metasprache sind zwei Herangehensweisen möglich: erstens kann man alle wesentlichen Eigenschaften des Wahrheitsbegriffes in einem bestimmten Axiomensystem aufzählen. In diesem Fall haben wir eine implizite Definition des Wahrheitsbegriffs. Zweitens kann man versuchen, den Wahrheitsbegriff explizit zu definieren, d. h. über andere semantische Begriffe. So verfährt A. TARSKI, wenn er den semantischen Begriff des „Erfülltseins" für die Wahrheitsdefinition verwendet.

Wir sagen, daß ein gewisser Gegenstand eine Aussagenfunktion dann und nur dann erfüllt, wenn sich diese dadurch, daß an die Stelle der Variablen der Name dieses Objekts gesetzt wird, in eine wahre Aussage verwandelt. So erfüllt z. B. der Schnee die Aussagenfunktion „x ist weiß", die Zahl 2 erfüllt die Funktion „$x < 5$". Diese Methode eignet sich jedoch nicht für uns, weil wir die Wahrheitsdefinition erst suchen. Zunächst müssen wir angeben, welche Gegenstände elementare Aussagenfunktionen erfüllen, und danach die Bedingungen feststellen, unter denen gegebene Gegenstände zusammengesetzte Funktionen erfüllen. So erfüllt z. B. eine Zahl eine Alternative von Funktionen, wenn sie wenigstens einer der elementaren Funktionen, aus denen diese Alternative zusammengesetzt ist, erfüllt.

Wenn wir den Begriff des „Erfülltseins" für Aussagenfunktionen als bekannt voraussetzen, erhalten wir leicht eine Definition des Begriffs für Sätze, die einen Spezialfall der Aussagenfunktionen darstellen, und zwar solche Funktionen, die keine Variablen enthalten.

Wie TARSKI zeigen konnte, bleiben für diesen extremen Fall nur zwei Möglichkeiten übrig: entweder erfüllen alle Gegenstände diesen Satz oder es erfüllt ihn kein Gegenstand. Auf diese Weise gelangen wir zu folgender Definition der Wahrheit und Falschheit eines Satzes:

Ein Satz ist wahr dann und nur dann, wenn ihn alle Gegenstände erfüllen; ein Satz ist falsch, wenn ihn kein Gegenstand erfüllt.[17]

Die semantische Definition des Wahrheitsbegriffs ist, wie wir bereits bemerkten, nur für Sprachen mit einer exakt angegebenen Struktur, insbesondere für die formalisierten Sprachen der Logik und Mathematik anwendbar. Wenn wir den Wahrheitsbegriff explizit, d. h. über gewisse andere semantische Begriffe definieren, dann nimmt das Problem der Wahrheitsdefinition den Charakter eines rein deduktiven Problems an. Es erhebt sich die Frage, welche Bedingungen sind für eine positive Lösung unseres Problems nötig? Ist es möglich, dieses Problem immer

[17] Vgl. dazu: A. TARSKI, Der Wahrheitsbegriff in den formalisierten Sprachen, „Studia Philosophica Commentarii Societatis philosophicae Polonorum", Vol. I, LEOPOLI (LEMBERG) 1935; Wiederabdruck in K. BERKA/L. KREISER, Logik-Texte, Berlin 1971

zu lösen? Auf diese Frage antwortet TARSKI — allgemein dargestellt — etwa so: Eine positive Lösung des Problems der Wahrheitsdefinition ist für formalisierte Sprachen nur dann möglich, wenn die Metasprache dieses Systems wesentlich reichhaltiger als die Objektsprache ist, denn sie muß außer den Sätzen des formalen Systems noch die Namen für diese Sätze, semantische und einige allgemein-logische Begriffe enthalten. Deshalb wird als Metasprache entweder die natürliche Sprache oder ein Teil von ihr verwendet. Das schließt jedoch selbstverständlich nicht die Möglichkeit aus, auch die Metasprache zu formalisieren. Aber sie muß stets reichhaltiger sein als die Objektsprache.

Für die Lösung des Problems der Wahrheitsdefinition ist dabei nicht die Reichhaltigkeit der Metasprache schlechthin wichtig, sondern die Reichhaltigkeit ihres logischen Teils, ihr Reichtum an logischen Mitteln. Dieser Ausdruck erfordert aber selbst bereits wieder eine weitere Präzisierung, die z. B. dadurch geschehen kann, daß der Typ der Variablen angegeben wird, die in Objekt- und Metasprache verwendet werden. Wenn man sich auf formale Sprachen beschränkt, die auf der Typentheorie aufbauen, dann wird eine Metasprache reichhaltiger genannt, wenn ihr logischer Teil Variablen höheren Typs enthält als die Objektsprache. Wenn diese Bedingungen nicht gegeben sind, dann ist eine positive Lösung des Problems der semantischen Wahrheitsdefinition nicht möglich. In diesem Fall ist es nötig, zu einer axiomatischen Definition Zuflucht zu nehmen, d. h. die Grundeigenschaften des Wahrheitsbegriffs durch eine Gesamtheit von Axiomen zu formulieren.

Zum Schluß möchten wir kurz auf die Bedeutung des semantischen Wahrheitsbegriffs für die Grundlagenforschung in der Mathematik eingehen. Vor allem ist der gewöhnliche, intuitive Wahrheitsbegriff, wie bereits gesagt, ungeeignet für die Analyse formaler Systeme, bei der besondere Stringenz und Exaktheit des Schließens erforderlich sind. Das ist jedoch nicht die Hauptsache. Das wichtigste Resultat, das die Anwendung der semantischen Wahrheitsdefinition erbracht hat, besteht darin, daß für viele mathematische Disziplinen der Wahrheitsbegriff nicht mit dem Begriff der Beweisbarkeit zusammenfällt, weil zwar alle beweisbaren Sätze wahr sind, aber auch wahre Sätze existieren, die innerhalb eines bestimmten formalen Systems nicht beweisbar sind. In diesem Zusammenhang muß ausdrücklich unterstrichen werden, daß das Kriterium der logischen Beweisbarkeit nicht hinreicht, die Wahrheit eines Satzes zu bestimmen, denn es können in einer mathematischen Theorie Sätze existieren, die zwar wahr sind, sich jedoch aus den Axiomen nicht logisch ableiten lassen.

Der semantische Wahrheitsbegriff rüstet den Mathematiker mit einer allgemeinen Methode der Widerspruchsfreiheitsbeweise für formalisierte mathematische Disziplinen aus. Diese Beweismethode ist, wie TARSKI bemerkt, der Methode

[18] Vgl. A. TARSKI, Grundlegung der wissenschaftlichen Semantik, „Actes du Congrès International de Philosopie Scientifique" (Paris 1935), Bd. III, Paris 1936; Wiederabdruck in K. BERKA/L. KREISER, Logik-Texte, Berlin 1971

Gödels ähnlich, womit gemeint ist, daß die Metasprache reichhaltiger an logischen Mitteln sein muß als die Objektsprache.[18]

Mit Hilfe semantischer Methoden konnten auch in der Theorie der Definition einige wichtige Ergebnisse erreicht werden, diese Fragen überschreiten jedoch den Rahmen unserer Ausführungen.

3. Die Praxis als Wahrheitskriterium in der Mathematik

Bei der Erörterung der Wahrheit axiomatischer Systeme der Mathematik sind wir bisher noch nicht darauf eingegangen, daß diese Systeme deswegen von den Wissenschaftlern untersucht werden, weil sie — wenn auch vermittelt — gewisse Verhältnisse der wirklichen Welt widerspiegeln. Die Feststellung der Wahrheit mathematischer Aussagen und Theorien ist jedoch mit einer Reihe von Schwierigkeiten verbunden. Wir beschränken uns in diesem Paragraphen darauf, lediglich einige Fragen zu behandeln, die mit der Überprüfung oder besser Verifikation solcher Aussagen und Theorien zusammenhängen.

Da die Wahrheit mathematischer Theoreme unmittelbar von der Wahrheit der Axiome abhängt, könnte es auf den ersten Blick scheinen, daß es — um die Wahrheit einer mathematischen Theorie festzustellen — nötig ist, die Axiome zu überprüfen, auf denen die Theorie basiert. In unserer populärwissenschaftlichen Literatur wird tatsächlich oft auf diese Weise an dieses Problem herangegangen.

Es ist jedoch leicht zu verstehen, daß viele mathematischen Axiome eine solche Überprüfung nicht zulassen. Keinerlei Experiment z. B. kann unmittelbar die Wahrheit des Parallelenaxioms der euklidischen Geometrie feststellen, denn nach diesem Axiom berühren sich Parallele erst im Unendlichen. Unsere Erfahrung hat es jedoch stets mit endlichen Dingen und Prozessen zu tun. Außerdem läßt ein Axiomensystem eine Menge verschiedener konkreter Interpretationen zu, ohne die — allgemein ausgedrückt — eine Überprüfung überhaupt nicht möglich ist. Das bringt die Notwendigkeit hervor, indirekte Überprüfungsmethoden für mathematische Aussagen und Theorien anzuwenden.

Eine solche indirekte Überprüfungsmethode besteht darin, daß wir nicht die Axiome selbst, sondern logische Folgerungen aus ihnen, d. h. Theoreme überprüfen. Dabei wird angenommen, daß ein Axiomensystem zusammen mit seiner Interpretation betrachtet wird, d. h., im Prinzip gehen wir hier aus dem Bereich der reinen Mathematik in das Gebiet der angewandten Mathematik über. Reine Logik und Mathematik bieten die Möglichkeit, Folgerungen zu gewinnen, von denen wir einige auf empirischem Wege überprüfen können. Darin besteht ihre große Bedeutung im Prozeß der Feststellung der mathematischen Wahrheit. Das ist jedoch, wie bereits erwähnt, nicht die Hauptsache im Prozeß der Verifikation mathematischer Theorien. Ohne eine entsprechende Interpretation mathematischer Systeme, d. h. letzten Endes ohne die Umwandlung der Aussagen der reinen Mathematik in Aussagen der Erfahrungswissenschaften, z. B. der Physik, ist keine Überprüfung der abstrakten mathematischen Theorien möglich.

Für die Überprüfung werden in der Regel solche Folgerungen aus den Axiomen ausgewählt, die sich bei entsprechender Interpretation in empirische Hypothesen verwandeln, die einer empirischen Überprüfung fähig sind. So ist z. B., wie wir bereits erwähnten, in der Geometrie meist das Theorem über die Summe der Innenwinkel des Dreiecks für die empirische Überprüfung benutzt worden (GAUSS, LOBAČEVSKIJ, SCHILLING).

Die indirekte Methode der Überprüfung von Grundbegriffen und Axiomen ist keine ausschließliche Besonderheit der Mathematik. In einer ganzen Reihe von Wissenschaften sind die Grundbegriffe ebenfalls keiner unmittelbaren experimentellen Überprüfung zugänglich, so z. B. das erste Bewegungsgesetz der klassischen Mechanik von GALILEI-NEWTON, das bekanntlich postuliert, daß jeder Körper, solange keine äußere Kraft auf ihn einwirkt, im Zustand der Ruhe oder der gleichförmig-geradlinigen Bewegung verharrt. Es ist klar, daß wir in keinem Experiment die Einwirkung äußerer Kraft ausschließen und so die Richtigkeit des ersten Bewegungsgesetzes prüfen können.

Wir können jedoch aus den Grundgesetzen der Mechanik Folgerungen ableiten, von denen einige im Experiment geprüft werden können. Die indirekte Überprüfung ist ein konkreter Fall der Anwendung der hypothetisch-deduktiven Methode, die in der Physik und anderen hinreichend entwickelten Wissenschaften eine wichtige Rolle spielt. Gewisse Hypothesen dienen als Voraussetzungen für das Herleiten von Folgerungen, durch deren Bestätigung wir die Wahrheit der Hypothesen selbst aufzeigen können.

„Wir bahnen uns mit Hilfe der physikalischen Theorien einen Weg durch das Labyrinth der beobachteten Gesetzmäßigkeiten und bemühen uns, unsere sinnlichen Wahrnehmungen zu ordnen und zu verstehen. Es wird dabei immer angestrebt, die beobachteten Gesetzmäßigkeiten als logische Folgerungen aus unserem physikalischen Weltbild darzustellen", schrieben A. EINSTEIN und L. INFELD.[19]

Bei einer entsprechenden Interpretation, z. B. einer physikalischen, verwandeln sich die Axiome der Mathematik in physikalische Hypothesen, deren Wahrheit oder Falschheit ebenfalls auf experimentellem Wege festgestellt wird. Dazu prüft man üblicherweise einige Folgerungen aus den Hypothesen im Experiment. Die Bestätigung oder Widerlegung dieser Folgerungen wiederum ist unmittelbar auch eine Bestätigung oder Widerlegung dieser Hypothesen, sie besagt jedoch unmittelbar nichts über die mathematischen Axiome selbst. Die experimentelle Verifikation von Folgerungen aus Hypothesen gibt uns eine indirekte Bestätigung für die Eignung unserer mathematischen Systeme für die Erforschung der Eigenschaften und Beziehungen der realen Wirklichkeit. Der Weg von der Erfahrung

[19] A. EINSTEIN und L. INFELD, Die Evolution der Physik, Hamburg 1961, S. 195

zur Theorie erweist sich also in der Mathematik als verhältnismäßig kompliziert. Er wird in der Regel durch naturwissenschaftliche Theorien vermittelt, die der Wirklichkeit „näher stehen" als die Mathematik.

Die Verifikation von Folgerungen, die logisch aus einem Axiomensystem oder aus den Grundprinzipien einer Wissenschaft hergeleitet wurden, kann dieses Axiomensystem bzw. diese Prinzipien selbst selbstverständlich nicht endgültig bestätigen, d. h. eine Revision, Korrektur oder Präzisierung ist nicht ausgeschlossen.

Unter logischem Gesichtspunkt leuchtet sofort ein, daß ein eine Hypothese bestätigendes Beispiel (oder auch beliebig viele) diese Hypothese nie vollständig bestätigen kann, wogegen ein negatives, der Hypothese widersprechendes Beispiel die Hypothese widerlegt.[20] Es ist offensichtlich, daß die Wahrscheinlichkeit dafür, daß eine Hypothese wahr ist, um so größer ist, je mehr bestätigende Beispiele es für sie gibt. Aber wir können natürlich nicht behaupten, daß sie damit mit Sicherheit wahr sein muß. Keine empirische Verallgemeinerung oder Hypothese folgt logisch aus ihren Voraussetzungen (d. h. aus experimentellen und Beobachtungsdaten). Sie enthält stets mehr. Ein Schluß aus Erfahrungsdaten auf eine allgemeine Hypothese trägt daher nur problematischen, d. h. Wahrscheinlichkeitscharakter. Im Laufe der Zeit kann sich herausstellen, daß die Ergebnisse neuer Beobachtungen und Experimente den Bestätigungsgrad einer Hypothese verringern oder sie sogar völlig widerlegen. Die Verifikation von Folgerungen aus einer Hypothese kann also nur für die Wahrscheinlichkeit der Hypothese, nicht aber für deren Gewißheit sprechen. Dieser Umstand ist von methodologischer Bedeutung, denn er zeigt den relativen Charakter der Bestätigung von wissenschaftlichen Hypothesen.

Es ist vollkommen verständlich, daß diese Situation voll und ganz auch für solche Thesen zutrifft, in denen sich mathematische Axiome durch eine bestimmte Interpretation in Hypothesen verwandeln. Wir können jedoch über die mathematischen Axiome ohne Bezug auf eine solche Interpretation unmittelbar nichts aussagen.

Der Prozeß der Verifikation einer mathematischen Theorie, vor allem einer inhaltlichen, besitzt noch komplizierteren Charakter. Jede Theorie dieser Art stellt bekanntlich ein deduktives System von Sätzen dar. Einige von diesen Sätzen sind einer experimentellen Prüfung zugänglich und sind daher Aussagen von einem

[20] Man sieht leicht, daß hier nur sogenannte „generelle" Hypothesen gemeint sind, die natürlich unter methodologischem Aspekt die interessantesten sind. Es besteht jedoch prinzipiell kein Grund, singuläre Hypothesen (d. h. Hypothesen, die von einem konkreten Gegenstand eine gewisse Eigenschaft behaupten) und Existenzhypothesen (d. h. solche, die die Existenz von mindestens einem Gegenstand mit der betreffenden Eigenschaft postulieren) auszuschließen. Singuläre Hypothesen werden offensichtlich direkt und vollständig durch die entsprechende Beobachtung verifiziert bzw. widerlegt; Existenzhypothesen sind durch eine einzige positive Instanz vollständig verifiziert, sind aber durch beliebig viele negative Instanzen nicht vollständig zu widerlegen (sie verhalten sich also in gewissem Sinne „dual" zu generellen Hypothesen). (Anm. d. Hrsg.)

niedrigeren Abstraktionsniveau als diejenigen Aussagen, aus denen sie abgeleitet wurden. Im Prinzip ist es durchaus möglich, im Bestand einer Theorie die Existenz einer ganzen Hierarchie von Aussagen anzunehmen, deren Abstraktionsgrad in dem Maße zunimmt, in dem sie sich von denjenigen Aussagen entfernen, die einer empirischen Prüfung fähig sind. Einigen von ihnen kommt dabei nur eine Hilfsrolle zu als Voraussetzungen für Folgerungen von niedrigerem Allgemeinheitsgrad. Hieraus wird deutlich, daß nicht jedes mathematische Theorem eine praktische Anwendung besitzen muß. Wenn man von der Überprüfung einer Theorie spricht, konzentriert man sich nicht auf einzelne Teile, sondern betrachtet die Theorie als Ganzes, nimmt ihr Grundgerüst. Für die innere logische Konsistenz einer Theorie ist es oft unumgänglich, auch solche Glieder in sie einzuführen, die eine experimentelle Überprüfung nicht zulassen.

Auch der Charakter der Überprüfung mathematischer Erkenntnisse bleibt im Verlauf der Entwicklung der Wissenschaft und der gesellschaftlichen Praxis nicht unverändert. War die Mathematik in den frühen Entwicklungsetappen der Gesellschaft eng mit der Produktion verbunden, so wird dieser Zusammenhang in der weiteren Entwicklung komplizierter und vermittelter. Produktion und Technik nehmen immer mehr über die Bedürfnisse der Naturwissenschaften und technischen Wissenschaften Einfluß auf die Mathematik. Es genügt hierbei, an die Entstehung der Infinitesimalrechnung zu erinnern, um sich davon zu überzeugen. Differential- und Integralrechnung gaben den Wissenschaftlern ein mächtiges Instrument, um viele höchst wichtige Probleme der irdischen und der Himmelsmechanik zu lösen. Die Erforschung der mechanischen Bewegungsgesetze wiederum wurde im 17. und 18. Jahrhundert diktiert von den herangereiften Bedürfnissen der Produktion und der Technik, denn zu dieser Zeit war die wichtigste Energiequelle die tierische und menschliche Muskelkraft. Entsprechend diesem veränderten Charakter des Zusammenhangs von Mathematik und Produktion ging nun auch die Überprüfung der Wahrheit mathematischer Theorien vorwiegend über die Naturwissenschaften und die technischen Wissenschaften vor sich. In der ersten Entwicklungsperiode der Analysis, als es noch keine hinreichende Klarheit im Verständnis ihrer Grundbegriffe gab, wurde die Richtigkeit der erhaltenen Schlußfolgerungen bekanntlich durch ihre Übereinstimmung mit der Erfahrung und der Praxis begründet. Diese Schlußfolgerungen befanden sich in Übereinstimmung mit den Ergebnissen der Mechanik und der exakten Naturwissenschaft überhaupt. Dieser Zusammenhang der Mathematik mit der Naturwissenschaft und den technischen Wissenschaften wird im Laufe der Zeit nicht schwächer, sondern im Gegenteil, er verstärkt sich. Man könnte in diesem Zusammenhang sogar sagen, daß sich die Mathematik von einer bestimmten Entwicklungsetappe an vor allem anhand des Materials der gesamten Naturwissenschaft und der technischen Disziplinen entwickelt und anhand dieses Materials auch überprüft wird, d. h. anhand der Wissenschaft und nicht der Praxis. Aber bereits dieser Zusammenhang der Mathematik mit Naturwissenschaft und Technik, die ihr Material aus der Erfahrung und der Produktion beziehen, beweist die Abhängigkeit der Entwicklung der Mathematik von den Bedürfnissen der materiellen gesellschaftlichen Praxis der Menschen.

Es wäre jedoch eine Vereinfachung und Vulgarisierung, wenn wir versuchen wollten, die gesamte Entwicklung der Mathematik auf die Befriedigung der Anforderungen der Produktion und der angrenzenden Wissenschaften zu reduzieren. Wenn der dialektische Materialismus die Praxis als die bestimmende Grundlage der Erkenntnis hervorhebt, verneint er damit durchaus nicht die relative Selbständigkeit der Entwicklung der Theorie. In einer so abstrakten Wissenschaft wie der Mathematik tritt diese Besonderheit der Entwicklung der Theorie besonders hervor.

Die relativ selbständige Entwicklung der Theorie geht nach Gesetzen vor sich, die vom Forschungsgegenstand bestimmt sind; sie drückt sich konkret in der Logik der Bewegung ihrer Begriffe aus. Gestützt auf das vorliegende Material verallgemeinern die Wissenschaftler gewisse Prinzipien und Schlußfolgerungen einer Theorie oder schränken sie ein und errichten an ihrer Stelle neue Hypothesen und stellen neue Prinzipien auf. Wenn diese Prinzipien wahr sind, dann befindet sich auch die Theorie, die auf ihnen aufbaut, in Übereinstimmung mit der Wirklichkeit, und zwar deswegen, weil sie aus wahren Voraussetzungen gewonnen wurde, auf die die Gesetze und Regeln des logischen Denkens angewendet wurden. Viele neue Theorien der Mathematik finden jedoch nicht sofort eine Bestätigung, sondern vielfach erst nach Jahrzehnten oder gar Jahrhunderten. Die Theorie der Kegelschnitte z. B. ist bekanntlich bereits von APOLLONIUS im 2. Jh. v. u. Z. ausgearbeitet worden. Praktische Anwendung fand sie jedoch erst, als KEPLER und NEWTON feststellten, daß die Planetenbahnen Ellipsen darstellen. Die nichteuklidischen Geometrien, die ungefähr in den 60er Jahren des vorigen Jahrhunderts Anerkennung in der mathematischen Welt fanden, erfuhren erst in der Physik und der Kosmologie unseres Jahrhunderts praktische Anwendung. Die Reihe dieser Beispiele könnte man leicht fortsetzen. Aber auch die angeführten Beispiele bestätigen hinreichend deutlich, daß die Entwicklung der Mathematik ihrer praktischen Anwendung um viele Jahre voraus sein kann.

Gleichzeitig zeigen sie, daß man das Praxiskriterium nicht in einem eingeengten und verabsolutierten Sinn verstehen darf, weil die Praxis ebenso wie die Theorie der Entwicklung und Veränderung unterliegt. Unter philosophischem Aspekt äußert sich der relative Charakter des Praxiskriteriums darin, daß „das Kriterium der Praxis dem Wesen nach niemals irgendeine menschliche Vorstellung völlig bestätigen oder widerlegen kann".[21]

Der abstrakte Charakter der Methode der Mathematik und die Tatsache, daß in ihr keine experimentellen Beweise verwandt werden, werden von den Idealisten seit langem ausgenutzt, um verschiedene idealistische Wahrheitskriterien zu be-

21 W. I. LENIN, Materialismus und Empiriokritizismus, Werke Bd. 14, Berlin 1973, S. 137

gründen. PLATON brachte bereits in der Antike die Doktrin des Apriorismus auf, nach der die Entwicklung der Mathematik quasi vollkommen unabhängig von der Erfahrung vor sich geht. Für PLATON ist die Mathematik eine erhabene Lehre, die dazu führt, der reinen Ideen teilhaftig zu werden. Demgemäß war er auf jede Art und Weise bestrebt, die Mathematik von der Lösung angewandter Aufgaben zu isolieren und die Anwendung von Werkzeugen und Meßinstrumenten zu unterbinden, weil er der Ansicht war, daß dies die Mathematik auf das Niveau des Handwerklichen herabsetze. Selbstverständlich ist die Wichtigkeit und Notwendigkeit rein theoretischer Forschungen nicht zu leugnen, aber man darf nie aus dem Auge verlieren, daß diese Forschungen letzten Endes für die Praxis betrieben werden.

In neuerer Zeit hat bekanntlich KANT die Lehre vom apriorischen Charakter der Mathematik vertreten. Die scharfe Entgegensetzung von analytischen und synthetischen Urteilen in der Philosophie LEIBNIZ' und HUMES veranlaßte KANT, die Sätze der reinen Mathematik zu synthetischen Urteilen a priori zu erklären. Obwohl KANT durchaus richtig den synthetischen Charakter der mathematischen Sätze betont, ist diese Synthese seiner Ansicht nach nur durch ein Subjekt möglich, das die Welt durch das Prisma apriorischer Kategorien wahrnimmt. KANT leitet somit die Notwendigkeit und Gewißheit mathematischer Wahrheiten aus den Gesetzen des Verstandes ab und nicht aus den Eigenschaften und Beziehungen der Wirklichkeit.

Die Tatsache, daß die Aussagen und Theorien der Mathematik die quantitativen Beziehungen und die Raumformen der ihrer Natur nach allerverschiedensten Dinge und Erscheinungen widerspiegeln, wird des öfteren als Bestätigung dessen interpretiert, daß sie überhaupt nichts über diese Dinge und Erscheinungen und folglich über die reale Welt insgesamt aussagen.

Es gibt Mathematiker und nichtmarxistische Philosophen, die von dieser falschen Voraussetzung ausgehen, um zu der These zu gelangen, daß die Wahrheit der Mathematik überhaupt keiner praktischen Bestätigung bedarf. Davon machen auch viele Positivisten keine Ausnahme, obwohl sie die Erfahrung für die Grundlage der Erkenntnis erklären. So schreibt der Philosoph und Logiker C. HEMPEL, daß keinerlei empirische Basis nötig sei, um die Wahrheit der Sätze der Arithmetik festzustellen.[22]

Es liegt selbstverständlich keinerlei Notwendigkeit vor, diese Wahrheiten heute in der Erfahrung zu prüfen. Hier jedoch handelt es sich darum, wie unser Glaube an die Wahrheit der Gesetze und Begriffe der Arithmetik historisch begründet wurde. HEMPEL nimmt an, daß diese Begründung nicht die geringste Beziehung zu der Frage hat, warum wir die Sätze der Arithmetik für wahr halten. Von seinem Standpunkt aus wäre dies ein rein psychologisches, der Logik fremdes

22 G. HEMPEL, On the Nature of Mathematical Truth, „Readings in Philosophical Analysis", New York 1949, p. 224

Herangehen. Die positivistische Gegenüberstellung des historischen und des logischen Aspekts in der Entwicklung der Wissenschaft trägt nicht dazu bei, richtig zu erklären, wieso die Mathematik mit Erfolg in der Erforschung der Erscheinungen der realen Welt angewendet wird. In der Tat: wenn die Arithmetik eine apriorische Wissenschaft ist, wie kann sie dann als „konzeptionale Technik" unserer Forschung dienen, wie HEMPEL sagt? Wenn wir die Methoden der Mathematik auf empirisches Material anwenden, erhalten wir Ergebnisse, die mit der Wirklichkeit übereinstimmen. Das wäre unmöglich, wenn die Begriffe und Gesetze der Mathematik nicht die Wirklichkeit widerspiegelten. Wir müßten eine prästabilierte Harmonie zwischen Mathematik und Wirklichkeit annehmen, d. h. auf eine wissenschaftliche Erklärung dieser Tatsache verzichten.

In dem Maße, wie die Abstraktheit der Mathematik anwuchs und sich ihre Zusammenhänge mit der Wirklichkeit komplizierter gestalteten, wurden immer nachdrücklicher sogenannte formale Wahrheitskriterien aufgestellt. Diese Kriterien fordern lediglich eine innere Übereinstimmung der Gedanken untereinander, sie sind deshalb keine hinreichende Bedingung für die Übereinstimmung der Mathematik mit der Wirklichkeit.

So schrieb der deutsche Mathematiker GRASSMANN, daß sich alle Wissenschaften in reale und formale einteilen, von denen die ersteren das Sein und Denken abbilden und ihre Wahrheit in der Übereinstimmung des Denkens mit dem Sein haben; letztere hingegen haben nur das durch das Denken selbst Gesetzte zum Gegenstand, und ihre Wahrheit besteht in der Übereinstimmung der Denkprozesse unter sich.[23]

Nach einem anderen großen Mathematiker, dem Italiener G. VERONESE, erstreckt sich das formale Wahrheitskriterium nur auf die reine Mathematik. In solchen mathematischen Wissenschaften dagegen wie Geometrie, Wahrscheinlichkeitstheorie u. a. beruht die Wahrheit nach seiner Ansicht auf der „Harmonie" von Denken und Gegenstand.[24]

Die Ansicht, daß für die Mathematik ein spezielles formales Wahrheitskriterium, das sich prinzipiell vom materialen unterscheidet, verbreitete sich besonders stark im Zusammenhang mit der Einführung der axiomatischen Methode in die Mathematik.

Natürlich ist die Widerspruchsfreiheit eine notwendige Bedingung, die jedes Axiomensystem erfüllen muß. Ein widerspruchsvolles System besitzt keine Interpretation und ist deshalb wertlos. Das übliche Verfahren, die Widerspruchsfreiheit zu beweisen, besteht — wie bereits erwähnt — darin, daß wir für dieses System ein Modell konstruieren. Dieses Modell wird in der Regel aus Objekten einer Theorie aufgebaut, an deren Widerspruchsfreiheit die Mathematiker nicht

[23] H. GRASSMANN, Die lineale Ausdehnungslehre (Ausdehnungslehre von 1844). „Gesammelte mathematische und physikalische Werke", Band 1, Teil 1, Leipzig 1894, S. 22

[24] G. VERONESE, Il vero nella mathematica: discorso inaugurale, Padova 1906, p. 6

zweifeln. Es genügte, ein Modell für die *nichteuklidische* Geometrie von LOBAČEVSKIJ-BÓLYAI aus den Objekten der Geometrie EUKLIDS zu konstruieren, damit diese Geometrie in der mathematischen Welt Anerkennung fand. In Widerspruchsfreiheitsbeweisen mit der Modellmethode nehmen wir also implizit Bezug auf ein inhaltliches Kriterium.

In der Tat muß, wenn die Widerspruchsfreiheit einer Theorie durch die Konstruktion eines Modells für sie in einer anderen Theorie bewiesen wird, die Widerspruchsfreiheit der letzteren als bekannt vorausgesetzt werden. Letzten Endes können wir der Frage nicht ausweichen, warum wir von der Widerspruchsfreiheit derjenigen Theorie überzeugt sind, auf die die zu überprüfende Theorie in unserem Beweis schrittweise zurückführt. Es wurde oben schon erwähnt, daß die Widerspruchsfreiheit der nichteuklidischen Geometrie zurückgeführt werden kann auf die Widerspruchsfreiheit der Arithmetik. Um die Widerspruchsfreiheit der Arithmetik zu erweisen, kann die Modellmethode bereits nicht mehr angewendet werden; hier ist ein prinzipiell anderes Herangehen notwendig. Der Widerspruchsfreiheitsbeweis der Arithmetik und insbesondere der reinen Zahlentheorie besteht darin, daß die Widerspruchsfreiheit der logischen Schlußweisen, die auf die Zahlen angewendet werden, festgestellt wird. Dazu ist erforderlich, daß die mathematischen Beweise selbst zum Gegenstand mathematischer Untersuchungen gemacht werden (z. B. in der Metamathematik). Dabei müssen wir jedoch die Zuverlässigkeit, d. h. die Widerspruchsfreiheit der Methoden der Metamathematik voraussetzen. So schreibt z. B. GENTZEN: „Ein ‚*absoluter Widerspruchsfreiheitsbeweis*‘ ist also *nicht möglich.* Ein Widerspruchsfreiheitsbeweis kann lediglich die Richtigkeit gewisser Schlußweisen auf die Richtigkeit anderer Schlußweisen *zurückführen.*“[25]

Im wesentlichen wird auch der Widerspruchsfreiheitsbeweis für die reine Zahlentheorie, den GENTZEN gegeben hat, mit Hilfsmitteln geführt, die — obwohl sie zum Teil nicht zur Zahlentheorie gehören — dennoch als zuverlässiger betrachtet werden als die bedenklichen Bestandteile der reinen Zahlentheorie. Diese Widerspruchsfreiheit nur mit den Mitteln der Zahlentheorie zu beweisen, ist nach dem bekannten Satz von GÖDEL unmöglich. Demnach stützt sich der Widerspruchsfreiheitsbeweis in seinem tiefsten Grund auf inhaltliche Kriterien und Prinzipien, die aus dem Vergleich unserer Erkenntnisse mit der realen Wirklichkeit hervorgehen. Daher mußten sich alle Begründungsversuche für die Übereinstimmung der Arithmetik mit der Wirklichkeit, wie sie von den Intuitionisten, Formalisten und Logizisten aufgestellt worden sind, als unhaltbar erweisen.

Die Anhänger eines Apriorismus KANTscher Prägung sehen den Grund für die Übereinstimmung von Arithmetik und Wirklichkeit darin, daß wir über besondere Anschauungsformen a priori verfügen. Der Intuitionismus bringt die Wahrheit der Arithmetik mit der uns eigenen Urintuition der Zahlenreihe in Zusammen-

25 G. GENTZEN, Die Widerspruchsfreiheit der reinen Zahlentheorie, Darmstadt 1967, S. 8

hang. Die Logizisten reduzieren ihre Wahrheit auf die Wahrheit der Logik. Der richtige Standpunkt in dieser Frage ist jedoch der des Materialismus, vor allem des dialektischen Materialismus, der die Wahrheit als getreue, adäquate Widerspiegelung der Wirklichkeit auffaßt und als Kriterium für diese Übereinstimmung die praktische Tätigkeit der Menschen in ihren unterschiedlichen Erscheinungsformen betrachtet. Wenn eine Theorie wahr ist, dann ist sie auch widerspruchsfrei. Das Kriterium der Widerspruchsfreiheit kann keine hinreichende Bedingung für die Wahrheit sein und kann daher nur eine Hilfsbedeutung haben.

Viele Vertreter des heutigen Formalismus in der Mathematik sind sich klar darüber, daß das Kriterium der Widerspruchsfreiheit weder für die Grundlegung der Mathematik noch für deren Anwendung in anderen Wissenschaften hinreichend ist. In dieser Hinsicht ist die Position H. B. CURRYs sehr bezeichnend. Er polemisiert gegen HILBERT und behauptet, daß für die Akzeptierbarkeit formaler Systeme der Beweis der Widerspruchsfreiheit weder hinreichend noch notwendig ist.[26] Auch HILBERT selbst erkannte an, daß das Kriterium der Widerspruchsfreiheit unzureichend ist, indem er schrieb: „. . . wenn über den Nachweis der Widerspruchsfreiheit hinaus noch die Frage der Berechtigung einer Maßnahme einen Sinn haben soll, so ist es doch nur die, ob die Maßnahme von einem entsprechenden Erfolg begleitet ist. In der Tat, der Erfolg ist notwendig; er ist auch hier die höchste Instanz, der sich jedermann beugt."[27]

Was aber die Notwendigkeit des Kriteriums der Widerspruchsfreiheit betrifft, so ist seine Erfüllung für die reine Mathematik unumgänglich. In der Anwendung der Mathematik treffen wir hin und wieder widersprüchliche Systeme an, wie das z. B. mit der Infinitesimalrechnung des 18. Jahrhunderts der Fall war. In der Regel werden widersprüchliche Systeme nicht völlig verworfen, sondern auf geeignete Weise modifiziert, damit das neu daraus hervorgehende System widerspruchsfrei wird.

Bei der Analyse der Frage nach der Akzeptierbarkeit formaler Systeme kommt CURRY letzten Endes zu dem Schluß, daß das ursprüngliche Kriterium für die Anwendbarkeit dieser Systeme das empirische ist.[28] Die Anwendbarkeit der klassischen Analysis in der Physik, erläutert er, wird auf pragmatischer Grundlage festgestellt, sie kann weder auf intuitive Evidenz noch auf Widerspruchsfreiheit zurückgeführt werden.

Leider hält CURRY bei der berechtigten Kritik an einigen Extremen des Formalismus diese Linie nicht konsequent durch. So ist er der Ansicht, daß die Frage einer Ontologie formaler Systeme nicht nur mit der Mathematik, sondern mit der Wissenschaft überhaupt nichts zu tun hat. Diese ihrem Wesen nach positivistische

26 H. B. CURRY, Outlines of Formalist Philosophy of Mathematics, a. a. O., p. 61

27 D. HILBERT, Grundlagen der Geometrie, a. a. O., S. 264

28 H. B. CURRY, Outlines of Formalist Philosophy of Mathematics, a. a. O., p. 62

Gegenüberstellung, bei der formale Systeme als rein konzeptionale Schemata betrachtet werden, macht es unmöglich, die Frage zu beantworten, wieso sich die Schlußfolgerungen der Mathematik in Übereinstimmung mit der Wirklichkeit befinden. Selbstverständlich kann man zu mathematischen Zwecken formale Systeme an sich betrachten, d. h., ohne sie mit einer konkreten Interpretation in Verbindung zu bringen. Diese Betrachtungsweise hebt jedoch die Frage nach dem realen Inhalt dieser Systeme nicht auf, weil diese den abstrakten Ausdruck von realen quantitativen Verhältnissen und Raumformen darstellen. Die Wahrheit sowohl inhaltlicher als auch formaler Systeme der Mathematiker wird letzten Endes auf dem Wege der Bezugnahme auf die Wirklichkeit festgestellt und von der Praxis geprüft.

Außer dem Kriterium der Widerspruchsfreiheit sind zu Beginn des 20. Jahrhunderts auch noch andere subjektivistische Wahrheitskriterien aufgestellt worden. Ein solches Kriterium hat bereits G. BERKELEY im 18. Jahrhundert entwickelt, als er die Grundprinzipien der Infinitesimalrechnung angriff, was wir im dritten Kapitel besprochen haben.

Zwei Jahrhunderte später wurde dieses subjektivistische Wahrheitskriterium von den großen französischen Mathematikern BOREL und LEBESGUE verteidigt. Sie schlugen vor, in der Mathematik nur das als existent zu betrachten, was ohne Zweideutigkeit von allen Mathematikern verstanden werden kann. Alles, was dieser Forderung nicht entspricht, soll einem Gebiet zugerechnet werden, das sich außerhalb der Mathematik befindet. Wenn man jedoch in der Mathematik nur das als existent betrachtet, was von allen Mathematikern gleichermaßen verstanden wird, dann wird die Existenz der objektiven Wahrheit als Widerspiegelung der realen Welt in unserem Bewußtsein, die weder vom einzelnen Menschen noch von der Menschheit abhängt, geleugnet oder in Zweifel gezogen. Dementsprechend stellen BOREL und LEBESGUE anstelle des objektiven Wahrheitskriteriums der Praxis entweder Allgemeingültigkeit oder aber die psychologische Überzeugtheit des Forschers in den Vordergrund. So nimmt z. B. LEBESGUE an, daß die Gründe, die uns in der Mathematik wie überall veranlassen, von einer Schlußfolgerung befriedigt zu sein, psychologischen Charakter haben. Allerdings ist die Position von BOREL und LEBESGUE nicht völlig konsequent. Sie wird daher gewöhnlich als halbintuitionistisch bezeichnet.

Am markantesten ist der Subjektivismus in der Wahrheitsauffassung der Intuitionisten ausgeprägt. Für sie ist die Intuition das höchste Kriterium für die Akzeptierbarkeit mathematischer Theorien. A. HEYTING z. B. betrachtet sie als die einzige Quelle, die uns mit unmittelbarer Klarheit mathematische Begriffe und Schlüsse liefert. Es ist dabei wichtig, darauf aufmerksam zu machen, daß „Intuition" in der BROUWERschen Schule ganz anders verstanden wird als im üblichen Sprachgebrauch. Sie ist einerseits eine übersinnliche, andererseits eine übermenschliche Fähigkeit unseres Bewußtseins. Es ist kein Zufall, daß sie von vielen Wissenschaftlern als eine mystische Fähigkeit qualifiziert wird.

Als Wahrheitskriterium trägt die Intuition nach Ansicht HEYTINGS ausgeprägt apriorischen Charakter. Den mathematischen Gegenständen kann eine vom menschlichen Denken unabhängige Existenz nicht zugeschrieben werden, schreibt A. HEYTING, und ihnen kommen auch nur Eigenschaften zu, insoweit diese durch das Denken an ihnen erkannt werden können.[29] Die mathematische Erkenntnis ist daher von der Erfahrung unabhängig. Da die Intuitionisten die Objektivität des Gegenstandes der Mathematik leugnen, können sie natürlich nicht wirklich erklären, warum die Mathematik für die Erforschung der realen Wirklichkeit angewendet werden kann, wenn sie eine reine Schöpfung unseres Denkens ist.

Als Resümee können wir den Schluß ziehen, daß alle Versuche, in der Mathematik das materiale Wahrheitskriterium durch formale und subjektive zu ersetzen, gleichermaßen unhaltbar sind. Da sie die Existenz der objektiven Wahrheit in der Mathematik ablehnen, leugnen die Anhänger des „mathematischen" Idealismus auch das Praxiskriterium. So sagte BROUWER, daß der Intuitionist auf die Frage, worin die wissenschaftliche Wahrheit bestehe, antworte: im menschlichen Intellekt, der Formalist hingegen: auf dem Papier.[30] In ihren mathematischen Untersuchungen lassen sie sich allerdings alle von einem seinem Wesen nach materialistischen Wahrheitskriterium leiten, denn sonst hätten ihre Ergebnisse keinerlei Bedeutung.

Somit bestätigt sich auch in der Mathematik, ungeachtet deren Abstraktheit und scheinbaren Losgelöstheit, die bekannte These von MARX, daß die Praxis das allgemeine Kriterium für die Wahrheit unserer Erkenntnis ist: „Die Frage, ob dem menschlichen Denken gegenständliche Wahrheit zukomme, ist keine Frage der Theorie, sondern eine praktische Frage. In der Praxis muß der Mensch die Wahrheit, d. h. die Wirklichkeit und Macht, die Diesseitigkeit seines Denkens beweisen."[31]

29 A. HEYTING, Die intuitionistische Grundlegung der Mathematik, „Erkenntnis", Bd. 2 (1931), S. 106—107

30 L. E. J. BROUWER, Intuitionism and Formalism, „Philosophy of Mathematics", Selected Readings, New York 1964, p. 64

31 K. MARX, Thesen über Feuerbach, MEW Bd. 3, Berlin 1958, S. 5

Kapitel 5

Das Existenzproblem in der Mathematik

In der Sprache der Mathematik bedeutet der Terminus „Existenz" das Vorhandensein von Objekten, die bestimmte mathematische Eigenschaften besitzen. So spricht man z. B. von der Existenz rationaler Wurzeln einer Gleichung oder von der Existenz eines Dreiecks, das einem gegebenen ähnlich ist. Wenn die Aufgabe gestellt ist, ein mathematisches Objekt zu bestimmen oder seine Existenz zu beweisen, verwendet man sogenannte Existenzbeweise, und zwar entweder 1. effektive, d. h. solche, die die tatsächliche Berechnung oder Konstruktion des entsprechenden Objekts gewährleisten, oder aber 2. nichteffektive, d. h. solche, die die Existenz des Objekts beweisen, aber kein konkretes Verfahren zu seiner Konstruktion angeben.

Dieses rein mathematische Herangehen an das Existenzproblem steht in engem Zusammenhang mit dem allgemeineren Problem des Wesens des Abstrakten in der Mathematik. Die Frage, was unter mathematischen Objekten zu verstehen ist, war in den letzten Jahrzehnten Gegenstand lebhafter Diskussionen. Die Platonisten betrachten die Verwendung von Universalien oder abstrakten Objekten in der Wissenschaft als völlig legal, die Nominalisten hingegen lehnen dieses Herangehen ab, weil sie lediglich konkrete Objekte als existent betrachten.

Die Tendenz zu einer nominalistischen Interpretation der Sätze der Mathematik, die bemüht ist, ohne die Verwendung abstrakter Objekte auszukommen, wirft erneut das alte philosophische Problem des Verhältnisses von Einzelnem und Allgemeinem, von Abstraktem und Konkretem auf, das bereits in der mittelalterlichen Philosophie scharfe Auseinandersetzungen zwischen Nominalisten und Realisten (Platonisten) ausgelöst hatte. Zwar unterscheidet sich der heutige Nominalismus wesentlich von dem des Mittelalters, aber es gibt auch Gemeinsames zwischen ihnen. Das macht deutlich, daß das Existenzproblem in der Mathematik einen tiefen philosophischen Sinn besitzt. GOODSTEIN bemerkt völlig zu Recht, daß die Frage nach der Natur der mathematischen Objekte wie in den vergangenen Jahrhunderten die zentrale Frage in der Grundlagenforschung der Mathematik bleibe.[1]

[1] R. L. GOODSTEIN, On the Nature of Mathematical Systems „Dialectica", 1958, vol. 12 (3/4), p. 296

Einige der Fragen, die mit dem Existenzproblem zusammenhängen, haben wir bereits im ersten Kapitel berührt, als wir die Besonderheiten der mathematischen Abstraktion betrachteten. In diesem Kapitel versuchen wir nun, den Unterschied zwischen dem nominalistischen und dem platonistischen Herangehen an das Problem der Existenz abstrakter Objekte zu klären und zu zeigen, wie das jeweilige Herangehen auf die Grundlagenproblematik der Mathematik einwirkt. Damit befassen sich die ersten beiden Paragraphen. In den weiteren Paragraphen erörtern wir die Existenzkriterien, die von den modernen Schulen in der Grundlegung der Mathematik aufgestellt worden sind. Zum Schluß stellen wir den dialektisch-materialistischen Ansatz der Lösung dieses Problems dar.

1. Das platonistische Herangehen an das Problem der Existenz mathematischer Objekte und sein Einfluß auf den Aufbau der Theorie

Wie wir bereits gesehen haben, hat es die Mathematik nicht unmittelbar mit den physikalischen Objekten der uns umgebenden Welt zu tun. Sie abstrahiert von ihren quantitativen Besonderheiten und schafft damit abstrakte Objekte, Schemata und Modelle, mit deren Hilfe es nunmehr möglich ist, reale Objekte zu untersuchen. Ein abstraktes Objekt widerspiegelt lediglich einige wesentliche Eigenschaften der realen Objekte. In der Mathematik war seit Beginn ihres Entstehens klar, daß die Eigenschaften der mathematischen Objekte in der Natur nicht dergestalt existieren, wie sie in der Mathematik beschrieben werden. Wir können in unserer Erfahrungswelt z. B. weder geometrische Punkte noch Geraden oder Ebenen beobachten. Die Eigenschaften realer Gegenstände unterscheiden sich stets bedeutend von den Eigenschaften, die die Mathematik untersucht. Diese Divergenz zwischen den abstrakten Objekten der Mathematik und den Gegenständen der realen Welt oder — wie BETH es ausdrückt — zwischen den Wahrheiten der Mathematik und dem, worauf sich diese Wahrheiten beziehen, war der wichtigste Grund, der die Wissenschaftler veranlaßte, sich mit der Untersuchung der Natur mathematischer Objekte zu befassen.[2]

Einer der ersten Versuche, dieses Problem zu lösen, war der Versuch PLATONS, die mathematischen Objekte als in einer besonderen Welt der Ideen existierend darzustellen. PLATON nahm an, daß — da jede Eigenschaft einem bestimmten Objekt zukommen muß, die mathematischen Eigenschaften aber den Gegenständen der uns umgebenden Welt fehlen — diese besonderen idealen oder absoluten Objekten zukommen müssen, die er selbst Ideen nannte und die später die Bezeichnung „Universalien" erhielten.[3] Diese idealen Wesenheiten unterscheiden

[2] E. W. BETH, The Foundations of Mathematics, a. a. O., p. 639

[3] Historisch wurde der Universalienstreit durch PORPHYRIOS ausgelöst. Dieser, ein Neuplatoniker, hatte zur Kategorienlehre des ARISTOTELES eine Einführung („Isagoge") geschrieben, in der er die Frage nach der Natur der „Prädikablien": eidos, genos, diaphora, idion, symbebekos aufwarf, obwohl sich ARISTOTELES selbst dazu klar ausgesprochen hatte. Die „Isagoge" wurde von BOETHIUS ins Lateinische übersetzt, der die Prädikabilien entsprechend mit species, genus,

sich prinzipiell von den sinnlich wahrnehmbaren Dingen: letztere sind veränderlich und vergänglich, erstere hingegen ewig und unveränderlich. Sie gehen den Dingen voraus, und die Dinge sind nur unvollkommene Vergegenständlichungen der Ideen. Und obwohl der Mathematiker in seinen Schlüssen sinnlich wahrnehmbare Figuren anwendet, so beziehen sich die von ihm bewiesenen Wahrheiten, betont PLATON, auf die Ideen und nicht auf die sinnlich wahrnehmbaren Dinge. Daß die mathematischen Objekte in der Welt der sinnlichen Erfahrung nicht existieren, versucht PLATON dadurch zu erklären, daß sie zur übersinnlichen Welt der Ideen gehören.

Auch die unsterbliche Seele des Menschen gehörte, bis sie in einen unsterblichen Körper einging, in diese Welt der Ideen. Da sie während dieser Zeit die Ideen in reiner Form „geschaut" hat, ist es offensichtlich möglich, dieses in der Welt der Ideen „erschaute" Wissen wieder bewußtzumachen, indem sie sich daran erinnert. Damit erklärt sich, daß die mathematische Erkenntnis nach Ansicht PLATONs einen apriorischen, vor der Erfahrung liegenden Charakter hat. Wenn hier von Erfahrung die Rede sein kann, dann beschränkt sich deren Rolle darauf, sorgfältig gewählte Fragen zu stellen, die den Anstoß für die „Erkenntnis" geben, d. h., PLATON reduziert den Erkenntnisprozeß auf die Erinnerung an das, was die Seele in der übersinnlichen Welt der Ideen geschaut hat.

Am deutlichsten ist diese Konzeption in dem Dialog „MENON" dargestellt, wo PLATON (in der Person SOKRATES') den Gedanken zum Ausdruck bringt, daß ein junger Sklave, der niemals Geometrie gelernt hat, geometrische Wahrheiten finden kann, z. B. den Satz, daß der Flächeninhalt eines Quadrates, das über der Diagonalen eines gegebenen Quadrates errichtet wird, doppelt so groß ist wie der Flächeninhalt des gegebenen Quadrates. In dem Dialog mit MENON behauptet SOKRATES, daß in einem Menschen, der etwas nicht weiß, dennoch wahre Vorstellungen von dem sind, was er nicht weiß. Der Deutlichkeit halber führen wir einen Teil des Dialoges vollständig an:

SOKRATES: Also auch in dem, welcher nicht weiß, sind doch richtige Vorstellungen von dem, was er nicht weiß?
MENON: Augenscheinlich.
SOKRATES: Und jetzt sind ihm wohl diese Vorstellungen wie ein Traum wieder aufgezeigt worden. Und wenn ihn jemand öfters und in verschiedener Weise über dasselbe befragen würde, so glaubst du gewiß, daß er zuletzt diese Dinge nicht minder genau erkennen werde als irgend jemand.

differentia, proprium, accidens bezeichnete. Der Begriff „universale" taucht in diesem Zusammenhang als Übersetzung des aristotelischen „katholon" (gemeinsame Bezeichnung für das objektiv und im Einzelnen existierende Allgemeine, d. h. eidon und genos) auf. Bei PLATON dagegen existiert das Allgemeine in Gestalt besonderer „ousiai katholon", d. h. als allgemeine Wesenheiten. (Anm. d. Hrsg.)

MENON: Ohne Zweifel.

SOKRATES: Und nicht wahr, er wird sie erkennen, wenn ihn auch niemand lehrt, sondern nur fragt, indem er die Erkenntnis ganz aus sich selbst wieder gewinnt?

MENON: Ja.

SOKRATES: Und dieses Wiedergewinnen einer Erkenntnis in sich selbst, ist das nicht ein Sich-wieder-erinnern?

MENON: Allerdings.

SOKRATES: Die Erkenntnis, die dieser jetzt besitzt, hat er doch entweder einmal bekommen, oder er hat sie immer gehabt?

MENON: Ja.

SOKRATES: Und nicht wahr, wenn er sie immer besaß, so war er auch immer ein Erkennender, wenn er sie aber einmal bekommen hat, hat er sie doch wohl nicht erst im jetzigen Leben bekommen?[4]

Mit der Verlegung der abstrakten Objekte der Mathematik in eine besondere Welt idealer Wesenheiten wird nur die Illusion geschaffen, das Existenzproblem der Mathematik sei gelöst. Der von PLATON unternommene Versuch kann bestenfalls erklären, warum die mathematischen Objekte in der realen Welt nicht vorhanden sind. Er erweist sich jedoch als völlig hilflos, wenn es darum geht, zu erklären, warum sich die Mathematik auf die reale Welt anwenden läßt. Auf noch größere Schwierigkeiten stößt dieses Herangehen, wenn es zu erklären gilt, warum eine auf Erinnerung gestützte Erkenntnis sich als wirksamer erweist als die auf reale Tatsachen gestützte Erkenntnis. Es ist daher völlig verständlich, wenn der Platonismus in dieser naiven Form von niemandem mehr vertreten wird.

Auch die Konzeption der Fortsetzer der Linie PLATONs in der mittelalterlichen Philosophie — der sogenannten Realisten — kann die heutigen Vertreter des Platonismus nicht befriedigen. Die konsequentesten Realisten nahmen an, daß nur dem Allgemeinen, dem Universellen wahrhafte Existenz zukomme, das Individuelle jedoch nur insofern „real" sei, als in ihm das Allgemeine zum Ausdruck komme.[5] Neben diesem extremen Realismus, der die Linie PLATONs fortsetzt und daher auch platonischer Realismus genannt wird, gab es in der Scholastik eine gemäßigtere Variante des Realismus, die zwar nicht die Existenz der Universalien *vor* den Dingen behauptete, sondern die Universalien als real *in* den Dingen existierend betrachtete, wobei sie jedoch den Universalien ebenfalls einen höheren Grad von Existenz zuschrieb und in ihnen das Bestimmende gegenüber dem Individuellen sah.[6] Die Nominalisten dagegen leugneten die besondere Existenz der Universalien überhaupt und sahen in ihnen nur Namen für das Allgemeine in

4 PLATON, Menon. „Sämtliche Werke", I. Band, Köln und Olten 1967, S. 436

5 Dieser Standpunkt wurde durch die Formel „universalia sunt realia ante res" ausgedrückt. Das erklärt auch den Namen „Realismus". (Anm. d. Hrsg.)

6 „Universalia sunt realia in rebus" (Anm. d. Hrsg.)

den Einzeldingen. Dem Nominalismus näher als dem Realismus steht eine dritte Auffassung, der sogenannte Konzeptionalismus, dessen Vertreter in der Regel die Existenz der Universalien nur im Bewußtsein anerkannten und annahmen, daß sie durch eine besondere Tätigkeit der Vernunft hervorgebracht werden.[7]

Diese drei Standpunkte bezüglich des Universalienstreites (Realismus, Konzeptionalismus und Nominalismus) kann man in allen folgenden Diskussionen über die Natur der Allgemeinbegriffe feststellen, auch wenn sie im Laufe der Zeit variieren und jeweils einer von ihnen dominiert. Auch die modernen Diskussionen über die Natur der abstrakten Objekte greifen, wenn auch auf neuer Grundlage, den alten Streit auf, was als existent zu betrachten sei: das Einzelne, Konkrete oder das Allgemeine, Abstrakte.

Die objektiv-idealistische Interpretation der abstrakten Objekte der Mathematik, die den Ideen PLATONS und dem mittelalterlichen Realismus nahesteht, fand im Zusammenhang mit der mengentheoretischen Grundlegung der Mathematik Verbreitung. Sowohl BOLZANO, der einige wichtige Gedanken der Mengentheorie formulierte, als auch CANTOR bezogen sich in ihrer philosophischen Argumentation des öfteren nicht nur auf PLATON selbst, sondern auch auf die Lehren der Kirchenväter. So beruft sich BOLZANO, um zu beweisen, daß es ein Unendliches auch auf dem Gebiet der Wirklichkeit selbst gibt, auf das Beispiel der Existenz Gottes.[8] Nach CANTOR existiert das aktuale Unendliche, „*erstens* sofern es in der höchsten Vollkommenheit, im völlig unabhängigen außerweltlichen Sein, *in Deo* realisiert ist, wo ich es *Absolut-unendliches* oder kurzweg *Absolutes* nenne".[9]

Zweitens existiert es, sofern es in der abhängigen, kreatürlichen Welt vertreten ist; und drittens, sofern es als mathematische Größe, Zahl oder Ordnungstypus vom

[7] „Universalia sunt nomina post res" war der Standpunkt der Nominalisten, von dieser Formel leitet sich auch die Bezeichnung ab. Auch hier gab es noch Schattierungen: Der frühere Nominalismus sah in den nomina nur gesprochene Worte, die an sich nichts bedeuten, während der spätere Nominalismus die nomina als Konzepte oder Termini mit Bedeutungsinhalten verstand, die im Denken an die Stelle konkreter Dinge treten. Hier nähert sich der Nominalismus dem Konzeptualismus (Terminismus). Die Geschichtsschreibung der Logik ist sich bis heute nicht einig, ob z. B. OCCAM als Nominalist oder als Konzeptualist (Terminist) zu betrachten ist. Nach Ansicht der Konzeptualisten schafft die conceptio rationis die Universalien. Hier stimmen z. B. ABAELARD und OCCAM, die beide als Konzeptualisten bezeichnet werden, überein; ABAELARD erkennt aber im Gegensatz zu OCCAM auch die Existenz der Universalien in rebus und sogar ante res (in mentis dei) an. Die Bezeichnung „Konzeptualismus" ist also nicht eindeutig. Häufig besteht daher in der philosophischen Literatur die Tendenz, den Konzeptualismus als eine Variante des Nominalismus zu betrachten. Vgl. zu dem Ganzen z. B. G. KLAUS/M. BUHR, Philosophisches Wörterbuch, Stichworte Konzeptualismus, Nominalismus, Realismus, Universalienstreit. (Anm. d. Hrsg.)

[8] B. BOLZANO, Paradoxien des Unendlichen, Leipzig 1921, § 25, S. 35—36

[9] G. CANTOR, Mitteilungen zur Lehre vom Transfiniten, „Gesammelte Abhandlungen ...", a. a. O., S. 378

Denken *in abstracto* aufgefaßt werden kann. Dieses aktuale Unendliche nennt CANTOR „Transfinitum“ und setzt es dem Absoluten streng entgegen. Die Analogie zwischen der Ideenwelt PLATONS, in der die abstrakten Objekte der Mathematik existieren, und dem unabhängigen, außerweltlichen Sinn des Absolut-Unendlichen CANTORS ist leicht festzustellen. Es geht hierbei jedoch nicht nur um gemeinsame philosophische Voraussetzungen oder ein Zusammenfallen der Terminologie. Die platonistische Betrachtungsweise abstrakter Objekte wie Mengen (Zahlen, Funktionen, Figuren u. dgl.) ist implizit auch in der von CANTOR gegebenen Mengendefinition selbst enthalten. „Unter einer ‚Menge‘ verstehen wir jede Zusammenfassung M von bestimmten wohlunterschiedenen Objekten in unserer Anschauung oder unseres Denkens (welche die ‚Elemente‘ von M genannt werden) zu einem Ganzen“, schreibt CANTOR.[10]

Der wesentliche Punkt dieser Definition ist, daß eine Menge von Elementen stets als etwas Einheitliches und Ganzes betrachtet werden muß. Die CANTORsche Mengendefinition basiert, wie man leicht sieht, auf zwei intuitiven Prinzipien. Das erste wird Extensionalitätsprinzip genannt (zwei Mengen sind identisch dann und nur dann, wenn sie dieselben Elemente enthalten). Dieses rein extensionalistische Herangehen an Mengen kann auch vom nominalistischen Standpunkt aus gedeutet werden, und zwar kann man eine Menge nicht als besonderes abstraktes Objekt auffassen, sondern einfach als einen Terminus betrachten, der verschiedene konkrete Objekte bezeichnet. In diesem Fall sind nur die konkreten Objekte von Bedeutung.

Man versteht jedoch unschwer, daß dieses Verfahren, eine Menge durch ihren Umfang, d. h. durch Aufzählung ihrer Elemente anzugeben, nur von beschränkter Anwendbarkeit ist. Die Elemente einer unendlichen Menge aufzuzählen ist ohnehin prinzipiell unmöglich. Aber wir haben es oft auch mit endlichen Mengen zu tun, deren Elemente wir praktisch nicht aufzählen können. Niemand kann offensichtlich alle Bewohner der Erde aufzählen, obwohl ihnen etwas Gemeinsames zukommt, was uns das Recht gibt, sie als eine bestimmte Menge (Bevölkerung der Erde) aufzufassen. Aus diesem Grunde gibt man in der Mengentheorie eine Menge gewöhnlich inhaltlich an, d. h. durch das charakteristische Gemeinsame, die charakteristische Eigenschaft, die den Elementen gemeinsam ist.

Dabei wird stillschweigend vorausgesetzt, daß das folgende intuitive Abstraktionsprinzip verwendet wird: Wenn der Ausdruck $P(x)$ eine gewisse Eigenschaft ausdrückt, dann gibt es eine Menge M derart, daß jedes Element zu M gehört, wenn es, an die Stelle der Variablen x in den Ausdruck $P(x)$ gesetzt, diesen in eine wahre Aussage verwandelt.[11] P bezeichne z. B. die Eigenschaft „eine

[10] G. CANTOR, Beiträge zur Begründung der transfiniten Mengenlehre, „Gesammelte Abhandlungen ...“, a. a. O., S. 282

[11] Vgl. dazu ausführlicher z. B. R. STOLL, Set Theory and Logik, San Francisco—London 1963, p. 7

Primzahl sein". Dann entspricht dem Ausdruck $P(x)$ die Menge aller Primzahlen: Jede Primzahl, die an die Stelle von x in $P(x)$ eingesetzt wird, verwandelt diesen Ausdruck in eine wahre Aussage. Man sieht darum leicht ein, daß die Definition einer Menge über das charakteristische Gemeinsame mit der Einführung abstrakter Objekte einhergeht. Da hier jeder Eigenschaft eine gewisse Menge entspricht, und zwar die Menge der Dinge, die über diese Eigenschaft verfügen, tritt die Menge selbst als ein abstraktes und nicht als ein konkretes Objekt auf. So entspricht der Eigenschaft „eine Primzahl sein" die Menge aller Primzahlen, die offensichtlich ein abstraktes und kein konkretes Objekt ist.

In der „naiven" oder intuitiven Mengentheorie wird dieses Abstraktionsprinzip nicht explizit formuliert, wenn es auch vorausgesetzt wird. In axiomatisch aufgebauten Theorien der Mengenlehre muß es jedoch explizit formuliert werden. Es ist üblich, dieses Prinzip durch das (die) Komprehensionsaxiom(e) auszudrücken, dessen (deren) Wesen auf die beiden folgenden Grundaussagen zurückgeführt werden kann: 1. beliebige (mathematische) Objekte, die über eine gemeinsame Eigenschaft verfügen, bilden eine Menge, deren Elemente eben diese Objekte sind; 2. jede Menge kann wiederum als mathematisches Objekt betrachtet werden, welches seinerseits wieder Element einer anderen Menge sein kann.

So sind z. B. Kreis, Ellipse, Hyperbel, Parabel jeweils bestimmte Punktmengen, diese wiederum kann man als Element der Menge der Kegelschnitte betrachten.

Im ersten Fall treten einzelne mathematische Objekte als Elemente einer gewissen Gesamtheit, der Menge auf; im zweiten Fall wird diese Menge selbst als ein einheitliches neues Objekt betrachtet, als Element einer Menge. Eine solche Umwandlung einer Menge in eine Einheit nennt H. HERMES Prinzip der „Kompression". Platonistische Züge sind hier nicht nur darin zu finden, daß die Existenz der Menge vor ihrer faktischen Konstruktion (durch das charakteristische Gemeinsame) postuliert wird, sondern auch in der Möglichkeit, die gewonnene Menge als eine Einheit oder ideale Wesenheit zu betrachten. Es wird also neben den konkreten Gegenständen, die die Elemente der Menge bilden, noch der Menge selbst, also einem abstrakten Objekt, ein gewisser idealer Gegenstand zugeordnet. Eine solche Betrachtungsweise der Mengen ist nicht nur für CANTOR und DEDEKIND, sondern auch für FREGE und RUSSELL charakteristisch. RUSSELL hat nicht zufällig in der ersten Zeit seiner philosophischen Entwicklung Ideen PLATONS vertreten, insbesondere die Idee von einer besonderen Welt der Universalien, der die idealen Objekte der Mathematik angehören. Die Entdeckung der Mengenantinomien hat gezeigt, daß eben dieses Komprehensionsprinzip und das eng damit zusammenhängende platonistische Herangehen die Achillesferse der sogenannten „naiven" CANTORschen Mengentheorie ist. So beruht z. B. die bekannte RUSSELLsche Antinomie von der Menge aller Mengen, die sich nicht selbst als Element enthalten, auf diesem Prinzip. Viele Mathematiker verzichteten daher nach der Entdeckung der Antinomien entweder völlig auf die platonistische Betrachtungsweise der Mengen und mathematischer Objekte überhaupt, oder aber sie waren bemüht, das Komprehensionsprinzip bedeutend zu modifizieren. So verbietet es RUSSELL in seiner Typentheorie, Mengen als Elemente von Mengen desselben Typs zu betrachten und vermeidet damit seine Antinomie.[12]

In den letzten Jahren erhob sich die Diskussion über das Universalienproblem im Zusammenhang mit der Entwicklung der logischen Semantik erneut. Die Semantik betrachtet bekanntlich die Ausdrücke von Sprachen, darunter auch der symbolischen Sprache der Mathematik, in Verbindung mit den Objekten, die sie bezeichnen (den Designaten der Ausdrücke). Im Falle singulärer Termini ist die Sachlage einfach: die Termini nennen oder bezeichnen einzelne konkrete Gegenstände. So bezieht sich z. B. der Name „Cäsar" auf eine wirkliche historische Person. Schwieriger ist es mit generellen Termini. Bezeichnen sie irgendwelche Objekte, und seien es auch nur abstrakte oder ideale? Was bezeichnet z. B. die Eigenschaft „Röte", was wird durch „Zahl sein", „Funktion sein" bezeichnet? Mit anderen Worten: kann man abstrakten Objekten eine, wenn auch nur ideale Existenz zuschreiben? „Die Mathematiker", bemerkt A. N. KOLMOGOROV, „haben sich daran gewöhnt, mit Zahlen, Funktionen und Mengen umzugehen, als ob es Dinge der realen Welt wären, die in jeder Hinsicht den materiellen ähnlich sind."[13] Diese unkritische Verwendung mathematischer Objekte — so sagen die Nominalisten — ist Platonismus. Dennoch ist nicht nur eine solch abstrakte Wissenschaft wie die Mathematik ohne abstrakte Objekte unmöglich, sondern auch die Naturwissenschaft. Auf welche Weise läßt sich die Existenz abstrakter Objekte in der Mathematik begründen?

Die Positivisten, die die Frage nach der Außenwelt für ein Scheinproblem halten, versuchen die Frage der Existenz abstrakter Objekte auf das Problem der Auswahl einer bestimmten Sprache zu reduzieren. In dieser Hinsicht ist die Position CARNAPS, wie er sie z. B. in dem Artikel „Empirism, Semantics and Ontology"[14] dargelegt hat, außerordentlich bemerkenswert. Er nimmt an, daß die Frage nach der Existenz abstrakter Objekte nur innerhalb eines bestimmten Sprachsystems Sinn hat. Wenn wir ein Sprachsystem annehmen, in der es Regeln für das Operieren mit natürlichen Zahlen gibt, dann akzeptieren wir damit auch die Existenz eines solchen Objekts wie der Zahl „5" oder einer beliebigen anderen natürlichen Zahl. Wenn man eine Dingsprache annimmt, dann ist es in diesem Sprachsystem sinnvoll, die Frage zu stellen, ob Nixen oder Einhörner existieren. Eine bestimmte Antwort auf diese Frage kann man innerhalb des angewandten Sprachsystems erhalten, z. B. mit Hilfe einer rein empirischen Prozedur. Für eine logisch-

[12] Ausführlicher dazu siehe Kapitel 7

[13] А. Н. Колмогоров, Современные споры о природе математики. „Научное слово", 1929, №. 6, стр. 48

[14] R. CARNAP, Empirism, Sematics and Ontology, „Revue Internationale de Philosophie", 11 (1950)

mathematische Sprache müssen rein logische Methoden herangezogen werden, um die Existenz eines bestimmten Objekts festzustellen.

Die Frage nach der Existenz eines Objekts innerhalb eines bestimmten Sprachsystems nennt CARNAP *interne* Frage, die er prinzipiell von der *externen* Frage abgrenzt, d. h. von der Frage nach der Realität der Dingwelt selbst. Diese Frage ist für die Dingsprache die Frage nach der Realität der Dingwelt, für die mathematische Sprache ist es die Frage nach dem realen Inhalt solcher Objekte wie Zahl, Relation, Funktion usw.

Der Begriff der Existenz kann nach CARNAP auf die Objektsysteme selbst nicht sinnvoll angewandt werden. Für ihn bedeutet „wirklich sein" dasselbe wie „ein Element des Systems sein". Die Frage nach der Realität der Systeme von Dingen oder anderen Objekten hält er für falsch gestellt. „Die Realisten geben eine bejahende Antwort, die subjektiven Idealisten eine negative, und der Widerstreit geht für Jahrhunderte weiter, ohne je gelöst zu werden. Und er kann nicht gelöst werden, weil er in falscher Weise in Worte gefaßt ist."[15] Für einen materialistisch denkenden Menschen ist völlig evident, daß Fruchtbarkeit und Effektivität einer Sprache eine Bestätigung dafür sind, daß diese Sprache gewisse objektive Verhältnisse abbildet, die vor und unabhängig von der Sprache, z. B. der natürlichen Sprache oder einer Dingsprache, existieren. Analog dazu ist die mathematische Sprache ein wichtiges Forschungsinstrument in den Naturwissenschaften und anderen Wissenschaften, weil sie reale Quantitäts- und Raumverhältnisse der objektiven Welt abbildet.

2. Die nominalistische Lösung des Existenzproblems in der Mathematik

Ein nominalistisches Herangehen an die Analyse der mathematischen Sprache wurde zum ersten Mal zu Beginn des 20. Jahrhunderts in den Arbeiten der polnischen Logikerschule (LEŚNIEWSKI, CHWISTEK, KOTARBINSKI, TARSKI u. a.) klar definiert. Bis Ende der 30er Jahre verbreiteten sich jedoch die Ideen der Nominalisten nicht auf andere Länder. Nach der Übersiedlung TARSKIS in die USA (1938) wuchs das Interesse am Nominalismus in Amerika, dann auch in Europa stark an. In der Gegenwart ist das nominalistische Herangehen an die Analyse der mathematischen Sprache verhältnismäßig weit verbreitet.

Obwohl die Nominalisten die Zulässigkeit allgemeiner Termini in der mathematischen Sprache nicht bestreiten, so ist die Deutung, die sie ihnen geben, prinzipiell verschieden von der platonistischen. Während die Platonisten der Ansicht sind, daß es ohne die Annahme von Universalien nicht nur unmöglich wäre, allgemeine Termini zu verstehen, sondern auch, Zusammenhänge zwischen konkreten Objekten festzustellen, betrachten die Nominalisten eine solche Berufung auf abstrakte, außerhalb von Raum und Zeit existierende Objekte als eine völlig unbegründete Rückkehr zu den Ideen PLATONS und der mittelalterlichen Realisten.

[15] R. CARNAP, Bedeutung und Notwendigkeit, Wien—New York 1972, S. 260

Am klarsten sind die Ideen des heutigen Nominalismus in den Artikeln und Büchern der amerikanischen Logiker W. v. O. QUINE und N. GOODMAN dargestellt. In „From a logical Point of View“ betont QUINE, daß für einen Nominalisten zwar rote Häuser, rote Rosen und rote Sonnenuntergänge und andere einzelne Objekte existieren, ein Platonist darüber hinaus jedoch annimmt, daß alle diese Objekte auch etwas Gemeinsames besitzen, das wir mit dem Wort „das Rote“ benennen. Mehr noch, die Existenz von Eigenschaften erscheint dem Platonisten evidenter als die Existenz einzelner Objekte. In Wirklichkeit jedoch, fährt QUINE fort, gibt es kein individuelles oder sonstiges Objekt, das man mit dem Namen „das Rote“ bezeichnen könnte.[16] N. GOODMAN fordert, daß alle in einer Theorie zulässigen Objekte als individuelle gedeutet werden.[17]

Weder QUINE noch die anderen Nominalisten leugnen die Gemeinsamkeit ihrer Ideen mit den Ideen der Nominalisten des Mittelalters. Sie betonen sogar, daß das Problem, um das die Diskussion geht, nunmehr bedeutend klarer geworden ist, da es nunmehr in einer wissenschaftlichen Sprache exakt formuliert werden kann. Gerade die Sprache einer Theorie aber gestattet es, darüber zu urteilen, welche Objekte als Werte von Variablen betrachtet werden können.

In der Sprache der Mathematik haben wir es ständig mit Symbolen zu tun, die Konstanten und Variablen bezeichnen. Ausdrücke, in denen Variablen auftreten, unterscheiden sich wesentlich voneinander in Abhängigkeit davon, *wie* diese Variablen in dem Ausdruck vorkommen. Wir vergleichen die beiden Ausdrücke

(1) „x ist eine Primzahl“ und

(2) „Es gibt eine Primzahl“, die in den Symbolen der mathematischen Logik in folgender Form dargestellt werden kann:

(2′) „$\exists(x)$ (x ist eine Primzahl)“.

Hierbei bezeichnet der Quantor $\exists(x)$ die Existenz; die ganze Formel wird folgendermaßen gelesen:

(2″) „Es gibt ein x derart, daß x eine Primzahl ist“.

Man überzeugt sich leicht von dem Unterschied, der zwischen den Ausdrücken (1) und (2) bzw. (2′), (2″) besteht: der Ausdruck (1) ist keine Aussage, sondern eine Aussagenfunktion, während (2) eine (wahre) Aussage ist. Eine Aussagenfunktion verwandelt sich in eine bestimmte (wahre oder falsche) Aussage, wenn an die Stelle der Variablen eine Konstante[18] gesetzt wird. Wenn wir beispielsweise in (1) an die Stelle von x die Zahl 3 einsetzen, erhalten wir die wahre Aussage

„3 ist eine Primzahl“.

16 W. v. O. QUINE, From a Logical Point of View, Cambridge (Mass.) 1953, p. 10

17 N. GOODMAN, A World of Individuals, „The Problem of Universals“, Notre Dame, Indiana, 1956, p. 17

18 genauer: eine deskriptive Konstante (Anm. d. Hrsg.)

Solche Variablen, die in Aussagenfunktionen vorkommen, werden freie Variable genannt. Wenn sich eine Variable im Wirkungsbereich eines Quantors (wie in (2), (2′), (2″) des Existenzquantors) befindet, heißt sie *gebunden*. Die Einführung eines Quantors verwandelt, wie wir sehen, die Aussagenfunktion „x ist eine Primzahl" in die bestimmte Aussage „Es gibt eine Primzahl": $\exists(x)$ (x ist eine Primzahl).

Die Divergenzen zwischen Nominalisten und Platonisten betreffen eben die Frage, welche Arten von Variablen quantifiziert werden können. Vom nominalistischen Standpunkt aus dürfen nur Individuenvariablen quantifiziert werden, d. h. Variablen, die für konkrete Objekte stehen. Die Verwendung von Variablen für die Bezeichnung von Universalien dagegen ist ein „offener Akt von Platonismus".[19]

Mit anderen Worten: Während für einen Platonisten auch abstrakte Objekte oder Universalien zum Wertebereich von Variablen gehören können (wie Eigenschaften, Zahlen, Funktionen, Klassen), läßt der Nominalist nur die Verwendung konkreter Objekte als Werte von Variablen zu.

Die Nominalisten sind sich selbstverständlich dessen bewußt, daß die klassische Mathematik fast auf jedem Schritt Universalien oder abstrakte Objekte als Werte von Variablen benutzt. Wenn wir — betont QUINE — behaupten, daß es zwischen 5 und 11 eine Primzahl gibt (7), so tritt diese Zahl als ein Universale auf, d. h. als der Name eines Objektes, das dem Ausdruck

$$\exists(x)\ [(x \text{ ist eine Primzahl}) \ \& \ (5 < x < 11)]$$

genügt.

Geht man vom Standpunkt der Typentrennung aus, dann besteht der Unterschied zwischen Nominalisten und Platonisten darin, daß letztere Variable höherer Stufen verwenden, während sich erstere nur auf Variable erster Stufe beschränken. In der Tat verwenden die Platonisten Variable nicht nur für Individuen, sondern auch für Klassen, Klassen von Klassen usw. Eben dies ruft die meisten Einwände von Seiten der Nominalisten hervor, die ihre Gegner beschuldigen, die Entitäten unzulässigerweise zu vermehren.[20] Um diesen Gedanken verständlich zu machen, betrachten wir ein Beispiel aus einem Artikel von N. GOODMAN.[21] Nehmen wir an, uns stünden 5 Ausgangsobjekte zur Verfügung, die Atome genannt werden sollen.

19 W. v. O. QUINE, From a Logical Point of View, a. a. O., p. 75

20 Dieser Ausdruck bezieht sich auf die alte, von OCCAM stammende Devise des Nominalismus „entia non sunt multiplicanda praepter necessitatem" (Wesenheiten sollten nicht ohne Notwendigkeit vervielfältigt werden), denn „frustra fit per plura, quod fieri potest per pauceriora" (es ist eitel, etwas mit mehr zu erreichen, was mit weniger zu erreichen möglich ist). Diese Devise wird in der OCCAMschen Tradition und im heutigen Nominalismus oft als „OCCAM's razor" (OCCAMs Rasiermesser) bezeichnet, weil es dazu dient, „PLATO's beard" (PLATONS Bart) abzuschneiden. (Anm. d. Hrsg.)

21 N. GOODMAN, A World of Individuals, a. a. O., p. 18—19

Aus diesen 5 Elementen kann ein Nominalist verschiedene Gesamtheiten bilden, die Objekte genannt werden. Ihre Gesamtzahl beträgt $2^5 - 1 = 31$. Das zählt man leicht nach, indem man alle Möglichkeiten betrachtet, 1, 2, 3, 4 oder 5 von diesen Atomen zusammenzufassen. Darüber hinaus läßt ein Nominalist nichts zu.

Ein Platonist dagegen verfährt völlig anders. Er betrachtet jede Gesamtheit von Elementen oder Objekten als eine Klasse und erhält so zunächst 31 Klassen (ohne die Nullklasse und ohne die eigentliche Klasse noch einmal zu rechnen). Außerdem kann er aber die Klasse aller vorliegenden Klassen bilden, was ihm zusätzlich mehr als zwei Milliarden (nämlich $2^{31} - 1$) neue Objekte liefert. Wenn man nun die nächsten Klassen von Klassen bildet, ergibt sich eine wahrhaft astronomische Zahl von Objekten, nämlich $2^{(2^{31} - 1)}$. Da die Bildung von immer neuen Klassen durch nichts beschränkt ist, kann der Platonist, mit 5 ursprünglichen Elementen beginnend, eine immer größere Zahl von Objekten bilden. Diese Objekte ergeben sich, wie man sieht, mit Hilfe eines logischen Prozesses, der die Möglichkeit bietet, aus ein und denselben Elementen jede beliebige Zahl von Objekten zu bilden. Der Platonist klettert — bemerkt GOODMAN — auf diese Weise durch ein sich spontan erweiterndes Universum hinauf in die platonischen Gefilde.[22]

In nominalistischen Systemen sind Objekte identisch, wenn sie aus denselben ursprünglichen Elementen bestehen. In platonistischen Systemen kann man immer zwei verschiedene Objekte (Klassen) finden, die aus ein und denselben ursprünglichen Elementen bestehen. Ein Nominalist besteht darauf, daß verschiedene Dinge aus verschiedenen Elementen bestehen müssen. Wenn demnach ein Nominalist beginnt, ein logisch-mathematisches System aus Elementen oder Atomen aufzubauen, läßt er nur verschiedene Konstruktionen von Individuen aus diesen Elementen zu und führt folglich nur Individuenvariablen ein. Ein Platonist dagegen errichtet aus diesen Elementen eine ganze Hierarchie von Klassen und führt dementsprechend Variablen verschiedener Stufen für Klassen, Klassen von Klassen, Klassen von Klassen von Klassen usw. ein.

Bezeichnet man die Ausgangsobjekte eines Systems durch x und die Tatsache ihrer Zugehörigkeit zu einem Objekt y durch Axy und zu einem Objekt z durch Axz, dann kann die Forderung, der ein nominalistisches System genügen muß, in folgender Form symbolisch dargestellt werden:

$$\forall(x)\,[(Axy \leftrightarrow Axz) \supset (y = z)]\,.$$

Ein platonistisches System, das die Bildung verschiedener Objekte aus ein und denselben Objekten zuläßt, erfüllt diese Forderung selbstverständlich nicht. Um Klassen voneinander unterscheiden zu können und vor allem um die Antinomien zu vermeiden, wird es nötig, eine Hierarchie von Klassen einzuführen.

Wenn man versucht, das Wesen der Meinungsverschiedenheiten zwischen Platonisten und Nominalisten in der modernen Mathematik mit wenigen Worten

[22] ebenda, S. 19

auszudrücken, kann man sagen, daß sie in einer verschiedenen Auffassung der Abstraktionsmethoden, die in der Mathematik angewendet werden, bestehen. Die Arbeiten der Nominalisten rufen den Eindruck hervor, daß sie versuchen, die Möglichkeit des Abstrahierens ohne Einführung von abstrakten Objekten zu beweisen.

Obwohl sie die Rechtmäßigkeit der Verwendung von abstrakten Objekten leugnen, sehen viele Nominalisten natürlich ein, daß es unmöglich ist, die Abstraktion vollständig aus der Mathematik auszuschließen. Beispielsweise ist völlig klar, daß die Mathematik ohne die Abstraktion der Identifizierung, die wir im ersten Kapitel besprochen haben, auch nicht einen Schritt tun kann. Es ist daher kein Zufall, daß QUINE die Zulässigkeit dieser Abstraktion anerkennt und sie als für den Nominalismus unschädlich betrachtet. Im strengen Sinne des Wertes darf es eine nominalistische Theorie nur mit individuellen, nicht aber mit abstrakten Objekten zu tun haben. Aus Gründen der praktischen Bequemlichkeit läßt QUINE jedoch eine solche Rekonstruktion einer nominalistischen Theorie zu, die zur Verwendung von Universalien führt. Beispielsweise kann man, anstatt von verschiedenen Gegenständen zu sagen, sie besäßen die gleiche Länge, auch sagen, daß ihre Länge gleich sei. Wir wollen diesen Gedanken etwas ausführlicher erläutern.

Es sei ein gewisser Gegenstand x länger als der Gegenstand y. Diese Tatsache drücken wir symbolisch durch Lxy aus (das Prädikat L drückt die Eigenschaft „in bezug auf die Länge größer sein" aus). Das zwei Gegenstände x und y von gleicher Länge sind, kann man dann folgendermaßen schreiben:

$$(\neg Lxy \mathbin{\&} \neg Lyx) \leftrightarrow (x = y)$$

(wenn der Gegenstand x nicht größer ist als y und y nicht größer ist als x, dann besitzen sie die gleiche Länge). Man stellt leicht fest, daß wir hier eine Abstraktion verwenden, da wir hier zwei verschiedene Gegenstände hinsichtlich einer bestimmten Eigenschaft — ihrer Ausdehnung — identifizieren. Mit anderen Worten: hinsichtlich dieser Eigenschaft betrachten wir die Gegenstände als ununterscheidbar. Die Folge dieses Vorgehens ist die Einführung eines abstrakten Objekts. Aber, betont QUINE, das Universale kommt hier nur im metaphorischen Sinne vor, als Verwendungsweise des Identitätszeichens zur Bezeichnung von etwas, was in Wirklichkeit keine Identität, sondern dieselbe Länge ist.[23]

Es ist jedoch unschwer zu verstehen, daß eine solche nominalistische Deutung abstrakter Objekte nur für Eigenschaften einzelner konkreter Objekte möglich ist (Länge, Temperatur, Farbe usw.). Wir operieren jedoch in der Wissenschaft im allgemeinen und in der Mathematik insbesondere oft auch mit Eigenschaften abstrakter Objekte, was seinen Ausdruck darin findet, daß Abstraktionen von Abstraktionen gebildet werden. Zum Beispiel kann man die Anzahl 3 als Eigenschaft einer gewissen Gesamtheit von Dingen betrachten. Die Zahl 3 wiederum

[23] W. v. O. QUINE, On Universals, „Journal of Symbolic Logic", 1947, vol. 12, Nr. 3, p. 76

verfügt selbst wieder über eine Reihe von mathematischen Eigenschaften (sie ist eine Primzahl, sie ist ein Teiler der Zahl 6 usw.). Auch Primzahlen besitzen wieder eine Reihe von spezifischen Eigenschaften. In gewissen Fällen sieht die Bildung solcher abstrakter Objekte vollkommen natürlich aus. Es ist vollkommen verständlich, daß es oft nicht nur praktisch, sondern auch prinzipiell unmöglich ist, die Eigenschaften solcher abstrakter Objekte auf irgendeine Art und Weise auf Eigenschaften einzelner konkreter Objekte zurückzuführen. Selbst ein solch relativ unkompliziertes abstraktes Objekt wie die Zahl kann man keinem einzelnen konkreten Objekt zuschreiben: sie charakterisiert eine Eigenschaft von Mengen von Dingen.

Dadurch, daß die Nominalisten es ablehnen, abstrakte Objekte anzuerkennen, erhalten die Sätze der klassischen Mathematik und Logik bei ihnen eine andere Deutung. Für die klassische Logik sind Prädikate Namen von Klassen oder von Eigenschaften und Beziehungen; die Nominalisten betrachten sie jedoch nicht als Behauptungen über die Existenz abstrakter Objekte (Klassen), sondern als Schemata oder Diagramme, von denen jedes verschiedene wahre Behauptungen verkörpert. Zum Beispiel deutet QUINE die Formel

$$[\forall(x)\,(F(x) \supset G(x)\ \&\ \exists(x)\,F(x)] \supset \exists(x)\,G(x)$$

als ein Schema, das beliebige wahre Aussagen eines bestimmten Typs von der Art der folgenden ausdrückt:

[∀(x) (x besitzt Masse ⊃ x dehnt sich aus) & ∃(x) (x besitzt Masse)] ⊃ ∃(x) (x dehnt sich aus).[24]

Auch den Symbolen, mit denen wir Aussagen im Aussagenkalkül bezeichnen, schreibt QUINE schematischen Charakter zu. Als echte Variablen treten bei QUINE nur solche Zeichen auf, deren Wertebereich aus individuellen Objekten besteht.

Die nominalistische Rekonstruktion verwandelt die klassische Mathematik in einen rein formalen Kalkül, denn ihre Sätze werden als einfache Schemata betrachtet, nicht aber als Behauptungen über die Existenz mathematischer Objekte. Weil die Nominalisten nur konkrete Objekte als tatsächlich existent anerkennen, verzichten sie nicht nur auf die Abstraktion der aktualen Unendlichkeit, sondern oft auch auf die Abstraktion der potentiellen Unendlichkeit. Damit wird die Konstruktion einer nominalistischen Sprache für den Bestand der klassischen Mathematik bedeutend kompliziert und erschwert, denn die abstrakten Objekte, mit denen die klassische Mathematik operiert, vereinfachen deren Aufbau in bedeutendem Maße. GÖDEL vertritt die Ansicht, daß die Einführung abstrakter Begriffe ebenso legal ist wie die Einführung physikalischer Punkte anstelle konkreter physi-

24 W. v. O. QUINE, From a Logical Point of View, a. a. O., p. 100

kalischer Objekte und daß es ebenso schwerwiegende Gründe dafür gibt.[25] In der Physik vereinfacht das den Aufbau der Theorie in vieler Hinsicht. In noch größerem Maße trifft das auf die Mathematik zu, in der unmittelbar nur mit abstrakten Objekten operiert wird. A. CHURCH betont in seiner Polemik gegen die Nominalisten speziell den Umstand, daß sowohl in der Mathematik als auch in der theoretischen Physik und der Naturwissenschaft überhaupt die Theorie bedeutend vereinfacht werden kann, indem zusätzlich Objekte außer denen, mit denen man es ursprünglich zu tun hat, eingeführt werden. Er hält die Vereinfachung einer Theorie vermittels einer Beschränkung auf individuelle Objekte, wie dies die Nominalisten tun, für falsche Sparsamkeit. Ohne Abstraktion und ohne abstrakte Objekte wäre eine Theorie nach CHURCH ungeheuer kompliziert oder sogar unmöglich.[26]

Das nominalistische Herangehen an die klassische Mathematik ist historisch als Reaktion auf Elemente des Platonismus in der CANTORschen Mengentheorie und im System FREGES entstanden. In der Gegenwart sind verschiedene Theorien der Mengenlehre in axiomatischer Form aufgebaut worden, was die Möglichkeit bietet, die Ausgangsprämissen der Theorie klar zu explizieren und, was das wichtigste ist, die heute bekannten Antinomien zu vermeiden.

Die Bemühungen der modernen Nominalisten sind vor allem auf eine Kritik der platonischen Elemente in den heute vorliegenden Systemen der Mengentheorie gerichtet. In der Tat sind solche Systeme anfangs nach platonistischen Prinzipien aufgebaut worden, so die ersten Systeme von ZERMELO und RUSSELL. Die platonistische Interpretation ist jedoch, wie ein dem Nominalismus so fern stehender Mathematiker wie K. GÖDEL betont, nicht die einzig mögliche.

Außerdem versuchen die Nominalisten, Systeme der Logik und der Grundlegung der Mathematik nach bewußt angewendeten Prinzipien des Nominalismus aufzubauen. Solche Systeme sind bereits in den 20er und 30er Jahren von LEŚNIEWSKI und CHWISTEK aufgebaut worden. Von den neueren Systemen dieser Art sind die „New Foundations for Mathematical Logic" QUINES zu erwähnen, die den Zweck verfolgen, ohne Hinwendung zu abstrakten Objekten, wie Klassen oder Eigenschaften, auszukommen. QUINE ist der Ansicht, daß auch das System der „Principia Mathematica" von RUSSELL und WHITEHEAD implizit auf Universalien Bezug nimmt, was in der Verwendung von Aussagenfunktionen deutlich wird, um Attribute (Eigenschaften und Beziehungen) auszudrücken. Nach QUINES Meinung eliminiert RUSSELLS Methode die Klassen nur durch die Hinwendung zu einem anderen Bereich abstrakter Objekte, dem der sogenannten Aussagenfunktionen.[27]

25 K. GÖDEL, Russells Mathematical Logic, „The Philosophy of Bertrand Russell", Ed. P. A. Schilpp, Evanston—Chicago 1944, p. 137

26 A. CHURCH, Propositions and Sentences, „The Problem of Universals", Notre Dame, Indiana, 1956, p. 9

27 W. v. O. QUINE, From a Logical Point of View, a. a. O., p. 122

3. *Mathematische Existenz und Widerspruchsfreiheit*

Nachdem wir auf den Unterschied zwischen dem nominalistischen und dem platonistischen Herangehen an das Problem der Existenz abstrakter mathematischer Objekte eingegangen sind, halten wir es für wichtig, zu erörtern, in welcher Beziehung diese Richtungen zu den führenden Schulen der Grundlegung der Mathematik — dem Logizismus, dem Intuitionismus und dem Formalismus — stehen.

QUINE versucht, einen Zusammenhang zwischen der platonistischen Tradition in der modernen Mathematik und dem Logizismus und zwischen Konzeptionalismus und Intuitionismus herzustellen. Es gelingt jedoch nicht, den Nominalismus mit einer dieser Schulen zu vereinen.[28] Obwohl der Formalismus auch die besondere Bedeutung finiter Untersuchungsmethoden unterstreicht und solche weitreichenden Abstraktionen der Mathematik wie die aktuale Unendlichkeit als ideale Aussagen betrachtet, kann man das nicht so werten, als würde damit die Zulässigkeit abstrakter Objekte in der Mathematik geleugnet. Selbst unter den Anhängern des Logizismus gibt es unterschiedliche Meinungen bezüglich der Natur der abstrakten Objekte, wenn auch die Zweckmäßigkeit und Fundiertheit ihrer Anwendung in der Mathematik anerkannt werden.

All das zeigt unserer Ansicht nach, daß man die modernen Schulen der Grundlegung der Mathematik nicht unmittelbar mit bestimmten traditionellen Strömungen der Philosophie, insbesondere mit dem Nominalismus, dem Realismus und dem Konzeptionalismus in Verbindung bringen kann. Allerdings darf man auch nicht einen gewissen Zusammenhang und eine bestimmte Verwandtschaft ignorieren, die bei der Auffassung der Universalien zwischen ihnen existieren. Es wäre jedoch ein Fehler, die wesentlichen Unterschiede hierbei zu übersehen. Dieser Umstand wird deutlicher, wenn wir wenigstens kurz die Kriterien der mathematischen Existenz betrachten, die von den modernen Schulen der Begründung der Mathematik aufgestellt werden.

In der Philosophie der Mathematik ist, wie der Mathematiker PAUL BERNAYS schreibt, die These nahezu allgemein anerkannt, daß Existenz im mathematischen Sinne nichts anderes bedeutet als Widerspruchsfreiheit.[29] Dieses formale Kriterium wird, wie wir im vierten Kapitel gesehen haben, nicht selten dem materialen Wahrheitskriterium mit der Begründung gegenübergestellt, letzteres sei in solchen abstrakten Wissenschaften wie Mathematik und Logik nicht anwendbar. Bis zum Ende des vorigen Jahrhunderts blieb das materiale Wahrheitskriterium noch in der Geometrie erhalten, später jedoch, als sich die Mathematiker an die verschiedenen abstrakten geometrischen Systeme gewöhnt hatten, fand das Kriterium

28 ebenda, S. 14—15

29 P. BERNAYS, Mathematische Existenz und Widerspruchsfreiheit, „Etudes de Philosophie de Science en hommage a Ferdinand Conseth", Neûchatel 1950, p. 11

der Widerspruchsfreiheit auch in der Geometrie Verbreitung. Die der CANTORschen Mengentheorie zugrundeliegende Konzeption der abstrakten Unendlichkeit ist untrennbar mit dem Prinzip der Widerspruchsfreiheit verbunden; dieses Prinzip gestattet es, verschiedene Beispiele von Mengen zu konstruieren, deren intuitiver Sinn hin und wieder völlig unklar ist. CANTORS Devise „Das Wesen der Mathematik besteht in ihrer Freiheit" wird nur durch die Forderung eingeschränkt, daß mathematische Konstruktionen widerspruchsfrei sein müssen.

Sehr klar hat H. POINCARÉ den Zusammenhang zwischen der Existenz mathematischer Objekte und ihrer Widerspruchsfreiheit ausgedrückt. Seiner Ansicht nach hat der Verstand die Fähigkeit, Systeme von Symbolen zu konstruieren, und seine Macht wird nur begrenzt durch die Notwendigkeit, Widersprüche zu vermeiden.[30] Er kritisiert J. ST. MILL, weil dieser behauptet, daß wir mit einer Definition implizit auch die Existenz des definierten Objekts behaupten. POINCARÉ hält diese Ansicht für nicht vertretbar; man darf nicht vergessen, schreibt er, „daß das Wort ‚Existenz', wenn es sich um ein mathematisches Objekt handelt, nicht denselben Sinn hat, als wenn ein materieller Gegenstand in Frage kommt. Ein mathematisches Objekt existiert, sobald nur seine Definition weder mit sich selbst noch mit dem vorher schon bewiesenen Sätzen in Widerspruch steht."[31]

Kann man aber das Kriterium der Widerspruchsfreiheit tatsächlich als einziges und endgültiges Kriterium der Existenz mathematischer Objekte betrachten? Manchmal kann man selbst von Mathematikern, die insgesamt auf materialistischen Positionen stehen, hören, daß dieses Kriterium nicht nur eine notwendige, sondern auch eine hinreichende Bedingung der mathematischen Existenz ist. Zur Bestätigung dieser These bezieht man sich dabei gewöhnlich auf die Tatsache, daß man die mathematischen Objekte nicht unmittelbar auf die konkreten Dinge der uns umgebenden Welt beziehen kann und der Mathematiker daher genötigt ist, die Widerspruchsfreiheit einer Theorie festzustellen, um ihre Rechtmäßigkeit zu beweisen.

Selbstverständlich ist die Tatsache unbestreitbar, daß die Existenz eines mathematischen Objekts mit bestimmten Eigenschaften vor allem die Widerspruchsfreiheit dieser Eigenschaften voraussetzt. Wenn man z. B. sagt, daß es eine gerade Primzahl gibt, behauptet man damit, daß die Eigenschaften „Primzahl sein" und „gerade Zahl sein" einander nicht ausschließen: Die Zahl 2 besitzt beide Eigenschaften. Im Gegensatz dazu schließen sich die Eigenschaften „Primzahl sein" und „durch 6 teilbar sein" gegenseitig aus, woraus wir den Schluß ziehen, daß kein Objekt existiert, welches über beide Eigenschaften verfügt.

Derartige Beispiele können auf den ersten Blick den Eindruck hervorrufen, daß sich die mathematische Existenz tatsächlich auf Widerspruchsfreiheit reduziert. Tatsächlich jedoch erhält man damit keine effektive Erklärung, wie P. BERNAYS

30 H. POINCARÉ, Wissenschaft und Hypothese, Leipzig 1906, S. 27

31 ebenda, S. 45

mit Recht feststellt.[32] Anhand der eben angeführten Beispiele zeigt er, daß wir zwar aus einem Widerspruch auf die Nichtexistenz schließen, umgekehrt aber die Widerspruchsfreiheit erschließen, indem wir eine Zahl mit den betreffenden Eigenschaften aufweisen (hier die Zahl 2). Und dieser Fall ist der entscheidende. BERNAYS betont daher, daß in der Mathematik Existenzbehauptungen gewöhnlich nicht aus der Feststellung der Widerspruchsfreiheit folgen, sondern umgekehrt die Widerspruchsfreiheit festgestellt wird, indem ein Modell aufgewiesen wird, d. h., ein gewöhnlicher Existenzbeweis besteht darin, daß die Erfüllbarkeit der Bedingungen gezeigt wird.[33]

Bei der Erörterung des Problems der Widerspruchsfreiheit von Axiomensystemen haben wir im zweiten Kapitel gezeigt, daß ein Widerspruchsfreiheitsbeweis stets relativen Charakter trägt, wenn er dadurch geführt wird, daß für die axiomatische Theorie ein Modell in den Termini und Sätzen einer anderen Theorie konstruiert wird. Gewöhnlich wird dabei vorausgesetzt, daß die zweite Theorie intuitiv klarer ist und vor allem, daß sie besser begründet und unter dem Gesichtspunkt ihrer Anwendung in anderen Zweigen der Mathematik und der Naturwissenschaft überprüft ist. Wie bereits erwähnt, verhielt es sich historisch so mit der Begründung der Existenzberechtigung der nichteuklidischen Geometrien. Nachdem zunächst BELTRAMI und dann auch KLEIN und POINCARÉ Modelle für die LOBAČEVSKIJ-BÓLYAIsche Geometrie angegeben hatten, d. h. ein Modell in den Termini und Sätzen der euklidischen Geometrie, fand die nichteuklidische Geometrie in der mathematischen Welt Anerkennung. Die Widerspruchsfreiheit des Axiomensystems der euklidischen Geometrie wiederum kann, wie wir gesehen haben, dadurch bewiesen werden, daß für sie ein arithmetisches Modell konstruiert wird. Infolge dieser Zurückführung der Widerspruchsfreiheit einer Theorie auf die Widerspruchsfreiheit einer anderen können wir sagen: Wenn die Arithmetik widerspruchsfrei ist, dann ist sowohl die euklidische als auch die nichteuklidische Geometrie widerspruchsfrei. Die Konstruktion eines mengentheoretischen Modells für die Arithmetik ist jedoch mit einer Reihe von Schwierigkeiten verbunden, weil in der Mengentheorie selbst Widersprüche gefunden wurden. Zudem kann eine solche Konstruktion die Frage der Widerspruchsfreiheit der Mengentheorie nicht beseitigen.

Der Versuch, die Arithmetik auf die Logik zurückzuführen, wie er vom Logizismus unternommen wurde, könnte — selbst wenn er völlig gelungen wäre — das Problem nicht lösen, da sich nun wieder die Frage nach der Widerspruchsfreiheit der Logik erhöbe. Es ist klar, daß diese Reduktion der Widerspruchsfreiheit einer Theorie auf die einer anderen nicht unendlich fortgesetzt werden kann. Auf einer bestimmten Etappe müssen wir diese Widerspruchsfreiheit mit anderen Mitteln beweisen oder begründen. Insbesondere müssen wir die Begriffe irgendeiner

32 P. BERNAYS, Mathematische Existenz und Widerspruchsfreiheit, a. a. O., p. 11

33 ebenda, S. 15

Theorie auf die Wirklichkeit beziehen und mit ihr vergleichen. Solche Begriffe sind in erster Linie die Begriffe der Arithmetik der natürlichen Zahlen. Daraus ergibt sich natürlich die Frage, worauf sich unsere Überzeugung gründet, daß der Begriff der natürlichen Zahlen keine willkürlichen Schöpfungen des menschlichen Geistes sind, sondern objektiv existierende quantitative Sachverhalte widerspiegeln? Diese Gesetze zu Schöpfungen unseres Verstandes zu deklarieren, würde nicht nur bedeuten, auf eine wissenschaftliche Erklärung, sondern auch auf das Urteil des gesunden Menschenverstandes zu verzichten. Die einzig richtige Erklärung ist folglich das materialistische Herangehen an die Begriffe und Gesetze der Mathematik, nach welchem diese Begriffe Widerspiegelungen der realen Verhältnisse der wirklichen Welt darstellen. Den Beweis dafür liefert die jahrhundertelange Praxis der Menschheit. Letzten Endes überzeugen wir uns nur durch unsere praktische, mit der Anwendung der Mathematik auf Naturwissenschaft, Technik und Produktion verbundene Tätigkeit davon, daß die Begriffe und Sätze der Mathematik die objektive Welt richtig widerspiegeln.

Nunmehr können wir den folgenden Schluß ziehen: Ein Widerspruchsfreiheitsbeweis, wie er gewöhnlich in der Mathematik geführt wird, erfordert das Vorhandensein eines bestimmten Systems von Objekten, deren Eigenschaften indirekt und vermittelt reale Verhältnisse der uns umgebenden Welt widerspiegeln. Die Konstruktion von Modellen für axiomatische Theorien ist dem Wesen der Sache nach ein indirekter Beweis dafür, daß diese Theorie so oder anders die Wirklichkeit widerspiegelt. Diese Widerspiegelung geht jedoch in der Regel nicht direkt und unmittelbar vor sich, sondern über die Konstruktion verschiedener Systeme von abstrakten Objekten, deren Kompliziertheitsgrad in dem Maße abnimmt, in dem man sich von der Theorie, deren Widerspruchsfreiheit bewiesen wird, entfernt.

In der Tat erscheinen uns die Objekte der euklidischen Geometrie, mit deren Hilfe wir die Geometrie Lobačevskijs interpretieren, intuitiv klarer und gewohnter als die Objekte der nichteuklidischen Geometrie. Die Objekte der Arithmetik, insbesondere der natürlichen Zahlen, sehen wiederum bedeutend einfacher aus als die Objekte der Geometrie Euklids. „In den natürlichen Zahlen", schreibt H. Weyl, „stellt sich das Problem der Erkenntnis in seiner schlichtesten Form."[34] Dieser Umstand war offensichtlich der Stimulus dafür, die ganze reine Mathematik auf die Arithmetik der natürlichen Zahlen zurückzuführen.

Wenn es unmöglich ist, die Widerspruchsfreiheit des Axiomensystems der Arithmetik auf die Widerspruchsfreiheit irgendeiner anderen Theorie zurückzuführen, kann man dann nicht versuchen, hier die Methode des direkten Beweises anzuwenden, um zu demonstrieren, daß wir, ausgehend von den angenommenen Axiomen und unter Verwendung der Regeln der Logik, niemals zu zwei einander widersprechenden Aussagen gelangen können? In der Tat ist dieser Versuch von Hilbert und seiner Schule unternommen worden; wir werden darauf im neunten Kapitel ausführlicher eingehen.

[34] H. Weyl, Philosophie der Mathematik und Naturwissenschaft, a. a. O., S. 27

Das Wesen dieses Versuchs besteht darin, Axiome der Arithmetik und die dazu notwendige Logik in der entsprechenden symbolischen Form darzustellen. Aus diesen Formeln kann man mit Hilfe der mathematischen Logik auf rein mechanischem Wege andere Formeln gewinnen. Der Widerspruchsfreiheitsbeweis besteht in diesem Fall darin, zu zeigen, daß wir im Herleitungsprozeß niemals sowohl eine Formel als auch deren Negation erhalten werden. Zwar gelang es auf diesem Wege, die Widerspruchsfreiheit verhältnismäßig elementarer logisch-mathematischer Systeme zu beweisen, aber der Widerspruchsfreiheitsbeweis für kompliziertere Systeme erfordert stärkere Mittel als die, die das HILBERTsche Programm zuläßt. Das ist jedoch damit verbunden, daß der Bereich der von der Metamathematik untersuchten Prinzipien und Postulate erweitert werden muß.

4. Mathematische Existenz und Konstruktivität

Das Kriterium der Widerspruchsfreiheit ist typisch für die klassische Mathematik. Im vorigen Jahrhundert haben die Mathematiker nicht nur die Berechtigung nichteffektiver Existenzbeweise, die sich auf dieses Kriterium stützen, nicht bestritten, sondern diese sogar außerordentlich geschätzt. Nach der Entdeckung der Antinomien in der Mengenlehre entstanden bei einer Reihe von Mathematikern Zweifel am Wert solcher Beweise, und in der Folgezeit gingen diese Zweifel in offene Kritik über.

Am heftigsten war die Kritik der nichteffektiven Existenzbeweise von seiten der Intuitionisten. Sie stellten ein neues Existenzkriterium auf, nach welchem ein mathematisches Objekt dann und nur dann als existent betrachtet wird, wenn es effektiv konstruiert, d. h. errechnet oder aufgewiesen werden kann. „Nur im Hinblick auf die gelungene Konstruktion, den geführten Beweis, gewinnt eine Existentialbehauptung Sinn", charakterisiert WEYL den Standpunkt BROUWERS.[35] Auch HEYTING schreibt, daß in der Mathematik „existieren" dasselbe zu bedeuten hat wie „konstruiert sein".[36]

Es ist keine Neuerung in der Mathematik, daß die Rolle der Konstruktion und die Notwendigkeit, nicht nur die Existenz eines mathematischen Objektes zu beweisen, sondern auch effektive Methoden zu seiner Konstruktion zu finden, betont werden. Während jedoch die Mathematiker keinen prinzipiellen Unterschied zwischen effektiven und nichteffektiven Existenzbeweisen machten, wurden die Intuitionisten durch die Grundlagenkrise der Mathematik veranlaßt, zu erklären: „An den vielen Existenztheoremen der Mathematik ist jeweils nicht das Theorem das wertvolle, sondern die im Beweis geführte Konstruktion; ohne sie ist der Satz ein leerer Schatten."[37]

Die Intuitionisten beschränken sich nicht darauf, die Zulässigkeit nichteffektiver Existenzbeweise in Abrede zu stellen, sie bestreiten, daß eine reine

[35] ebenda, S. 42

[36] A. HEYTING, Intuitionism. An Introduction, a. a. O., p. 2

[37] H. WEYL, Philosophie der Mathematik und der Naturwissenschaft, a. a. O., S. 42

Existenzbehauptung eine wirkliche Aussage ist, die einen Sachverhalt behauptet. So nimmt z. B. WEYL an, daß das Urteil „es gibt eine gerade Zahl" kein „Urteil im eigentlichen Sinne" ist, sondern nur ein „Urteilsabstrakt", das aus „wirklichen Urteilen" wie „2 ist eine gerade Zahl" gezogen wurde. In letzterem ist nicht von irgendeiner möglichen Zahl die Rede, sondern von einer konkreten, gegebenen Zahl. Dennoch hält WEYL reine Existenzbehauptungen in der Mathematik nicht für völlig wertlos, ihr Wert besteht darin, daß sie uns veranlassen, ein wirkliches Urteil zu suchen. Er vergleicht sie in dieser Hinsicht mit einem Blatt Papier, welches das Vorhandensein eines Schatzes anzeigt, ohne jedoch zu verraten, an welchem Ort. „Das Papier ist wertlos, solange es nicht durch ein solches dahinter stehendes Urteil wie „2 ist eine gerade Zahl" realisiert wird".[38]

Die Mehrheit der Mathematiker akzeptierte dieses Herangehen an die Existenzbehauptungen nicht. Einige rationale Ideen der Intuitionisten erfuhren jedoch eine Weiterentwicklung in den Arbeiten der Vertreter der konstruktiven Richtung, darunter auch in den Forschungen A. A. MARKOVs und seiner Schüler. Wie wir bereits im dritten Kapitel erwähnt haben, verzichten die Konstruktivisten auf die Abstraktion der aktualen Unendlichkeit und betrachten nur konstruktive Objekte als zulässig. Der Begriff des konstruktiven Objekts ist bei ihnen ein Grundbegriff, er wird daher nicht definiert, sondern nur erläutert. Ebenso wie aus einem technischen Baukasten für Kinder verschiedene Spielsachen zusammengesetzt werden können, so bestehen — schreibt A. A. MARKOV — auch die verschiedenen konstruktiven Objekte aus elementaren konstruktiven Figuren.[39] In den Alphabeten der Algorithmentheorie z. B. sind die Buchstaben solche konstruktiven Elemente.

Der Verzicht auf die Abstraktion der aktualen Unendlichkeit findet in der konstruktiven Mathematik seinen markantesten Ausdruck in der Ablehnung der sogenannten reinen Existenztheoreme. In der klassischen Mathematik, die sich auf die Abstraktion der aktualen Unendlichkeit stützt, werden zahlreiche Theoreme bewiesen, in denen die Existenz eines Objektes nur postuliert wird, ohne daß das Objekt selbst konstruiert (aufgewiesen oder errechnet) wird. Wenn wir z. B. in der Differentialrechnung das Theorem beweisen, daß jede stetige Funktion in einem abgeschlossenen Intervall (a, b) mindestens einen Mittelwert annimmt, der zwischen den Grenzen des Intervalls (a, b) liegt, dann gibt uns dieser Beweis noch keine Möglichkeit, diesen Wert zu finden. Der Beweis selbst wird *e contrario* (aus der gegenteiligen Annahme) geführt, d. h., er trägt indirekten Charakter: Wenn wir annahmen, das Theorem sei falsch, gelangen wir zu einem

[38] ebenda, S. 42

[39] Vgl. A. A. MARKOB, О конструктивной математике. „Труды Математического института имени В. А. Стеклова", т. LXYII, стр. 8
Der Vergleich wird dadurch nahegelegt, daß diese Baukästen in der Sowjetunion „конструктор" genannt werden. (Anm. d. Hrsg.)

Widerspruch mit früher bewiesenen Wahrheiten.[40] Analog verhält es sich, wenn in der Algebra bewiesen wird, daß jede algebraische Gleichung wenigstens eine Wurzel (Lösung) hat (Fundamentalsatz der Algebra): Dieser Satz gibt uns nicht die Möglichkeit, diese Lösung zu berechnen. Deshalb werden solche Existenzbeweise nichteffektive oder „reine" Existenzbeweise genannt. Im Gegensatz dazu gibt der Satz, daß die erste Ableitung eines Polynoms vom Grade n jedesmal ein Polynom vom Grade $n - 1$ ist, die Möglichkeit, dieses Polynom (die Ableitung) unmittelbar zu bestimmen. In der Tat, wenn

$$y = f(x) = a_0x^n + a_1x^{n-1} + \cdots + a_{n-1}x + a_n ,$$

dann ist

$$y' = f'(x) = na_0x^{n-1} + (n - 1)\, a_1x^{n-2} + \cdots + a_{n-1} .$$

Ein derartiger mathematischer Beweis liefert das entsprechende Objekt tatsächlich, dessen Existenz ist somit effektiv gesichert.

Bevor die Mathematiker auf die Antinomien der Mengenlehre stießen, äußerten sie keine Zweifel bezüglich „reiner" Existenzbeweise. Später begann eine Reihe von Mathematikern, konstruktive Beweise streng von nichtkonstruktiven zu trennen. Wie Hao Wang bemerkt, entspricht der grundlegende Unterschied zwischen den konstruktiven und den nichtkonstruktiven Methoden im großen und ganzen etwa der Gegenüberstellung von potentieller und aktualer Unendlichkeit.[41]

Vom konstruktiven Standpunkt aus gilt also ein mathematisches Objekt nur dann als existent, wenn es entweder tatsächlich konstruiert werden kann oder doch wenigstens potentiell, d. h. unter der Voraussetzung, daß uns alle dafür erforderlichen Mittel und die Zeit zur Verfügung stünden. Darum spielen die Abstraktion der potentiellen Realisierbarkeit bzw. die Abstraktion der potentiellen Realisierbarkeit bei der konstruktiven Grundlegung der Mathematik eine derart wichtige Rolle.

Es ist leicht zu verstehen, das das Konstruktivitätskriterium eine stärkere Forderung darstellt als das Kriterium der Widerspruchsfreiheit. Es ist daher auch vollkommen verständlich, daß die konstruktive Mathematik mit zahlenmäßig weniger, ihrem Charakter nach aber klarer bestimmten Objekten operiert als die klassische Mathematik.

5. *Der dialektische Materialismus und das Problem der Existenz abstrakter Objekte der Wissenschaft*

In der Erkenntnistheorie des dialektischen Materialismus wird das Problem der Existenz abstrakter Objekte der Wissenschaft im allgemeinen und der Mathematik insbesondere im Lichte der Lehre von der objektiven, relativen und absoluten

40 Vgl. dazu A. Я. Хинчин, Краткий курс математического анализа, Москва 1955, стр. 95

41 Vgl. Hao Wang, Eighty Years of Foundational Studies, „A Survey of Symbolic Logic", Peking 1962, p. 34

Wahrheit und der Dialektik von Abstraktem und Konkretem im theoretischen Denken gelöst.

Das Problem der Existenz mathematischer Objekte ist, wie wir weiter oben gesehen haben, unzertrennbar mit der Existenz der objektiven Wahrheit verbunden, d. h. mit der Anerkennung dessen, daß es im mathematischen Wissen einen Inhalt gibt, der weder vom Menschen noch von der Menschheit abhängt. Die gesamte Entwicklungsgeschichte nicht nur der Mathematik, sondern auch der Naturwissenschaft und der Technik, in denen die Mathematik ihre wichtigsten Anwendungen findet, bestätigen mit aller Deutlichkeit, daß die Axiome, Prinzipien und Theorien der Mathematik objektiven Charakter tragen. Nur deswegen können sie für die Erforschung der realen Welt angewendet werden.

Es genügt jedoch nicht, lediglich die Objektivität der Wahrheit anzuerkennen, um das Existenzproblem in der Mathematik richtig, d. h. wissenschaftlich lösen zu können. Der vormarxistische Materialismus lehnte zwar die idealistischen Behauptungen von den angeborenen Ideen und vom apriorischen Charakter der mathematischen Erkenntnis ab, war aber dennoch nicht in der Lage, den Abstraktionsprozeß in der Mathematik und den Charakter der durch ihn gebildeten Objekte richtig zu verstehen.

Einer der ersten Versuche, das Existenzproblem in der Mathematik zu lösen, war der von ARISTOTELES; er ist am deutlichsten in seiner „Metaphysik" dargestellt. Im Gegensatz zu seinem Lehrer PLATON erkennt ARISTOTELES den objektiven Charakter der mathematischen Objekte an. Er siedelt sie nicht in einer besonderen Ideenwelt an, wie das PLATON getan hat, sondern ist der Ansicht, daß sie in einem besonderen Sinne in der realen Welt existieren. Die Spezifik der mathematischen Existenz aufgeklärt zu haben, ist ein großes Verdienst ARISTOTELES'. Nach ARISTOTELES ist es unmöglich, daß die mathematischen Objekte als besondere Dinge in den sinnlichen enthalten sind. Andererseits ist es auch unmöglich, daß jene Wesen abgesondert von den Sinnendingen existierten: „Überhaupt ergeben sich Folgerungen, die sowohl der Wahrheit wie den üblichen Annahmen widersprechen, wenn man die mathematischen Dinge als irgendwelche abgesonderten Naturen ansieht." In diesem Fall bleiben nur die beiden Möglichkeiten, daß „es entweder überhaupt keine mathematischen Dinge gibt oder daß solche Dinge nur in einem ganz bestimmten Sinne — also nicht schlechthin ‚sind'. Von ‚Sein' sprechen wir ja in vielen Bedeutungen."[42]

Die erste Möglichkeit wird durch die Existenz der Mathematik als Wissenschaft selbst widerlegt, es bleibt also nur die zweite Möglichkeit, nämlich die, daß die Quantitätsverhältnisse und Raumformen der Mathematik den Dingen selbst eigen sind, obwohl sie weder abgesondert in den Dingen noch außer den Dingen existieren. Der Gegenstand der Mathematik bleibt also vollkommen real, obwohl die von ihr untersuchten Objekte nicht in isolierter Gestalt existieren. „Da man

[42] ARISTOTELES, Metaphysik, M 2, 1077a, 1077b

also“, schlußfolgert ARISTOTELES, „Wahres sagt, wenn man schlechthin behauptet, daß es nicht nur Abgesondertes, sondern auch Unabgesondertes gebe (z. B. Bewegtes): so sagt man auch Wahres, wenn man schlechthin behauptet, daß es die mathematischen Dinge gebe — und zwar derartige, wie die Mathematiker behaupten.“[43]

Die mathematischen Objekte werden mit Hilfe der Abstraktion in „reiner“ Form aus unserer Erfahrungswelt herausgehoben. Wir haben im ersten Kapitel eine Stelle aus der „Metaphysik“ ARISTOTELES’ angeführt, in der er unterstreicht, daß die mathematische Abstraktion dadurch gekennzeichnet ist, daß von allen qualitativen Besonderheiten der Gegenstände abgesehen und nur das Quantum und das Zusammenhängende übriggelassen wird.

Die Konzeption ARISTOTELES’ spielte nicht nur für die Mathematik seiner Zeit, sondern auch für deren weitere Entwicklung eine progressive Rolle. So ging z. B. R. DESCARTES, einer der größten Philosophen und Mathematiker der Neuzeit, im großen und ganzen von der Position ARISTOTELES’ und der antiken Wissenschaft aus an das Problem der mathematischen Existenz heran, auch wenn er in einer Reihe philosophischer Fragen zum Idealismus neigte. Er betrachtete die mathematischen Objekte als Resultate der Abstraktion und die Mathematik selbst als die Wissenschaft von Größe und Ordnung. Was die konkrete Begründung der Existenz mathematischer Objekte betrifft, so bezog sich DESCARTES ebenso wie VIETA auf die geometrischen Konstruktionen antiker Autoren.

Die auf ARISTOTELES zurückgehende materialistische Konzeption konnte damit, daß sie die mathematischen Objekte als Ergebnisse der Abstraktionstätigkeit des Denkens auffaßte, erklären, warum die Mathematik bei der Erforschung der Wirklichkeit angewendet werden kann. Aber weder die Abstraktionstheorie ARISTOTELES’ noch die später entstandene J. LOCKES konnte eine Antwort auf die Frage geben, warum wir in der Mathematik solche Begriffe wie die mathematische Unendlichkeit verwenden, obwohl diese keine Korrelate in der Wirklichkeit besitzen. Diese Schwäche der vormarxistischen Abstraktionstheorien erklärt sich damit, daß sie im wesentlichen nur das Absehen von sinnlich wahrnehmbaren Eigenschaften beschreiben und daher bestenfalls dazu geeignet waren, die Erscheinungen zu klassifizieren und zu beschreiben, nicht aber dazu, ihr Wesen aufzudecken.

Es ist daher nicht verwunderlich, daß selbst die französischen Materialisten des 18. Jahrhunderts, die den Idealismus und die Religion scharf angegriffen hatten, bei der Erklärung der mathematischen Abstraktion selbst in Idealismus verfielen. So haben z. B. nach Ansicht HELVETIUS’ die algebraischen Ausdrücke an sich keine wirkliche Bedeutung und sind durch keinen deutlichen Begriff bestimmt.[44]

[43] ebenda, M 3, 1077b

[44] Vgl. C. A. HELVETIUS, Vom Menschen, seinen geistigen Fähigkeiten und seiner Erziehung, Frankfurt a. M. 1972, S. 98—100

Diderot nimmt an, daß „die Welt der Mathematiker" eine „intellektuelle Welt" sei, d. h., die Gegenstände der Mathematik haben nur eine ideelle Existenz.[45]

Diese Auffassung der mathematischen Objekte ist dadurch bedingt, daß die französischen Materialisten das Denken mit dem physischen Empfindungsvermögen und dem Gedächtnis identifizierten und deshalb keine andere Erklärung für die Existenz mathematischer Objekte anerkannten als eine ideale Existenz. Denn wenn die mathematischen Objekte sinnlich nicht wahrnehmbar sind, bedeutet das, daß ihnen in der realen Welt nichts entspricht. Daran sehen wir, daß die französischen Mathematiker bei der Lösung des mathematischen Existenzproblems hinter Aristoteles zurückblieben. Das ist hauptsächlich daraus zu erklären, daß sie durch metaphysische Schranken daran gehindert wurden, das Wechselverhältnis von Sinnlichem und Rationalem in der Erkenntnis richtig zu erfassen und die Dialektik des Erkenntnisprozesses zu sehen.

Die dialektisch-materialistische Erkenntnistheorie reduziert, wie wir im ersten Kapitel gesehen haben, den Abstraktionsprozeß nicht auf das Hervorheben einzelner sinnlich wahrnehmbarer Eigenschaften und das Weglassen anderer; sie unterscheidet sich damit prinzipiell von jeder beliebigen empiristischen Abstraktionstheorie. Für die Erkenntnistheorie des dialektischen Materialismus ist die Abstraktion die Methode, immer tiefer in die wesentlichen Zusammenhänge der Dinge und Erscheinungen einzudringen, und das ist mit lediglich empirischer Kontemplation nicht zu erreichen.

Als Ergebnis des Abstrahierens erhalten wir verschiedene abstrakte Objekte. In der Mathematik sind solche Objekte z. B. Zahlen, Funktionen, Mengen, Räume usw. Abstrakte Objekte sind Widerspiegelungen realer Objekte, aber sie reproduzieren diese nicht in ihrer Gesamtheit und Konkretheit.

Nachdem ein abstraktes Objekt einmal geschaffen ist — und wie wir gesehen haben, sind die grundlegenden Objekte der Mathematik bereits in grauer Vorzeit entstanden —, geht die weitere Entwicklung der Theorie auf rein logischem Wege vor sich. Wenn wir einen gewissen Bestand an abstrakten Objekten besitzen, können wir aus ihnen nach bestimmten Regeln neue Objekte bilden. Auf diese Weise beginnt die Mathematik, anstatt unmittelbar die Wirklichkeit selbst zu erforschen, jenes Schema zu untersuchen, das sich als Ergebnis des Abstrahierens ergibt. Diesen Umstand hat bereits Engels hervorgehoben: Um die Raumformen und Quantitätsverhältnisse der wirklichen Welt „in ihrer Reinheit untersuchen zu können, muß man sie aber vollständig von ihrem Inhalt trennen, diesen als gleichgültig beiseite setzen; so erhält man die Punkte ohne Dimensionen, die Linien ohne Dicke und Breite, die *a* und *b*, die *x* und *y*, die Konstanten und Variablen . . .".[46]

[45] D. Diderot, Gedanken zur Interpretation der Natur, „Philosophische Schriften", Bd. I, S. 419—420

[46] F. Engels, Herrn Eugen Dührings Umwälzung der Wissenschaft, MEW Bd. 20, Berlin 1962,

Dabei kann leicht die Illusion entstehen, als ginge die Entwicklung der Mathematik vollkommen unabhängig von der realen Wirklichkeit und den praktischen Methoden ihrer Aneignung vor sich. Die Idealisten verabsolutieren die relative Selbständigkeit der Entwicklung der Mathematik und stellen die Spezifik der mathematischen Abstraktion verzerrt dar, um dann eine besondere, apriorische Natur der mathematischen Erkenntnis zu behaupten, die angeblich ihre Objekte und ihren Gegenstand selbst schafft. Der gesamte Verlauf der Wissenschaftsentwicklung und der gesellschaftlichen Praxis bestätigt die Falschheit dieser Vorstellung.

In völliger Übereinstimmung mit den Angaben der Wissenschaft betrachtet der dialektische Materialismus die mathematischen Objekte als Abbilder, Fotografien, Kopien realer Quantitätsverhältnisse und Raumformen der uns umgebenden Welt. Damit unterscheidet er sich prinzipiell sowohl vom mittelalterlichen Realismus und modernen Platonismus, die die mathematischen Objekte als besondere ideale Wesenheiten betrachten, als auch vom Nominalismus, der die Existenz abstrakter Objekte leugnet und sie nur als bequeme Ausdrucksweisen betrachtet.

Die Anhänger des Platonismus erkennen, wie wir weiter oben gesehen haben, im Allgemeinen nicht die Widerspiegelung des Einzelnen, sie verabsolutieren das Allgemeine und verwandeln es in eine „besondere Wesenheit". Auf ihn trifft daher jene Charakteristik zu, die W. I. LENIN für den Idealismus überhaupt gegeben hat: „Urwüchsiger Idealismus: das Allgemeine (der Begriff, die Idee) ist ein *besonderes Wesen*. Das scheint barbarisch, ungeheuerlich (besser: kindlich) albern zu sein. Aber sind nicht der moderne Idealismus, Kant, Hegel, die Gottesidee, von der gleichen Art (*völlig* von der gleichen Art)? Die Tische, die Stühle und die Idee des Tisches und des Stuhles; die Welt und die Idee der Welt (Gott) . . ."[47]

Die unbegrenzte Freiheit beim Umgang mit Abstraktionen, auf der die Platonisten bestehen, führte, wie wir gesehen haben, zum Entstehen der nominalistischen Richtung in der Grundlegung der Mathematik. In einer Reihe von Fällen unterziehen die Nominalisten den Platonismus einer berechtigten Kritik. Da sie es aber ablehnen, abstrakte Objekte in Betracht zu ziehen, tragen sie nicht dazu bei, die schwierigen Probleme der Grundlegung der Mathematik zu lösen.

Wenn die Mathematik aufhören würde, sich der Abstraktion als der wichtigsten theoretischen Forschungsmethode zu bedienen, und keine abstrakten Objekte einführen würde, würde sie ihrer Existenz ein Ende machen oder sich im besten Falle auf eine empirische Erfassung der allereinfachsten quantitativen Zusammenhänge reduzieren.

Bevor man dazu übergehen kann, die dialektisch-materialistische Lösung des Problems der Existenz mathematischer Objekte zu besprechen, muß offensichtlich

[47] W. I. LENIN, Philosophische Hefte, Werke Bd. 38, Berlin 1964, S. 352

geklärt werden, in welchem Sinne der Begriff „Existenz“ in der Philosophie im allgemeinen und in der marxistischen Philosophie insbesondere verwendet wird. Es ist klar, daß die Existenz eines Gegenstandes nicht gleichbedeutend mit solchen Eigenschaften wie Farbe, Form, Größe u. dgl. ist. Ein Gegenstand kann seine Größe, Form, Farbe usw. ändern und hört dennoch nicht auf, als ein bestimmtes Objekt zu existieren.

Der Begriff „Existenz“ selbst wird in den verschiedensten Bedeutungen gebraucht. Es kann nicht unsere Aufgabe sein, alle Bedeutungen dieses Terminus zu erörtern.[48] Hier ist es hinreichend, festzustellen, daß er in der philosophischen Literatur hauptsächlich in zwei Bedeutungen gebraucht wird: erstens wird damit die objektive Existenz eines Gegenstandes, d. h. seine Existenz unabhängig vom Bewußtsein ausgedrückt, zweitens wird er auf Erscheinungen angewandt, die als Kopien, Abbilder realer Gegenstände existieren, d. h. auf die Existenz des Subjektiven. Für einen Materialisten ist die objektive Existenz der Dinge das Primäre und Bestimmende. Die Existenz des Subjektiven dagegen ist sekundär und abgeleitet, wie auch das Bewußtsein selbst sekundär ist. Im Gegensatz dazu ist für einen Idealisten das Bewußtsein der Schöpfer der Wirklichkeit.

Diese Gegenüberstellung von Subjektivem und Objektivem ist jedoch nur im Rahmen der Erkenntnistheorie, genauer gesagt, der Grundfrage der Philosophie gerechtfertigt. Sobald wir diese Grenzen verlassen, verliert diese Relation den absoluten Charakter eines Gegensatzes und es tritt eine Reihe von Schwierigkeiten auf, die man z. B. bei der Lösung des Problems der Existenz abstrakter Objekte in der Wissenschaft berücksichtigen muß.

In der Mathematik tritt das Problem der Existenz abstrakter Objekte unter zwei Aspekten auf, die einander ergänzen: erstens die rein theoretische Begründung für die Existenz solcher abstrakter Objekte, die mit Hilfe anderer Objekte konstruiert oder definiert werden können, und zweitens die Existenz der ursprünglichen, der Ausgangsobjekte. Mit anderen Worten: Die Existenz abstrakter Objekte mit höherem Niveau muß mit Hilfe logischer und theoretischer Prozeduren durch die Existenz von Objekten auf einem niedrigeren Abstraktionsniveau begründet werden. Letzten Endes müssen wir über eine Reihe von Zwischenetappen zu den ursprünglichen, den Ausgangsobjekten der Mathematik gelangen. Für die reine Mathematik sind dies die natürlichen Zahlen. Deshalb nimmt die Arithmetik der natürlichen Zahlen in der Mathematik einen besonderen Platz ein.

Die Geschichte der Mathematik zeigt anschaulich, daß neue Zahlenarten nur dann eine Begründung fanden, wenn sie als eine Erweiterung der natürlichen Zahlen auftraten.[49] So können z. B. komplexe Zahlen als Paare von reellen

[48] Vgl. dazu И. С. Нарский, Понятие существования, логический позитивизм и формальная логика. „Философские вопросы современной формальной логики“, Москва 1962

[49] Ein historischer Abriß dessen ist enthalten in
В. Н. Молодший, Основы учения о числе в XУIII и начале XIX века, Москва 1963

Zahlen dargestellt werden. Reelle Zahlen wiederum können als Objekte dargestellt werden, die aus rationalen Zahlen konstruiert sind (z. B. mit Hilfe des DEDEKINDschen Schnitts). Die Begründung der rationalen Zahlen mit Hilfe von Paaren natürlicher Zahlen stellt eine weitaus leichtere Aufgabe dar.

Die Arithmetisierung der Analysis, d. h. die Definition solcher Grundbegriffe wie Grenzwert, Stetigkeit, Ableitung in den Termini der Arithmetik, hatte das Ziel, die Analysis von der Verwendung solcher verschwommener Begriffe wie dem des unendlich Kleinen zu befreien. Sowohl CAUCHY wie auch WEIERSTRASS und DEDEKIND, z. T. auch CANTOR suchten eine feste Grundlage der Analysis in den Begriffen der Arithmetik. FREGE, RUSSELL, WHITEHEAD stellten sich das weitreichendere Ziel, den Begriff der natürlichen Zahl lediglich mit Termini der Logik zu definieren. Wenn auch das Grundlegungsprogramm des Logizismus von der Mehrheit der Mathematiker nicht akzeptiert wurde, wie wir im siebenten Kapitel sehen werden, hat es doch in bedeutendem Maße dazu beigetragen, den logischen Zusammenhang zwischen den verschiedenen Disziplinen und Begriffen der Mathematik zu klären.

Wenn wir uns nunmehr der Geometrie zuwenden, stellen wir ebenfalls fest, daß die Widerspruchsfreiheitsbeweise für geometrische Theorien mit der Modellmethode letzten Endes das Ziel haben, zu der Überzeugung zu gelangen, daß ein arithmetisches Modell einer solche Theorie realisierbar ist. In diesem Falle aber können wir sagen, daß eine geometrische Theorie ebenso widerspruchsfrei ist wie die Arithmetik.

Diese Tatsachen zeigen deutlich, daß die rein logischen und mathematischen Methoden eine wichtige Rolle bei der Begründung der Existenz abstrakter Objekte spielen. Sowohl das Kriterium der Widerspruchsfreiheit, das von den Formalisten als entscheidend betrachtet wird, als auch das Kriterium der Konstruktivität, das von den Intuitionisten zum ersten Male aufgestellt wurde, stellen wichtige Hilfsmittel bei der Grundlegung der Mathematik dar. Ihrem eigenen Wesen nach können diese Kriterien nicht dem Praxiskriterium widersprechen, im Gegenteil, sie ermöglichen es, letzteres in solchen Fällen anzuwenden, wo sich eine unmittelbare Hinwendung zum Experiment und zur Praxis als unmöglich erweist.

Im Zusammenhang mit dem, was wir hier dargelegt haben, scheint uns, daß uns die von CARNAP durchgeführte Unterscheidung zwischen der Existenz von Objekten in einem gegebenen System (oder, wie er es zu nennen vorzieht, in einem sprachlichen Rahmenwerk) und der Existenz des eigentlichen Objektsystems hilft, das Problem besser zu ergründen.[50] Insbesondere betrifft das die Analyse des Existenzproblems in den formalisierten Sprachen der Mathematik und der Logik. In der Tat erfordert in diesen Fällen die Einführung neuer, abstrakter Objekte in das System die Einführung eines allgemeinen Terminus bzw. eines allgemeinen Prädikats, mit dessen Hilfe man die einzelnen Objekte charakterisieren kann. In

[50] R. CARNAP, Bedeutung und Notwendigkeit, a. a. O., S. 255—278

der Arithmetik z. B. müssen wir über den allgemeinen Begriff der natürlichen Zahl verfügen, damit wir von jedem beliebigen Objekt der Arithmetik aussagen können, daß es eine Zahl darstellt. Außerdem müssen wir — das hat QUINE zum ersten Male hervorgehoben — Variablen eines neuen Typs einführen.

Ob ein gewisses Objekt zu einem gegebenen Sprachsystem gehört, kann entweder mit empirischen Verfahren festgestellt werden (das trifft für die natürliche Sprache zu) oder analytisch (was meist in den formalisierten Sprachen der Mathematik und Logik auftritt).

Was jedoch die Realität oder Existenz des Rahmenwerks selbst betrifft, so hält CARNAP das für eine Scheinfrage. Dem kann man selbstverständlich nicht zustimmen. CARNAP selbst bestreitet nicht, daß die Auswahl eines Sprachsystems von dessen Effektivität und Fruchtbarkeit diktiert wird, was aber eine Bestätigung dafür ist, daß eine wissenschaftliche Sprache einige Seiten der realen Wirklichkeit richtig widerspiegelt. In noch stärkerem Maße trifft das für formale und auch inhaltliche Axiomensysteme der Mathematik zu. Für CARNAP sind jedoch Theorie und Praxis unvereinbar. Deshalb lehnt er die Frage nach der Realität theoretischer Systeme als eine Scheinfrage ab. Darin drücken sich die positivistischen Postulate des Wiener Kreises aus, in dem CARNAP als Philosoph geprägt wurde. Bekanntlich hat der Wiener Kreis unter dem Einfluß LUDWIG WITTGENSTEINS der Frage nach Existenz oder Nichtexistenz der Außenwelt jeden Erkenntniswert abgesprochen und sie für Metaphysik erklärt. Indessen ist eine echte Lösung des Problems der Existenz abstrakter Objekte ohne die Lösung dieser philosophischen Kardinalfrage unmöglich.[51]

[51] Ausführlicher dazu siehe
Б. С. Грязнов, О гносеологической природе абстрактных объектов математики. „Философские науки", 1963, №. 5

Zweiter Teil

Die philosophischen Diskussionen um das Problem der Grundlegung der Mathematik

Kapitel 6

Die Grundlagenkrise der Mathematik zu Beginn des 20. Jahrhunderts und das Entstehen neuer Grundlagenschulen

Die Probleme, die wir im ersten Teil erörtert haben, waren im Verlaufe der ganzen Geschichte der Mathematik Gegenstand lebhafter Diskussionen sowohl zwischen Mathematikern als auch unter Philosophen. Während konkrete mathematische Probleme ein für allemal gelöst werden können, besitzen die Probleme der Begründung der Mathematik einen völlig anderen Charakter. Mit der Entwicklung der Mathematik, mit der Entdeckung neuer Ergebnisse und insbesondere mit dem Auftreten von Entwicklungsschwierigkeiten einer Theorie entsteht die Notwendigkeit, das gesamte bisher bekannte Material neu und von neuen Positionen aus zu überdenken. Besonders markant tritt diese Notwendigkeit in Umbruchsperioden der Entwicklung der Mathematik, die von einer Krise der alten Begründungsmethoden begleitet sind, in Erscheinung.

Im vorliegenden Kapitel wollen wir kurz die wichtigsten Merkmale der Grundlagenkrise der Mathematik betrachten, die Ende des 19., Anfang des 20. Jahrhunderts eingetreten ist. Die Suche nach einem Ausweg aus dieser Krise ging nicht nur einher mit scharfen Diskussionen zu prinzipiellen Fragen der Mathematik, sondern führte auch zum Entstehen unterschiedlicher Richtungen der Grundlegung der Mathematik. Eine kurze Charakterisierung dieser Richtungen geben wir in den folgenden Kapiteln. Zunächst beschränken wir uns darauf, die Situation kurz zu charakterisieren, die sich Ende des 19. Jahrhunderts in der Grundlagenforschung der Mathematik herausgebildet hatte. Am bezeichnendsten für diese Situation ist die Entdeckung der ersten Antinomien der Mengenlehre.

1. Die Antinomien der Mengenlehre und Logik

Gegen Ende des 19. Jahrhunderts hatte sich die Mengentheorie Cantors fest als Fundament des gesamten Gebäudes der klassischen Mathematik behauptet. Stellt man sich auf den Boden der Cantorschen Mengenlehre, dann ist, wie H. Weyl sagt, „das gewaltige Bauwerk der Analysis von unerschütterlicher Festigkeit: sicher fundiert, in allen Teilen streng begründet, scharf in den Begriffen und lückenlos in den Beweisen".[1] Jedoch bereits zu Lebzeiten Cantors wurden in der

[1] H. Weyl, Philosophie der Mathematik und der Naturwissenschaft, a. a. O., S. 38

Mengenlehre Antinomien oder Paradoxien entdeckt, deren man nicht, wie CANTOR selbst hoffte, bald wieder Herr wurde, sondern deren Zahl im Gegenteil wie zum Hohn auf die Mathematiker ständig weiter anwuchs. Hinzu kam, daß die ersten Antinomien, darunter auch die von CANTOR selbst festgestellten, lediglich Spezialfragen seiner Theorie betrafen, die folgenden jedoch mit den Fundamentalbegriffen der Theorie zusammenhingen, insbesondere mit der von CANTOR gegebenen Definition des Mengenbegriffs selbst. Um eine möglichst vollständige Vorstellung von diesen Antinomien der Mengenlehre und Logik zu gewinnen, wollen wir die verschiedenen Typen dieser Antinomien etwas ausführlicher betrachten.

Alle bis jetzt bekannten Antinomien kann man nach RAMSEY in zwei Typen einteilen: Zum ersten Typ gehören die Antinomien, die mit der Verwendung mengentheoretischer Begriffe zusammenhängen. Da diese Begriffe rein logisch beschreibbar sind (z. B. in Termini der Klassenlogik), kann man sie auch logische Antinomien nennen. Zum zweiten Typ gehören die logischen (oder epistemologischen) Antinomien, denen wir bereits im vierten Kapitel bei der Behandlung der semantischen Wahrheitsdefinition begegnet sind.

Die ersten Antinomien sind verbunden mit CANTORs Lehre von den transfiniten Kardinal- und Ordinalzahlen.

a) Antinomie der größten Kardinalzahl (CANTORsche Antinomie). Diese Antinomie hat bereits CANTOR selbst 1899 entdeckt, was 1932 nach der Veröffentlichung seines Briefwechsels bekannt wurde.

Wir betrachten die Menge aller Mengen und bezeichnen sie durch M. Die Mächtigkeit oder Kardinalzahl dieser Menge muß größer sein als die Mächtigkeit jeder beliebigen anderen Menge, denn laut Bedingung ist sie ja die Menge aller Mengen, die überhaupt existieren können. Es ist jedoch nach einem Satz von CANTOR die Mächtigkeit (Kardinalzahl) der Menge aller Teilmengen einer beliebigen Menge nicht kleiner als die Kardinalzahl dieser Menge. Bezeichnen wir die Kardinalzahl der von uns angenommenen Menge aller Mengen mit $\overline{\overline{M}}$ und die Kardinalzahl der Menge aller Teilmengen von M (der Potenzmenge von M) mit $\overline{\overline{\mathfrak{p}(M)}}$, dann haben wir

$$\overline{\overline{M}} \leqq \overline{\overline{\mathfrak{p}(M)}} .$$

Das aber widerspricht der Bedingung, daß die Menge aller Mengen die größte Kardinalzahl besitzt.

b) Die BURALI-FORTIsche Antinomie, veröffentlicht im Jahre 1897, bezieht sich auf die transfiniten Ordinalzahlen.[2] Wie aus dem dritten Kapitel bekannt ist, wird „Ordinalzahl" der Ordnungstyp einer wohlgeordneten Menge genannt. Nach

[2] Diese Antinomie war bereits CANTOR bekannt, der sie schon 1895 entdeckt und 1896 HILBERT mitgeteilt hat. Sie wird daher oft auch als Erste CANTORsche Antinomie bezeichnet. (Anm. d. Hrsg.)

CANTORS Mengenlehre ist die Menge aller Ordinalzahlen selbst eine wohlgeordnete Menge und ist folglich durch eine Ordinalzahl charakterisiert. Betrachten wir nun die wohlgeordnete Menge aller Ordinalzahlen. Die Ordinalzahl einer Menge sei ω. Nehmen wir nun die Menge aller Ordinalzahlen einschließlich ω, dann hat diese die Ordinalzahl $(\omega + 1)$. Laut Bedingung muß aber die Ordinalzahl der letzteren Mengen in der Menge aller Ordinalzahlen enthalten sein, sie kann folglich nicht größer als ω sein. Es ergibt sich eine Antinomie.

c) Die RUSSELL-ZERMELOsche Antinomie, die die Menge aller Mengen betrifft, die sich nicht selbst als Element enthalten, haben wir bereits im dritten Kapitel analysiert. Wie RUSSELL selbst sagt, kam er zur Entdeckung seiner Antinomie, indem er die CANTORsche Methode für den Beweis, daß es keine größte Kardinalzahl gibt, auf die Menge aller denkbaren Objekte anwandte.[3] Diese Klasse muß sich selbst als Element enthalten, denn sie ist selbst ein vorstellbares Objekt. Gewöhnlich ist eine Klasse jedoch nicht Element von sich selbst. Die Menschheit z. B. ist kein Mensch, die Gesamtheit der Sterne ist kein Stern.

Wenn wir nun nach der Methode RUSSELLs die Klasse aller der Klassen bilden, die sich nicht selbst als Element enthalten, dann kann man von dieser Klasse nicht ohne Widerspruch sagen, ob sie sich als Element enthält oder nicht. In der Tat: Wenn wir annehmen, daß diese Klasse Element von sich selbst ist, gelangen wir zu einem Widerspruch, denn laut Definition enthält sie nur Klassen, die nicht Element von sich selbst sind. Nehmen wir nun an, die RUSSELLsche Klasse enthalte sich nicht selbst als Element, dann muß sie die Klasse aller der Klassen als Element enthalten, die sich nicht selbst als Element enthalten. Um diesen Schluß exakter darzustellen, drücken wir ihn mit Hilfe logischer Symbole aus. Es sei R die RUSSELLsche Klasse, M eine beliebige Klasse, dann gilt

$$(M \in R) \leftrightarrow \neg (M \in M)\,, \tag{1}$$

d. h., eine Klasse ist ein Element der RUSSELLschen Klasse genau dann, wenn sie sich nicht selbst als Element enthält. Fragen wir nun, ob die RUSSELLsche Klasse selbst eine RUSSELLsche Klasse ist, erhalten wir

$$(R \in R) \leftrightarrow \neg (R \in R)\,, \tag{2}$$

und daraus ergibt sich nach den Gesetzen des Aussagenkalküls sofort ein Widerspruch:

$$(R \in R) \,\&\, \neg (R \in R)\,.$$

Es entsteht eine Antinomie. Dieser Antinomie ist eine ganze Gruppe von Antinomien analog, die sich auch in der Umgangssprache formulieren lassen. Wie bereits erwähnt, hat RUSSELL seine Antinomie der Klasse aller Klassen, die sich nicht selbst als Element enthalten, mit dem Beispiel des Dorfbarbiers populari-

[3] B. RUSSELL, Einführung in die mathematische Philosophie, München 1923, S. 138

siert, der die, aber auch nur die Einwohner seines Dorfes rasiert, die sich nicht selbst rasieren. Auf die Frage, ob er sich selbst rasieren soll, erhält man eine antinomische Antwort. Ebenso widersprüchlich ist der Begriff eines Kataloges aller Kataloge, der keinen Verweis auf sich selbst enthält.[4]

Das Charakteristikum an allen diesen eben angeführten Antinomien besteht darin, daß sie nur mathematische oder logische Termini wie Menge, Klasse, Kardinalzahl, Ordinalzahl usw. enthalten. Folglich erfordert die Behebung dieser Antinomien eine Revision gewisser Prinzipien der Mathematik und der Logik, weswegen sie RUSSELL Antinomien der Logik und Mathematik genannt hat.

Die andere Gruppe von Antinomien wird von den semantischen Antinomien gebildet. Sie hängen mit der Verwendung der Sprache zusammen, und ihre Lösung ist daher nur möglich, indem die vorhandene natürliche Sprache rekonstruiert wird, vor allem dadurch, daß aus ihr alle mehrdeutigen und unbestimmten Ausdrücke beseitigt werden. Ein typisches Beispiel für diese Gruppe von Antinomien ist die Lügner-Antinomie, die wir im vierten Kapitel betrachtet haben. Es würde den Rahmen dieser Arbeit überschreiten, diese Antinomien noch detaillierter zu analysieren.

Die Entdeckung der Antinomien veränderte das Verhältnis der Mathematiker zur CANTORschen Mengenlehre einschneidend. Wurde sie bislang als die endgültige Theorie der Grundlegung der Mathematik betrachtet, so war sie nun heftigen Angriffen ausgesetzt, die sich bald auf bisher allgemein anerkannte Begriffe und Schlußweisen ausdehnten.[5] Unter den Mathematikern entstanden verschiedene Richtungen und Schulen, von denen jede auf ihre Weise beginnt, die Lösung der Grundlegungsprobleme der Mathematik in Angriff zu nehmen und die jeweils unterschiedliche Methoden für die Beseitigung der Antinomien vorschlagen. Diese Meinungsverschiedenheiten mündeten schließlich in einer Grundlagenkrise der Mathematik.

Als erste sprachen die Intuitionisten von dieser Krise, sie traten mit einer heftigen Kritik an der Konzeption der aktualen Unendlichkeit und der CANTORschen Mengenlehre überhaupt hervor. Sie betrachteten die in ihr aufgetretenen Widersprüche als ein Zeichen dafür, daß sich hinter dem glänzenden und festen Bild der Mathematik eine Unsicherheit des Fundaments offenbart, auf dem der ganze Bau ruht.

Im Zusammenhang mit den Antinomien der Mengentheorie wurden die Mathematiker gezwungen, sich eingehend auch mit den philosophischen Fragen ihrer Wissenschaft zu beschäftigen.

A. MOSTOWSKI weist darauf hin, daß die Grundlagendiskussion in der Mengentheorie die Mathematiker zu zwei allgemeinen Fragen hinführte, die die gesamte

[4] Diese und weitere Beispiele dieser Art findet der Leser in S. C. KLEENE, Introduction to Metamathematics, a. a. O., pp. 36—40

[5] Vgl. D. HILBERT, Grundlagen der Geometrie, a. a. O., S. 273

Mathematik betreffen. Die erste von ihnen hängt zusammen mit der Klärung der Natur der in der Mathematik betrachteten Begriffe, d. h. letzten Endes mit der Frage nach dem Forschungsobjekt der Mathematik. Die zweite Frage betrifft das Wesen der mathematischen Beweise und der Kriterien, die es gestatten, wahre Beweise von falschen zu unterscheiden.

Diese Fragen besitzen, wie MOSTOWSKI richtig betont, philosophischen Charakter und sind deshalb nicht mit rein mathematischen Methoden zu lösen, obwohl diese Methoden eine wichtige Hilfsrolle dabei spielen.[6] Gerade um diese Fragen geht in der modernen Mathematik der Kampf zwischen Materialismus und Idealismus, zwischen Dialektik und Metaphysik.

2. Die Grundlagenkrise der Mathematik und der moderne „mathematische" Idealismus

Die ersten Symptome der neuen, dritten Grundlagenkrise der Mathematik gehören noch in das 19. Jahrhundert, als die ersten Mengenantinomien entdeckt wurden. Zu dieser Zeit hofften die meisten Mathematiker ebenso wie CANTOR, dieser Antinomien bald Herr werden zu können. Allmählich wurde jedoch klar, daß die Behebung der Antinomien ein Überdenken einer Reihe von prinzipiellen Ideen der Mathematik und den Verzicht auf einige alte Konzeptionen erfordert. Die radikalste Position nahmen in dieser Frage die Intuitionisten ein, die die aktuale Unendlichkeit ablehnten und die Antinomien als ein Zeichen für die Unannehmbarkeit dieses Begriffs in der Mathematik werten. Die Logizisten, vor allem RUSSELL, versuchten, sich mit Hilfe der Typentheorie, die wir im siebenten Kapitel besprechen werden, von den Antinomien zu befreien. HILBERT und seine Schule stellten sich die Aufgabe, die Mathematik vor der destruktiven Kritik der Intuitionisten zu retten, und wählten dazu die axiomatische Methode. Nach HILBERTS Ansicht entstehen die Antinomien infolge falscher Verfahren der Begriffsbildung. Die Mathematik selbst ist an den Antinomien völlig schuldlos.

Im Zusammenhang mit der Grundlagenkrise der Mathematik fanden zu Beginn des 20. Jahrhunderts idealistische Ansichten von der Natur der mathematischen Erkenntnis weite Verbreitung. BROUWER verkündete die Ansicht des Intuitionismus, daß es so viele Mathematiken gäbe, wie es Mathematiker gibt. RUSSELL stellte die paradoxe Definition der Mathematik auf, sie sei eine Wissenschaft, in der wir weder wissen, wovon wir sprechen, noch ob das, was wir sagen, wahr ist. Aussagen dieser Art wurden von verschiedenen idealistischen Schulen, vor allem von den Neopositivisten, aufgegriffen und propagiert. Unter dem Einfluß der positivistischen Philosophie begann man, die Mathematik als eine rein formale Wissenschaft zu betrachten.

Es muß betont werden, daß auch vor dieser Grundlagenkrise in der Mathematik idealistische Ansichten in Umlauf waren. Während in der Physik des vorigen Jahr-

[6] A. MOSTOWSKI, The Present State of Investigations in the Foundations of Mathematics. „Rozpravy Mat.", IX, Warszawa 1955, p. 3—4.

hunderts die meisten Wissenschaftler einen spontan-materialistischen Standpunkt einnahmen, neigten in der Mathematik um die Mitte des 19. Jahrhunderts viele große Wissenschaftler zum Idealismus. Es genügt hier, KRONECKER zu nennen, von dem der bekannte Ausspruch stammt: „Die ganze Zahl schuf der liebe Gott; alles übrige ist Menschenwerk", oder den Begründer der Mengenlehre CANTOR, der — wie bereits erwähnt — die Idee des aktual Unendlichen damit begründete, daß das Absolut-Unendliche „in Deo" existiere.

Seit der zweiten Hälfte des 19. Jahrhunderts fanden idealistische Ansichten in der Mathematik eine immer weitere Verbreitung. Das erklärt sich damit, daß gerade in dieser Zeit die abstraktesten Theorien und Methoden der Mathematik entstanden oder weiterentwickelt wurden. Durch sie erhielt die Mathematik die Möglichkeit, immer tiefere Quantitätsverhältnisse der materiellen Welt zu untersuchen. Damit war jedoch auch unvermeidlich ein Anwachsen der Abstraktheit der gesamten Mathematik verbunden; in dieser Zeit erhob sich die mathematische Abstraktion auf eine neue Stufe: Nunmehr sind nicht nur Größen, sondern auch Operation mit und Beziehungen zwischen ihnen variabel.

Die anwachsende Abstraktheit der Mathematik zeugt von deren Kraft und bedeutet faktisch ein tieferes Eindringen der Mathematik in die Gesetzmäßigkeiten der Quantitätsverhältnisse der Wirklichkeit. In ihr besteht jedoch auch eine Schwäche der Mathematik. Wenn, worauf LENIN aufmerksam macht, die Möglichkeit des Idealismus schon in der elementaren Abstraktion gegeben ist, dann ist vollkommen klar, daß das Loslösen von der Wirklichkeit in den Abstraktionen der modernen Mathematik, die sich auf weit höheren Entwicklungsstufen befinden, noch viel leichter vor sich gehen kann. Es ist kein Zufall, daß die idealistischen Ansichten in der Mathematik besonders mit der Entwicklung neuer, abstrakter Theorien weite Verbreitung fanden. Die Schaffung der abstrakten Mengentheorie, das Entstehen der nichteuklidischen Geometrien, die Deutung der geometrischen Axiome und algebraischen Operationen als mathematische Formen, die verschiedene konkrete Interpretationen zulassen, die Entwicklung verschiedener Algebren — all das löste bei einer Reihe von Mathematikern Zweifel am Wirklichkeitswert ihrer Theorien aus.

In der Tat lassen sich die Irrtümer einiger Wissenschaftler, die den objektiven Charakter der Begriffe der neuen mathematischen Theorien bestritten, dadurch erklären, daß sie das Wechselverhältnis von Theorie und Praxis in der Wissenschaft, den Zusammenhang von Einzelnem und Allgemeinem, von Konkretem und Abstraktem, von Historischem und Logischem nicht zu erkennen vermochten. POINCARÉ z. B. ignorierte den Zusammenhang von Mathematik und Wirklichkeit, er sah in der Entdeckung der nichteuklidischen Geometrien einen Beweis dafür, daß die Entwicklung der Mathematik völlig unabhängig von der Praxis und der Außenwelt vor sich gehe. Je mehr sich gewisse Spekulationen (von der Art der nichteuklidischen Geometrien) „von den gebräuchlicheren Vorstellungen und folglich von der Natur und den Anwendungen entfernen, um so besser zeigen sie uns, was der menschliche Geist zu leisten vermag, wenn er sich mehr und mehr der Tyrannei der äußeren Welt entzieht".[7]

Auch eine falsche Auffassung vom Wesen der axiomatischen Methode trug in nicht geringem Maße zur Ausbreitung idealistischer Ansichten in der Mathematik bei. Die Tatsache, daß die Axiome der Geometrie heute unter einem allgemeineren und abstrakteren Gesichtspunkt als bei EUKLID betrachtet werden, werten einige Wissenschaftler als Beweis dafür, daß diese keinen objektiven Gehalt haben und keine Beziehungen der realen Wirklichkeit ausdrücken. So schreibt L. NEYMER, daß z. B. das Parallelenaxiom durch die Erfahrung weder bestätigt noch widerlegt werden kann. „Ebenso sind aber auch die anderen Axiome unabhängig von der Erfahrung. Aus diesem Grunde sind die Axiome keine Naturgesetze, keine synthetischen Urteile. Sie sind rein analytisch und als solche absolut gültig."[8]

Eine mathematische Theorie wird bekanntlich axiomatisch aufgebaut, um den Bestand der Theorie mit größtmöglicher Stringenz aus einer möglichst kleinen Zahl von Begriffen und Axiomen zu entwickeln. Dieses Vorgehen ist innerhalb gewisser Grenzen richtig und fruchtbar, es wird jedoch unrichtig, wenn es auf die gesamte Mathematik übertragen wird oder wenn es eine unrichtige methodologische Deutung erfährt. In der Tat kann, wenn man die gesamte Mathematik als eine rein axiomatische Theorie betrachtet, leicht die Illusion entstehen, daß deren Entwicklung vollständig und ausschließlich durch ein vorgegebenes Axiomensystem bestimmt und daher jede weitere Bezugnahme auf die reale Welt eine völlig nutzlose Angelegenheit sei. Diese Ansicht ist jedoch sowohl unter philosophischem wie auch unter rein mathematischem Gesichtspunkt unhaltbar, schon deswegen, weil nicht die gesamte inhaltliche Mathematik ohne Rest formalisiert werden kann. Diese Frage haben wir bereits im zweiten Kapitel erörtert.

Als Resümee des Gesagten können wir den Schluß ziehen, daß es gerade das Anwachsen der Abstraktheit der modernen Mathematik und die damit eng zusammenhängende Verstärkung der Rolle formaler Forschungsmethoden waren, die eine der wichtigsten erkenntnistheoretischen Voraussetzungen für das Entstehen des „mathematischen" Idealismus bildeten.

Eine andere Ursache, die zum Entstehen des „mathematischen" Idealismus beitrug, hängt mit dem Problem der Unendlichkeit zusammen, einem Problem, das sich den Mathematikern im Zusammenhang mit der Grundlegung der Infinitesimalrechnung in seiner ganzen Größe zeigte. Die Mathematiker selbst gestehen ein, daß die meisten Schwierigkeiten bei der Grundlegung der modernen Mathematik mit eben diesem Problem zusammenhängen. Nach HILBERT liegen die Wurzeln der modernen Grundlagenkrise der Mathematik darin, daß ein falscher Begriff der Unendlichkeit noch nicht völlig aus der Mathematik vertrieben ist. Im dritten, dem Problem des Unendlichen in der Mathematik gewidmeten Kapitel haben wir

7 H. POINCARÉ, Wissenschaft und Methode, a. a. O., S. 26

8 L. NEYMER, Das Wesen der Geometrie, „Studium Generale", 1957, H. 5, S. 291

herausgearbeitet, daß die drei aufeinanderfolgenden Grundlagenkrisen jedesmal in Verbindung damit auftraten, daß Schwierigkeiten und Widersprüche, die mit dem mathematischen Unendlichen zusammenhängen, festgestellt wurden.

Die erste, im 5. Jahrhundert v. u. Z. entstandene Grundlagenkrise wurde ausgelöst durch die Entdeckung der inkommensurablen Strecken, z. T. auch durch die ZENONschen Aporien. Unter modernem Gesichtspunkt ist völlig evident, daß die Begriffe der Inkommensurabilität und der irrationalen Zahl untrennbar mit dem Unendlichen zusammenhängen. Die zweite Grundlagenkrise der Mathematik ist bereits unmittelbar verbunden mit den Schwierigkeiten, die bei der Grundlegung der Infinitesimalrechnung auftraten. Die Irrtümer und Widersprüche, die sich im 17. und 18. Jahrhundert angesammelt hatten, entstanden hauptsächlich als Folge dessen, daß der Grundbegriff der Analysis, der Begriff der unendlich kleinen Größe, nicht richtig gefaßt werden konnte. Die Deutung des unendlich Kleinen als einer endlichen Größe, die größer als Null, aber kleiner als jede beliebige Größe ist, brachte eine Reihe von Widersprüchen hervor. Die dritte Grundlagenkrise der Mathematik entstand, wie wir bereits ausführten, wegen der Antinomien der Mengenlehre, der die Konzeption der aktualen Unendlichkeit zugrunde liegt.

Aus diesem flüchtigen historischen Exkurs läßt sich der Schluß ziehen, daß alle Versuche, das Unendliche in Analogie zum Endlichen zu betrachten, zu Schwierigkeiten und Widersprüchen führten. In der Tat wurde der Ausweg aus der ersten Krise durch die Proportionenlehre EUDOXOS' gefunden, d. h. durch eine Theorie, die sich implizit auf den Begriff der potentiellen Unendlichkeit bezieht. Die Grenzwerttheorie, die die unendlich kleine Größe im Prozeß der Veränderung betrachtet, befreite die Analysis von den Widersprüchen und überwand so die zweite Grundlagenkrise der Mathematik. Auch einigen modernen Theorien zur Überwindung der dritten Grundlagenkrise der Mathematik liegt der Versuch zugrunde, sich der potentiellen Unendlichkeit zuzuwenden.

Das moderne Herangehen an die potentielle Unendlichkeit wird ergänzt durch die Forderung, in der Mathematik ausschließlich konstruktive Methoden zu verwenden. Etwas vergröbernd kann man sagen, daß man die Entgegensetzung von potentieller und aktualer Unendlichkeit mit dem Gegensatz von konstruktiven und nichtkonstruktiven Methoden gleichsetzen kann. Unter diesem Gesichtspunkt kann man nach BERNAYS und HAO WANG alle modernen Richtungen in der Grundlegung der Mathematik einteilen in: 1. Anthropologismus oder Finitismus im engeren Sinne, 2. Finitismus im weiteren Sinne, 3. Intuitionismus, 4. prädikative Mengentheorie (Prädikativismus) und 5. klassische Mengentheorie (Platonismus). Die ersten drei Richtungen stützen sich auf den Begriff der potentiellen Unendlichkeit und auf konstruktive Methoden. HAO WANG kennzeichnet sie als Richtungen, die es mit dem mathematischen Werden zu tun haben. Die beiden letzten Richtungen beziehen sich auf das mathematische Sein.

Wir berücksichtigen jedoch die bereits eingebürgerte Klassifizierung der Grundlagenschulen der Mathematik und charakterisieren sie im Folgenden als Logizismus, Formalismus, Intuitionismus und Konstruktivismus.

Die konstruktivistische Schule der Grundlegung der Mathematik erlangte in den letzten Jahren einen bedeutenden Einfluß.

Kapitel 7

Der Logizismus

Die Abstraktheit der Mathematik und das Fehlen experimenteller Beweise in ihr lassen unvermeidlich die rein logischen Methoden der Entwicklung dieser Theorie in den Vordergrund treten.

Beim axiomatischen Aufbau der Mathematik dient die Logik als Hauptinstrument, um Folgerungen oder Theoreme aus dem angenommenen Axiomensystem zu gewinnen. Je abstrakter und formaler eine Theorie aufgebaut ist, desto mehr erhöhen sich die Anforderungen an die logische Stringenz der Schlußweisen. Davon konnten wir uns im zweiten Kapitel überzeugen, als wir die axiomatische Methode kennenlernten. Die axiomatische Auffassung der Mathematik erfordert, wie A. CHURCH sagt, die Priorität der Logik als Mittel, mit dessen Hilfe Folgerungen aus einem mathematischen Axiomensystem gewonnen werden. Neben diesem schwächeren Sinn der Priorität der Logik kann man jedoch auch noch in einem stärkeren Sinne behaupten, die Logik besitze die Priorität gegenüber der Mathematik, und zwar kann man Mathematik und Logik nicht als zwei verschiedene Wissenschaften auffassen, sondern als früheren und späteren Teil, als früheres und späteres Stadium ein und derselben Wissenschaft.[1] „Die Logik", schreibt der Begründer dieser Doktrin, B. RUSSELL, „ist die Jugend der Mathematik und die Mathematik ist das Mannesalter der Logik."[2]

Der Logizismus hebt sich von den anderen Richtungen der Grundlegung der Mathematik durch sein explizit ausgedrücktes Bestreben ab, die gesamte reine Mathematik auf die Logik zurückzuführen.

Die Quellen des Logizismus reichen zurück in das 17. Jahrhundert. Bereits damals wurden Versuche unternommen, die seinerzeit vorliegende Mathematik durch allgemeinere Prinzipien und Methoden zu begründen, die eher logischen als rein mathematischen Charakter tragen. So sprach bereits DESCARTES, unter dem Einfluß der Erfolge, die mit der Anwendung algebraischer Methoden auf die

[1] A. CHURCH, Mathematics and Logic, „Logic, Methodology and Philosophy of Science", Proceedings of the 1960 International Congress, (Ed. by E. Nagel, P. Suppes, A. Tarski), Stanford (Cal.) 1962, p. 181

[2] B. RUSSELL, Einführung in die mathematische Philosophie, a. a. O., S. 196

Untersuchung geometrischer Figuren erreicht wurden, die Idee von einer *mathesis universalis* aus. Dabei betrachtete er die deduktive Methode der Logik als universelles Erkenntnismittel. In der „IV. Regel zur Leitung des Geistes" schreibt er, „daß man zur Mathematik genau all das rechnen muß, wobei nach Ordnung und Maß geforscht wird, und daß es hierbei gar nicht darauf ankommt, ob man dieses Maß nun in den Zahlen oder in den Figuren oder den Gestirnen oder den Tönen oder in irgend einem anderen Gegenstand zu suchen hat, so daß es also eine bestimmte allgemeine Wissenschaft geben muß, die alles das erklären wird, was der Ordnung und dem Maß unterworfen, ohne Anwendung auf eine besondere Materie, als Problem auftreten kann. Diese kann man, nicht durch ein fremdes, sondern durch ein altes und in allgemeinen Gebrauch übergegangenes Wort, als Universalmathematik bezeichnen . . ."[3]

Besonders große Aufmerksamkeit widmete LEIBNIZ diesen Fragen. Er war überzeugt, daß man einen Kalkül nicht nur in der Mathematik, sondern in allen Überlegungen verwenden kann. „Wenn man Charaktere oder Zeichen finden könnte, die geeignet wären, alle unsere Gedanken ebenso rein und streng auszudrücken, wie die Arithmetik die Zahlen oder die analytische Geometrie die Linien ausdrückt, könnte man offenbar bei allen Gegenständen, soweit sie dem vernünftigen Denken unterworfen sind, das tun, was man in der Arithmetik und der Geometrie tut. Denn alle Forschungen, die vom vernünftigen Denken abhängen, würden durch die Umwandlung dieser Charaktere und eine Art Kalkül zustande kommen, was die Erfindung schöner Dinge ganz leicht machen würde."[4] Er regte die Schaffung einer allgemeinen Methode an, die es gestattet, jeden Schluß und jede Überlegung auf einen Kalkül zurückzuführen. Er hoffte, mit dieser Methode nicht nur Streitfragen auf dem Gebiet der Wissenschaft, sondern auch der Theologie, der Metaphysik und der Politik lösen zu können. „Zudem würde man jeden von dem überzeugen, was man gefunden oder erschlossen hätte, da es leicht sein würde, den Kalkül zu prüfen, indem man ihn nachvollzieht. . . . Und wenn jemand an dem, was ich vorgebracht haben würde, zweifelte, würde ich zu ihm sagen: ‚Rechnen wir, mein Herr!', und Feder und Tinte nehmend, würden wir uns bald aus der Verlegenheit ziehen."[5]

Nach LEIBNIZ stellt die Mathematik nur einen Spezialfall der Anwendung dieser *characteristica universalis* dar, die ihrem Wesen nach eine logische Lehre ist. Einige Forscher sind der Ansicht, daß in den Arbeiten LEIBNIZ' bereits der Kern einer geschlossenen logizistischen Konzeption enthalten ist.[6] In der Tat

[3] R. DESCARTES, Regeln zur Leitung des Geistes, „Philosophische Werke", I B, Leipzig 1912—1920, S. 21

[4] G. W. LEIBNIZ, Vorrede zur „Allgemeinen Wissenschaft", „Fragmente zur Logik", Berlin 1960, S. 90

[5] ebenda, S. 91

[6] M. BLACK, The Nature of Mathematics. A Critical Survey. New Jersey 1959, p. 16
S. C. KLEENE, Introduction to Metamathematics, a. a. O., p. 43

war es, um die Frage einer Reduktion der Mathematik auf die Logik ernsthaft stellen zu können, vor allem nötig, die Logik selbst in Form eines Kalküls darzustellen. Die zur Logik gehörenden Prinzipien mußten in symbolischer Gestalt ausgedrückt werden, damit ihr Verhältnis zur Mathematik deutlich wird.

Das rein formale Herangehen LEIBNIZ' an die Logik und die von ihm dabei verwendete Kalkülmethode trugen ohne Zweifel sowohl zur Formierung der Grundideen des Logizismus als auch besonders zur Schaffung der symbolischen Logik bei, die in der Folgezeit zur Logik der Mathematik wurde. LEIBNIZ wird daher oft der Stammvater der mathematischen Logik genannt.

In der ersten Entwicklungsetappe der neuen Logik wurde die sogenannte Algebra der Logik geschaffen, in der die Kalkülmethode auf die Analyse der traditionellen, besser aristotelischen Logik angewendet wurde. Diese Probleme wurden in den Werken von G. BOOLE[7], E. SCHRÖDER[8], P. S. PORECKIJ[9], CH. S. PEIREE[10] u. a. ausgearbeitet. In die zweite Etappe fällt die Ausarbeitung der Relationslogik, die in der Mathematik eine außerordentlich wichtige Rolle spielt. Die aristotelische Logik hatte sich auf die Untersuchung von Urteilen beschränkt, die attributive Form besitzen, d. h. Urteile von der Form „S" ist „P".

Wir verwenden jedoch in der Alltagssprache und vor allem in der Wissenschaft neben Aussagen dieser Form auch Aussagen über Beziehungen, die man symbolisch durch xRy bzw. $R(x, y)$ darstellen kann, wobei x und y Variable für Individuen (Gegenstände) sind, und R steht für eine Relation, die zwischen ihnen besteht (z. B. „der Punkt A liegt links vom Punkt B", „Hans ist der Bruder von Peter"). PEIRCE und SCHRÖDER legten nicht nur das Fundament für die Relationslogik, sondern trugen auch in bedeutendem Maße dazu bei, die Logik von dem überwiegenden Einfluß mathematischer Analogien zu befreien, die bislang die Entwicklung des Gegenstandes gehemmt hatten.[11]

Um das Programm des Logizismus — Zurückführung der Mathematik auf die Logik — realisieren zu können war es auch notwendig, die Mathematik selbst auf eine relativ kleine Anzahl von Grundbegriffen und Ausgangssätzen zurückzuführen. Diese Definitionen der verschiedenen mathematischen Begriffe in Termini der Arithmetik wurden von R. DEDEKIND, K. WEIERSTRASS, G. FREGE, G. PEANO, G. CANTOR u. a. ausgearbeitet.

Die Arithmetisierung der Analysis und der Mathematik insgesamt verfolgte das Ziel, das Gebäude der Mathematik auf dem Fundament der Zahlenlehre zu errich-

[7] G. BOOLE, An Investigation into the Laws of Thought, London 1854

[8] E. SCHRÖDER, Vorlesungen über die Algebra der Logik, Bde. 1—3, 1820—1905

[9] П. С. ПОРЕЦКИЙ, О способах решения логических равенств и об обратном способе математической логики, Казань 1884

[10] CH. S. PEIRCE, Collected Papers, vol. I—IV, Cambridge 1932—1933

[11] M. BLACK, The Nature of Mathematics, a. a. O., p. 17

ten. Eine besonders große Rolle spielten hierbei die von DEDEKIND, WEIERSTRASS und CANTOR entwickelten Theorien der reellen Zahlen. In diesen Theorien werden die reellen Zahlen mittels der Gesamtheit der rationalen Zahlen definiert. Die Zurückführung der rationalen Zahlen auf die natürlichen bereitet keinerlei prinzipielle Schwierigkeiten. Man brauchte demnach nur noch die Eigenschaften der natürlichen Zahlen auf einige fundamentale Eigenschaften zurückzuführen, aus denen alle anderen Eigenschaften rein logisch gewonnen werden konnten. Diese Axiomatisierung der Begriffe der Arithmetik der natürlichen Zahlen wurde von DEDEKIND begonnen und von G. PEANO vollendet. Den Axiomen PEANOs genügten jedoch nicht nur die natürlichen Zahlen, sondern auch andere mathematische Objekte, z. B. beliebige Progressionen. FREGE stellte sich, um diese Unbestimmtheit zu beseitigen, das Ziel, die Grundbegriffe der Arithmetik auf Begriffe der Logik zurückzuführen.

FREGES Untersuchungen sind die erste konkrete Durchführung des logizistischen Programms. Seine Arbeiten waren seinerzeit jedoch kaum bekannt. Das ist offenbar in einem gewissen Maße dadurch zu erklären, daß er nicht die vorhandene Symbolik der Algebra der Logik verwendete und eine sehr unhandliche Symbolik schuf. Erst durch RUSSELL, der unabhängig davon zu den gleichen Ideen gekommen war, wurde die wissenschaftliche Welt mit den Ideen FREGES bekannt. RUSSELL machte auch auf einen Widerspruch in FREGES System aufmerksam, woraufhin FREGE genötigt war, einzugestehen, daß „eine der Grundlagen seines Baues erschüttert" sei. Wir werden das FREGEsche Programm im ersten Teil dieses Kapitels ausführlicher kennenlernen.

RUSSELL unternahm dann, gestützt auf die Untersuchungen DEDEKINDS, FREGES, CANTORS und PEANOS einen neuen Versuch, die Zurückführbarkeit der Mathematik auf die Logik streng und detailliert zu beweisen. In seiner ersten Arbeit[12] begründete er philosophisch und logisch die Möglichkeit, die Mathematik auf die Logik zurückzuführen, und später führte er in dem gemeinsam mit A. N. WHITEHEAD verfaßten Fundamentalwerk „Principia Mathematica" dieses Programm detailliert durch. Viele Forscher betrachten die in den „Principia Mathematica" dargelegte Konzeption als den Höhepunkt in der Entwicklung des Logizismus. Danach beginnt die Kritik an einzelnen Punkten des Logizismus, aber auch an der gesamten Doktrin. Unter dem Eindruck dieser Kritik nahmen RUSSELL und seine Nachfolger eine Reihe von Verbesserungen an ihrem System vor. Besonders wichtig sind hierbei die Arbeiten des früh verstorbenen RUSSELL-Schülers F. P. RAMSEY.[13] Aber diese Verbesserungen und Ergänzungen konnten die weitere Kritik nicht aufhalten, mit der sowohl Vertreter des Intuitionismus als auch des Formalismus auftraten. Unter dem Einfluß dieser Kritik setzt selbst

12 B. RUSSELL, The Principles of Mathematics, London 1903

13 Dessen Arbeiten sind veröffentlicht in dem Sammelband F. P. RAMSEY, The Foundations of Mathematics and other Essays, New York—London 1937

in den Reihen der Verfechter des Logizismus eine Selbstkritik ein, wie das Beispiel des ehemaligen RUSSELL-Schülers L. WITTGENSTEIN zeigt.

Wesentlich für die Einschätzung des logizistischen Programms ist das Wechselverhältnis von Logik und Mathematik, das wir im letzten Abschnitt dieses Kapitels betrachten werden.

1. Die Versuche FREGES *und* RUSSELLS, *die Mathematik aus der Logik herzuleiten*

Die Idee, daß die Begriffe der Mathematik streng logisch zu definieren oder sogar auf Begriffe der Logik zurückzuführen seien, wurde bereits früher ausgesprochen, aber erst FREGE unternahm es, das Programm, das später den Namen „Logizismus" erhielt, systematisch auszuarbeiten.

Das Wesentliche dieses Programms besteht darin, daß die Grundbegriffe der reinen Mathematik in Termini der Logik definiert und die grundlegenden Gesetze der Mathematik als Theoreme der Logik bewiesen werden. Da die gesamte reine Mathematik logisch aus der Arithmetik der natürlichen Zahlen hergeleitet werden kann, reicht es für die Realisierung dieses Programms aus, allein die Grundbegriffe der Arithmetik in Termini der Logik zu definieren und deren Grundgesetze als Theoreme der Logik zu beweisen. Daraus wird klar, warum sich FREGE als Hauptziel gestellt hat, ein solches formales logisches System zu errichten, aus dem die gesamte Arithmetik abgeleitet werden kann. Selbstverständlich konnte es sich dabei nicht um die traditionelle oder aristotelische Logik handeln, sondern um die mathematische Logik. Das von FREGE aufgebaute System ist das erste System der modernen, der mathematischen Logik.

Die Hauptresultate seiner Untersuchungen legte FREGE in dem zweibändigen Werk „Grundgesetze der Arithmetik" dar.[14] Eine ausführliche Darstellung der logischen Technik und Symbolik hatte FREGE bereits vorher in seiner „Begriffsschrift" gegeben.[15] Der logische Kalkül, den er hier vorlegt, enthält den Aussagenkalkül und den Prädikatenkalkül. In prinzipieller Hinsicht steht FREGES Symbolik der Symbolik PEANOS in nichts nach, FREGES Notation ist jedoch bedeutend schwerer zu verstehen. Das erschwert es, seine Arbeiten kennenzulernen, und war offensichtlich eine der Ursachen dafür, daß seine tiefgründigen Untersuchungen kaum bekannt geworden sind. Das Interesse an ihnen erwachte erst nach den Arbeiten RUSSELLS, der als erster klar auf ihre Bedeutung für die Ausarbeitung der mathematischen Logik und die Grundlegung der Mathematik hinwies.

Die logisch-philosophische Analyse des Grundbegriffs der Arithmetik — des Begriffs der Kardinalzahl oder Anzahl — nahm FREGE in den „Grundlagen der

[14] G. FREGE, Grundgesetze der Arithmetik, begriffsschriftlich abgeleitet, Bde. 1—2, Jena 1893 bis 1903

[15] G. FREGE, Begriffsschrift, eine der arithmetischen nachgebildete Formelsprache des reinen Denkens, Halle a. d. S. 1879

Arithmetik“ vor.[16] Die Definition des Begriffs der natürlichen Zahl, die FREGE hier gab, blieb der Mehrheit der Mathematiker faktisch unbekannt, bis sie RUSSELL 16 Jahre später erneut entdeckte. Diese Definition wird daher zu Recht die FREGE-RUSSELLsche Definition der natürlichen Zahl genannt.

FREGE zeigte als erster, daß es möglich ist, rein logisch und ohne Begriffe der Arithmetik zu Hilfe zu nehmen, den Umstand auszudrücken, daß zwei Klassen die gleiche Zahl von Elementen besitzen. Zu diesem Zweck verwendet er den Begriff der Gleichzahligkeit von Begriffsumgängen (Klassen), der dem Begriff der Äquivalenz von Mengen in der Theorie CANTORS analog ist. Über eine Definition durch Abstraktion gewinnt er so den Begriff der Zahl, die er als ein abstraktes Objekt oder als die allen gleichzahligen Begriffsumfängen gemeinsame Eigenschaft betrachtet. Diese Definitionsweise haben wir bereits im ersten Kapitel ausführlich betrachtet. Besitzt man einmal den Begriff der natürlichen Zahl, ist es nicht schwierig, den Begriff der rationalen Zahl und über diesen dann den der irrationalen und der komplexen Zahl zu definieren. Die Rechenoperationen mit Zahlen führt FREGE zurück auf Operationen mit Klassen. So kann z. B. die Addition von Zahlen als Vereinigung von Klassen, die Multiplikation als Durchschnittsbildung von Klassen definiert werden usw.

FREGE verfolgte bei der Schaffung seines Systems der mathematischen Logik vor allem das Ziel, dieses System für die Analyse und Begründung der Grundprinzipien und -begriffe der Arithmetik zu verwenden. Dadurch unterscheidet er sich wesentlich von den Vertretern der Algebra der Logik, die sich vorwiegend für die Anwendung des formalen Apparates der Mathematik auf die traditionelle, dann auch auf die Relationslogik interessierten. Selbst PEANO und seine Schule, die für die Klärung der Grundprinzipien verschiedener Zweige der Mathematik und deren axiomatische Darlegung viel geleistet haben, beschränkten sich hauptsächlich darauf, mathematische Verhältnisse in symbolischer Form darzustellen. Wie WILDER bemerkt, verwenden sie die symbolische Logik als Mittel, nicht aber als Ziel. Für sie war die Logik eine Dienerin der Mathematik.[17]

FREGE hatte sich ein weitaus großartigeres Ziel gestellt. Er setzte nur die Begriffe und Prinzipien der mathematischen Logik voraus und versuchte, aus ihnen die gesamte Arithmetik herzuleiten. Zu diesem Zweck stellte er die mathematische Logik in Gestalt eines Axiomensystems dar, in dem man alle Sätze nach streng formulierten Ableitungsregeln aus wenigen Grundprinzipien (Axiomen) gewinnen kann. Mittels rein logischer Definitionen der Grundbegriffe der Arithmetik und durch Beweise der arithmetischen Aussagen mit Hilfe der Gesetze der Logik hoffte FREGE, nicht nur die Arithmetik, sondern die gesamte reine Mathematik begründen zu können. Dieses Programm war vor allem gegen den Empirismus

[16] G. FREGE, Die Grundlagen der Arithmetik, Breslau 1884

[17] R. L. WILDER, Introduction to the Foundations of Mathematics, New York—London 1952, p. 210

und den Psychologismus gerichtet, denn es verkündete, daß Mathematik und Logik nicht empirisch und erst recht nicht psychologisch zu begründen seien.[18] Gleichzeitig trat FREGE auch gegen den KANTschen Apriorismus auf, der die Mathematik mit Hilfe apriorischer Anschauungsformen konstruiert.

Dieses breitangelegte Programm erlitt jedoch einen Mißerfolg. Noch während sich der zweite Band der „Grundgesetze der Arithmetik" im Druck befand, erhielt FREGE einen Brief RUSSELLS, in dem dieser auf einen logischen Widerspruch in FREGES System hinwies. Es handelt sich um die berühmte Antinomie der Menge aller Mengen, die sich nicht als Element enthalten. Da FREGE von der Vorstellung der Universalität des Gegenstandsbereiches der Logik ausging, ist es in seinem System völlig zulässig, als Argumente logischer Funktionen erster Ordnung[19] beliebige Gegenstände zu betrachten, d. h. Individuen, Klassen, Klassen von Klassen usw., denn nach FREGE ist „Gegenstand" alles, was nicht selbst Funktion ist. Mit dem Begriff der Klasse aller Klassen aber hängt die RUSSELLsche Antinomie zusammen. Dieser Umstand macht das System der „Grundgesetze der Arithmetik" widersprüchlich. RUSSELL schreibt, FREGE sei durch diesen Widerspruch so verwirrt worden, daß er den Versuch aufgab, die Arithmetik aus der Logik zu deduzieren, und ähnlich wie die Pythagoreer, als sie sich mit den Inkommensurablen konfrontiert sahen, suchte er Zuflucht in der Geometrie.[20]

Nachdem FREGE den Brief RUSSELLS erhalten hatte, schrieb er ein Nachwort zum zweiten Band der „Grundgesetze der Arithmetik", in dem er mit Bedauern eingesteht, daß das Ziel, das er sich gesetzt hatte, nicht erreicht wurde. Dennoch zweifelte er nicht daran, daß der von ihm gefundene Weg bei der Lösung des Problems helfen kann. Hier erwägt FREGE auch verschiedene Verfahren, um die RUSSELLsche Antinomie zu beheben. Eines davon erinnert in vieler Hinsicht an die später von RUSSELL vorgeschlagene Typenhierarchie. Alle diese Versuche laufen letzten Endes darauf hinaus, die Universalität des Gegenstandsbereiches der Logik aufzugeben. Anders gesagt, der Anwendungsbereich der Gesetze der symbolischen Logik besitzt bestimmte Grenzen. Der Versuch, diese Gesetze auf ausnahmslos alle Gegenstände anzuwenden, führt zu logischen Widersprüchen, wie die Antinomien zeigen. Selbstverständlich hat FREGE diese Schlußfolgerung nicht gezogen, er hielt in dieser Frage an metaphysischen Ansichten fest und verabsolutierte die Gesetze der formalen Logik. In den von ihm skizzierten Versuchen, die RUSSELLsche Antinomie zu überwinden, gibt er jedoch faktisch seine frühere Position auf, ohne sich selbst dessen bewußt zu sein.[21]

[18] Vgl. dazu: G. RIESKE/G. SCHENK, Philosophische Aspekte der FREGEschen Begründung der Logik, „Deutsche Zeitschrift für Philosophie", 16 (1968), H. 10, S. 1207—1227 (Anm. d. Hrsg.)

[19] Von „Funktion (bzw. Begriff) erster Ordnung", „... zweiter Ordnung" spricht FREGE in den „Grundgesetzen der Arithmetik", später verwendet er dafür „Funktion (Begriff) erster Stufe", „... zweiter Stufe". (Anm. d. Hrsg.)

[20] B. RUSSELL, Die Entwicklung meines Denkens, München 1973, S. 76

[21] Ausführlich wird diese Frage behandelt in

Der Mißerfolg FREGES hinderte RUSSELL nicht daran, sich selbst der Realisierung des logizistischen Programms zuzuwenden, diesmal jedoch auf einer wesentlich reformierten Grundlage. Um die Antinomie der Menge aller der Mengen, die sich nicht selbst als Element enthalten, zu beseitigen, führt RUSSELL seine Hierarchie der Typen ein. Ein Typ wird als der Bedeutungsbereich einer Aussagenfunktion definiert, d. h. als Wertebereich ihrer Argumente.[22] Dieser Bereich kann keine Elemente enthalten, die einen Verweis auf die Funktion selbst enthalten. Im entgegengesetzten Fall entsteht ein *circulus vitiosus.* Die Antinomien der Mengenlehre entspringen nach RUSSELLS Ansicht einem solchen fehlerhaften Zirkel. Um sie zu vermeiden, formulierte er das „Zirkelfehlerprinzip", welches fordert, daß keine Menge Elemente enthält, die nur in Termen dieser Menge definierbar sind, bzw. daß kein Gegenstand Argument einer Aussagenfunktion sein kann, der nur in Termen dieser Funktion definierbar ist.

Entsprechend der Typentheorie wird eine Hierarchie von logischen Objekten aufgebaut. Individuen sind Objekte 0-ten Typs, Eigenschaften (bzw. Klassen) von Individuen sind Objekte 1ten Typs, Eigenschaften von Eigenschaften von Individuen sind Objekte 2ten Typs usw. Aussagenfunktionen, deren Argumente Individuen sind, sind Funktionen erster Ordnung. Funktionen zweiter Ordnung haben Funktionen erster Ordnung als Argument usw. Eine einstellige Aussagenfunktion, deren Ordnung um eines höher ist als die Ordnung ihres Arguments, nennt RUSSELL prädikativ.[23]

Mit Hilfe der Typenhierarchie kann man die bekannten Antinomien der Mengenlehre vermeiden. Die RUSSELLsche Antinomie z. B. tritt hier einfach deshalb nicht auf, weil eine Menge und ihre Elemente verschiedenen Typen angehören, der Typ einer Menge ist stets höher als der Typ ihrer Elemente.

Als Grundprinzipien der formalen Deduktionstheorie wählen RUSSELL und WHITEHEAD in den „Principia Mathematica"[24] die folgenden fünf Axiome (primitive propositions)[25]:

Б. В. Бирюков, Крушение метафизической концепции универсальности предметной области в логике, Москва 1963.

22 B. RUSSELL, Mathematical Logic as Based on the Theory of Types „Logic and Knowledge", Essays 1901—1950, London 1950, p. 75

23 Die verfeinerte Gliederung nicht nur in Typen, sondern auch Ordnungen (sog. „verzweigte Typentheorie") wurde bereits von CHWISTEK (1921) und RAMSEY (1926) als unnötig erkannt, wenn es nur darum geht, die logischen Antinomien zu vermeiden. Das führte zur sog. „einfachen Typentheorie" ohne Gliederung in Ordnungen. Vgl. dazu z. B. K. BERKA/L. KREISER, Logik-Texte, Berlin 1971, S. 327ff. (Anm. d. Hrsg.)

24 A. N. WHITEHEAD and B. RUSSELL, Principia Mathematica, vol. 1 Cambridge 1925, p. 96—97

25 Bei der Darstellung der „Lesart" der Axiome im Klartext stützen wir uns auf BOCHEŃSKIS Übersetzung (Formale Logik, Freiburg—München 1956, S. 395ff). Wir verwenden jedoch nicht

1. Grundsatz der Tautologie

$(p \vee p) \supset p$

(Wenn entweder p wahr ist oder p wahr ist, dann ist p wahr.)

2. Grundsatz der Addition

$q \supset (p \vee q)$

(Wenn q wahr ist, dann ist „p oder q" wahr.)

3. Grundsatz der Permutation

$(p \vee q) \supset (q \vee p)$

Dieser Grundsatz stellt das permutative Gesetz für die logische Addition von Aussagen fest.

4. Assoziativer Grundsatz

$(p \vee (q \vee r)) \supset ((p \vee q) \vee r)$

Dies ist eine Form des assoziativen Gesetzes für die logische Addition.[26] Die letzten beiden Grundsätze geben uns die Möglichkeit, mit logischen Aussagen wie mit Zahlen oder algebraischen Ausdrücken umzugehen. Insbesondere brauchen wir die Reihenfolge, in der die Aussagen auftreten, nicht zu beachten und können sie auf verschiedene Weise in Klammern zusammenfassen.

5. Grundsatz der Summation

$(q \supset r) \supset ((p \vee q) \supset (p \vee r))$

(Wenn q r impliziert, dann impliziert „p oder q" „p oder r". Mit anderen Worten: In einer Implikation kann eine Alternative zugleich zum Vordersatz und zum Schlußsatz hinzugefügt werden, ohne daß die Wahrheit der Implikation beeinträchtigt würde.)

Zu diesen fünf Grundsätzen der Deduktion müssen noch zwei nichtformale Prinzipien hinzugefügt werden, und zwar: 1. die Substitutionsregel, die es gestattet, an die Stelle jeder Variablen in einem Axiom oder Theorem einen anderen Ausdruck zu setzen, und 2. die Abtrennungsregel (*modus ponens*), die besagt, daß, wenn p und $p \supset q$ wahr sind, auch q wahr ist.

RUSSELLS klammernsparende Schreibweise der Formeln. Zu beachten ist außerdem, daß nur die Negation ($\sim$) und die Alternative ($\vee$, in den PM „disjunction") Grundfunktoren sind. Die Implikation ($\supset$), die Konjunktion ($\cdot$) und die Äquivalenz werden über Definitionen eingeführt. (Anm. d. Hrsg.)

26 1926 hat P. BERNAYS nachgewiesen, daß das vierte Axiom des Aussagenkalküls der PM nicht unabhängig ist. Vgl.: Axiomatische Untersuchungen des Aussagenkalküls der „Principia Mathematica", „Mathematische Zeitschrift", 25 (1926), S. 305—320. (Anm. d. Hrsg.)

Zu diesen Prinzipien des Aussagenkalküls fügten RUSSELL und WHITEHEAD dann die Grundsätze des Funktionenkalküls (Prädikatenkalküls) hinzu und errichteten so ein System der mathematischen Logik, das erforderlich ist, um die logischen Abhängigkeiten zwischen mathematischen Aussagen auszudrücken. Sie bleiben dabei jedoch nicht stehen; sie behaupten, daß die gesamte reine Mathematik aus der symbolischen Logik hergeleitet werden kann. Auf diesem Wege stießen sie auf eine Reihe von Schwierigkeiten, die die Richtigkeit der logizistischen Doktrin selbst in Zweifel stellen.

2. Die Schwierigkeiten des Logizismus und seine weitere Entwicklung

Zur Realisierung des logizistischen Programms mußten RUSSELL und WHITEHEAD einige Axiome einführen, deren Wahrheit oder wenigstens deren rein logischer Charakter von vielen Mathematikern bestritten wird. Das betrifft vor allem das Unendlichkeitsaxiom, welches erforderlich ist, um die Wahrheit des PEANOschen Axioms zu garantieren, wonach zwei verschiedene natürliche Zahlen nicht die gleiche Zahl als Nachfolger haben können.

In der Tat, nehmen wir an, es gäbe nur eine endliche Zahl von Individuen, sagen wir neun. Dann wäre die Kardinalzahl 10 (definiert als $9 + 1$) die Nullmenge, und ebenso alle Zahlen > 10. Damit sind 10 und alle folgenden Zahlen untereinander identisch, und der Satz von PEANO, daß keine zwei Zahlen denselben Nachfolger haben, wäre nicht richtig. „Um solche arithmetische Katastrophen zu verhüten, brauchen wir das Unendlichkeitsaxiom", schreibt RUSSELL.[27] In einfacher Form kann es folgendermaßen formuliert werden: „Wenn n irgendeine induktive Kardinalzahl ist, so gibt es mindestens eine Menge von Individuen mit n Elementen."[28] Daraus folgt unmittelbar, daß es mindestens eine Menge mit $n + 1$ Elementen gibt und daß, da n „irgendeine" nicht fixierte Zahl ist, die Zahl der Individuen in der Welt jede natürliche Zahl überschreiten muß.

Viele Mathematiker betrachten das Unendlichkeitsaxiom nicht ohne Grund als eine außerlogische oder wenigstens nur teilweise logischen Charakter besitzende Annahme. In der Tat behauptet dieses Axiom die Existenz einer unendlichen Anzahl von Objekten der Welt, die selbstverständlich von den Objekten der Logik verschieden sind. Die Annahme einer unendlichen Menge konkreter physischer Objekte kann man als eine kosmologische Hypothese auffassen, deren Richtigkeit von der Naturwissenschaft bewiesen werden muß. Es ist jedoch völlig einleuchtend, daß dies keine rein logische Hypothese ist. Außerdem ist zu vermerken, daß RUSSELL die allgemeine Theorie unendlicher Mengen als einen Teil der Logik betrachtet, während die Mehrheit der Wissenschaftler sie zur Mathematik rechnet.

Ernsthafte Einwände ruft auch das Reduzibilitätsaxiom hervor, welches behaup-

[27] B. RUSSELL, Einführung in die mathematische Philosophie, München 1923, S. 134

[28] ebenda, S. 133

tet, daß es zu jeder nichtprädikativen Aussagenfunktion eine prädikative Aussagenfunktion gibt, die mit ihr formal äquivalent ist. Nichtprädikative Bestimmungen treten z. B. in der Analysis auf. RUSSELL aber schloß mit der Einteilung der Funktionen, Eigenschaften und Aussagen in Typen solche nichtprädikativen Bestimmungen aus, weil mit ihnen die Antinomien zusammenhängen. Um die Möglichkeit, die klassische Analysis aufzubauen, zu garantieren, waren RUSSELL und WHITEHEAD genötigt, das Reduzibilitätsaxiom einzuführen. Zu dessen Rechtfertigung führen sie rein pragmatische Gründe an: Dieses Axiom gestattet es, Aussagen herzuleiten, die ohne dieses Axiom nicht beweisbar sind. Diese Argumente werden von vielen Mathematikern jedoch als wenig überzeugend betrachtet.

Schließlich war RUSSELL ebenso wie ZERMELO in seinem Axiomensystem der Mengentheorie genötigt, das Auswahlaxiom oder, wie er es auch nennt, das multiplikative Axiom aufzunehmen: „Bei einer gegebenen Menge sich gegenseitig ausschließender Mengen, von denen keine Null ist, gibt es mindestens eine Menge, die genau ein Element mit jeder der gegebenen Mengen gemeinsam hat.“[29] Mit Hilfe dieses Axioms konnte ZERMELO den wichtigen Satz beweisen, daß jede Menge wohlgeordnet werden kann. Zu den Sätzen, die ohne das multiplikative Axiom nicht bewiesen werden können, gehören, wie RUSSELL bemerkt, bereits solche über den Zusammenhang von Addition und Multiplikation.

Die in den „Principia Mathematica“ ausführlich entwickelte Doktrin des Logizismus wurde sowohl von innen heraus als auch von außen der Kritik unterworfen. Von außen wurde sie vor allem von den Vertretern des Intuitionismus und des Formalismus kritisiert, die die Möglichkeit, die Mathematik aus der Logik herzuleiten, verneinten. Intuitionisten wie Formalisten sind der Ansicht, daß die Logik in ihrer Grundlage bereits einige mathematische Ideen voraussetzt; deshalb betrachten sie eine rein logische Begründung der Mathematik als unmöglich.

Die Kritik von innen ging vorwiegend von RUSSELLs Schüler L. WITTGENSTEIN aus. Sie betrifft vor allem die Definition der Identität. Wenn man eine andere als die RUSSELLsche Definition der Identität annimmt, wird es unmöglich, die Zahl in Termen von Klassen zu definieren. RUSSELL ist sogar der Ansicht, daß die WITTGENSTEINsche Kritik die mathematische Logik unmöglich macht und daher abgelehnt werden muß.[30] WITTGENSTEIN hält auch Aussagen über die Welt als Ganzes für sinnlos, solche Aussagen treten aber bei RUSSELL in der Formulierung des Unendlichkeitsaxioms auf.

Die Kritik an der Doktrin des Logizismus, die nach dem Erscheinen der „Principia Mathematica“ von RUSSELL und WHITEHEAD einsetzte, zwang die Auto-

[29] ebenda, S. 123

[30] B. RUSSELL, Die Entwicklung meines Denkens, München 1973, S. 115

ren dieses Systems ebenso wie die anderen Anhänger des Logizismus, eine ganze Reihe ihrer Ideen zu revidieren oder zu modifizieren. Diese Revision war unvermeidlich mit philosophischen Überlegungen verbunden.

FREGE war bei der Ausarbeitung seines Programms, die Arithmetik auf die Logik zurückzuführen, von der platonistischen Konzeption der Existenzweise mathematischer und logischer Objekte ausgegangen. Auch RUSSELL hielt in der ersten Zeit an dieser Ansicht fest, da sie ihm sehr geeignet erschien; später jedoch gab er sie auf. Da die platonistische Konzeption der Existenz mathematischer Objekte mit der unbegründeten Annahme zusammenhängt, die abstrakten Objekte existierten als besondere ideale Entitäten, versuchten einige Logiker und Mathematiker, das Programm des Logizismus unter Zugrundelegung rein nominalistischer Postulate zu realisieren. Einer der ersten Versuche in dieser Richtung erscheint in den Arbeiten des polnischen Wissenschaftlers LEON CHWISTEK und seiner Schüler. In den letzten Jahrzehnten wird dies in den Arbeiten QUINES, N. GOODMANS, R. MARTINS, J. WOODGERS, L. HENKINS u. a. vertreten. Am interessantesten ist in dieser Hinsicht wohl das von QUINE konstruierte System, das er in dem Artikel „New Foundations for Mathematical Logic" und in dem Buch „Mathematical Logic" dargelegt hat.[31]

Der Vorzug dieser Systeme besteht in der außerordentlichen Klarheit der Struktur und in der minimalen Anzahl von Grundbegriffen, die für den Aufbau des Systems verwendet werden. QUINE baut sowohl den Aussagenkalkül als auch den Funktionenkalkül auf jeweils nur einem undefinierten Grundbegriff auf. Als einziger Funktor des Aussagenkalküls wird die Antialternative[32] verwendet, das einzige logische Grundsymbol des Funktionenkalküls ist der Alloperator.[33] Jedoch sind weder QUINES System noch dessen nominalistische Grundlagen frei von Einwänden. Wie wir bereits im fünften Kapitel bemerkt haben, kompliziert die nominalistische Rekonstruktion den Aufbau der Mathematik, wie sie die Nominalisten akzeptieren, sehr bedeutend und zieht gleichzeitig den Verzicht auf einige wichtige Teile der klassischen Mathematik nach sich. Es versteht sich, daß die Mehrheit der Mathematiker dem nicht zustimmen kann, denn das Ziel der Grundlegung der Mathematik besteht ja nicht darin, auf einige Teile der vorliegenden und „funktionierenden" Mathematik zu verzichten, sondern darin, eine adäquate Erklärung für sie zu finden.

31 W. v. O. QUINE, From a Logical Point of View, Cambridge (Mass.) 1953. W. v. O. QUINE, Mathematical Logic, New York 1940

32 Bei QUINE „joint denial". Diese Aussagenverknüpfung wird auch „non-disjunction", „Rejektion", „NICODsche Funktion" genannt. (Anm. d. Hrsg.)

33 Für den Aufbau des Klassenkalküls, der für die Herleitung von Arithmetik und Analysis nötig ist, führt QUINE außerdem noch das Symbol „ϵ" für die Zugehörigkeit eines Elements zu einer Klasse ein. (Anm. d. Hrsg.)

3. Das Verhältnis von Logik und Mathematik, Kritik des Logizismus

Um auf die Frage antworten zu können, ob sich die Mathematik auf die Logik zurückführen läßt, muß man wissen, was in diesem Fall konkret unter Logik und Mathematik verstanden wird. Offensichtlich kann man den Gegenstand der Logik so weit definieren, daß sich die Mathematik als ein Bestandteil oder wenigstens als ein besonderer Anwendungsbereich der Logik erweist. Eine solche Tendenz enthält der Logizismus. Andererseits gibt es auch eine entgegengesetzte Tendenz, und zwar die Tendenz, formallogische Systeme als einen Teil der Mathematik zu betrachten. Ein solches Herangehen ist z. B. in den Arbeiten der Anhänger des Formalismus und vor allem des Intuitionismus festzustellen, nach deren Ansicht die Mathematik überhaupt mit dem Bereich der exakten Erkenntnis zusammenfällt. Es ist klar, daß man die Frage nach dem Gegenstand von Logik und Mathematik nicht lösen kann, ohne die Entwicklungsgeschichte dieser Wissenschaften zu analysieren, denn nur diese Analyse kann zeigen, wie sich ihr Untersuchungsgegenstand historisch erweitert hat, und damit die Möglichkeit geben, die zentrale Idee und das Ziel beider deutlich zu machen.

Aufgabe der Mathematik ist, wie wir im ersten Kapitel gesehen haben, die Untersuchung der Quantitätsverhältnisse und Raumformen der wirklichen Welt. In dem Maße, wie sich der Bereich der von ihr untersuchten Verhältnisse erweiterte, wurden auch neue Forschungsmethoden notwendig. Diese Methoden stützen sich auf abstrakte Begriffe und Theorien und führen dazu, daß die Abstraktheit der gesamten Mathematik anwächst.

Bei der Erforschung der Quantitätsverhältnisse und Raumformen sieht die Mathematik, wie wir bereits wissen, von allen qualitativen Besonderheiten der realen Dinge und Prozesse ab. Je abstrakter dabei ihre Begriffe und Theorien sind, desto tiefere und wesentlichere Eigenschaften der Quantitätsverhältnisse deckt sie auf. In dem Maße, in dem die Abstraktheit der Mathematik zunahm, wurde die Ansicht immer evidenter, daß diese Wissenschaft sich gegenüber der konkreten Natur der realen Erscheinungen gleichgültig verhalte und ausschließlich für die mathematische Form dieser Erscheinungen interessiere. In dieser Hinsicht erinnert die Mathematik an die formale Logik, die bei der Untersuchung der Denkformen ebenfalls vom konkreten Inhalt der verschiedenen Gedanken absieht und es nur mit deren logischer Form zu tun hat. Gestützt auf diese Analogie, behaupten die Anhänger des Logizismus, daß es in unserer Zeit bereits nicht mehr feststellbar sei, wo die Logik aufhöre und die Mathematik beginne.[34] Diese Ansicht berücksichtigt zwar die Ähnlichkeit zwischen diesen beiden Wissenschaften, sie unterstreicht jedoch nicht deren Unterschied und Spezifik.

Die formale Logik wird gewöhnlich als die Wissenschaft von den Gesetzen des richtigen Denkens definiert. Da diese Gesetze eine Widerspiegelung der allge-

[34] L. Couturat, Die philosophischen Prinzipien der Mathematik, Leipzig 1908, S. 7

meinsten Zusammenhänge der Wirklichkeit darstellen, sind sie in jedem Bereich der Wissenschaft und der praktischen Tätigkeit anwendbar. Überall, wo wir genötigt sind, Schlußfolgerungen zu ziehen, nehmen wir die Logik zu Hilfe oder benutzen deren Prinzipien und Gesetze wenigstens implizit. Wichtigste Aufgabe der Logik ist es, die Methoden zu erforschen, nach denen Gedanken aus anderen erschlossen werden, d. h., die Theorie des logischen Schließens aufzubauen. In der Mathematik haben wir es nahezu ausschließlich mit deduktiven Schlußweisen zu tun, in der gesamten folgenden Darlegung meinen wir deshalb die deduktive Logik.

Wenn in der Mathematik von der Logik die Rede ist, werden damit gewöhnlich wenigstens drei Bedeutungen verknüpft.

Erstens kann man von der Logik als von der Wissenschaft sprechen, die die Gesetze und Prinzipien des deduktiven Schließens überhaupt erforscht. Ein solches Herangehen steht jedoch der Philosophie näher als der Mathematik. In diesem Sinne kann man von der Logik als einem Teil der Philosophie sprechen.

Zweitens erweist es sich als fruchtbar, für die Untersuchung der Theorie des deduktiven Schließens die formalen Methoden der Mathematik anzuwenden. Zu diesem Zweck werden die verschiedenen logischen Systeme konstruiert, mit deren Hilfe es möglich wird, die logischen Zusammenhänge zwischen Gedanken exakt zu formulieren. Diesen Systemen kann man jedoch auch eine nichtlogische Interpretation geben. So kann z. B. der Aussagenkalkül auch durch Schaltsysteme, die aus Relaiskontakten aufgebaut sind, oder durch andere technische Vorrichtungen interpretiert werden. Bei einem solchen Herangehen werden gewisse gemeinsame Züge deutlich, die den ihrer konkreten Natur nach verschiedenen Objekten eigen sind. Es ist hier daher eher von einer Anwendung der Mathematik auf die Logik als von Logik im direkten Sinne des Wortes zu reden. Der Terminus „mathematische Logik", der für diesen Zweck verwendet wird, hebt unseres Erachtens diesen Umstand recht gut hervor.

Drittens kann man von den verschiedenen logischen Theorien und Systemen sprechen. So unterscheiden wir die aristotelische Logik und die klassische mathematische Logik, die mehrwertige und die modale Logik, die Systeme der materialen und der strikten Implikation usw. CURRY[35] vergleicht das Verhältnis zwischen diesen drei Bedeutungen des Terminus „Logik" u. E. recht treffend mit den entsprechenden Bedeutungen des Terminus „Geometrie". Als Wissenschaft von den Eigenschaften des physikalischen Raumes stellt die Geometrie eine angewandte Wissenschaft, und zwar einen Teil der Physik, dar. In der reinen Geometrie werden verschiedene abstrakte Räume untersucht, die auch die Eigenschaften nichträumlicher Objekte abbilden können. Und schließlich haben wir es innerhalb der reinen Geometrie mit verschiedenen Arten von Geometrien zu tun (der euklidischen und der nichteuklidischen, der projektiven und der Differentialgeometrie, der nichtarchimedischen Geometrie usw.).

35 H. B. CURRY, The Foundations of Mathematical Logic, New York 1963, pp. 1—3

Wenn die Logizisten die These von der Zurückführbarkeit der Mathematik auf die Logik aufstellen, dann meinen sie die in Gestalt verschiedener formaler Systeme oder Kalküle dargestellte Logik. In solchen Systemen treten jedoch in der Regel neben rein logischen Termini und Axiomen auch Termini der Mathematik auf. Das trifft sowohl auf das System der „Grundgesetze der Arithmetik" von FREGE als auch auf das System der „Principia Mathematica" von RUSSELL und WHITEHEAD zu. So schreibt z. B. RUSSELL: „Die Logik oder Mathematik beschäftigt sich nur mit Formen",[36] ohne jedoch darauf einzugehen, daß diese Formen sich im ersteren Fall auf das Denken, im letzteren jedoch auf Quantitätsverhältnisse und räumliche Abhängigkeiten beziehen.

In jedem logizistischen System, das einen Teil der Mathematik formalisiert, können wir stets allgemeine, logische Termini oder Konstanten von solchen Termini unterscheiden, die für die zu formalisierende mathematische Theorie spezifisch sind. Wir haben gesehen, daß im Axiomensystem PEANOs für die Arithmetik der natürlichen Zahlen die drei Grundbegriffe „Null", „Zahl" und „Nachfolger" solche spezifischen Termini sind. In HILBERTS Axiomensystem der euklidischen Geometrie sind solche Grundbegriffe der Geometrie wie „Punkt", „Gerade", „Ebene", „Kongruenz", „Parallelität" usw. spezifische Termini.

Während man den mathematischen Termini und den sie verbindenden Axiomen die verschiedensten Interpretationen geben kann, besitzen die logischen Termini in allen Interpretationen ein und dieselbe Bedeutung. Die logischen Grundfunktoren, wie Negation, Konjunktion, Alternative, Implikation und der All- und der Existenzoperator, werden in allen Interpretationen oder Modellen formaler Systeme einheitlich aufgefaßt, ganz gleich, ob es ein arithmetisches, ein geometrisches oder ein anderes Modell ist. Damit soll nicht gesagt werden, daß in allen logisch-mathematischen Systemen ein und dieselbe Logik verwendet werden müsse. Welche logischen Mittel angewendet werden, hängt von den Eigenschaften der Untersuchungsobjekte ab; wenn wir jedoch einmal eine bestimmte Logik ausgewählt haben, dann muß sie in verschiedenen Interpretationen formaler Systeme eindeutig aufgefaßt werden. Dieser Umstand ist für das Verständnis der Natur logischer Kalküle von wesentlicher Bedeutung.

D. A. BOČVAR machte den Vorschlag,[37] in formalisierten Systemen vom Typ der „Principia Mathematica" den logischen Teil, der den erweiterten Prädikatenkalkül ohne Typentheorie darstellt, herauszusondern. Er bemerkt mit Recht, daß wir es in der Logik niemals mit spezifischen oder, wie er sagt, individuellen Prädikaten, wie „eine Zahl sein", „kongruent" usw., zu tun haben. Wenn ein logisches System in dem Bestand eines umfassenderen Axiomensystems, das irgendeinen Teil der Mathematik oder einer anderen Wissenschaft formalisiert, einge-

[36] B. RUSSELL, Einführung in die mathematische Philosophie, a. a. O., S. 202

[37] Д. А. БОЧВАР, К вопросу о парадоксах математической логики и теории множеств. „Математический сборник", 1944, т. 15 (57), выпуск 3

gliedert wird, verwandelt sich dieses System damit nicht in einen Teil der Logik. In jedem beliebigen System dieser Art werden zu den logischen Termini, den Axiomen und Ableitungsregeln stets spezifische Termini und Axiome der zu formalisierenden Theorie hinzugefügt. Im eigentlichen Kalkül sind dann neben logischen Prädikaten unbedingt auch die spezifischen (oder individuellen) Prädikate der zu formalisierenden Theorie vorhanden, sei dies nun eine mathematische oder eine andere Disziplin. Unter inhaltlichem Gesichtspunkt bedeutet dies, daß die Anwendung logischer Prinzipien und Ableitungsregeln auf irgendeinen wissenschaftlichen Bereich stets das Vorhandensein von Begriffen, Aussagen und Gesetzen dieses konkreten Wissenschaftsgebietes voraussetzt. Ohne diese hätte es keinen Sinn, überhaupt von einer Anwendung der Logik zu sprechen. Die Mathematik, schreibt Bočvar in diesem Zusammenhang, ist aus der formalen Logik nicht herleitbar, weil für den Aufbau der Mathematik Axiome erforderlich sind, die bestimmte Tatsachen des Objektbereichs und vor allem die Existenz bestimmter Objekte in diesem Bereich feststellen. Solche Axiome jedoch besitzen bereits außerlogische Natur.[38]

Um mit hinreichendem Grund von einer Zurückführung der Mathematik auf die Logik sprechen zu können, wäre es notwendig, daß das System der mathematischen Logik, das (wie bei Frege) die Arithmetik oder (wie bei Russell) die gesamte reine Mathematik formalisiert, vollständig ist. Das bedeutet, wie wir wissen, daß jeder Satz, der mit den Mitteln dieses formalen Systems ausdrückbar ist, entweder bewiesen oder widerlegt werden kann. Wir haben jedoch gesehen, daß der Satz Gödels über die Unvollständigkeit der formalisierten Arithmetik deutlich zeigt, daß man selbst alle inhaltlich wahren Sätze der Arithmetik nicht aus deren Axiomen nach den exakt festgelegten Ableitungsregeln gewinnen kann. Ein solcher entscheidbarer Satz wird beweisbar, wenn das formale System durch einige zusätzliche Axiome und Ableitungsregeln verstärkt wird.

Wie Mostowski zeigt, kann jedoch kein System, auf das wir die erwähnte Methode anwenden, mit der inhaltlichen Mathematik zusammenfallen. Dabei gilt es, hervorzuheben, daß diese Methode derart allgemein ist, daß man sie praktisch auf alle Systeme anwenden kann, die die Bezeichnung einer formalisierten Arithmetik verdienen.[39] Obwohl demnach die Grundbegriffe und Theoreme mit den Mitteln eines solchen Systems wie der „Principia Mathematica" ausgedrückt werden können, gibt es doch solche inhaltlichen Wahrheiten, die mit den Mitteln eines solchen Systems nicht zu beweisen sind. Das aber bedeutet auch, daß der formalisierten Arithmetik wie jeder anderen mathematischen Disziplin eine inhaltliche Arithmetik vorausgehen muß, in der wir intuitiv wissen, was eine Zahl ist und welchen Sinn die Operationen mit Zahlen besitzen.

Wie wir bereits wiederholt betont haben, stellt die Formalisierung ein Hilfs-

[38] ebenda, S. 382

[39] A. Mostowski, Sentences Undecidable in Formalized Arithmetic, Amsterdam 1952, p. 4

mittel der wissenschaftlichen Forschung dar, und deshalb kann man mit ihr nicht ausnahmslos alle Probleme und darunter auch die erkenntnistheoretischen Kardinalprobleme der Grundlegung der Mathematik lösen.

Wir wollen nun etwas ausführlicher die Einwände betrachten, die von solchen Mathematikern gegen die Doktrin des Logizismus vorgebracht werden, die diese Doktrin nicht teilen.

Dabei ist zunächst festzustellen, daß — wie A. CHURCH bemerkt — der Versuch, die Mathematik auf die Logik zurückzuführen, nicht mehr als zur Hälfte gelungen ist.[40] Das System der „Grundgesetze der Arithmetik" FREGES wurde, wie wir wissen, aufgebaut, um die Arithmetik auf die Logik zurückzuführen. Die Geometrie zählte FREGE zur angewandten Mathematik. Um die gesamte reine Mathematik auf die Logik zurückzuführen, muß zunächst die Mathematik, insbesondere die Analysis, arithmetisiert werden. Dazu muß man jedoch nicht nur über die logische Definition für die einzelnen Zahlen verfügen, sondern auch für Systeme oder Mengen von Zahlen, für Mengen von Zahlenmengen usw. Zwar gelang es RUSSELL, die allgemeine Mengentheorie als einen Teil der Logik darzustellen, doch dazu mußte er eine Reihe von Axiomen postulieren, unter denen das Unendlichkeitsaxiom die wichtigste Rolle spielt. Wie wir im vorigen Abschnitt festgestellt haben, kann man diese Axiome nicht uneingeschränkt zur Logik rechnen. Deshalb ruft die Herleitung der reinen Mathematik aus der Logik Einwände von seiten vieler Mathematiker hervor.

Mit ihrem Bestreben, die Mathematik aus der Logik zu deduzieren, wollten RUSSELL und seine Nachfolger eine endgültige Grundlegung der Mathematik erreichen. Eine solche Grundlegung kann jedoch zumindest deswegen nicht erreicht werden, weil es Voraussetzungen gibt, die innerhalb der Theorie selbst zu begründen unmöglich ist. Anderenfalls verfallen wir in einen *regressus ad infinitum*. Ebenso wie beim axiomatischen Aufbau die Axiome ohne Beweis angenommen werden, müssen bei der Grundlegung der Mathematik gewisse Prinzipien intuitiv angenommen oder geglaubt werden.[41] Man kann versuchen, die Zahl dieser Voraussetzungen auf ein Minimum zu reduzieren, aber man kann sie nicht völlig beseitigen. Das Verdienst des Logizismus besteht eben darin, daß viele seiner Vertreter eine strenge logische Analyse der Grundbegriffe der Mathematik durchgeführt und die Beziehungen zwischen ihnen geklärt haben, womit sie in bedeutendem Maße die weitere Forschung auf dem Gebiet der Grundlegung der Mathematik und der mathematischen Logik gefördert haben.

[40] A. CHURCH, Mathematics and Logic, „Logic, Methodology and Philosophy of Science . . ." a. a. O., p. 184

[41] ebenda, S. 186

Kapitel 8

Intuitionismus und Konstruktivismus

Als eine selbständige Richtung in der Grundlegung der Mathematik entstand und formierte sich der Intuitionismus in den ersten zwanzig Jahren unseres Jahrhunderts. In der Hauptsache ist diese Richtung mit den Arbeiten des bekannten holländischen Mathematikers L. E. J. BROUWER und seiner Nachfolger verbunden. Jedoch hat schon der deutsche Mathematiker L. KRONECKER in den siebziger Jahren des vorigen Jahrhunderts Ideen ausgesprochen, die in voller Hinsicht den BROUWERschen nahestehen; sie zogen damals keine ernsthafte Aufmerksamkeit der Mathematiker auf sich.

Bedeutend größeren Einfluß besaßen die Vertreter der Pariser Schule der Funktionentheorie, R. BAIRE, LEBESGUE und BOREL, die manchmal auch *Halbintuitionisten* genannt werden. Sie befaßten sich damit, die Funktionentheorie mit den Mitteln der Mengentheorie zu untersuchen, und traten dabei scharf gegen die Annahme des Auswahlaxioms auf, mit dessen Hilfe der ZERMELOsche Satz bewiesen wird, wonach jede Menge wohlgeordnet werden kann. So wies z. B. BOREL bei seiner Kritik des Auswahlaxioms darauf hin, daß es für dessen Begründung notwendig sei, ein wenigstens theoretisches Verfahren anzugeben, mit dem man ein Element einer beliebigen Teilmenge M_α der Menge M bestimmen kann. Da es ein solches Verfahren aber nicht gibt, kann man die Schlußfolgerungen ZERMELOS im Rahmen der Mathematik nicht als gültig ansehen.

Der bedeutendste französische Mathematiker dieser Zeit, H. POINCARÉ, entschloß sich nach der Entdeckung der Antinomien der Mengenlehre, die CANTORsche Theorie ganz aufzugeben. Dieser Umstand hatte einen beträchtlichen Einfluß auf BROUWER und die um ihn vereinigten Mathematiker, die gegen die mengentheoretische Grundlegung der Mathematik auftraten. Das Wesen dieser Kritik wurde zum ersten Male in BROUWERS 1907 veröffentlichter Dissertation dargelegt. Besonders intensiv propagierte BROUWER von 1918 bis 1928 intuitionistische Ansichten. In dieser Zeit schlossen sich ihm einige deutsche, österreichische und schweizerische Wissenschaftler an. Nach einem Ausdruck WEYLS nahmen die Anhänger BROUWERS dessen Ansichten als ein Ereignis von größter erkenntnistheoretischer Bedeutung auf und begannen diese verstärkt zu verbreiten.

Zum Unterschied von ihren Vorgängern — von KRONECKER, von den französischen Halbintuitionisten und von POINCARÉ — beschränkten sich die Vertreter der holländischen Schule BROUWERS, oft *Neointuitionisten* genannt, nicht auf Halbheiten, sondern waren bestrebt, die gesamte Mathematik ihrem Programm entsprechend umzugestalten.

Hauptobjekt der intuitionistischen Kritik ist der traditionelle Begriff der Unendlichkeit, der ihrer Ansicht nach völlig unzureichend begründet ist. Die Anhänger BROUWERS behaupten sogar, daß bei der Grundlegung der Mathematik im 19. Jahrhundert keinerlei Fortschritt erreicht worden sei, weil bei der mengentheoretischen Grundlegung unendliche Mengen in Analogie zu endlichen Mengen behandelt werden.

Die Antinomien der Mengenlehre zeigen nach Ansicht der Intuitionisten die Unhaltbarkeit des traditionellen Vorgehens mit unendlichen Mengen. Sie zeugen nicht nur von einem Mißerfolg der Mengentheorie, sondern der gesamten klassischen Mathematik, die auf ihr basiert. Da man es in der Mengentheorie ständig mit dem Unendlichen zu tun hat, sind die Antinomien auch zuerst in dieser Theorie entdeckt worden. Das ist jedoch ein rein zufälliger Faktor. Die Hauptursache für das Entstehen der Antinomien ist das unrichtige Herangehen an den Begriff der mathematischen Unendlichkeit in der mengentheoretischen oder klassischen Mathematik, wobei die Unendlichkeit als vollendete, abgeschlossene oder aktuale Gesamtheit betrachtet wird.

Die Kritik der Intuitionisten an der klassischen Mathematik hängt unmittelbar mit der besonderen Auffassung von der Existenz der mathematischen Objekte und der Natur der mathematischen Erkenntnis überhaupt zusammen. Darin besteht die Grundursache dafür, daß die Intuitionisten einige logische Prinzipien (wie z. B. das Prinzip vom ausgeschlossenen Dritten) und auch die Methode des indirekten Beweises für Existenzbeweise aufgeben und den Umfang der klassischen Mathematik auf einen bestimmten intuitionistisch akzeptablen Rahmen beschränken.

1. *Die intuitionistische Auffassung von der Existenz mathematischer Objekte und vom Gegenstand der Mathematik*

Eine der grundlegenden Ideen der Intuitionisten besteht darin, daß sie den Begriff der Existenz irgendeines Objekts in der Mathematik (einer Zahl, einer Figur usw.) mit der Möglichkeit, dieses Objekt zu konstruieren, in Verbindung bringen. „Bei der Untersuchung gedanklicher mathematischer Konstruktionen", schreibt HEYTING, „muß ‚existieren' synonym sein mit ‚konstruiert sein'."[1]

Jede andere Auffassung des Terminus „Existenz" werten sie als Metaphysik, die keinerlei Bezug zur Mathematik hat, denn nach dem BROUWERschen Programm stellt die Mathematik etwas Elementareres und Unmittelbareres dar als die Metaphysik.

[1] A. HEYTING, Intuitionism. An Introduction Amsterdam—London 1971, p. 2

Gewöhnlich erhebt sich die Frage nach der Konstruierbarkeit eines mathematischen Objekts im Zusammenhang mit der Definition dieses Objekts. Es kann geschehen, daß das durch die Definition charakterisierte Objekt gar nicht existiert oder seine Existenz ein Problem darstellt. Wenn man die Existenz eines gewissen mathematischen Objekts mit Hilfe irgendeiner Konstruktion aus einfacheren Objekten feststellen kann, liegt eine konstruktive Definition des Objekts vor. In Fällen, wo diese Existenz festgestellt wird, indem man sich auf ihre logische Notwendigkeit bezieht, haben wir existentielle Definitionsmethoden vor uns. Existentielle Methoden stützen sich gewöhnlich auf das Gesetz vom ausgeschlossenen Dritten, mit dessen Hilfe die Wahl zwischen zwei sich gegenseitig ausschließenden Möglichkeiten getroffen wird: Entweder das fragliche Objekt existiert, dann führt die Negation seiner Existenz auf einen Widerspruch, oder das Objekt existiert nicht. Da die Intuitionisten die Möglichkeit bestreiten, das Gesetz vom ausgeschlossenen Dritten auf unendliche Mengen oder auch auf unzureichend genau definierte endliche Mengen anzuwenden, lehnen sie auch existentielle Definitionsmethoden für mathematische Objekte ab. Solange ein derartiges Objekt nicht mit Hilfe konstruktiver Methoden gewonnen wurde, d. h. nicht konstruiert ist, so lange gilt es nicht als existent. Meist benutzen die Intuitionisten Beispiele ungelöster mathematischer Probleme dazu, ihre Ansichten zu illustrieren. HEYTING verweist darauf, daß die klassische Mathematik z. B. den unterschiedlichen Charakter der folgenden beiden Definitionen vernachlässigt:

I. k ist die größte Primzahl derart, daß auch $k - 1$ eine Primzahl ist, oder $k = 1$, wenn eine solche Zahl nicht existiert.

II. l ist die größte Primzahl derart, daß auch $l - 2$ eine Primzahl ist, oder $l = 1$, wenn eine solche Zahl nicht existiert.[2]

Während wir im ersten Fall k tatsächlich bestimmen können ($k = 3$), gibt es im zweiten Falle kein Verfahren, l zu berechnen, denn es ist nicht bekannt, ob die Folge der Primzahlen von der Gestalt p, $p + 2$ (sogenannte Primzahlzwillinge) endlich oder unendlich ist. Deshalb lehnen die Intuitionisten Definitionen des zweiten Typs ab. Sie sind der Ansicht, daß eine Zahl oder ein anderes mathematisches Objekt nur dann definiert ist, wenn es ein Verfahren zu seiner Berechnung oder Konstruktion gibt. Diese Ansicht folgt natürlich aus der allgemeinen intuitionistischen Konzeption der mathematischen Existenz als Konstruierbarkeit des betreffenden Objekts.

Die intuitionistische Kritik beschränkt sich jedoch nicht nur darauf, daß sie solche existentiellen Definitionsverfahren oder „reinen“ Existenzbeweise ablehnt. In Abschnitt 4 des fünften Kapitels hatten wir bereits erwähnt, daß die Intuitionisten Existentialaussagen überhaupt ablehnen. Von ihrem Standpunkt aus besitzt wohl die Aussage „2 ist eine gerade Zahl“ einen bestimmten Sinn, nicht aber

[2] ebenda, p. 2

die Aussage „es existiert eine gerade Zahl“, diese ist nur ein Schema oder ein Urteilsabstrakt. Der einzige Wert von Existentialurteilen besteht nach WEYL darin, daß er uns veranlaßt, eine wirkliche Aussage zu suchen, etwa so wie ein Papier, auf dem mitgeteilt wird, daß irgendwo ein Schatz existiert, uns veranlaßt, diesen Schatz zu suchen.

Von diesem Standpunkt aus stellt die klassische Mathematik für die Intuitionisten einen gewaltigen Reichtum in Papierwährung dar, weil in ihr Existenzbehauptungen ein beträchtliches Gewicht besitzen. Da jedoch nicht Papiergeld, sondern reale Waren einen wirklichen Wert besitzen, darf man auch in der Mathematik — lehren die Intuitionisten — nur wirklichen, faktischen Aussagen Bedeutung beimessen, nicht aber Aussagenschemata oder -abstrakta. Dementsprechend besteht der hauptsächliche Wert mathematischer Existenzsätze nach Ansicht der Intuitionisten nicht so sehr im eigentlichen Satz als vielmehr in der Konstruktion, mit deren Hilfe er bewiesen wird.

Diese Behauptungen werden von der Position eines objektiven Idealismus aus begründet, obwohl viele Intuitionisten behaupten, daß sie nichts von philosophischen Argumenten halten. In der Tat: Ebenso wie die subjektiven Idealisten nur das für existent halten, was im menschlichen Bewußtsein realisiert werden kann,[3] erkennen die Intuitionisten in der Mathematik nur das als existent an, was im menschlichen Denken konstruiert werden kann. Da reine Existenzbeweise diese Möglichkeit nicht garantieren, werden sie vollständig abgelehnt. Die Mehrheit der Mathematiker teilt jedoch diese Ansicht nicht. HILBERT betont mit Recht: „Die reinen Existenzsätze sind ... tatsächlich die wichtigsten Marksteine in der geschichtlichen Entwicklung unserer Wissenschaft gewesen.“[4] Die Geschichte der Mathematik zeigt deutlich, daß sich in dem Maße, wie sich die Wissenschaft entwickelt, „reine“ oder nichteffektive Beweise in effektive verwandeln, d. h. in solche, die die Möglichkeit gewährleisten, das betreffende mathematische Objekt zu errechnen oder zu konstruieren. Niemand wird bestreiten, daß uneffektive Existenzbeweise kein vollständiges Wissen liefern, weil sie im strengen Sinn nur die Möglichkeit der Existenz des mathematischen Objekts postulieren. Trotzdem sind sie für die Entwicklung der Mathematik notwendig. Darüber hinaus besitzen sie auch einen eigenständigen Wert. „Das Wertvolle der reinen Existenzbeweise besteht gerade darin, daß durch sie die einzelne Konstruktion eliminiert wird und viele verschiedene Konstruktionen durch einen Grundgedanken zusammengefaßt werden, so daß allein das für den Beweis Wesentliche deutlich hervortritt.“[5]

Die Intuitionisten identifizieren die Existenz mathematischer Objekte mit ihrer Konstruierbarkeit und fassen damit die Mathematik selbst nicht als eine Theorie,

[3] Es sei nur an BERKELEYS These „esse est percipi“ (Sein heißt wahrgenommen werden) erinnert

[4] D. HILBERT, Grundlagen der Geometrie, a. a. O., S. 305—306

[5] ebenda, S. 305

sondern als eine besondere Art von Tätigkeit auf. Diese Tätigkeit besteht in der gedanklichen Konstruktion bestimmter Objekte aus ursprünglichen Objekten. Diese ursprünglichen Objekte sind für sie die natürlichen Zahlen, deren Begriff als intuitiv klar für jeden elementar gebildeten Menschen betrachtet wird.

Die gedanklichen Konstruktionen, von denen die Intuitionisten sprechen, haben keine Beziehung zur realen Welt und besitzen daher rein subjektiven Charakter. „Die reine Mathematik", schreibt HEYTING, „ist eine freie Schöpfung des Verstandes und hat an sich keinerlei Beziehung zu Erfahrungstatsachen."[6]

Da sie die Mathematik als eine Denktätigkeit auffassen, gehen die Intuitionisten auch völlig anders an die Bewertung der Rolle der Sprache heran. Nach ihrer Ansicht ist nur das mathematische Denken exakt und eindeutig, die Sprache hingegen enthält stets Ungenauigkeiten und Unklarheiten. Sie halten es darum für fehlerhaft, die Mathematik über die Analyse der Sprache und nicht über die Analyse des Denkens zu beurteilen. Dementsprechend besitzen für die Intuitionisten sowohl die Schaffung verschiedener Wissenschaftssprachen als auch das Problem der Formalisierung mathematischer Erkenntnisse nur zweitrangige Bedeutung.

2. *Das intuitionistische Herangehen an die Probleme der Logik und der Mengentheorie*

Ebenso wie die Sprache spielt auch die Logik keine bestimmende Rolle in der intuitionistischen Grundlegung der Mathematik. Vom Standpunkt der Intuitionisten aus muß eine mathematische Konstruktion so unmittelbar und klar sein, daß sie keiner anderen Begründung bedarf. „In der intuitionistischen Mathematik wird nämlich nicht nach festen Normen, die sich in einer Logik zusammenfassen lassen, geschlossen, sondern jeder einzelne Schluß wird unmittelbar auf seine Evidenz geprüft. Auch liegt der Kern einer mathematischen Beweisführung nicht in den logischen Schlüssen."[7]

Trotzdem verzichten die Intuitionisten nicht vollkommen auf die klassische Logik. Sie deuten sie nur anders und beschränken ihren Anwendungsbereich. Für sie stellt jedes logische Theorem ein mathematisches Theorem von höchster Allgemeinheit dar. Sie betrachten daher im Gegensatz zu den Logizisten nicht die Mathematik als einen Teil der Logik, sondern umgekehrt die Logik als einen Teil der Mathematik. Um diesen Gedanken zu erläutern, führt HEYTING folgendes Beispiel an: Es bezeichne A die Eigenschaft einer natürlichen Zahl, durch 8 teilbar zu sein, B die Eigenschaft, durch 4, und C die Eigenschaft, durch 2 teilbar zu sein. Für $8a$ können wir $4 \times 2a$ schreiben; durch diese mathematische Konstruktion P sehen wir, daß die Eigenschaft B aus A folgt ($A \rightarrow B$). Eine ähnliche Konstruktion Q

[6] A. HEYTING, Mathematische Grundlagenforschung. Intuitionismus. Beweistheorie. „Ergebnisse der Mathematik und ihrer Grenzgebiete", 3. Bd., H. 4, Berlin 1934, S. 67

[7] ebenda, S. 13

zeigt, daß $B \rightarrow C$. Dadurch, daß wir zuerst P, dann Q ausführen, erhalten wir $8a = 2 \times (2 \times 2a)$, was zeigt, daß $A \rightarrow C$.[8] Dieser Prozeß bleibt gültig, wenn wir für A, B, C beliebige Eigenschaften einsetzen, d. h., statt der Eigenschaften von Zahlen kann man auch beliebige andere Eigenschaften betrachten. Wenn wir uns mit Hilfe einer Konstruktion davon überzeugen, daß die Eigenschaft A die Eigenschaft B zur Folge hat, und wir uns mit einer weiteren Konstruktion davon überzeugen, daß die Eigenschaft B die Eigenschaft C zur Folge hat, dann können wir die Behauptung aussprechen, daß A C zur Folge hat. Diese Behauptung drückt einfach die Tatsache aus, daß wir die Verwendung von zwei Konstruktionen durch eine einzige ersetzen können. Das Theorem, das durch diese Konstruktion gewonnen wird, besitzt bereits allgemeinen Charakter; es muß daher nicht zur Mathematik gerechnet werden, die bestimmte Eigenschaften von Zahlen, Figuren u. ä. Objekten untersucht, sondern zur Logik, die beliebige Eigenschaften unabhängig von ihrer konkreten Natur untersucht.

Der intuitionistische Beweisbegriff und der Gesetzesbegriff unterscheiden sich jedoch wesentlich vom traditionellen. Wenn in der klassischen Logik ein Beweis dazu dient, daß eine Schlußfolgerung entsprechend den allgemeinen anerkannten logischen Prinzipien aufgebaut ist, betrachten die Intuitionisten als einziges überzeugendes Argument eines Beweises die mathematische Konstruktion selbst. Nach BROUWERS Meinung können weder Logik noch Sprache als adäquater Ausdruck des mathematischen Denkens dienen, und deswegen können sie auch nicht besser überzeugen als das mathematische Denken selbst.

Von den Gesetzen der klassischen Logik erkennen die Intuitionisten das Identitätsgesetz und das Widerspruchsgesetz an, sie lehnen jedoch den Glauben an den universellen Charakter des Gesetzes vom ausgeschlossenen Dritten ab. BROUWER hält den eingewurzelten Glauben an die Richtigkeit dieses Gesetzes für eine ebenso seltsame Erscheinung in der Geschichte der Zivilisation wie den lange Zeit erhalten gebliebenen Glauben an die Rationalität der Zahl π oder an die Rotation des Himmelsgewölbes um die Erdachse. Er erklärt das dogmatische Herangehen an das Gesetz vom ausgeschlossenen Dritten hauptsächlich damit, daß die klassische Logik insgesamt für eine breite Gruppe einfacher Alltagserscheinungen praktisch richtig ist. Diese tief verwurzelte Gewohnheit führt dazu, daß die klassische Logik nicht nur als eine nützliche, sondern auch als eine apriorische Konzeption betrachtet wird.[9]

Selbstverständlich bestreiten die Intuitionisten durchaus nicht die Anwendbarkeit des Gesetzes vom ausgeschlossenen Dritten auf endliche Mengen. BROUWER nimmt sogar an, daß alle Gesetze der aristotelischen Logik durch die Untersuchung endlicher Mengen entdeckt wurden. In der Tat können wir bei der Unter-

[8] A. HEYTING, Intuitionism . . ., a. a. O., p. 6

[9] Vgl. L. E. J. BROUWER, Consciousness, Philosophy and Mathematics „Philosophy of Mathematics", Selected Readings, New Jersey 1964, p. 82

suchung endlicher Mengen entweder tatsächlich oder wenigstens prinzipiell überprüfen, ob ein Element der Menge irgendeine Eigenschaft besitzt. Dazu reicht es hin, alle Elemente der Menge durchzumustern. Wenn unter ihnen ein Element mit der geforderten Eigenschaft gefunden wird, ist unsere Aussage wahr; im entgegengesetzten Fall ist sie falsch. Eine dritte Möglichkeit gibt es hier nicht.

Völlig anders verhält es sich mit unendlichen Mengen. Wenn wir sagen, daß ein Element einer solchen Menge über eine gewisse Eigenschaft *P* verfügt, dann können wir die Richtigkeit dessen überprüfen, indem wir entweder ein Element feststellen, das über die Eigenschaft *P* verfügt, oder indem wir beweisen, daß kein Element dieser Menge über diese Eigenschaft verfügt. Aber diese beiden Möglichkeiten sind nicht erschöpfend. Es kann geschehen, daß wir kein Element mit der Eigenschaft *P* feststellen (das ist durchaus möglich, da die gegebene Menge unendlich ist) und auch keinen Beweis dafür finden, daß kein Element der Menge die Eigenschaft *P* besitzt. Infolgedessen können wir, betont BROUWER, nicht behaupten, daß das Gesetz vom ausgeschlossenen Dritten für unendliche Mengen gilt.

Man stellt jedoch unschwer fest, daß die genannte dritte Möglichkeit einen völlig anderen Charakter besitzt. Während die ersten beiden Möglichkeiten mit Umständen objektiven Charakters zusammenhängen, ist die dritte von der Unvollständigkeit unserer Erkenntnis abhängig und trägt daher zeitweiligen und subjektiven Charakter. Deshalb behauptet ein Mathematiker der klassischen Richtung, daß jeder Satz entweder wahr oder falsch sein muß. Die intuitionistischen Mathematiker lehnen diese Behauptung ab. Nach Ansicht BROUWERs beruht sie auf einem doppelten Mißverständnis. Erstens wird angenommen, die Mathematik habe es mit objektiver Wahrheit zu tun, während die Mathematik erst im Verlaufe der Tätigkeit der Mathematiker geschaffen wird. Zweitens wird hier ungesetzlich eine Prozedur auf unendliche Mengen ausgedehnt, die nur hinsichtlich endlicher Mengen gesetzlich ist, denn es ist prinzipiell unmöglich, alle Elemente einer unendlichen Menge zu überprüfen.[10]

Bei einer tiefergehenden Analyse stellt man fest, daß die intuitionistische Kritik nicht so sehr gegen das Gesetz vom ausgeschlossenen Dritten gerichtet ist als vielmehr gegen den traditionellen Begriff der Negation genereller Aussagen. In der Tat führt in der klassischen Logik die Negation einer generellen Aussage zu einer Existenzaussage:

$$\neg \forall(x)\, P(x) \supset \exists(x) \neg P(x)$$

(„Wenn es nicht wahr ist, daß alle *x* die Eigenschaft *P* haben, dann folgt darauf, daß es (ein) *x* gibt, das die Eigenschaft *P* nicht hat"). Die Intuitionisten erkennen jedoch bekanntlich nicht an, daß Existenzaussagen eine selbständige Bedeutung haben. Für sie besitzt die Negation einer generellen Aussage nur dann einen Sinn,

[10] Vgl. A. FRAENKEL and Y. BAR-HILLEL, Foundations of Set Theory Amsterdam 1958, p. 256

wenn man ein Gegenbeispiel aufweisen kann. Daraus wird klar, daß die Intuitionisten zwar die Anwendbarkeit des Gesetzes vom ausgeschlossenen Dritten zulassen, aber nur für Aussagen, die unter intuitionistischem Gesichtspunkt sinnvoll sind. Mit anderen Worten: Das Gesetz vom ausgeschlossenen Dritten wird nur für Aussagen einer bestimmten Art als gültig betrachtet.

Die intuitionistische Logik, in der das Gesetz vom ausgeschlossenen Dritten fehlt, erweist sich als enger als die klassische Logik. Sie kann aus der klassischen Logik erhalten werden, indem das Gesetz vom ausgeschlossenen Dritten durch eine schwächere Behauptung ersetzt wird. In der Tat erhalten wir, wenn wir die Behauptung $p \vee \neg p$ (Gesetz vom ausgeschlossenen Dritten) durch die Behauptung

$$((p \rightarrow q) \wedge (p \rightarrow \neg q)) \rightarrow \neg p$$

ersetzen, den intuitionistischen Aussagenkalkül, den HEYTING 1930 zum ersten Male konstruiert hat.[11]

In der intuitionistischen Mathematik kann, nach den Worten HEYTINGS, jede Behauptung in der Form „Ich habe in Gedanken die Konstruktion A ausgeführt" ausgedrückt werden. Dann bedeutet die Konjunktion zweier Behauptungen die Ausführbarkeit von zwei Konstruktionen, die Alternative bedeutet dann, daß wenigstens eine der Konstruktionen ausführbar ist. Etwas komplizierter sind Negation und Implikation zu interpretieren.

Von weitaus größerem Interesse ist die Interpretation des formalen Systems HEYTINGS als Problem- oder Aufgabenrechnung, die A. N. KOLMOGOROV 1932 vorgelegt hat.[12] Der Begriff des Problems oder der Aufgabe wird hier unter klassischem Gesichtspunkt betrachtet, er wird jedoch nicht definiert, sondern als Grundbegriff genommen. In dieser Interpretation bedeutet die Konjunktion $a \wedge b$ die Aufgabe „beide Aufgaben a und b lösen", die Alternative $a \vee b$ bezeichnet die Aufgabe „mindestens eine der Aufgaben a und b lösen". Weiterhin bezeichnet die Implikation $a \supset b$ die Aufgabe „vorausgesetzt, daß die Lösung von a gegeben ist, die Aufgabe b lösen" oder, was dasselbe ist, „die Lösung von b auf die Lösung von a zurückführen". Demnach kann man das intuitionistische System auch in klassischen Termini deuten.

Der Aufbau von Systemen der intuitionistischen Logik besaß große Bedeutung für den Vergleich der Ausgangsprinzipien der klassischen und der intuitionisti-

[11] A. HEYTING, Intuitionism . . ., a. a. O. Vgl. auch: A. HEYTING, Die formalen Regeln der intuitionistischen Logik, „Sitzungsberichte der Preußischen Akademie der Wissenschaften", Phys.-math. Klasse, Jg. 1930, II. Gekürzter Wiederabdruck in K. BERKA/L. KREISER. Logik-Texte, Berlin 1971 (Anm. d. Hrsg.)

[12] A. KOLMOGOROFF, Zur Deutung der intuitionistischen Logik „Mathematische Zeitschrift", 1932, Bd. 35, S. 58—65. Nachdruck in K. BERKA/L. KREISER, Logiktexte, Berlin 1971; siehe auch: А. Н. Колмогоров, О принципе „tertium non datur" „Математический сборник", 1925, т. 32, выпуск IУ, стр. 646—667

schen Mathematik. Viele orthodoxe Intuitionisten sind jedoch, obwohl sie das System HEYTINGS anerkennen, der Ansicht, daß kein statisches System der Logik das dynamische mathematische Denken genau auszudrücken in der Lage ist. Deshalb kann jedes beliebige symbolische System nur eine annähernde Nachbildung des konstruktiven mathematischen Denkens sein. Hier stoßen wir auf das grundlegende Postulat des Intuitionismus, wonach der eigentliche Prozeß des mathematischen Denkens primär und bestimmend ist, während Logik und Sprache nur unvollkommene Methoden sind, diesen Prozeß auszudrücken.

Das intuitionistische Programm der Grundlegung der Mathematik ist weitaus radikaler als das im siebenten Kapitel behandelte Programm des Logizismus. Während die Logizisten geneigt sind, die Ursachen der Antinomien weniger in der Mathematik als vielmehr in der Logik zu sehen, liegen für die Intuitionisten die Wurzeln des Übels in der unrichtigen Deutung des Begriffs der mathematischen Unendlichkeit. Sie sind der Ansicht, daß die Erfolge bei der Grundlegung der Analysis, die im vorigen Jahrhundert durch die Arbeiten von WEIERSTRASS, DEDEKIND, FREGE und CANTOR erreicht wurden, rein illusorisch gewesen seien.

In all diesen Arbeiten wird das Unendliche in Analogie zum Endlichen behandelt und der besondere Charakter der mathematischen Unendlichkeit nicht hervorgehoben. Dieser Umstand tritt besonders deutlich in der CANTORschen Mengenlehre hervor. Es ist daher, behaupten die Intuitionisten, kein Zufall, daß die Antinomien gerade in dieser Theorie aufgetreten sind, wo beständig mit dem Begriff der Unendlichkeit als einem abgeschlossenen, vollendeten Prozeß, d. h. mit der aktualen Unendlichkeit, operiert wird. Wenn man diesen unzulässigen Begriff aufgibt, dann verschwinden automatisch nicht nur alle bekannten Antinomien, sondern alle überhaupt denkbaren Antinomien.

Die Intuitionisten lehnen die CANTORsche Konzeption der aktualen Unendlichkeit ab, wonach eine unendliche Menge sofort mit allen ihren Elementen gegeben ist; sie betrachten die Unendlichkeit als einen Prozeß, der niemals abgeschlossen sein kann.

Die zweite Grundidee BROUWERS besteht eben darin, daß er unendliche Mengen nicht als fertige und gewordene, sondern als entstehende und werdende betrachtet. In Übereinstimmung damit zieht es BROUWER vor allem in seinen späteren Schriften vor, den Terminus „spread" anstelle von „Menge" zu verwenden.[13] Die „Ur-

[13] „spread" (engl.): Ausdehnung; dem entspricht das holländ. „spreiting". In den russischen Übersetzungen der Arbeiten von WEYL, HEYTING, FRAENKEL-BAR-HILLEL u. a. wird „spread" mehr sinngemäß als buchstäblich mit „поток" (Strom) wiedergegeben. Auch RUZAVIN benutzt diesen Terminus. Auch die russische Übersetzung des im folgenden benutzten Begriffes „freie Wahlfolge" (free-choice sequence) mit „свободно становящаяса последовательность" ist nicht wörtlich genau, obwohl sie die Intention BROUWERS völlig trifft. Außerdem verwendete BROUWER in seinen deutschsprachigen Schriften (bis etwa 1930) die Ausdrücke „Menge" bzw. „Mengenspezies", betont aber den Unterschied zum CANTORschen Mengenbegriff. Diese terminologische Situation war Veranlassung, diesen und die folgenden zwei Absätze etwas freier wiederzugeben. (Anm. d. Hrsg.)

intuition der natürlichen Zahlenreihe" liefert in Gestalt des Prinzips der mathematischen Induktion die nur potentiell, nicht aktual unendliche Folge der natürlichen Zahlen. BROUWER geht aber noch weiter und läßt neben solchen Folgen, die durch ein Gesetz ins Unendliche bestimmt sind („gesetzmäßige Folgen"), auch solche Folgen zu, die von Schritt zu Schritt durch „freie Wahlakte" entstehen („freie Wahlfolgen"). Schränkt man die Wahlfreiheit einer solchen Folge immer enger ein, dann geht die freie Wahlfolge stetig in eine gesetzmäßige Folge über.[14] Eine Menge im BROUWERschen Sinne (d. h. „spread") unterscheidet sich von einer Menge im Sinne CANTORS dadurch, daß einer solchen freien oder durch gewisse Regeln eingeschränkten Wahlfolge für jeden Wahlakt ein mathematischer Gegenstand zugeordnet wird.[15] Damit kehrt sich insbesondere die Definition der reellen Zahlen und des Kontinuums um: Eine freie Wahlfolge „bestimmt nicht eine reelle Zahl, sondern die Menge der reellen Zahlen, oder das Kontinuum. Während man sonst jede reelle Zahl einzeln definiert denkt und nachher diese Zahlen zusammenfaßt, wird hier das Kontinuum als Ganzes definiert."[16] WEYL bemerkt hierzu: „Die werdende Wahlfolge repräsentiert das Kontinuum oder die Variable, die durch das Gesetz ins Unendliche bestimmte Folge aber die einzelne in das Kontinuum hineinfallende reelle Zahl. Das Kontinuum erscheint hier nicht als ein Aggregat fester Elemente, mit LEIBNIZ zu reden, sondern als ein Medium freien Werdens."[17] BROUWER sieht also das Wesen des Kontinuums nicht in der Beziehung von Menge und Element, sondern in der Beziehung des Teils zum Ganzen.

WEYL ist sogar der Ansicht, daß diese Idee BROUWERS eine Revolution in der Philosophie der Mathematik darstellt, weil sie das unbewegliche Sein der früheren Mathematik durch das Werden und die aktuale Unendlichkeit durch die potentielle ersetzt.[18]

Eine detailliertere Analyse zeigt jedoch, daß es BROUWER und seinen Anhängern nicht gelungen ist, die von ihnen kritisierte Position der mengentheoretischen Mathematik zu überwinden, die sich auf die Idee der aktualen Unendlichkeit stützt. Während sie zu Recht die Versuche ablehnten, die Mathematik voll und ganz von der Position der aktualen Unendlichkeit aus zu begründen, verfielen die Intuitionisten in das andere Extrem, indem sie in der Mathematik lediglich die wer-

14 A. HEYTING, Die intuitionistische Grundlegung der Mathematik „Erkenntnis", 2 (1931), S. 109—110.

15 ebenda, S. 110

16 ebenda, S. 109

17 H. WEYL, Philosophie der Mathematik und Naturwissenschaft, a. a. O., S. 43

18 HILBERT entgegnet darauf: „. . . nein: BROUWER ist nicht, wie WEYL meint, die Revolution, sondern nur die Wiederholung eines Putschversuches mit alten Mitteln, der seinerzeit (von KRONECKER — d. Hrsg.) viel schneidiger unternommen, doch gänzlich mißlang und jetzt zumal, wo die Staatsmacht durch FREGE, DEDEKIND und CANTOR so wohlgerüstet und befestigt ist, von vornherein zur Erfolglosigkeit verurteilt ist." Neubegründung der Mathematik. „Gesammelte Abhandlungen", Bd. 3, Berlin 1935, S. 160 (Anm. d. Hrsg.)

dende Unendlichkeit als zulässig anerkannten. Das ist jedoch nicht einmal das Wichtigste. Sie betrachten das Werden selbst metaphysisch; es ist bei ihnen vom Sein losgelöst und ihm entgegengesetzt. Diesem Postulat entsprechend schlagen die Intuitionisten vor, die gesamte Mathematik genetisch aufzubauen, und schließen jedes existentiale Herangehen an deren Probleme aus. Mit anderen Worten: Sie heben die werdende Unendlichkeit auf Kosten der aktualen Unendlichkeit hervor und nehmen an, daß nur erstere in der Mathematik eine Existenzberechtigung besitzt.

Da die Intuitionisten als einzig rechtmäßigen Begriff die werdende oder potentielle Unendlichkeit anerkennen, kommen sie zu der Ansicht, daß für eine solche werdende Folge die Frage nach der Existenz eines Elements bestimmter Art keinen Sinn hat, solange dieses Element nicht tatsächlich konstruiert ist. In der Tat: Wenn eine Folge durch freie Wahlakte entsteht, dann ist es unmöglich, die Frage zu beantworten, ob alle ihre Elemente eine Eigenschaft P besitzen oder nicht, denn ihr allgemeines Bildungsgesetz ist uns unbekannt. „Von einer werdenden Wahlfolge", sagt WEYL, „können natürlich nur solche Eigenschaften sinnvoll ausgesagt werden, für welche die Entscheidung ja oder nein (kommt die Eigenschaft der Folge zu oder nicht) schon fällt, wenn man in der Folge bis zu einer gewissen Stelle gekommen ist, ohne daß die Weiterentwicklung der Folge über diesen Punkt des Werdens hinaus, wie sie auch ausfallen möge, die Entscheidung wieder umstoßen kann."[19]

Noch weniger ist die Forderung gerechtfertigt, eine solche Frage auf Grund des Gesetzes vom ausgeschlossenen Dritten zu beantworten. Wir wollen dazu ein Beispiel von der Art betrachten, wie sie von den Intuitionisten gewöhnlich selbst angeführt werden: In der Entwicklung der Zahl $\pi = 3{,}14159\ldots$ sind 100 aufeinanderfolgende Nullen zu finden.[20] Wenn es bei hinreichend langer Dezimalentwicklung von π gelänge, eine solche Sequenz von 100 Nullen festzustellen, wäre damit auch die Behauptung von der Existenz einer solchen Sequenz

[19] H. WEYL, Philosophie der Mathematik und Naturwissenschaft, a. a. O., S. 43

[20] Die Dezimalbruchentwicklung der Zahl π ist keine freie Wahlfolge, sondern eine gesetzmäßige Folge. In bezug auf das betrachtete Problem leistet diese Folge jedoch das gleiche wie eine freie Wahlfolge, zeigt HEYTING (Die intuitionistische Grundlegung der Mathematik, „Erkenntnis" 2, 1931, S. 111—113). Freie Wahlfolgen werden in der intuitionistischen Mathematik z. B. für die Einführung des Kontinuums und den Beweis einiger Sätze über das Kontinuum gebraucht. Diese Beweise bleiben jedoch auch gültig, wenn die freien Wahlfolgen durch gesetzmäßige Folgen ersetzt werden und dabei ein ungelöstes Problem (wie die Frage nach der Existenz z. B. einer Sequenz 0123456789 in der Dezimalentwicklung von π) verwendet wird. Ein solcher Beweis wird dann zwar hinfällig, wenn das Problem (durch Aufweisen der betr. Sequenz) gelöst wird, es kann aber durch ein anderes ungelöstes Problem ersetzt werden. Beweise dieser Art sind also an die Existenz ungelöster Probleme gebunden. Aber, fügt HEYTING hinzu, „eben hierin zeigen sich die Wahlfolgen den gesetzmäßigen Folgen überlegen, daß sie die Mathematik von der Frage nach der Existenz unlösbarer Probleme unabhängig machen." (Anm. d. Hrsg.)

bewiesen. Wenn jedoch diese 100 Nullen nicht festgestellt werden, ist es dann berechtigt zu sagen, daß eine solche Sequenz in der Entwicklung von π nicht existiert? Offensichtlich nicht, denn wir haben es mit einer unendlichen Menge zu tun, die ihrem eigenen Sinn nach nie erschöpft sein kann. Die Behauptung, daß es in der Dezimalentwicklung von π keine Sequenz von 100 Nullen gibt, wäre richtig, wenn wir wüßten, daß ihre Existenz dem Bildungsgesetz der Zahl π widerspricht. Ein solches Bildungsgesetz kennen wir jedoch nicht.

Die meisten von den Intuitionisten angeführten Beispiele tragen diesen Charakter: Einerseits gibt es kein Beispiel, genauer gesagt, es wurde keines gefunden, welches zeigt, daß ein gewisses Element einer unendlichen Folge eine gegebene Eigenschaft *P* besitzt; andererseits ist kein allgemeines Gesetz bekannt, welches besagt, daß alle Elemente der unendlichen Folge die entgegengesetzte Eigenschaft non-*P* besitzen. Nach Ansicht der Intuitionisten ist in der klassischen Mathematik eben diese Möglichkeit nicht berücksichtigt worden, d. h., mit unendlichen Mengen wird in Analogie zu endlichen Mengen geschlossen und auf sie das Gesetz vom ausgeschlossenen Dritten angewendet, welches ihrer Ansicht nach nur für endliche Mengen vollkommen bestimmten Charakters gerechtfertigt ist.

3. Kritik der philosophischen Ansichten der Intuitionisten

Bei der Betrachtung der Grundpostulate der Intuitionisten haben wir uns an konkreten Prinzipienfragen der Mathematik schon wiederholt davon überzeugen können, daß sie sich auf eine idealistische Weltauffassung stützen. „Wir Menschen", schildert HEYTING den Standpunkt BROUWERS und seinen eigenen, „greifen aus dem Fluß der Empfindungen Einzeltatsachen heraus; wir erkennen Folgen von Ereignissen, die sich regelmäßig wiederholen . . . Die Bildung von kausalen Folgen geschieht in aktiver Tätigkeit des Intellekts."[21]

Nach Ansicht WEYLS vertritt BROUWER „den Idealismus, indem er Zurückführung aller Wahrheit auf das anschaulich Gegebene fordert"[22]. Auch WEYL selbst behauptet, daß wir die Außenwelt aus dem Material errichten, das uns in der Anschauung gegeben ist. Sie betrachten folglich Empfindungen, Wahrnehmungen und Vorstellungen nicht als Abbilder der Außenwelt, d. h. als etwas Sekundäres, sondern als das primär Gegebene. Hier sind unschwer der Zusammenhang und die philosophische Verwandtschaft des intuitionistischen Programms mit dem subjektiven Idealismus im allgemeinen und dem Machismus insbesondere zu erkennen. Die Intuitionisten leugnen wie die Machisten die Möglichkeit, sich der Praxis zuzuwenden.

In Übereinstimmung mit dieser Ansicht lösen die Intuitionisten auch die Grundfrage der Philosophie bezüglich der Mathematik. „Zu den Intuitionisten", erklärt

21 A. HEYTING, Mathematische Grundlagenforschung . . ., a. a. O., S. 67

22 H. WEYL, Philosophie der Mathematik und Naturwissenschaft, a. a. O., S. 53

HEYTING, „rechnen wir diejenigen Mathematiker, die den folgenden Grundsätzen zustimmen:

1. Mathematik hat nicht bloß formale, sondern auch inhaltliche Bedeutung.
2. Die mathematischen Gegenstände werden von dem denkenden Geist unmittelbar erfaßt; die mathematische Erkenntnis ist daher von der Erfahrung unabhängig."[23]

„Nach intuitionistischer Auffassung", erläutert er diesen Gedanken, „hat die Mathematik inhaltliche Bedeutung und entsteht sie durch eine konstruktive Tätigkeit unseres Verstandes."[24]

Noch markanter ist diese subjektivistische Ansicht in dem bekannten Aphorismus BROUWERS ausgedrückt, wonach es so viele Mathematiken gibt, wie es Mathematiker gibt. Die Intuitionisten treten für die inhaltliche Bedeutung der Mathematik ein, faktisch jedoch liquidieren sie diese inhaltliche Bedeutung, denn das, was sie darunter verstehen, hat mit dem wirklichen Inhalt der Mathematik nichts zu tun.

Was den zweiten von HEYTING genannten Grundsatz betrifft, so ist sein Zusammenhang mit dem Apriorismus völlig offensichtlich. WEYL erwähnt die Nähe einiger Ideen des Intuitionismus zur Methodenlehre KANTS, in der dieser das Wesen der mathematischen Erkenntnis in der Konstruktion immer neuer Begriffe sieht; WEYL betont jedoch auch, daß die KANTsche Schilderung des konstruktiven Verfahrens in ihren Einzelheiten die Intuitionisten heute kaum mehr befriedigen kann.[25] BROUWER ist der Ansicht, daß die KANTsche Auffassung der Axiome als synthetische Urteile a priori, die sich auf die Anschauungsformen Raum und Zeit stützen, unhaltbar ist. Den schwersten Schlag hat diese Konzeption durch die Entdeckung der nichteuklidischen Geometrie erhalten. Seiner Meinung nach betrifft diese Entdeckung jedoch nur die Apriorität des Raumes, ohne die Apriorität der Zeit zu berühren.[26] BROUWER selbst neigt mehr zu einem Apriorismus PLATONschen Typs, der die Wurzel des mathematischen Denkens in einer mystischen „Zwei-Einigkeit" erblickt. „Dit neo-intuitionisme", schreibt BROUWER, „zieht het uiteenvalleen van levensmomenten in qualitatief verschillende deelen, die alleen gescheiden door den tijd zich weer kunnen vereenigen, als oergebeuren in het menschelijk intellect, en het abstraheeren van dit uiteenvallen van elken gevoelsinhoud tot de intuitie van twee-eenigheid zonder meer, als oergebeuren van het wiskundig denken."[27] Durch diesen Prozeß, erläutert WEYL, können wir dadurch, daß immer wieder „ein zu zwei" wird, in einer

23 A. HEYTING, Mathematische Grundlagenforschung . . ., a. a. O., S. 3

24 ebenda, S. 2

25 H. WEYL, Philosophie der Mathematik und Naturwissenschaft, a. a. O., S. 53

26 L. E. J. BROUWER, Intuitionism and Formalism. „Philosophy of Mathematics", Selected Readings, New Jersey 1964, p. 69

27 Zitiert nach: H. WEYL, Philosophie der Mathematik und Naturwissenschaft, a. a. O., S. 53

unendlichen Folge von Teilintervallen, deren jedes innerhalb des vorhergehenden liegt, die einzelne reelle Zahl definieren. In der Darstellung BROUWERS jedoch nimmt dieser Prozeß einen äußerst verschwommenen und nebelhaften Charakter an.

Einen ebenso verschwommenen und unbestimmten Charakter trägt die BROUWERsche Lehre von der Urintuition. HEYTING sieht in ihr die einzige Quelle der Mathematik, die uns mit unmittelbarer Klarheit deren Begriffe und Schlüsse liefert. Obwohl BROUWER diese Intuition als etwas von der Logik und wahrscheinlich sogar dem rationalen Denken Verschiedenes auffaßt, verneint er auch deren empirischen Charakter und deren Herkunft. O. BECKER, wie HEIDEGGER ein Schüler HUSSERLS und zeitweise auf dem Boden von HEIDEGGERS hermeneutischer Phänomenologie stehend, hat die BROUWERsche Lehre von der Intuition analysiert: Er kommt zu dem Schluß, daß diese Anschauung (*intuitio*) nicht als „sinnliche" oder „empirische" Anschauung verstanden wird, sondern „die Weise der unmittelbaren Gewißheit bezeichnet, in der uns die *logischen, arithmetischen und kombinatorischen Grundtatsachen* gegeben sind".[28]

Grundlegend ist die Intuition der natürlichen Zahl bzw. die Konstruktion durch die vollständige Induktion. In der Anerkennung dieser These stimmen die Intuitionisten aller Schattierungen von KRONECKER bis BROUWER überein. Bereits POINCARÉ hatte betont, daß die Mathematik, wenn sie nur über die syllogistische Schlußweise verfügen würde, eine „ungeheure Tautologie" wäre. Sie muß also „eine Art schöpferischer Kraft" enthalten, das „rekurrierende Verfahren"; es ist der eigentliche Typus des synthetischen Urteils a priori und drängt sich uns deswegen auf, weil es „nur die Betätigung einer Eigenschaft unseres eigenen Verstandes ist"[29]. WEYL bewertet die Rolle der mathematischen Induktion fast mit den gleichen Worten: „. . . vom intuitionistischen Standpunkt (erscheint) *die vollständige Induktion* als dasjenige, was die Mathematik davor bewahrt, eine ungeheure Tautologie zu sein, und prägt ihren Behauptungen einen synthetischen, nicht-analytischen Charakter auf".[30]

Diese Übereinstimmung ist kein Zufall, denn selbst in der Arithmetik betrifft die Mehrheit der Sätze nicht endliche, sondern unendliche Mengen. Beispielsweise kann der Satz „die Addition ist kommutativ" an verschiedenen konkreten Zahlen verifiziert werden, aber der allgemeine Satz, der eine unendliche Menge solcher Fälle in sich einschließt, kann im Prinzip so nicht verifiziert werden. Wenn wir aber durch analytische Schlüsse verifizieren, daß der Satz $a + 1 = 1 + a$ für $a = 1$ gilt und daß er für $a = n + 1$ gilt, wenn er für

[28] O. BECKER, Mathematische Existenz. Untersuchungen zur Logik und Ontologie mathematischer Phänomene. „Jahrbuch für Philosophie und phänomenologische Forschung", 8. Band, Halle a. d. S. 1927, S. 446–447

[29] H. POINCARÉ, Wissenschaft und Hypothese, Leipzig 1906, 1. Kapitel

[30] H. WEYL, Philosophie der Mathematik und Naturwissenschaft, a. a. O., S. 51

$a = n$ gilt, dann besitzen wir die Gewißheit, daß dieses Gesetz allgemein gilt. Eben damit, sagt POINCARÉ, gewinnen die Mathematiker die Möglichkeit, einander zu verstehen. Die Rolle der mathematischen Induktion besteht darin, daß wir mit ihrer Hilfe jede beliebige Zahl konstruieren und den Sinn der Operationen mit ihnen klären können. Die Intuitionisten fassen die mathematische Induktion im Gegensatz zu den Formalisten und Logizisten nicht als eine Definition auf,[31] denn in diesem Falle müßten sie die Existenz der durch diese Definition bestimmten Objekte beweisen. Für sie stellt die mathematische Induktion die Grundform aller der gedanklichen Konstruktionen dar, aus denen nicht nur die natürlichen Zahlen, sondern auch beliebige andere mathematische Objekte hervorgehen.

Diese mystische Idee von der Rolle der Intuition, wie sie von BROUWER hervorgebracht und von seinen Nachfolgern weiterentwickelt wurde, haben selbst Mathematiker, die die Prinzipien der materialistischen Philosophie nicht teilen, attackiert und kritisiert. RUSSELL z. B. qualifiziert diese Intuition als Instinkt. Selbstverständlich muß man dieser Qualifikation nicht beistimmen, aber man kommt nicht umhin, anzuerkennen, daß die BROUWERsche Idee von der Urintuition in höchstem Grade unbestimmt ist. Nach CURRY, der diese Idee für „völlig dunkel" hält, muß sie über die folgenden, einander ausschließenden Eigenschaften verfügen: 1. wird darunter eine rein geistige Tätigkeit verstanden, 2. ist sie apriorisch, 3. ist sie unabhängig von der Sprache, und 4. ist sie, was die Hauptsache ist, bei allen denkenden Wesen gleich.[32]

Es ist schwierig, eine reale Erscheinung empirischer oder rationaler Natur anzugeben, die gleichzeitig alle diese genannten Eigenschaften besitzt. Die Annahme, daß diese Intuition bei allen denkenden Wesen gleich sei, ist nicht mehr als ein Postulat und wird nur von denen ohne Einwände akzeptiert, die den intuitionistischen Standpunkt teilen. Bei den meisten Mathematikern stößt diese Auffassung der Intuition auf eine Reihe prinzipieller Einwände. Wenn in der Mathematik von Intuition die Rede ist, wird darunter in der Regel ein unmittelbares Wissen oder Erkennen verstanden, d. h. das unvermittelbare Erfassen oder Erraten der Wahrheit, das sich nicht auf einen logischen Beweis stützt. Man kann auch von einer sinnlichen Intuition sprechen, aber die Intuition dieser Art spielt in der Mathematik eine weitaus geringere Rolle; die größte Bedeutung besitzt im mathematischen Schöpfertum die intellektuelle Intuition als eine Art des unmittelbaren rationalen Wissens oder Erkennens. Diese Deutung der Intuition hat jedoch mit der idealistischen Interpretation durch die Schule BROUWERS nichts gemein.

Die spezifischen Züge der Intuition und ihre Rolle in der mathematischen Erfindung sind besonders markant in den Arbeiten H. POINCARÉS dargestellt;

31 Wir erinnern daran, welche Rolle das Prinzip der mathematischen Induktion im PEANOschen Axiomensystem der natürlichen Zahlen innehat; vgl. Kapitel 2, Abschnitt 4 (Anm. d. Hrsg.)

32 H. B. CURRY, Remarks on the Definition and the Nature of Mathematics, „Dialectica", 1954, vol. 8, Nr. 3, p. 229

dessen Ideen wurden dann von J. HADAMARD in einem der Rolle der Intuition in der mathematischen Erfindung gewidmeten Buch weiterentwickelt.[33] In der sowjetischen Literatur wird die philosophische Seite dieser Frage ausführlich von V. F. ASMUS analysiert.[34]

Ebenso entschieden, wie sie den objektiven Charakter des mathematischen Wissens negieren, lehnen die Intuitionisten auch die Herkunft der Begriffe der Mathematik aus der Erfahrung ab. „Die Mathematik", schreibt WEYL, „ist unbezweifelbar *a priori*; sie ist nicht, wie J. ST. MILL uns glauben machen will, auf Erfahrung gegründet — in dem Sinne, daß erst wiederholte Versuche an Zahlenbeispielen dem für beliebige natürliche Zahlen aufgestellten arithmetischen Satz $m + n = n + m$ ein immer größeres Wahrheitsgewicht verleihen."[35]

Selbstverständlich kann die empiristische Erkenntnistheorie MILLS weder das Entstehen der mathematischen Grundbegriffe noch den Charakter der mathematischen Gewißheit richtig erklären. Wir haben im zweiten Kapitel bei der Erörterung der Herkunft mathematischer Axiome bereits bemerkt, daß MILL versuchte, den notwendigen Charakter der mathematischen Wahrheiten nicht durch objektive Eigenschaften der realen Welt selbst, sondern durch die Wiederholung von Ideenassoziationen zu erklären. Der dialektische Materialismus betrachtet die Praxis als den grundlegenden, wenn auch nicht einzigen Faktor der Wissenschaftsentwicklung und überwindet damit die Begrenztheit der spontan-empiristischen Erkenntnistheorie. Dadurch wird es möglich, die Genesis des mathematischen Wissens wissenschaftlich zu erklären und das bestimmende Wahrheitskriterium dieses Wissens zu finden. Für viele moderne bürgerliche Wissenschaftler bleibt jedoch die Philosophie des dialektischen Materialismus nach wie vor ein Buch mit sieben Siegeln, um einen Ausdruck LENINS zu gebrauchen. Sehr oft wird dabei der dialektische Materialismus mit verschiedenen Formen des alten, vormarxistischen Materialismus durcheinandergebracht. Wenn sie diese Formen des Materialismus kritisieren — und oft völlig zu Recht —, dann nehmen die Gegner dieser Formen des Materialismus an, daß sie damit den Materialismus widerlegen. Das ist am Beispiel WEYLS zu sehen, der den Standpunkt MILLS kritisiert, der selbstverständlich in vieler Hinsicht weit vom Materialismus überhaupt und vom dialektischen Materialismus insbesondere entfernt ist.

Als Wahrheitskriterium in der Mathematik betrachten die Intuitionisten die intuitive Klarheit einer Behauptung. Dieser Gesichtspunkt führt zu einem reinen Subjektivismus, denn eine Behauptung kann einem Menschen intuitiv klar erscheinen und einem anderen völlig unklar; selbst die Vorstellungen ein und des-

[33] J. HADAMARD, An Essay on the Psychology of Invention in the Mathematical Field, Princeton 1949

[34] В. Ф. Асмус, Проблема интуиции в философии и математике (Очерк истории: XVII — начало XX в.), Москва 1965

[35] H. WEYL, Philosophie der Mathematik und Naturwissenschaft, a. a. O., S. 52

selben Menschen ändern sich mit der Zeit. Es ist natürlich, daß man auf einem solchen Kriterium keine Wissenschaft aufbauen kann. Deshalb treten die Mathematiker der konstruktiven Richtung, die die wertvollen mathematischen Ideen des Intuitionismus weiterentwickeln, entschieden gegen die philosophischen Irrtümer der Intuitionisten auf. Das betrifft vor allem die sowjetische Schule der konstruktiven Richtung. „. . . Ich kann keineswegs damit einverstanden sein", schreibt A. A. MARKOV, „die ‚intuitive Klarheit' als das Wahrheitskriterium in der Mathematik anzusehen, denn dieses Kriterium bedeutet den vollen Triumph des Subjektivismus und läuft der Auffassung der Wissenschaft als einer Form der gesellschaftlichen Tätigkeit zuwider."[36]

Bei der Kritik der falschen philosophischen Ansichten der Intuitionisten darf man jedoch nicht die wertvollen mathematischen Ideen unberücksichtigt lassen, die in den Arbeiten solcher führender Intuitionisten wie BROUWER, HEYTING und WEYL enthalten sind, deren mathematische Forschungen zum Entstehen der konstruktiven Richtung in der Mathematik beigetragen haben.

4. Die konstruktive Richtung in der Grundlegung der Mathematik

In den letzten Jahren haben die Ideen und Methoden der konstruktiven Richrung der Mathematik innerhalb und außerhalb der Sowjetunion eine immer größere Verbreitung erfahren. Auch die Vertreter dieser Richtung unterziehen, ebenso wie die Intuitionisten, einige Grundideen der mengentheoretischen oder klassischen Mathematik einer Kritik, in erster Linie die Abstraktion der aktualen Unendlichkeit, die sie für eine zu starke Idealisierung halten. Die Konstruktivisten griffen eine Reihe wichtiger mathematischer Ideen BROUWERS, HEYTINGS, WEYLS u. a. hinsichtlich des Aufbaus der Mathematik auf einer anderen Grundlage als der CANTORschen Mengentheorie auf und entwickelten sie weiter.

Hierzu gehört vor allem die Idee BROUWERS von der Unzulässigkeit der Verwendung des aktualen Unendlichen in der Mathematik und dessen Ersetzung durch den Begriff der potentiellen Unendlichkeit. Dementsprechend schlägt HEYTING vor, als logischen Apparat der Mathematik eine konstruktive Logik zu verwenden. Die wichtigste neue Idee WEYLS lag darin, die Analysis nur mit Hilfe konstruktiver Objekte aufzubauen. Diese Ideen der Begründer des Intuitionismus, betont N. A. ŠANIN, „haben die Grundzüge der konstruktiven Richtung in der Mathematik vorausbestimmt"[37].

In den zwanziger und dreißiger Jahren, als die Intuitionisten ihre Kritik an der

[36] А. А. МАРКОВ, О конструктивной математике. „Труды Математического института имени В. А. Стеклова", т. LXУII, стр. 11

[37] Н. А. ШАНИН, Конструктивные вещественные числа и конструктивные функциональные пространства. „Труды Математического института имени В. А. Стеклова", т. LXУII, стр. 19

klassischen Mathematik entfalteten und ein neues Programm zu deren Grundlegung vorlegten, existierte in der Mathematik noch kein exakter Begriff des Algorithmus. Es ist daher nicht verwunderlich, daß die Theorie des Aufbaus der Analysis von BROUWER und WEYL eine ganze Reihe von Mängeln besitzt. So verwendete z. B. BROUWER im breitem Maße den recht nebelhaften Begriff der „freien Wahlfolge"; die von WEYL gegebene Definition der reellen Zahl ruft Einwände unter dem Aspekt ihrer Zweckmäßigkeit für die Anwendung in der Mathematik hervor. Aus diesen und einigen anderen Gründen konnten die Theorien BROUWERS und WEYLS die Mathematiker nicht befriedigen.

Obwohl die konstruktive Richtung dem gleichen kritischen Boden erwachsen ist wie die intuitionistische und mit dieser eine Reihe gemeinsamer Züge hat, unterscheidet sie sich insgesamt wesentlich von ihr.[38] Diese Unterschiede bestehen im Verzicht auf den BROUWERschen Begriff der „freien Wahlfolge" und insbesondere darin, welche Rolle dem exakten Algorithmenbegriff hier eingeräumt wird. Das Fehlen einer exakten Definition dieses Begriffs war nach Ansicht A. A. MARKOVS „das wichtigste Hindernis für die Ausarbeitung der konstruktiven Mathematik".[39] In den dreißiger Jahren wurden in den Arbeiten mehrerer Autoren, die verschiedene Wege gegangen waren (A. CHURCH, S. C. KLEENE, A. M. TURING, E. L. POST), exakte Definitionen des Algorithmenbegriffs gegeben, die sich als äquivalent erwiesen. In der Folgezeit wurden noch viele andere Definitionen vorgelegt. A. A. MARKOV gelangte zu dem Begriff des *normalen Algorithmus*,[40] der für die konstruktive Mathematik äußerst geeignet ist.

Algorithmen werden in der Mathematik bereits seit langem angewandt. Bereits EUKLID gab einen Algorithmus für die Bestimmung des größten gemeinsamen Teilers zweier ganzer Zahlen an. Aber der Begriff des Algorithmus war mehr intuitiv erfaßt als exakt definiert. Gewöhnlich versteht man unter einem Algorithmus einen Rechenprozeß, der nach einer bestimmten Regel von gewissen Ausgangsdaten bis zu einem gewissen Endresultat abläuft. Die Allgemeinverwendbarkeit eines Algorithmus, d. h. die Tatsache, daß er bei verschiedenen Ausgangswerten in allen Fällen zu einem Resultat führt und daß er auf eine ganze Schar von Aufgaben gleichen Typs anwendbar ist, macht die Algorithmen zu einem außerordentlich wichtigen Mittel für die Lösung von Rechenaufgaben verschiedenster Art. Der moderne allgemeine Algorithmenbegriff wird jedoch erfolgreich auch für die Lösung anderer Arten von Aufgaben, z. B. logischer, angewandt.

38 Г. С. ЦЕЙТИН, И. Д. ЗАСЛАВСКИЙ, Н. А. ШАНИН, Особенности конструктивного математического анализа. „Международный конгресс математиков. Тезисы по приглашению", Москва 1966, стр. 172

39 А. А. МАРКОВ, О конструктивной математике. а. а. О., стр. 10.

40 Vgl. zum Problem des Algorithmenbegriffes z. B. B. A. TRACHTENBROT, Wieso können Automaten rechnen? Berlin 1962 (Anm. d. Hrsg.)

In der gesamten weiteren Darlegung werden wir unter einem Algorithmus einen *normalen Algorithmus* verstehen, wie ihn A. A. MARKOV definiert hat. Für die Konstruktion eines solchen Algorithmus wird zunächst ein gewisses *Alphabet* vorgegeben, d. h. eine bestimmte Gesamtheit von Symbolen. Eine endliche Folge von Symbolen dieses Alphabets heißt *Wort*. Aus den Buchstaben des Alphabets und gewissen anderen Zeichen wird das „Standard-Schema" des künftigen Algorithmus aufgebaut. Ein normaler Algorithmus wird dann definiert als eine gewisse Standardvorschrift, die durch ihr „Schema" bestimmt ist. Mit einer solchen Vorschrift kann jedes beliebige Wort in ein gewisses anderes Wort verwandelt werden. Der Algorithmus definiert auch das Ende dieses Prozesses, das — allgemein gesprochen — jedoch nicht immer eintreten muß. Wenn das Ende eintrifft, dann sagt man, daß der Algorithmus auf ein gegebenes Wort P anwendbar ist oder daß er das gegebene Wort P in ein anderes Wort Q umarbeitet.

Symbolisch wird das dargestellt durch

$$\mathfrak{A}(P) = Q\,.$$

In der konstruktiven Richtung kann man einige Schulen unterscheiden, zwischen denen es gewisse differenzierte Ansichten gibt. Diese unterschiedlichen Ansichten betreffen vor allem die Frage der Anwendbarkeit eines Algorithmus auf Ausgangsdaten. Die sowjetische, von A. A. MARKOV geleitete Schule hält sich an das von ihr aufgestellte „logische" Kriterium und an das daraus folgende Prinzip der konstruktiven Auswahl.[41] Um sich zu vergewissern, daß der Algorithmus $\mathfrak{A}$ auf ein gewisses Wort P auch in den Fällen anwendbar ist, bei denen der Prozeß seiner Anwendung nicht von Anfang bis Ende vor unseren Augen abläuft, schlägt A. A. MARKOV vor, das *argumentum e contrario* zu verwenden; und zwar: Wenn die Annahme, die Anwendung des Algorithmus auf das Wort P sei unbegrenzt fortsetzbar, durch eine *reductio ad absurdum* widerlegt ist, können wir annehmen, daß der Algorithmus auf dieses Wort anwendbar ist. Dieses Kriterium wird „logisch" genannt wegen des logischen Prinzips, das ihm zugrunde liegt und dessen Berechtigung von einigen Konstruktivisten bestritten wird.

Die erwähnte Methode, die Anwendbarkeit eines Algorithmus zu begründen, gestattet es, folgendes Prinzip der konstruktiven Auswahl aufzustellen: *„Für eine Eigenschaft P sei ein Algorithmus gegeben, der für jede natürliche Zahl n klärt, ob sie über die Eigenschaft P verfügt. Wenn die Annahme, daß keine Zahl über die Eigenschaft P verfügt, widerlegt ist, dann gibt es eine natürliche Zahl mit der Eigenschaft P."*[42] Diese Zahl kann durch Durchmusterung der natürlichen Zahlen, angefangen bei Null, gefunden werden.

[41] Vgl. Г. С. ЦЕЙТИН, И. Д. ЗАСЛАВСКИЙ, Н. А. ШАНИН, Особенности конструктивного математического анализа, a. a. O., стр. 172

[42] А. А. МАРКОВ, О конструктивной математике. a. a. O., стр. 11

Die konstruktive Mathematik[43] unterscheidet sich von der klassischen wesentlich dadurch, daß sie sich lediglich auf die Untersuchung konstruktiver Objekte beschränkt. Der Begriff des konstruktiven Elements ist ein Grundbegriff und wird daher nicht definiert, sondern nur erläutert. Man unterscheidet elementare konstruktive Objekte und Objekte, die daraus nach gewissen Regeln konstruiert werden können. Elementare konstruktive Objekte sind hierbei die Buchstaben, und das Konstruktionsverfahren reduziert sich auf das Nebeneinanderschreiben einzelner Buchstaben. Dabei ist nicht erforderlich, daß die Buchstaben in ihrem üblichen Sinn verstanden werden. Wir können z. B. auch eine natürliche Zahl als Wort betrachten. Dann könnte das Alphabet aus einem einzigen Buchstaben, z. B. einem Strich, bestehen. Derartige abstrakte Alphabete werden in der Algorithmentheorie in großem Umfange verwendet. Das Operieren mit konstruktiven Objekten setzt die Fähigkeit voraus, diese Objekte identifizieren und unterscheiden zu können. So sagen wir z. B., daß in dem Wort „einheitlich" der zweite, der sechste und der neunte Buchstabe identisch sind, obwohl sie an verschiedenen Stellen stehen. Von solchen Unterschieden sehen wir in diesem Fall ab und betrachten die Buchstaben als gleich.

Die Abstraktion der Identifizierung, die wir bereits im ersten Kapitel ausführlicher besprochen haben, ist demnach für die konstruktive Mathematik völlig unumgänglich. Außerdem tritt hier als eine fundamentale Abstraktion noch die Abstraktion der potentiellen Realisierbarkeit auf. Wie wir bereits erwähnt haben, besteht sie darin, daß von den Grenzen unserer praktischen Möglichkeiten bei der Realisierung konstruktiver Objekte abgesehen wird. So können wir zwar praktisch kein beliebig langes Wort niederschreiben, aber von dieser Tatsache sehen wir ab und nehmen an, daß dies theoretisch möglich ist. Ausführlicher haben wir das bereits im dritten Kapitel besprochen.

Da die Konstruktivisten in der Mathematik lediglich konstruktive Objekte betrachten, fassen sie auch die mathematischen Aussagen selbst und die logischen Regeln des Operierens mit ihnen völlig anders auf. Wir haben bereits wiederholt bemerkt, daß die klassische und die konstruktive Mathematik dem Begriff „mathematische Existenz" eine unterschiedliche Bedeutung geben. Während die klassische Mathematik im Prinzip keinen Unterschied zwischen effektiven und nichteffektiven Existenzbeweisen macht, betrachtet die konstruktive Mathematik nur effektive Existenzbeweise als wirkliche. In der konstruktiven Mathematik, betont A. A. Markov, „gilt die Existenz eines Objekts mit gegebenen Eigenschaften nur dann als bewiesen, wenn ein Verfahren für die potentiell realisierbare Konstruktion eines Objektes mit diesen Eigenschaften aufgewiesen wurde".[44]

43 Im weiteren verstehen wir unter konstruktiver Mathematik die konstruktive Richtung der Grundlegung der Mathematik, deren Charakterisierung in den Arbeiten A. A. Markovs und seiner Schule gegeben ist.

44 А. А. Марков, О конструктивной математике. a. a. O., стр. 9

In diesem Zusammenhang werden in der konstruktiven Mathematik einige Gesetze und Prinzipien der klassischen Logik aufgegeben. Insbesondere werden das Gesetz vom ausgeschlossenen Dritten und die Negation allgemeiner Aussagen nicht akzeptiert. Die konstruktive Logik unterscheidet sich bedeutend von der klassischen, da sie auf der konstruktiven Auffassung mathematischer Aussagen basiert.

Die konstruktive Mathematik verfolgt wie die klassische letzten Endes das Ziel, Ideen und Methoden auszuarbeiten, die der Untersuchung der Quantitätsverhältnisse der wirklichen Welt dienen. Diese Methoden können dann in der Naturwissenschaft, in der Technik und anderen Anwendungen benutzt werden. Wir haben gesehen, daß die Konstruktivisten für die Beschreibung der Wirklichkeit Abstraktionen und Idealisierungen benutzen, die sich wesentlich von den Abstraktionen der klassischen Mathematik unterscheiden. So schematisiert z. B. die Abstraktion der potentiellen Realisierbarkeit die Wirklichkeit bedeutend weniger als die Abstraktion der aktualen Unendlichkeit der klassischen Mathematik. Für die Anwendungen der Mathematik ist es außerordentlich wichtig, inwieweit ihre Begriffe auf Wirklichkeit bezogen werden können. Es ist verständlich, daß mathematische Abstraktionen um so mehr Anwendung finden, je weniger sie die Wirklichkeit vergröbern, schematisieren und idealisieren.

Viele Konstruktivisten sind der Ansicht, daß das kritische Verhältnis zur klassischen Mathematik hauptsächlich durch Gründe der praktischen Anwendung der Mathematik diktiert wird. Die Erfahrungen bei der Entwicklung der konstruktiven Mathematik zeigen, daß man die Begriffe und Methoden, die in den Anwendungen fruchtbringend „funktionieren", in der konstruktiven Mathematik entsprechend umdeuten kann. „. . . Die prinzipiellen Fragen der Berechenbarkeit stellen ein spezifisches Gebiet möglicher Anwendungen der konstruktiven Mathematik (insbesondere der konstruktiven Analysis) dar."[45] Allgemein gesagt tragen die Erfordernisse der Theorie der Berechenbarkeit sowohl zu neuen Problemstellungen bei als auch dazu, das Interesse der Mathematiker an den Problemen der konstruktiven Richtung zu erwecken.

In den Arbeiten der Vertreter der sowjetischen Schule des Konstruktivismus werden die philosophischen Ansichten der Intuitionisten einer überzeugenden Kritik unterzogen. Das betrifft vor allem den Begriff der „Urintuition", die nach Ansicht der Intuitionisten die einzige Quelle der Mathematik und das Kriterium für die Akzeptierbarkeit ihrer Begriffe, Theorien und Beweise darstellt. A. A. Markov bewertet dieses Herangehen zu Recht als Subjektivismus, und N. A. Šanin betrachtet die intuitionistische Philosophie als einen Irrtum.

Bei der Ausarbeitung der konstruktiven Mathematik haben A. A. Markov und seine Schule viel getan, um eine Reihe von prinzipiellen methodischen

[45] Г. С. Цейтин, И. Д. Заславский, Н. А. Шанин, Особенности конструктивного математического анализа. a. a. O., стр. 172

Fragen der Mathematik zu erhellen. Insbesondere geht die genaue Klärung der grundlegenden Arten von Abstraktionen, die in der Mathematik angewendet werden und von denen wir bereits gesprochen haben, auf sie zurück. Mit ihrer Kritik des Begriffs der aktualen Unendlichkeit haben sie zu einem besseren Verständnis der verschiedenen Typen der mathematischen Unendlichkeit beigetragen. Und schließlich gibt die Ausarbeitung der konstruktiven Logik und der Algorithmentheorie die Möglichkeit, die verschiedenen anderen Richtungen in der Grundlegung der Mathematik richtiger einzuschätzen.

Kapitel 9

Der Formalismus

Die formalistische Auffassung der Mathematik, die das Wesen dieser Wissenschaft auf das Operieren mit Formeln zurückführt, entstand vor verhältnismäßig kurzer Zeit. In dem Maße, wie die Abstraktheit der Mathematik anwuchs und sich damit notwendigerweise auch die Rolle formaler Forschungsmethoden verstärkte, fand diese Ansicht eine zunehmende Verbreitung. Spürbaren Einfluß gewann sie besonders, nachdem die axiomatische Methode in die Mathematik eingeführt wurde und ihre Herrschaft antrat.

Seit den zwanziger Jahren unseres Jahrhunderts trat HILBERT mit einem besonderen Programm der Grundlegung der Mathematik auf, in dem die formalistischen Ideen ohne Zweifel eine merkliche Rolle spielen, obwohl sich das Programm nicht völlig auf diese Ideen reduziert. Es muß von vornherein gesagt werden, daß sich HILBERT absolut nicht die Aufgabe gestellt hat, zu beweisen, daß die Mathematik nur ein Spiel mit Formeln sei oder daß sie jeden Inhalts entbehre, wie das nicht selten seine intuitionistischen Gegner schreiben. HILBERT zweifelte keinen Augenblick an der gewaltigen Bedeutung der Mathematik für die Erforschung der realen Welt, für die Lösung von Problemen der Naturwissenschaft und anderer Anwendungsgebiete. Als bedeutender Mathematiker hat er in gewaltigem Maße zum Fortschritt der Mathematik beigetragen. Als er daranging, die Probleme der Grundlegung seiner Wissenschaft zu erforschen, war er bestrebt, zu beweisen, daß es in der inhaltlichen Mathematik keine Widersprüche geben kann und daß sie deshalb ein zuverlässiges Forschungsinstrument darstellt.

Mit Hilfe der Formalisierung der Mathematik versuchte HILBERT, die entstandenen Schwierigkeiten bei ihrer Grundlegung zu überwinden und sie zugleich gegen die zerstörerische Kritik der Intuitionisten zu verteidigen. Wie er selbst sagte, wollte er „den alten Ruf der unanfechtbaren Wahrheit, der ihr durch die Paradoxien der Mengenlehre verlorengegangen zu sein scheint, wiederherstellen“.[1] Die Methode, die er dazu verwendet, ist die axiomatische Methode, mit deren Hilfe

[1] D. HILBERT, Neubegründung der Mathematik, „Gesammelte Abhandlungen“, Bd. 3, Berlin 1935, S. 160

es ihm schon gelungen war, eine strenge Begründung der Geometrie EUKLIDS zu geben, und die den Kern seiner Beweistheorie oder Metamathematik bildet. Ausführlicher haben wir das HILBERTsche Programm der Grundlegung der Mathematik im ersten Abschnitt dieses Kapitels kennengelernt. Obwohl sich dieses Programm, wie wir noch sehen werden, in einer Reihe von Punkten als utopisch erwies, trug es doch in bedeutendem Maße zur weiteren fruchtbaren Forschung auf dem Gebiet der Grundlegung der Mathematik bei.

1. Das HILBERT*sche Programm der Grundlegung der Mathematik*

Als HILBERT sein Programm der Neubegründung der Mathematik aufstellte, war er tief davon überzeugt, daß die klassische Mathematik frei von Widersprüchen ist. Seiner Ansicht nach sind die Antinomien der Mengenlehre vermeidbar dadurch, daß man 1. fruchtbaren Begriffsbildungen und Schlußweisen nachspürt, sie pflegt, stützt und gebrauchsfähig macht, und daß man 2. „dieselbe Sicherheit des Schließens" herstellt, die in der gewöhnlichen niederen Zahlentheorie vorhanden ist.[2] Dieses Ziel ist nur dann zu erreichen, wenn die Formalisierung einen gebührenden Platz in der Grundlagenforschung der Mathematik einnimmt. HILBERT trat scharf gegen die Intuitionisten auf, die die Frage, wie sich das mathematische Denken in der symbolischen Sprache ausdrückt, für zweitrangig hielten. Nach Ansicht HILBERTS und seiner Schüler stellt das Problem der Formalisierung des mathematischen Denkens das eigentliche Wesen der Grundlagenforschung in der Mathematik dar.

Gegen das Programm des Logizismus, wonach die ganze reine Mathematik auf die Logik zurückzuführen ist, wendet HILBERT ein, daß die Mathematik nie durch Logik allein begründet werden kann. „Vielmehr ist", schreibt er, „als Vorbedingung für die Anwendung logischer Schlüsse und für die Bestätigung logischer Operationen uns schon etwas in der Vorstellung gegeben: gewisse außerlogische konkrete Objekte, die anschaulich als unmittelbares Erlebnis vor allem Denken da sind."[3]

Die allgemeinen Ideen seines Programms zur Grundlegung der Mathematik hat HILBERT bereits 1904 in seinem Vortrag „Über die Grundlagen der Logik und der Arithmetik", mit dem er auf dem III. Internationalen Mathematiker-Kongreß in Heidelberg aufgetreten war, ausgesprochen. Später wurden diese Ideen in einer Reihe von Artikeln und Vorträgen HILBERTS und auch seiner Mitarbeiter P. BERNAYS, W. ACKERMANN, J. v. NEUMANN u. a. detaillierter ausgearbeitet. Am vollständigsten ist das HILBERTsche Programm in dem zweibändigen Fundamentalwerk „Grundlagen der Mathematik" dargestellt, das er gemeinsam mit P. BERNAYS geschrieben hat. Diese Arbeit besitzt für das Verständnis des Wesens des Formalismus eine ebenso wichtige Bedeutung wie etwa die „Principia Mathe-

[2] D. HILBERT, Grundlagen der Geometrie, a. a. O., S. 274

[3] ebenda, S. 289

matica“ von RUSSELL und WHITEHEAD für den Logizismus. Die Entwicklung der HILBERTschen Ansichten kann man an seinen grundlegenden Artikeln, die in die 7. Auflage seiner „Grundlagen der Geometrie“ aufgenommen wurden, verfolgen.

Der Hauptgedanke des HILBERTschen Programms der Grundlegung der Mathematik bestand darin, die klassische Mathematik in Gestalt eines formalisierten Axiomensystems darzustellen und danach dessen Widerspruchsfreiheit zu beweisen. Dementsprechend versuchte HILBERT, dieses Programm in zwei Etappen zu realisieren: In der ersten Etappe war er bestrebt, die gesamte klassische Mathematik, vor allem die Arithmetik, die Analysis und die Mengentheorie, in Gestalt eines Axiomensystems darzustellen. Die inhaltliche axiomatische Methode, die HILBERT z. B. bei der Begründung der euklidischen Geometrie verwendet hatte, war für diesen Zweck nicht geeignet. Erstens sind wir bei einem inhaltlichen Verständnis der Axiome nicht dagegen gesichert, uns der Intuition und dem Sinn der Ausgangsbehauptungen zuzuwenden; zweitens sind bei diesem Vorgehen die Ableitungsverfahren, mit denen die Theoreme aus den Axiomen gewonnen werden, nicht angegeben; aber gerade sie spielen eine wesentliche Rolle beim Beweis der Widerspruchsfreiheit einer Theorie.

Das zwang HILBERT dazu, davon abzugehen, die Axiome als inhaltliche Behauptungen zu betrachten. Jede solche Behauptung kann mit Hilfe logischer und mathematischer Symbole in Gestalt einer Formel dargestellt werden. Der Prozeß der Ableitung von Theoremen aus den Axiomen verwandelt sich in diesem Fall in einen Prozeß der Umformung gewisser Ausgangsformeln (Axiome) in beweisbare Formeln nach exakt festgelegten Umformungs-(Ableitungs-)Regeln. Eine Formel wird beweisbar genannt, wenn sie entweder ein Axiom ist oder die Endformel eines Beweises. „Der Grundgedanke meiner Beweistheorie“, schreibt HILBERT, „ist folgender: Alle Aussagen, die die Mathematik ausmachen, werden in Formeln umgesetzt, so daß die eigentliche Mathematik zu einem Bestande an Formeln wird. Diese unterscheiden sich von den gewöhnlichen Formeln der Mathematik nur dadurch, daß in ihnen außer den gewöhnlichen Zeichen noch die logischen Zeichen . . . vorkommen. Gewisse Formeln, die als Bausteine des formalen Gebäudes der Mathematik dienen, werden Axiome genannt. Ein Beweis ist eine Figur, die uns als solche anschaulich vorliegen muß . . . Eine Formel soll beweisbar heißen, wenn sie entweder ein Axiom oder die Endformel eines Beweises ist. Die beweisbaren Sätze, d. h. die Formeln, die durch dieses Verfahren entstehen, sind die Abbilder der Gedanken, die die übliche bisherige Mathematik ausmachen.“[4]

Mit anderen Worten: Das inhaltliche mathematische Denken soll in Gestalt eines formalen Systems oder eines Kalküls dargestellt werden. Wie wir im zweiten Kapitel bereits erwähnten, besteht bei formalen oder syntaktischen Untersuchun-

[4] ebenda, S. 290—291

gen keine Notwendigkeit, zu ergründen, was diese Formeln bedeuten. Man kann sie als eine gewisse Folge von Symbolen betrachten, die wir zu unterscheiden vermögen. Damit wird das intuitive oder inhaltliche Moment auf ein Minimum reduziert, nämlich auf die Fähigkeit, Symbole zu unterscheiden,[5] eine Fähigkeit, die man auch einer Maschine „beibringen" kann. Ein Beweis stellt bei diesem Vorgehen eine endliche Folge von Formeln dar, deren Endformel das zu beweisende Theorem ist; alle dieser vorangehenden Formeln sind entweder Axiome oder bewiesene Formeln (Theoreme).

Für die Realisierung des ersten Teils seines Programms verwendete HILBERT die bereits vorliegenden Axiome PEANOS für die Arithmetik der natürlichen Zahlen und das Axiomensystem ZERMELOS für die Mengentheorie. Die symbolische Logik war zu dieser Zeit in den Arbeiten FREGES und RUSSELLS hinreichend detailliert ausgearbeitet, obwohl HILBERT gezwungen war, sie in einer Reihe von Fällen zu modifizieren, um sie seinen Zwecken anzupassen.

HILBERTS Hauptziel bestand nicht in der Formalisierung der klassischen Mathematik, sondern darin, die Widerspruchsfreiheit der Systeme zu beweisen, die durch diese Formalisierung entstehen. In der eigentlichen klassischen Mathematik macht HILBERT einen Unterschied zwischen sogenannten *finiten* oder wirklichen und *idealen* Aussagen. Während erstere einen tatsächlichen Inhalt besitzen und eine Überprüfung in einer finiten Anzahl von Operationen gestatten, besitzen letztere für sich allein keine solche Bedeutung. Ideale Aussagen werden zu den finiten adjungiert, um die formal einfachen Regeln der üblichen aristotelischen Logik zu erhalten.[6] Zu den idealen Aussagen dieser Art gehört insbesondere die aktuale Unendlichkeit, die — weil für sie das Gesetz vom ausgeschlossenen Dritten als gültig angenommen wird — in Analogie zur endlichen Gesamtheit betrachtet wird.

Während in der formalen Mathematik alle in der Mathematik existierenden Schlußweisen, alle ihre finiten und idealen Aussagen abgebildet werden, ist es in der Theorie, die für die Untersuchung der eigentlichen formalen Systeme geschaffen wird, notwendig, nur solche Schlußweisen zu verwenden, die auch bei orthodoxen Intuitionisten keine Zweifel hervorrufen. Vor allem für den Beweis der Widerspruchsfreiheit formaler Systeme ist eine solche Theorie notwendig. Das übliche Verfahren, die Widerspruchsfreiheit eines Axiomensystems zu beweisen, besteht bekanntlich darin, daß für dieses System eine Interpretation oder ein Modell aus Objekten einer anderen Theorie, an deren Widerspruchsfreiheit wir nicht zweifeln, gefunden wird. HILBERT verwendete diese Methode, um die Widerspruchsfreiheit der euklidischen Geometrie zu beweisen, indem er ein arithmetisches Modell für sie konstruierte; er sah jedoch, daß diese Methode für das von ihm gesteckte Ziel nicht geeignet ist, denn solche Widerspruchsfreiheitsbeweise tragen, wie bereits erwähnt, relativen Charakter. Am häufigsten wird das Modell der Mengen-

[5] und zu identifizieren (Anm. d. Hrsg.)

[6] D. HILBERT, Grundlagen der Geometrie, a. a. O., S. 280

theorie verwendet. HILBERT jedoch war gerade bestrebt, die Widerspruchsfreiheit des Axiomensystems zu beweisen, das die Mengentheorie formalisiert. Es ist schwer, ein Begriffssystem zu finden, das als Modell für das Axiomensystem der Mengentheorie dienen könnte. Auf Objekte der realen Wirklichkeit zurückzugreifen, lehnen HILBERT und BERNAYS aus dem Grunde ab, weil die mathematischen Begriffe im allgemeinen und der Begriff der Unendlichkeit insbesondere eine Extrapolation von Tatsachen eines gewissen Erfahrungsbereiches darstellen. Die Unendlichkeit, stellen sie fest, ist uns tatsächlich nicht gegeben, sondern wird erst durch einen gedanklichen Prozeß extrapoliert oder intrapoliert.[7]

Der neue Schritt, den HILBERT bei der Lösung des Problems der Widerspruchsfreiheit getan hat, besteht darin, daß er für die Axiomensysteme, die die klassische Mathematik formalisieren, den direkten Widerspruchsfreiheitsbeweis anwandte. Dieser direkte Weg besteht darin, daß wir uns davon überzeugen, daß wir, wenn wir von den angenommenen Axiomen ausgehen und die genau festgelegten Ableitungsregeln verwenden, niemals auf einen Widerspruch gelangen können, d. h., daß wir nie sowohl eine Formel Φ als auch deren Negation $\neg \Phi$ beweisen können. Symbolisch kann ein Widerspruch dargestellt werden durch

$$\Phi \,\&\, \neg \Phi .$$

Wir müssen demnach ein Theorem in bezug auf ein gewisses formales System beweisen. Dazu war HILBERT jedoch genötigt, zur formalen Mathematik eine in gewissem Sinne neue Mathematik hinzuzufügen, die er Metamathematik oder Beweistheorie nannte. Letztere Bezeichnung erklärt sich damit, daß die mathematischen Schlüsse und Beweise in der Metamathematik zum Gegenstand spezieller Untersuchungen werden.

Um sein Programm zu erläutern, verwendet HILBERT häufig die Analogie zum Schachspiel. Den Axiomen der formalen Mathematik entspricht eine bestimmte Ausgangsstellung der Figuren zu Beginn der Partie. Ähnlich wie das Ziehen der Figuren entsprechend den Regeln eine gewisse neue Stellung ergibt, erhalten wir in der formalen Mathematik durch Anwendung der Ableitungsregeln immer neue Formeln. Ebenso wie sich beim Schach aus der Ausgangsstellung bei Einhaltung der Regeln immer eine „reguläre" Stellung ergibt, so müssen sich auch in der formalen Mathematik bei Beachtung der Ableitungsregeln beweisbare Formeln ergeben.

Wenn man diese Analogie fortführt, könnte man einen Widerspruchsfreiheitsbeweis eines formalen Systems in der Schachterminologie z. B. durch folgende Behauptung ausdrücken: Es ist zu beweisen, daß in einer richtig gespielten Schachpartie niemals eine solche Stellung eintreten kann, in der sich 10 Damen gleicher Farbe auf dem Brett befinden. Diese Behauptung kann folgendermaßen bewiesen werden: Aus den Spielregeln ist bekannt, daß die einzelnen Züge nicht die Gesamtzahl von Damen und Bauern vergrößern kann. Da ihre Gesamtzahl zu Spielbeginn gleich 9

[7] D. HILBERT und P. BERNAYS, Grundlagen der Mathematik, Bd. 1 Berlin 1934, S. 17

ist, kann sie im folgenden 9 nie überschreiten. In diesem Schluß mußten wir auch über die Spielregeln selbst sprechen und demnach einige wenn auch elementare, aber doch inhaltliche Erwägungen hinzuziehen. Analog dazu war HILBERT, um über die formale Mathematik sprechen zu können, genötigt, zu ihr eine inhaltliche Metamathematik hinzuzufügen.

Wenn die Metamathematik mathematische Beweisverfahren untersuchen soll, dann muß sie verständlicherweise frei sein von bedenklichen mengentheoretischen Begriffen und Methoden. Wie wir bereits wissen, rufen gewöhnlich die Konzeption der aktualen Unendlichkeit und die Anwendung des Gesetzes vom ausgeschlossenen Dritten auf unendliche Mengen die meisten Einwände hervor. HILBERT selbst läßt in der Metamathematik nur sogenannte *finite* Methoden zu. Nach dieser Forderung darf in der Metamathematik kein Objekt als existent betrachtet werden, dessen Konstruktionsweise nicht angegeben ist. Allgemein gesprochen, bilden konstruktive Klassen von Formeln und konstruktive Operationen den Kreis von Begriffen und Methoden, auf denen die weiteren Untersuchungen aufbauen.

Die aktuale Unendlichkeit wird hier nicht benutzt. Ebenso wird auch das Gesetz vom ausgeschlossenen Dritten nicht auf unendliche Mengen angewandt. Die potentielle Unendlichkeit zu betrachten ist in der Metamathematik jedoch völlig zulässig.

Eine erfolgreiche Realisierung des von HILBERT aufgestellten Programms würde bedeuten, die klassische Mathematik endgültig zu begründen. Allerdings haben die Gegner HILBERTS wiederholt darauf hingewiesen, daß die Widerspruchsfreiheit der formalen Systeme der Mathematik noch nicht die materiale Wahrheit ihrer Interpretation, d. h. der gewöhnlichen inhaltlichen Mathematik, garantiert. HILBERT selbst verstand jedoch unter der Existenz mathematischer Objekte deren Widerspruchsfreiheit, und deshalb betrachtete er die Widerspruchsfreiheit als völlig hinreichend für die Zuverlässigkeit der Schlüsse der klassischen Mathematik.[8]

Nach einer Bemerkung von S. C. KLEENE kann man das HILBERTsche Programm der Grundlegung der Mathematik vergleichen mit dem Problem, das entstand, als die imaginären Zahlen zuerst in Gebrauch kamen. Als sie noch nicht hinreichend klar verstanden wurden, rechtfertigte man ihren Gebrauch den Zweiflern gegenüber durch den Hinweis darauf, daß man zu korrekten Ergebnissen gelangt, wenn man auf sie streng die vorgeschriebenen Regeln anwendet, um Ergebnisse zu erhalten, in denen nur reelle Zahlen vorkommen. Diese Rechtfertigung wurde natürlich überflüssig, nachdem WESSEL 1799 die imaginären Zahlen durch Punkte in der Ebene und GAUSS 1831 durch Paare von reellen Zahlen interpretierte.[9]

Ebenso versuchte HILBERT, zu beweisen, daß wir, wenn wir mit den Begriffen und Methoden der klassischen Mathematik operieren, niemals auf einen Wider-

[8] Ausführlich ist diese Frage dargestellt in: P. S. NOVIKOV, Grundzüge der mathematischen Logik, Berlin 1973, S. 5—17

[9] S. C. KLEENE, Introduction to Metamathematics, Amsterdam 1952, p. 56

spruch stoßen können, sofern wir über die Richtigkeit der Begriffsbildungsverfahren und die Zuverlässigkeit unserer Schlüsse wachen.

Aber bei der Suche nach Beweisen der Widerspruchsfreiheit formaler Systeme wurde die prinzipielle Unmöglichkeit entdeckt, das HILBERTsche Programm in seiner ursprünglichen Gestalt zu realisieren. In einer Reihe von Punkten erwies sich dieses Programm deutlich als utopisch. Von größter Bedeutung für die Bewertung dieses Programms sind die Resultate, die in den dreißiger Jahren von K. GÖDEL erreicht wurden und die wir jetzt kurz darlegen wollen.

2. *Die Sätze* GÖDELS *über Unvollständigkeit, Unentscheidbarkeit und Widerspruchsfreiheit und ihr Einfluß auf die Grundlagenforschung der Mathematik*

Wir haben in den vorangegangenen Darlegungen im Zusammenhang mit den Möglichkeiten der Formalisierung der Mathematik, der Einschätzung des logizistischen Programms und anderen Fragen bereits mehrmals die Ergebnisse GÖDELS erwähnen müssen. Diese Hinweise waren unumgänglich, denn diese Resultate besitzen für die Grundlagenforschung der Mathematik prinzipielle Bedeutung. A. FRAENKEL und BAR-HILLEL z. B. betrachten die Ergebnisse GÖDELS als die größten Leistungen des abstrakten menschlichen Denkens unserer Zeit.[10]

Bevor wir jedoch dazu übergehen, sie zu beleuchten, müssen wir wenigstens kurz die Begriffe der einfachen Widerspruchsfreiheit und der ω-Widerspruchsfreiheit erörtern. Ein formales System heißt einfach widerspruchsfrei, wenn in ihm nicht eine Formel A und deren Negation $\neg A$ beweisbar sind. Ein System heißt ω — widerspruchsfrei, wenn für keine Eigenschaft natürlicher Zahlen $F(x)$ zugleich $\exists(x) \neg F(x)$ und

$$F(1), F(2), \dots, F(n) \dots \textit{ad inf.}$$

beweisbar sind.[11] Der Begriff der ω-Widerspruchsfreiheit ist eine stärkere Forderung als die einfache Widerspruchsfreiheit, denn aus ihr folgt stets die einfache Widerspruchsfreiheit.

Der erste Satz GÖDELS besagt, daß jedes beliebige widerspruchsfreie System von der Art der „Principia Mathematica" RUSSELLS und WHITEHEADS unvollständig ist.[12] Dieses System enthält, wie wir wissen, die formalisierte Arithmetik der natürlichen Zahlen als Bestandteil. Deshalb wird der Satz GÖDELS oft auch Satz über die Unvollständigkeit der formalisierten Arithmetik genannt. In präzi-

15 A. FRAENKEL, Y. BAR-HILLEL, Foundations of Set Theory, Amsterdam 1952, p. 302

11 K. GÖDEL, Einige metamathematische Resultate über Entscheidungsdefinitheit und Widerspruchsfreiheit. „Anzeiger der Akademie der Wissenschaften in Wien", math.-naturwissenschaftliche Klasse, 67 (1930), S. 214—215. Nachdruck in: K. BERKA/L. KREISER, Logik-Texte, Berlin 1971

12 K. GÖDEL, Über formal unentscheidbare Sätze der Principia Mathematica und verwandter Systeme, „Monatshefte für Mathematik und Physik", Bd. 38, Berlin 1931, S. 173—198. Gekürzter Nachdruck in: K. BERKA/L. KREISER, Logik-Texte, Berlin 1971

seren Termini kann er folgendermaßen formuliert werden: Wenn ein System der formalen Arithmetik einfach widerspruchsfrei ist, dann ist es unvollständig, d. h., dann kann man stets eine Formel Φ konstruieren, die in diesem System unentscheidbar ist. In dieser Form wurde der Satz 1936 von J. B. ROSSER verallgemeinert.[13]

Bei GÖDEL selbst folgt der Beweis der Unvollständigkeit der formalisierten Arithmetik aus der Annahme ihrer ω-Widerspruchsfreiheit, und zwar: Wenn das System der formalen Arithmetik ω-widerspruchsfrei ist, dann ist es unvollständig, d. h., dann kann man in ihm stets eine Formel Φ konstruieren, die in diesem System unentscheidbar ist. Eine solche Formel sagt ihre eigene Unbeweisbarkeit aus, und deswegen gibt es hier eine Analogie zur Lügnerantinomie, d. h. zu der Aussage, die ihre eigene Falschheit behauptet (vgl. dazu das vierte Kapitel, Abschnitt 2).

Da GÖDELS Argumentation beim Beweis seines Satzes so dicht das Antinomische streift und dennoch nicht auf eine Antinomie stößt, ist es höchst wichtig, daß dieser Beweis im Rahmen des HILBERTschen Finitismus geführt ist. Der von GÖDEL vorgelegte Beweis erfüllt diese Forderung, denn er ist seinem Charakter nach den Beweisen in der gewöhnlichen Arithmetik, die auch bei den orthodoxesten Intuitionisten keine Bedenken auslösen, völlig analog. Seine Grundidee besteht darin, daß durch eine geeignete eineindeutige Zuordnung jedem logischen Zeichen eine natürliche Zahl und jedem logischen Ausdruck eine sich daraus wieder eineindeutig ergebende Zahl, die sogenannte „GÖDEL-Zahl", zugeordnet wird. Auf diese Weise verwandeln sich logische Aussagen in arithmetische Aussagen, die gesamte Metamathematik wird durch diese Arithmetisierung oder „Gödelisierung" zu einem Teil der Arithmetik.

Mit Hilfe des CANTORschen Diagonalverfahrens kann man nun eine Formel konstruieren, die — zurückübersetzt in einen metamathematischen Ausdruck — ihre eigene Unbeweisbarkeit behauptet und damit zeigt, daß unser System unvollständig ist, denn nicht für jede bei ihrer Interpretation wahre Formel gibt es einen Beweis im formalen System. Diese heuristischen Überlegungen liegen dem GÖDELschen Beweis zugrunde; der Beweis selbst ist außerordentlich lang und anstrengend.

Aus dem ersten Satz GÖDELS folgt ein methodologisch äußerst wichtiges Resultat; und zwar, daß die inhaltliche Arithmetik nicht vollständig formalisierbar ist. Mit anderen Worten: Nicht jeder wahre Satz der inhaltlichen Arithmetik kann aus den explizit formulierten Axiomen nach den exakt angegebenen Ableitungsregeln gewonnen werden. Dieses Resultat schränkt die Realisierung des ersten Teils des HILBERTschen Grundlegungsprogramms — die Formalisierung der klassischen Mathematik — beträchtlich ein.

Mit dem Satz über die Unvollständigkeit der formalisierten Arithmetik hängt

[13] J. B. ROSSER, Extensions of some Theorems of GÖDEL and CHURCH, „Journal of Symbolic Logic", 1 (1936), pp. 129—137

unmittelbar der zweite GÖDELsche Satz über die Widerspruchsfreiheit zusammen. Auch er besitzt für die Einschätzung des HILBERTschen Programms große Bedeutung. Wie bereits erwähnt, hatte sich HILBERT das Ziel gesetzt, die Widerspruchsfreiheit der gesamten in Gestalt eines formalen Systems dargestellten klassischen Mathematik zu beweisen. Der zweite GÖDELsche Satz gibt uns die Möglichkeit, festzustellen, innerhalb welcher Grenzen dies möglich ist.

GÖDEL bewies: Wenn das formale System der Arithmetik widerspruchsfrei ist, dann existiert kein Beweis seiner Widerspruchsfreiheit, der mit den Mitteln dieses Systems selbst geführt werden kann. Aus diesem Satz folgt unmittelbar, daß es für den Widerspruchsfreiheitsbeweis der formalisierten Arithmetik erforderlich ist, stärkere Methoden zu verwenden als die, die in dem System formalisierbar sind. Selbstverständlich kann man für diesen Beweis Methoden heranziehen, die in einem anderen, stärkeren System formalisiert sind. Aber für den Widerspruchsfreiheitsbeweis dieses Systems wiederum muß man Methoden heranziehen, die in einem noch stärkeren System formalisiert sind usw.

Damit ergibt sich eine ganze Hierarchie formaler Systeme, von denen jedes das vorangehende nach der Stärke der Formalisierungs-(Ausdrucks-)Mittel übertrifft. Auf Grund dessen kann man u. E. behaupten, daß die vollständige Formalisierung nie in einer bestimmten historischen Entwicklungsetappe der Mathematik abgeschlossen werden kann. Sie stellt einen Prozeß der Annäherung an eine genauere und adäquate Widerspiegelung des Inhalts der Mathematik dar, die sich wiederum stetig erweitert und vervollkommnet. Die ständige Vervollkommnung der vorhandenen Mittel und Methoden der Formalisierung mathematischer Erkenntnisse trägt zum Fortschritt der Mathematik selbst bei und macht es möglich, ihre Methoden und Theorien besser zu verstehen und zu bewerten.

A. MOSTOWSKI weist darauf hin, daß in der ersten Zeit aus der von GÖDEL entdeckten Unvollständigkeit der formalisierten Arithmetik extrem pessimistische Schlußfolgerungen gezogen wurden. Es wurde sogar angenommen, daß diese Entdeckungen einen Schlag für die gesamte Grundlagenforschung der Mathematik darstellen. Tatsächlich jedoch, hebt er hervor, sind die Resultate GÖDELS kein Schlag für die Grundlagenforschung der Mathematik, sondern nur für jene Versuche, die Mathematik zu begründen, wie sie von HILBERT und den Neopositivisten unternommen wurden. Die materialistische Philosophie ist seit langem gegen diese Versuche aufgetreten und hat den idealistischen Charakter sowohl der Idee HILBERTS, die darin besteht, den Gegenstand der Mathematik durch Axiome zu definieren, als auch der nepositivistischen Konzeptionen, die darauf abzielen, den Inhalt der Mathematik durch die Analyse der Sprache zu klären, gezeigt.[14]

Wir haben bereits mehrmals erwähnt, daß der reinen Mathematik die Arith-

[14] A. MOSTOWSKI, The Present State of Investigations on the Foundations of Mathematics. „Rozpravy Mat." IX (1955), p. 14.

metik der natürlichen Zahlen zugrunde liegt. Daher ist die Begründung der Arithmetik von fundamentaler Bedeutung für die Grundlegung der gesamten Mathematik. Deswegen sind die Bemühungen sowohl des Logizismus als auch des Intuitionismus und des Formalismus hauptsächlich darauf gerichtet, dieses Problem zu lösen. Die Logizisten verlagern alle Schwierigkeiten dieses Problems in das Gebiet der Logik. Die Intuitionisten wollen sich bei seiner Lösung auf intuitiv evidente Aussagen über die natürliche Zahlenreihe und über das Prinzip der mathematischen Induktion stützen. Die Formalisten versuchen, die Schwierigkeiten dadurch zu umgehen, daß sie die inhaltlichen Aussagen in rein formale umwandeln. Bei diesem Herangehen wird die inhaltliche Arithmetik als ein gewisses Axiomensystem betrachtet, und zwar als Wissenschaft von den Folgerungen, die wir rein logisch aus den vorliegenden Systemen der Arithmetik, z. B. aus dem PEANOschen Axiomensystem der natürlichen Zahlen, ziehen. Dieser Standpunkt ist für die Lösung einer Reihe von innermathematischen Problemen völlig gerechtfertigt, er kann jedoch nicht Ausgangspunkt für die Lösung der Grundlegungsprobleme der inhaltlichen Arithmetik sein.

Erstens gewährt die Formalisierung der Arithmetik, wie wir gesehen haben, nicht die Möglichkeit, alle wahren Sätze der Arithmetik zu gewinnen. Zweitens genügen den Axiomen der formalen Arithmetik nicht nur Zahlen, sondern beliebige andere Systeme von Objekten, die eine Progression darstellen. Wenn wir daher der Auffassung zustimmen, daß die Arithmetik die Wissenschaft von den Folgerungen aus Axiomensystemen (wie z. B. dem von PEANO) ist, müssen wir zu dem Schluß gelangen, daß es keinen bestimmten Zahlenbegriff gibt. Zumindest müßten wir beim axiomatischen Herangehen jedes beliebige Objektsystem, das den Axiomen PEANOS genügt, mit den Zahlen identifizieren. Die Frage, inwieweit eine solche Behauptung akzeptabel ist, gehört, wie A. MOSTOWSKI unterstreicht, bereits nicht mehr zu Mathematik, sondern zur Philosophie. Diese Auffassung hat auch B. RUSSELL wiederholt betont. Demzufolge müssen wir für die Grundlegung der Arithmetik wissen, was eine Zahl ist, und den Sinn der Operationsvorschriften für Zahlen verstehen.

3. Kritik der philosophischen Ansichten der Formalisten

Unter dem Einfluß der HILBERTschen Schule gewann die Betrachtungsweise der Mathematik als System rein formaler Sätze in den zwanziger und dreißiger Jahren eine außerordentlich weite Verbreitung. Man vermied es einfach, über die Realität ihres Untersuchungsgegenstandes zu sprechen, und sich dafür zu interessieren galt fast als ein Zeichen von Rückständigkeit. Diese Denkweise war in bedeutendem Maße von der neopositivistischen Philosophie, insbesondere von der Philosophie des sogenannten „Wiener Kreises“, beeinflußt. Die formalistische Betrachtungsweise der Mathematik besitzt auch in der Gegenwart viele Verteidiger unter den Vertretern der bürgerlichen Philosophie.

Ohne den großen Wert der mathematischen Forschungen der HILBERT-Schule zu negieren, muß doch zugleich auch betont werden, daß die Formalisten die Grundfrage der Philosophie hinsichtlich der Mathematik idealistisch lösen. Bei der Erforschung der Quantitätsverhältnisse der Gegenstände der materiellen Welt vergessen sie die materiellen Dinge selbst, denen diese Verhältnisse eigen sind. HILBERT selbst war, obwohl er viele Male die gewaltige Bedeutung der Mathematik für die Anwendung betonte, dennoch in seinen philosophischen Ansichten nicht völlig konsequent. In einem Vortrag über „Die Grundlagen der Mathematik", gehalten 1927 im Mathematischen Seminar in Hamburg, sagte er, daß uns die Objekte der Mathematik in unserer Vorstellung als unmittelbares Erlebnis gegeben sind. Für die Anwendung logischer Schlüsse und die Betätigung logischer Operationen, schreibt er, ist „uns schon etwas in der Vorstellung gegeben: gewisse außerlogische konkrete Objekte, die anschaulich als unmittelbares Erlebnis vor allem Denken da sind".[15] Indem er die Existenz der mathematischen Objekte mit dem Bewußtsein des Subjekts, mit seinem Erleben in Verbindung bringt, nimmt er diesen Objekten ihre objektive, d. h. vom Subjekt unabhängige Existenz.

Übrigens war diese Ansicht in den Arbeiten HILBERTS nicht vorherrschend. Da, wo er von der herkömmlichen inhaltlichen Mathematik spricht, unterstreicht er in der Regel den objektiv-realen Charakter ihrer Begriffe und Methoden. Selbst seine Beweistheorie oder Metamathematik betrachtet er als Waffe im Kampf gegen den Subjektivismus in der Mathematik, der von den Intuitionisten verteidigt wurde. Alles das bestätigt die Kompliziertheit und Widersprüchlichkeit der Position HILBERTS. Viele seiner Nachfolger und Kommentatoren jedoch begannen, hinter den formalen Systemen jeglichen Inhalt überhaupt zu leugnen. In dieser Hinsicht ist die Position CURRYS sehr bezeichnend, die er selbst „empirischen Formalismus" nennt, um ihren Unterschied vom HILBERTschen Formalismus zu betonen. CURRY definiert die Mathematik als die Wissenschaft von den formalen Systemen, ist aber der Ansicht, daß mit den formalen Systemen als solchen keinerlei ontologische Überlegungen verknüpft werden dürfen. Anders gesagt, er nimmt an, daß die formalen Systeme jede beliebige Philosophie zulassen — sowohl die materialistische als auch die idealistische. Jedoch zur Mathematik hat diese Philosophie keinerlei Bezug, denn erstere betrachtet nur formale Beziehungen. Philosophische Unterschiede können nur innerhalb der „Akzeptierbarkeit" formaler Systeme auftreten.

Wenn jedoch von der Wahrheit der Sätze der Mathematik die Rede ist, neigt CURRY offensichtlich zur Position CARNAPS. Einerseits spricht er von der Wahrheit eines gewissen Satzes im Rahmen eines formalen Systems, andererseits spricht er von der Akzeptierbarkeit des Systems insgesamt. Wie wir im fünften Kapitel gesehen haben, führt CARNAP einen analogen Unterschied zwischen der Existenz eines Objekts in einem System oder Rahmenwerk und der Akzeptierung der

[15] D. HILBERT, Grundlagen der Geometrie, a. a. O., S. 289

Sprache oder des Systems durch. Die Akzeptierung der Sprache oder des formalen Systems insgesamt versuchen CARNAP und CURRY durch rein pragmatische Überlegungen zu rechtfertigen, da sie der Ansicht sind, daß dies keine Beziehung zur Theorie besitzt. Diese Position hält jedoch keiner ernsthaften Kritik stand, denn sie kann nicht erklären, worauf die Wahrheit der Sätze eines formalen Systems beruht.

Allerdings besteht für viele Formalisten die Wahrheit nicht in der Übereinstimmung des Denkens mit dem Gegenstand, sondern lediglich in der inneren Übereinstimmung, der Widerspruchsfreiheit. Nach ihrer Ansicht besitzt jede widerspruchsfreie Theorie Existenzberechtigung in der Mathematik. Tatsächlich jedoch verhält es sich anders. Wir haben bereits darauf hingewiesen, daß die Forderung der Widerspruchsfreiheit eine notwendige, aber keine hinreichende Bedingung für die Brauchbarkeit einer mathematischen Theorie ist. Die wichtigste Bedingung für ihre Anwendbarkeit ist die Forderung, daß die Theorie die Wirklichkeit richtig widerspiegelt. Wenn sie die Wirklichkeit adäquat widerspiegelt, dann ist sie auch widerspruchsfrei.

Wenn wir die idealistischen Postulate der Formalisten kritisieren, dürfen wir dabei nicht vergessen, daß viele Vertreter dieser Richtung in der Mathematik selbst viele wertvolle Leistungen aufzuweisen haben. Das betrifft in erster Linie HILBERT, der sein Programm der Grundlegung der Mathematik in Angriff nahm, um äußerst wichtige Errungenschaften der klassischen Mathematik gegen die Angriffe der Intuitionisten zu verteidigen und um die Grundlagenkrise zu überwinden. HILBERT selbst fühlte sich mehr zu konkreten mathematischen Problemen als zu den Grundlegungsfragen hingezogen, aber er sah sich genötigt, sich mit diesen Problemen zu befassen, um „die allgemeinen Zweifel an der Sicherheit des mathematischen Schließens definitiv aus der Welt zu schaffen".

Die in diesem Zusammenhang unternommene konkrete Ausarbeitung der Probleme der Widerspruchsfreiheit mathematischer Theorien und auch die Axiomatisierung einzelner mathematischer Teildisziplinen stellen das Ergebnis konkreter mathematischer Arbeit dar, und zwar einer Arbeit, die A. N. KOLMOGOROV als erstaunlich subtil und scharfsinnig charakterisiert.

Wenn man anerkennt, daß die Axiome einen objektiven Inhalt haben, d. h., wenn man in ihnen eine Widerspiegelung von Eigenschaften und Beziehungen der realen Wirklichkeit sieht, dann gewinnt diese Arbeit sowohl in mathematischer als auch in philosophischer Hinsicht eine außerordentlich große Bedeutung. Der Fehler der Formalisten besteht jedoch darin, daß sie darauf bei der Grundlegung der Mathematik nicht genügend Aufmerksamkeit verwenden.

Es leuchtet ein, daß die auf solchen methodologischen Positionen beharrenden Formalisten den Intuitionisten keine besonders überzeugende Argumentation entgegensetzen können. BERTRAND RUSSELL hebt in der Einleitung zur zweiten Auflage der „Principles of Mathematics" zwei wichtige Mängel des HILBERTschen Formalismus hervor. Erstens sind die Formalisten im Bereich der Zahlen vorwiegend darum besorgt, wie die herkömmlichen arithmetischen Sätze der Arithmetik aus den Axiomen abzuleiten sind. Deswegen bleiben die Zahlen selbst für sie unbestimmt. So kann z. B. das Symbol „0" jede beliebige endliche Zahl bezeichnen. Das Symbol „1" bezeichnet dann die darauffolgende Zahl, und die Reihe der natürlichen Zahlen kann durch jede beliebige Progression ersetzt werden. Selbstverständlich ist das für die Herleitung der Theoreme aus den Axiomen nicht wesentlich, für die Anwendung der Arithmetik auf die reale Welt gewinnt es jedoch wesentliche Bedeutung. RUSSELL vergleicht die Formalisten mit einem Uhrmacher, der so davon in Anspruch genommen ist, daß die Uhren gut aussehen, daß er darüber ihre eigentliche Bestimmung vergißt, die Zeit anzuzeigen.[16]

Zweitens vergessen die Formalisten, indem sie die mathematische Existenz auf die Widerspruchsfreiheit reduzieren, aufs neue, daß die Arithmetik eine praktische Anwendung besitzt. Es gibt keinerlei Grenze für die Schaffung widerspruchsfreier Axiomensysteme. Die Gründe für ihre Akzeptierung liegen jedoch außerhalb der Arithmetik selbst. Nach RUSSELS Ansicht kann eine Theorie der Grundlegung der Mathematik, die von vornherein eine Anwendung der Mathematik auf das Erfahrungsmaterial unmöglich macht, nicht als richtig betrachtet werden.[17]

Mit ihrer Forschungstätigkeit zur Widerspruchsfreiheit der klassischen Mathematik versuchten die Formalisten, die Grundlegung der Mathematik innerhalb der Mathematik zu finden, um damit jede Art von „metaphysischen Spekulationen" auszuschließen. HILBERT selbst hegte sogar die Hoffnung, daß seine Beweistheorie eine endgültige Grundlegung der Mathematik geben kann. „Mit dieser Neubegründung der Mathematik", schrieb er, „die man füglich als eine Beweistheorie bezeichnen kann, glaube ich die Grundlagenfragen als solche endgültig aus der Welt zu schaffen, indem ich jede mathematische Aussage zu einer konkret aufweisbaren und streng ableitbaren Formel mache und dadurch den ganzen Fragenkomplex in die Domäne der reinen Mathematik versetze."[18]

Die mathematischen Untersuchungen der Formalisten selbst machen jedoch deutlich, daß die Formalisierung der Mathematik dem Wesen der Sache nach niemals vollendet werden kann und daß sie außerdem die inhaltliche Mathematik zumindest in Gestalt der Metamathematik voraussetzt. Die Ergebnisse GÖDELS zeigen deutlich, daß die Versuche, die Mathematik innerhalb dieser Wissenschaft selbst zu begründen, das Bestreben, den Inhalt bei der Analyse mathematischer Schlüsse „auszutreiben", und der Versuch, die gesamte Mathematik durch ein einheitliches, allumfassendes Axiomensystem zu erfassen, zum Scheitern verurteilt sind. Damit bestätigen diese Ergebnisse ein weiteres Mal die materialistische These, daß die Begriffe und Methoden der Mathematik ihre einzige

16 B. RUSSELL, The Principles of Mathematics. Introduction to the Second Edition. London 1937, p. VI

17 ebenda

18 D. HILBERT, Grundlagen der Geometrie, a. a. O., S. 315—316

Quelle in der Erfahrung und der Praxis haben, weswegen alle Grundlegungsversuche der Mathematik, die ihre Herkunft aus der Erfahrung nicht berücksichtigen, keinen Erfolg haben können.

Schluß

1. Die Analyse der wichtigsten Grundlegungsprobleme der Mathematik führt uns zu zwei besonders wichtigen Schlußfolgerungen methodologischen Charakters.

Erstens unterscheiden sich diese Probleme prinzipiell von den konkreten Problemen der Mathematik, sie gestatten daher keine endgültige, für alle Zeiten geeignete Lösung. Damit, daß sich der faktische Gehalt der Mathematik ändert, neue Forschungsmethoden angewandt werden und ein neuer Begriffsapparat eingeführt wird, entsteht periodisch die Notwendigkeit, die Mathematik kritisch zu durchdenken und zu begründen. Diese Notwendigkeit tritt am deutlichsten in den Umbruchsperioden der Entwicklung der Mathematik zutage, wenn sich die neugewonnenen Resultate nicht mehr in den Rahmen der alten Vorstellungen einfügen. Das zeigen die drei aufeinanderfolgenden Grundlagenkrisen der Mathematik besonders eindringlich.

Die Kritik an alten Prinzipien und die Suche nach neuen Grundlegungsmethoden müssen letzten Endes dem Ziel der weiteren Entwicklung der Mathematik dienen, und deswegen erweisen sich alle Versuche, die Methoden der Mathematik durch irgendeinen von vornherein festgelegten Rahmen zu beschränken, als zum Scheitern verurteilt. In dieser Hinsicht ist die Geschichte des Intuitionismus höchst lehrreich, der zugunsten einer „intuitiven Klarheit“ den Verzicht auf lebenswichtige Teile der klassischen Mathematik forderte. Bekanntlich lehnte die überwiegende Mehrheit der Mathematiker diese Ansprüche als unbegründet ab.

Zweitens zeigt die Evolution der wichtigsten Schulen der Grundlegung der Mathematik — des Logizismus, des Intuitionismus und des Formalismus —, daß die Ansprüche einer jeden von ihnen, die einzig richtige Grundlegung der Mathematik darzustellen, unbegründet sind. Das erkennen heute auch die Anhänger der ehemals feindlichen Richtungen an.

In seinem Vortrag auf dem Internationalen Kongreß für Logik, Methodologie und Philosophie der Wissenschaften 1960 in Standford (USA) war A. Heyting, als er die Situation in der Grundlagenforschung der Mathematik mit der von 1930 verglich, genötigt anzuerkennen: „Der Geist der friedlichen Zusammenarbeit hat den Sieg über den Geist des unversöhnlichen Kampfes davongetragen. Keine der Richtungen beansprucht heute das Recht, die einzig wahre Mathematik darzustellen."[1]

Jede dieser Richtungen legte, wie wir gesehen haben, das Augenmerk auf bestimmte spezifische Besonderheiten der mathematischen Erkenntnis. Die Logizisten betonen die Priorität der Logik im mathematischen Denken, die Intuitionisten bestehen darauf, die intuitiven Momente in der Mathematik hervorzuheben, die Formalisten richten die Aufmerksamkeit auf die große Rolle der axiomatischen und formalen Forschungsmethode. Jede Schule leistet damit einen Beitrag zur Lösung des Grundlagenproblems der Mathematik. Daher widersprechen sich ihre Ergebnisse nicht, sondern ergänzen einander. Die methodologische Bedeutung der Untersuchungen, die in den verschiedenen Grundlagenschulen angestellt wurden, besteht darin, daß sie die Möglichkeit zeigen, in der klassischen Mathematik solche Aspekte herauszusondern, die die Anwendung von entweder intuitionistischen oder formalistischen, logizistischen oder konstruktivistischen Methoden erfordern. Keine dieser Herangehensweisen für sich allein kann einen vollständigen Begriff von dem ganzen Inhaltsreichtum und den Methoden der klassischen Mathematik geben.

2. In dem Maße, wie sich die Grundlagenforschung der Mathematik entfaltete, wurde immer klarer, daß die von den führenden Schulen dieses Wissenschaftsgebietes aufgestellten Programme äußerst weit von ihrer Realisierung entfernt sind und daher einer gründlichen Revision bedürfen. In diesem Sinne ist es sehr interessant, die Veränderungen in den Ansichten der Vertreter des Logizismus, des Formalismus und des Intuitionismus seit 1930 zu verfolgen, d. h. seit der Zeit, als im damaligen Königsberg die „2. Tagung für Erkenntnislehre der exakten Wissenschaften" stattfand, die der Grundlegung der Mathematik gewidmet war.

3. Den Standpunkt des Logizismus vertrat auf dieser Tagung R. Carnap.[2] Dieser Logizismus wird des öfteren „radikaler Logizismus" genannt; sein Wesen besteht bekanntlich in der Annahme der folgenden beiden Prinzipien: 1. Alle Begriffe der Mathematik sind aus den logischen Begriffen ableitbar, und zwar durch explizite Definitionen, oder — wie Church es ausdrückt — das mathematische Wörterbuch bildet einen Teil des logischen Wörterbuches. 2. Die mathematischen Sätze sind aus den logischen Grundsätzen ableitbar, und zwar durch rein logische Deduktionen.

[1] A. Heyting, After Thirty Years, „Logic, Methodology and Philosophy of Science", Proceedings of the 1960 International Congress (Ed. by E. Nagel, P. Suppes, A. Tarski) Stanford (Cal.), 1962, p. 195

[2] R. Carnap, Die logizistische Grundlegung der Mathematik, „Erkenntnis", 2 (1931), S. 91—105 Neben Carnap sprachen auf der Tagung A. Heyting über „Die intuitionistische Grundlegung der Mathematik" und J. v. Neumann über „Die formalistische Grundlegung der Mathematik". Diese Vorträge und die anschließenden Diskussionen sind im Anschluß an den Vortrag Carnaps ebenfalls im 2. Band der Zeitschrift „Erkenntnis" abgedruckt. (Anm. d. Hrsg.)

Die Entwicklung der Forschung auf dem Gebiet der mathematischen Logik und der Grundlegung der Mathematik erschütterte den Glauben an die Richtigkeit des zweiten Prinzips der logizistischen Doktrin bedeutend, Vertreter eines gemäßigten Logizismus anerkennen daher nur die Richtigkeit des ersten Prinzips oder zumindest die Möglichkeit, die mengentheoretischen Begriffe in Termini der reinen Logik zu definieren. Aber auch diese Variante des Logizismus ist nicht frei von Einwänden. Viele Mathematiker bemerken zu Recht, daß wir bei der Konstruktion der logischen Kalküle bereits gezwungen sind, einige mengentheoretische Begriffe zu verwenden. Deshalb schränken einige Autoren die Konzeption des Logizismus noch weiter ein. So tritt H. MEHLBERG für einen pluralistischen Logizismus ein und stellt fest, daß für jede mathematische Theorie eine gewisse Logik existieren muß, die die Möglichkeit gibt, die Theoreme herzuleiten, ohne sich der Intuition zuzuwenden.[3] Der Terminus „Pluralismus" unterstreicht hierbei, daß es eine Menge unterschiedlicher logischer Systeme gibt und daß sie alle hinsichtlich ihrer Funktion gleichberechtigt sind. Bei einem solchen Herangehen reduziert sich die logizistische Konzeption einfach darauf, daß die Priorität der Logik als Mittel des Schließens in der Mathematik anerkannt wird. Dieser Umstand wird, wie wir bereits bemerkt haben, besonders von A. CHURCH auf dem Kongreß von Standford 1960 unterstrichen.

4. Die bedeutendsten Veränderungen erfuhr das Programm des Formalismus. Als HILBERT es aufstellte, verfolgte es die folgenden beiden weitreichenden Ziele: 1. Es sind nur spezifische finite Schlußweisen zu verwenden, um die Widerspruchsfreiheit der gesamten klassischen Mathematik zu beweisen. 2. Es ist für die klassische Mathematik das Entscheidungsproblem zu lösen, d. h., es sind effektive Methoden zu finden, die es gestatten, ein mathematisches Problem in endlich vielen Schritten zu lösen oder zu beweisen, daß dieses Problem unlösbar ist.

Daß das erste Ziel unerreichbar ist, wurde 1931 von GÖDEL festgestellt. Der Beweis, daß kein Entscheidungsverfahren für den höheren Prädikatenkalkül existiert, den CHURCH 1936 fand, zeigte, daß auch das zweite Ziel nicht erreichbar ist.

Viele Forscher, die die HILBERTschen Forderungen nach rein finiten Methoden bei Widerspruchsfreiheitsbeweisen für zu stark hielten, gaben einiges davon auf. Durch die so erreichte Erweiterung der logischen Mittel konnten eine Reihe von bedeutsamen neuen Resultaten erzielt werden (die Beweise für die Widerspruchsfreiheit der Arithmetik in den Arbeiten von GENTZEN und NOVIKOV).

Die Revision der HILBERTschen Postulate ging einher mit einer Revision der allgemeinen Positionen des HILBERTschen Formalismus. In diesem Zusammen-

[3] H. MEHLBERG, The Present Situation in the Philosophy of Mathematics, „Logic and Language", Dordrecht (Holland) 1962, pp. 100—101

[4] H. B. CURRY, Outlines of Formalist Philosophy of Mathematics, Amsterdam 1951
R. L. COODSTEIN, Constructive Formalism, Leicester 1951

hang entstanden insbesondere die Konzeptionen des empirischen Formalismus von Curry und des konstruktiven Formalismus von Goodstein.[4]

5. Das intuitionistische Programm der Grundlegung der Mathematik schließlich führte im Zusammenhang mit der exakten Definition des Algorithmenbegriffs und der Ausarbeitung der Theorie der rekursiven Funktionen zum Entstehen einer neuen, der konstruktiven Grundlegung der Mathematik. Die Vertreter dieser Richtung, zu der auch Mathematiker aus der UdSSR, aus Polen und Ungarn gehören, erkennen zwar eine Reihe von fruchtbaren Ideen der Intuitionisten an, lehnen aber insgesamt deren methodologische Postulate und besonders deren falsche philosophische Ansichten ab.

6. Die Durchführung keines dieser Programme ist ohne Hinwendung zur Philosophie denkbar. Entscheidend ist jedoch, welcher Philosophie ein Wissenschaftler sich zuwendet. In der ersten Zeit, als die wichtigsten Schulen der Grundlegung der Mathematik gerade entstanden, neigte die Mehrheit der Forscher entweder zu einem offenen Idealismus subjektivistischer Prägung (wie z. B. die Intuitionisten) oder zu gemäßigteren Formen wie dem Positivismus oder dem Dualismus. Mehr als 80 Jahre Erfahrungen bei der intensiven Grundlagenforschung in der Mathematik führten die Wissenschaftler nach und nach dazu, von der idealistischen Philosophie abzurücken. Viele ausländische Mathematiker beginnen sich bei der Lösung der methodologischen Fragen ihrer Wissenschaft immer mehr der materialistischen Philosophie zuzuwenden, wobei sie oft ihre Ansichten nicht geradeheraus als materialistisch bezeichnen, gleichzeitig aber doch die Grundprinzipien des Materialismus teilen.

E. W. Beth erklärt in seiner großen der Grundlegung der Mathematik gewidmeten Monographie direkt, daß die allgemeine Tendenz der Philosophie der Mathematik dem Idealismus feindlich ist und in Richtung auf den Realismus verläuft.[5] Dabei versteht er unter „Realismus“ im wesentlichen den Materialismus. Er solidarisiert sich mit der Kritik des Idealismus in Logik und Mathematik, wie sie in den Arbeiten von L. Chwistek, K. Ajdukiewicz, M. Black und anderer Wissenschaftler enthalten ist, und betont, daß die idealistische Theorie der Erkenntnis als Selbsterkenntnis weder den authentischen Charakter der mathematischen Erkenntnisse noch den Grad ihrer Gewißheit erklären kann.[6]

In einer Reihe von Vorträgen, die auf dem Londoner Kongreß für Philosophie der Mathematik 1965 gehalten wurden, wird hervorgehoben, daß die Grundlegungsversuche der Mathematik, die nicht deren Zusammenhang mit der realen Welt und den empirischen Wissenschaften berücksichtigen, keine Perspektive haben.

L. Kalmár analysiert die wichtigsten Resultate, die bei der Grundlegung der Mathematik entsprechend den Programmen des Logizismus, des Formalismus

[5] E. W. Beth, The Foundations of Mathematics, Amsterdam 1959, pp. 619, 643

[6] ebenda, p. 643

und des Intuitionismus erzielt wurden, und macht gleichmäßig auf drei wesentliche allgemeine Mängel aufmerksam: Erstens gehen alle diese Forschungen von der Voraussetzung aus, daß die Mathematik eine rein deduktive Wissenschaft ist, und versuchen daher, sie als rein deduktive Wissenschaft zu begründen. Zweitens ist diese Hoffnung niemals realisiert worden, da die Axiome jeder interessanten Disziplin der Mathematik auf die eine oder andere Art aus Tatsachen abstrahiert wurden. Drittens wird die Widerspruchsfreiheit der meisten formalen Systeme nicht bewiesen, sondern als Tatsache angenommen, weil faktisch aus ihnen bisher keine Widersprüche erhalten wurden. In diesem Zusammenhang schlägt KALMÁR vor, sich mit der empirischen Grundlegung der Mathematik zu befassen, einer Grundlegung, die die Herkunft der Mathematik aus der Praxis berücksichtigt und sie nicht auf eine geschlossene reine deduktive Wissenschaft reduziert.[7]

P. BERNAYS — langjähriger Mitarbeiter HILBERTS und Anhänger der formalistischen Schule — war unter dem Einfluß der Ergebnisse, die in der Grundlegung der Mathematik und der mathematischen Logik erzielt wurden, gezwungen, nicht nur die extreme, sondern auch die gemäßigte Variante des Formalismus abzulehnen. Die extremen Formalisten sind der Ansicht, daß die Bedeutung eines Theorems in der Mathematik darin besteht, daß es in einem formalen System ableitbar ist. Die gemäßigten Formalisten führen den Gehalt der Mathematik auf konstruktive Erwägungen über Beweisbarkeit oder Nichtbeweisbarkeit von Theoremen zurück. Zunächst ist aber eine Reihe von Theoremen selbst der Zahlentheorie bisher unbewiesen. Außerdem kann eine Theorie derartigen Typs niemals vollständig formalisiert werden. Für eine vollständige Formalisierung benötigen wir, wie BERNAYS betont, eine offene Folge von formalen Systemen. All das, fährt er fort, bestätigt schwerlich die formalistische Ansicht der Mathematik.[8]

Eine ähnliche Evolution der Ansichten kann man auch bei einer Reihe anderer ausländischer Mathematiker, Logiker und Philosophen verfolgen. Während RUSSELL z. B. 1901 behauptete, das Gebäude der mathematischen Wahrheiten sei unerschütterlich, war er 1924 der Ansicht, daß die Exaktheit der Logik und der Mathematik der Exaktheit der MAXWELLschen Gleichungen ähnelt: Man glaubt an sie, weil ihre logischen Folgerungen zuverlässig beobachtbare Wahrheiten darstellen. CARNAP hielt 1930 auf der Tagung im damaligen Königsberg jede Unsicherheit in den Grundlagen der Mathematik für unzulässig, 1958 kommt er zu dem Schluß, daß eine absolute Sicherheit unmöglich ist und daß hier eine Analogie zwischen Mathematik und Physik existiert. Analoge Aussagen könnte man auch aus den Arbeiten vieler anderer bedeutender Wissenschaftler anführen.

Eine ganze Reihe ausländischer Wissenschaftler, die sich von der Unhaltbarkeit des traditionellen, auf metaphysischen Prinzipien beruhenden Rationalismus

7 Vgl. „Problems in the Philosophy of Mathematics", Ed. I. LAKATOS, Amsterdam 1967, pp. 192 bis 193

8 ebenda, p. 111

überzeugt haben, kommen spontan gewissen Elementen der Dialektik auf die Spur. Bezeichnend in dieser Hinsicht ist die Position der Wissenschaftler, die sich um die schweizerische Zeitschrift „Dialectica" vereinigt haben. Die Redaktion der Zeitschrift, zu der z. B. die Mathematiker P. BERNAYS und F. GONSETH gehören, stimuliert Forschungen, die auf den Aufbau einer Theorie der Wissenschaft gerichtet sind, die deren gegenwärtigem Entwicklungsstand entspricht. F. GONSETH betont, daß sich wissenschaftliche Theorien und Begriffe entwickeln, und stellt eine Reihe von Grundsätzen auf, denen nach seiner Ansicht jede Theorie der Philosophie der Wissenschaft genügen muß, und zwar 1. das Prinzip der Revidierbarkeit („révisibilité") der Begriffe und Methoden, 2. das Prinzip der Technizität („technicité"), 3. das Prinzip der Dualität („dualité"), d. h. die Verflechtung des begrifflich Theoretischen mit dem Erfahrungsmäßigen und Experimenten, wonach weder Empirismus noch Rationalismus eine hinreichende Basis für die Wissenschaftstheorie sind, und 4. das Prinzip der Integralität („intégralité"), wonach die Wissenschaft als eine Gesamtheit, deren Teile nicht autonom sind, zu betrachten ist.[9] Diese Prinzipien sind, wie man unschwer bemerkt, gegen die positivistische und undialektische Haltung einiger ausländischer Wissenschaftler gerichtet.

Man kann nicht sagen, daß die Position der sogenannten genetischen oder dialektischen Epistemologie, zu deren Anhängern GONSETH gehört, völlig konsequent sei und mit der Dialektik im marxistischen Verständnis dieses Wortes zusammenfallen. Jedoch die Tatsache an sich, daß unter diesen Wissenschaftlern eine solche Richtung aufkommt, ist äußerst symptomatisch. Die fortschrittlichen Wissenschaftler bürgerlicher Länder sehen, zu welch ernsthaften methodologischen Schwierigkeiten die Wissenschaft von der idealistischen Philosophie und der metaphysischen, undialektischen Denkweise geführt wird, und beginnen spontan, in den Positionen des Materialismus und der Dialektik einen Ausweg aus diesen Schwierigkeiten zu suchen.

An der Spitze des Lagers der materialistisch denkenden Mathematiker stehen die Mathematiker der Sowjetunion und der anderen sozialistischen Länder, die sich in ihrer Methodologie bewußt von den Prinzipien des dialektischen Materialismus leiten lassen. Die Zahl der materialistisch denkenden Mathematiker wächst auch in den anderen Ländern, wie vor allem die Literatur der Mathematik in den letzten Jahren zeigt.

[9] Vgl. dazu z. B. den Aufsatz

P. BERNAYS, Grundzüge der Philosophie Gonseths „Dialectica", vol. 14 (1960), Nr. 2/3, S. 151–156 (Anm. d. Hrsg.)

Literatur

W. ACKERMANN, Philosophische Bemerkungen zur mathematischen Logik und zur mathematischen Grundlagenforschung, „Ratio" 1 (1957)

Die Methodenlehre des ARCHIMEDES, in: Bibliotheca Mathematica, 3. Folge, 7. Bd., 1. Heft, 1906

ARISTOTELES, Metaphysik, Berlin 1960

ARISTOTELES, Erste und zweite Analytiken, Leipzig 1922

ARISTOTELES, Topik, Leipzig 1922

ARISTOTELES, Physikvorlesung (Übers. v. H. Wagner), Berlin 1967

G. ASSER, Einführung in die mathematische Logik, Teil I—II, Leipzig 1959—1972

The Axiomatic Method with Special Reference to Geometry and Physics, Amsterdam 1959

R. BALDUS, Nichteuklidische Geometrie, Berlin 1927

ST. F. BARKER, Philosophy of Mathematics, New Jersey 1974

O. BECKER, Mathematische Existenz. Untersuchungen zur Logik und Ontologie mathematischer Phänomene, „Jahrbuch für Philosophie und phänomenologische Forschung", 8. Bd., Halle a. d. S. 1927

O. BECKER, Grundlagen der Mathematik in geschichtlicher Entwicklung, Freiburg–München 1954

K. BERKA, L. KREISER, Logik-Texte, Berlin 1971

G. BERKELEY, The Analyst (Der Analytiker), in: Schriften über die Grundlagen der Mathematik und Physik, Frankfurt a. M. 1969

G. BERNADETTE, Infinity, Oxford 1964

P. BERNAYS, Axiomatische Untersuchungen des Aussagenkalküls der „Principia Mathematica", „Mathematische Zeitschrift", 25, 1926

P. BERNAYS, Bemerkungen zur Grundlagenfrage, „Philosophie mathematique", „Actualités Scientifiques et Industrielles", Nr. 837, Paris 1939

P. BERNAYS, Mathematische Existenz und Widerspruchsfreiheit, in: Etudes de Philosophie de Science en hommage a Ferdinand Gonseth, Neûchatel 1950

P. BERNAYS, Scope and Limit of Axiomatics, in: Delaware Seminare in the Foundations of Physics, Berlin–New York 1967

P. BERNAYS, Grundzüge der Philosophie Gonseths, „Dialectica", vol. 14, Nr. 2/3, 1960

E. W. BETH, Foundations of Mathematics, Amsterdam 1959

E. W. BETH, Remarks on the Paradoxes of Logic and Set Theory, in: Essays on the Foundations of Mathematics, Jerusalem 1961

M. BLACK, The Nature of Mathematics. A Critical Survey, New Jersey 1959

R. BLANCHE, L'axiomatique, Paris 1955

I. M. BOCHEŃSKI, The Problem of Universals, in: The Problem of Universals, Notre Dame, Indiana 1956

I. M. BOCHEŃSKI, Formale Logik, Freiburg-München 1956

B. BOLZANO, Paradoxien des Unendlichen, Leipzig 1921

G. BOOLE, An Investigation into the Laws of Thought, London 1854

N. BOURBAKI, Die Architektur der Mathematik I—II, „Physikalische Blätter", H. 4—5, Mosbach 1961

N. BOURBAKI, Eleménts d'histoire des mathematiques, Paris 1960

N. BOURBAKI, Foundations of Mathematics for the Working Mathematician, „Journal of Symbolic Logic", vol. 14, pp. 1—8, 1949

N. BOURBAKI, Théorie des ensembles (Fascicule de résultats), Paris 1951

N. BOURBAKI, Topologie générale, Paris 1951

L. E. J. BROUWER, De onbetrouwbaarheid der logische principes, „Tijdschrift voor Wijsbegeerte", 2, 152—156

L. E. J. BROUWER, Über die Bedeutung des Satzes vom ausgeschlossenen Dritten in der Mathematik, insbesondere in der Funktionstheorie, „Journal für reine und angewandte Mathematik", 154, 1925

L. E. J. BROUWER, Intuitionism and Formalism, in: Philosophy of Mathematics Selected Readings, New York 1964

L. E. J. BROUWER, Consciousness, Philosophy and Mathematics, in: Philosophy of Mathematics. Selected Readings, New York 1964

G. CANTOR, Über unendliche lineare Punktmannigfaltigkeiten, Nr. 5, in: Gesammelte Abhandlungen mathematischen und philosophischen Inhalts, Berlin 1932

G. CANTOR, Beiträge zur Begründung der transfiniten Mengenlehre, in: Gesammelte Abhandlungen . . ., Berlin 1932

G. CANTOR, Mitteilungen zur Lehre vom Transfiniten, in: Gesammelte Abhandlungen . . ., Berlin 1932

W. Capelle, Die Vorsokratiker, Berlin 1961

R. CARNAP, Die logizistische Grundlegung der Mathematik, „Erkenntnis", 2, 1931

R. CARNAP, Die logische Syntax der Sprache, Wien 1934

R. CARNAP, Foundations of Logic and Mathematics, „International Encyclopedia of Unified Science", vol. 1, Nr. 3, Chicago 1939

R. CARNAP, Einführung in die symbolische Logik, Wien-New York 1968

R. CARNAP, Bedeutung und Notwendigkeit, Wien-New York 1972

R. CARNAP, Empirism, Semantics and Ontology, „Revue Internationale de Philosophie", 11, 1950

R. CARNAP, Introduction to Semantics, Cambridge 1942

A. CHURCH, The Present Situation in the Foundations of Mathematics, in: Philosophie mathematique, Actualités Scientifiques et Industrielles, Nr. 837, Paris 1939

A. CHURCH, Mathematics and Logic, in: Logic, Methodology and Philosophy of Science, Proceedings of the 1960 International Congress (Ed. by E. Nagel, P. Suppes, A. Tarski) Stanford (Cal.), 1962

A. CHURCH, Introduction to Mathematical Logic, vol. I, Princeton (N. J.) 1956

A. CHURCH, Propositions and Sentences, in: The Problem of Universals, Notre Dame, Indiana 1956

A. Church, The Need for Abstract Entities in Semantic Analysis, „Proceedings of the American Academy of Arts and Science;", 1951, vol. 80
L. Chwistek, The Limits of Science, London 1947
P. M. Cohen, Universal Algebra, New York–Evanston–London 1965
„Constructivity in Mathematics". Proceedings of the Colloquium, held at Amsterdam, Amsterdam 1959
A. H. Copeland, Mathematical Proof and Experimental Proof, „Philosophy of Science", vol. 33, Nr. 4, 1966
L. Couturat, Die philosophischen Prinzipien der Mathematik, Leipzig 1908
H. B. Curry, Remarks on the Definition and the Nature of Mathematics, „Dialectica", vol. 8, Nr. 3, 1954
H. B. Curry, Foundations of Mathematical Logic, New York 1963
H. B. Curry, Outlines of Formalist Philosophy of Mathematics, Amsterdam 1951
H. B. Curry and R. Feys, Combinatory Logic, Amsterdam 1958
D. van Dantzig, Is $10^{10^{10}}$ a Finit Number? „Dialectica", Nr. 9, 1956
R. Descartes, Regeln zur Leitung des Geistes, in: Philosophische Werke, IB, Leipzig 1912—1920
D. Diderot, Gedanken zur Interpretation der Natur, in: Philosophische Schriften, Bd. I
F. Engels, Die Dialektik der Natur, MEW, Bd. 20, Berlin 1962
F. Engels, Herrn Eugen Dührings Umwälzung der Wissenschaft (Anti-Dühring), MEW, Bd. 20, Berlin 1962
F. Engels, Rezension des ersten Bandes „Das Kapital" für die Düsseldorfer Zeitung, MEW, Bd. 16, Berlin 1962
Euklid, Die Elemente, I—V, Leipzig 1933—1937
H. Eves and C. Newson, An Introduction to the Foundations and Fundamental Concepts of Mathematics, New York 1960
P. Fevrie, Logical Structure of Physical Theories, in: The Axiomatic Method with Special Reference to Geometry and Physics, Amsterdam 1959
A. Fraenkel, Das Leben Georg Cantors, in: Georg Cantor, Gesammelte Abhandlungen . . ., Berlin 1932
A. Fraenkel, The Recent Controversies about the Foundations of Mathematics, „Scripta Mathematica", vol. 13, Nr. 2, 1947
A. Fraenkel, Abstract Set Theory (Studies in Logic), Amsterdam 1953
A. Fraenkel and Y. Bar-Hillel, Foundations of Set Theory, Amsterdam 1958
G. Frege, Begriffsschrift, eine der arithmetischen nachgebildete Formelsprache des reinen Denkens, Halle/Saale 1879
G. Frege, Die Grundlagen der Arithmetik, Breslau 1884
G. Frege, Grundgesetze der Arithmetik, begriffsschriftlich abgeleitet, Bd. 1—2, Jena 1893—1903
G. Gentzen, Die Widerspruchsfreiheit der reinen Zahlentheorie, Darmstadt 1967
K. Gödel, Einige metamathematische Resultate über Entscheidungsdefinitheit und Widerspruchsfreiheit, „Anzeiger der Akademie der Wissenschaften in Wien", math.-nat. Klasse, 67, 1930 (Nachdruck in K. Berka/L. Kreiser, Logik-Texte, Berlin 1971)
K. Gödel, Über formal unentscheidbare Sätze der „Principia Mathematica" und verwandter Systeme, „Monatshefte für Mathematik und Physik", Bd. 38, 1931. Gekürzter Abdruck, in: K. Berka/L. Kreiser, Logik-Texte, Berlin 1971
K. Gödel, Russells Mathematical Logic, in: The Philosophy of Bertrand Russell, Ed. P. A. Schilpp, Evanston–Chicago 1944

N. GOODMAN, A World of Individuals, in: The Problem of Universals, Notre Dame, Indiana, 1956
N. GOODMAN, Fact, Fiction and Forecast, Cambridge 1955
R. L. GOODSTEIN, Constructive Formalism, Leicester 1951
R. L. GOODSTEIN, On the Nature of Mathematical Systems, „Dialectica", vol. 12 (3/4), 1958
R. L. GOODSTEIN, Essays in the Philosophy of Mathematics, Leicester 1965
D. P. GORSKIJ, Über die Arten der Definition und ihre Bedeutung in der Wissenschaft, in: Studien zur Logik der wissenschaftlichen Erkenntnis, Berlin 1967
H. GRASSMANN, Gesammelte mathematische und physikalische Werke, Leipzig 1894
D. GREENWOOD, Truth and Meanning, New York 1957
J. HADAMARD, An Essay on the Psychology of Invention in the Mathematical Field, Princeton 1949
W. HEISENBERG, Die Abstraktion in der modernen Naturwissenschaft, „Wissenschaft und Fortschritt", 14, Nr. 3, 1964
H. v. HELMHOLTZ, Über den Ursprung und die Bedeutung der geometrischen Axiome, Berlin (West) o. J.
C. A. HELVETIUS, Vom Menschen, seinen geistigen Fähigkeiten und seiner Erziehung, Frankfurt/Main 1972
C. G. HEMPEL, Geometry and Empirical Science, in: Readings in Philosophical Analysis, New York 1949
C. G. HEMPEL, On the Nature of Mathematical Truth, in: Readings in Philosophical Analysis, New York 1949
L. HENKIN, Some Notes on Nominalism, „Journal of Symbolic Logic", vol. 18, 1953
L. HENKIN, Completness, in: Philosophy of Science today, Ed. Morgenbesser, New York–London 1967
L. HENKIN, Truth and Probability, in: Philosophy of Science today, Ed. Morgenbesser, New York–London 1967
H. HERMES, Zur Axiomatisierung der Mechanik, in: The Axiomatic Method with Special Reference to Geometry and Physics, Amsterdam 1959
A. HEYTING, Die formalen Regeln der intuitionistischen Logik, „Sitzungsberichte der Preußischen Akademie der Wissenschaften", Phys.-math. Klasse, Jg. 1930, II, Gek. Abdruck, in: K. BERKA/L. KREISER, Logik-Texte, Berlin 1971
A. HEYTING, Die intuitionistische Grundlegung der Mathematik, „Erkenntnis", Bd. 2, 1931
A. HEYTING, Mathematische Grundlagenforschung. Intuitionismus. Beweistheorie, „Ergebnisse der Mathematik und ihrer Grenzgebiete", 3. Bd., H. 4, Berlin 1934
A. HEYTING, Intuitionism. An Introduction (3. rev. Ed.), Amsterdam 1971
A. HEYTING, Axiomatic Method, in: Essays on the Foundations of Mathematics, Jerusalem 1961
A. HEYTING, After Thirty Years, in: Logic, Methodology and Philosophy of Science. Proceedings of the 1960 International Congress (Ed. by E. NAGEL, P. SUPPES, A. TARSKI), Stanford (Cal.) 1962
D. HILBERT, Neubegründung der Mathematik, in: Gesammelte Abhandlungen, Bd. 3, Berlin 1935
D. HILBERT, Grundlagen der Geometrie, 7. erw. Auflage, Leipzig–Berlin 1930
D. HILBERT, Axiomatisches Denken, in: Gesammelte Abhandlungen, Bd. III, Berlin 1935
D. HILBERT, P. BERNAYS, Grundlagen der Mathematik, Berlin 1934
O. HÖLDER, Die mathematische Methode, Berlin 1924

J. A. Jørgensen, A Treatise of Formal Logic, vol. 1—3, Copenhagen–London 1931

L. Kalmar, On Unsolvable Mathematical Problems, in: Proceedings of the Tenth Int. Congress of Philosophy, Amsterdam 1949

I. Kant, Prolegomena zu einer jeden künftigen Metaphysik, die als Wissenschaft wird auftreten können, Leipzig

L. A. Kattsoff, Philosophy of Mathematics, Ames. Iowa 1948

J. G. Kemeny, A New Approach to Semantics, „Journal of Symbolic Logic", vol. 21, 1956

G. Klaus, Moderne Logik, Berlin 1964

G. Klaus, M. Buhr, Philosophisches Wörterbuch, Berlin 1972

S. C. Kleene, Introduction to Metamathematics, Amsterdam 1952

S. C. Kleene and R. E. Vesley, The Foundations of Intuitionistic Mathematics, Amsterdam 1965

F. Klein, Die Elementarmathematik vom höheren Standpunkt aus, Berlin 1925

G. T. Kneebone, Mathematical Logic and the Foundations of Mathematics. An Introductory Survey, London–New York 1963

St. Körner, The Philosophy of Mathematics, London 1960

St. Körner, An Empiristice Justification of Mathematics, in: Logic, Methodology and Philosophy of Science, Amsterdam 1956

St. Körner, On the Relevance of Postgödelaion Mathematics to Philosophy, in: Problems of the Philosophy of Mathematics, Ed. I. Lakatos, Amsterdam 1967

A. Kolmogorov, Zur Deutung der intuitionistischen Logik, „Mathematische Zeitschrift", 1932, Bd. 35. Abdruck in: K. Berka/L. Kreiser, Logik-Texte, Berlin 1971

V. Kraft, Mathematik, Logik und Erfahrung, Wien 1947

P. Lafargue, Karl Marx, Persönliche Erinnerungen, in: Erinnerungen an Karl Marx, Berlin 1953

I. Lakatos (Ed.), „Problems in the Philosophy of Mathematics", Amsterdam 1967

G. W. Leibniz, Idee eines Buches, das den Titel haben wird: Neue Elemente der mathesis universalis, in: Fragmente zur Logik, Berlin 1960

G. W. Leibniz, Vorrede zur „Allgemeinen Wissenschaft", in: Fragmente zur Logik, Berlin 1960

G. W. Leibniz, Neue Abhandlungen über den menschlichen Verstand, Frankfurt a. M. 1961

W. I. Lenin, Materialismus und Empiriokritizismus, Werke, Bd. 14, Berlin 1973

W. I. Lenin, Philosophische Hefte, Werke, Bd. 38, Berlin 1964

N. J. Lobačevskij, Géométrie imaginaire, „Crelles Journal", 17, Berlin 1937

N. J. Lobačevskij, Pangeometrie, Leipzig o. J.

J. Locke, Über den menschlichen Verstand, Ausgabe in zwei Bänden, Berlin 1962

Logic, Methodology and Philosophy of Science. Proceedings of the 1960 International Congress (Ed. by E. Nagel, P. Suppes, A. Tarski), Stanford (Cal.) 1962

G. Martin, Klassische Ontologie der Zahl, Köln 1956

R. M. Martin, Truth and Denotation, London 1958

K. Marx, Thesen über Feuerbach, MEW, Bd. 3, Berlin 1958

K. Marx, Das Elend der Philosophie, MEW, Bd. 4, Berlin 1959

K. Marx, Das Kapital, Bd. I, MEW, Bd. 23, Berlin 1962

K. Marx, Aus dem handschriftlichen Nachlaß, MEW, Bd. 13, Berlin 1960

K. Marx, Mathematische Manuskripte (deutsch-russische Parallelausgabe), Moskau 1968

E. A. Maziarz, The Philosophy of Mathematics, New York 1950

J. C. McKinsey and P. Suppes, Philosophy and Axiomatic Foundations of Physics, in: Actes die XIeme Congr. Int. de Philos., Bruxelles 1963

H. MEHLBERG, The Present Situation in the Philosophy of Mathematics, in: Logic and Language, Dordrecht (Holland) 1962
B. MELTZER, Some Recent Developments in Complete Strategies for Theorem-Proving by Computer, „Zeitschrift für mathematische Logik und Grundlagen der Mathematik", Bd. 14 (1968), H. 5
H. MESCHKOWSKI, Wandlungen des mathematischen Denkens, Braunschweig 1960
J. ST. MILL, System der deduktiven und induktiven Logik, Aalen 1968
CH. MORRIS, Foundations of the Theory of Signs, in: International Encyclopedia of Unified Science, vol. 1—2, Chicago 1938
A. MOSTOWSKI, Sentences Undecidable in Formalized Arithmetic, Amsterdam 1952
A. MOSTOWSKI (et al.), The Present State of Investigations in the Foundations of Mathematics, „Rozpravy Mat.", IX. Warszawa 1955
L. NELSON, Beiträge zur Philosophie der Logik und Mathematik, Frankfurt a. M. 1959
J. v. NEUMANN, Die formalistische Grundlegung der Mathematik, „Erkenntnis", 2 (1931)
L. NEYMER, Das Wesen der Geometrie, „Studium Generale", 1957, H. 5
P. S. NOVIKOV, Grundzüge der mathematischen Logik, Berlin 1973
M. PASCH und M. DEHN, Vorlesungen über neuere Geometrie, Berlin 1926
G. PEANO, I principi della geometria logicamente esposti, Torino 1889
CH. S. PEIRCE, Collected Papers, vol. I—IV, Cambridge 1932—1933
M. PIERI, Della geometria come sistema ipotetico-dettutivo, Tor. Mem. (2), 49 (1899)
„Philosophical Aspects of the Foundations of Mathematics", „Philosophy of Science", vol. 1, New York–London 1963
„Philosophy of Mathematics", Selected Readings, New Jersey 1964
PLATON, MENON, in: Sämtliche Werke, 1. Bd., Köln und Olten 1967
H. POINCARÉ, Die rôle de l'intuition et de la logique en mathématiques in: C. R. du IIme Congr. Intern. der Math., (Paris 1900), Paris 1902
H. POINCARÉ, Wissenschaft und Hypothese, Leipzig 1906
H. POINCARÉ, Wissenschaft und Methode, Leipzig und Berlin 1914
G. POLYA, Mathematik und plausibles Schließen, Bd. I—II, Basel und Stuttgart 1962—1963
W. v. O. QUINE, On Universals, „Journal of Symbolic Logic", 1947, vol. 12, Nr. 3
W. v. O. QUINE, From a Logical Point of View, Cambridge (Mass.) 1953
F. P. RAMSEY, The Foundations of Mathematics and Other Essays, New York–London 1937
G. RIESKE, G. SCHENK, Philosophische Aspekte der FREGEschen Begründung der Logik, „Deutsche Zeitschrift für Philosophie", 16 (1968), H. 10
G. RIESKE, G. SCHENK, MARX und die Mathematik, „Deutsche Zeitschrift für Philosophie", 20 (1972), H. 4
R. ROBINSON, Definition, Oxford 1950
J. B. ROSSER, Extensions of some Theorems of GÖDEL and CHURCH, „Journal of Symbolic Logic", 1 (1936)
J. B. ROSSER, Logic for Mathematicians, New York 1963
B. RUSSELL, Die Entwicklung meines Denkens, München 1973
B. RUSSELL, The Principles of Mathematics, London 1903
B. RUSSELL, Einführung in die mathematische Philosophie, München 1923
B. RUSSELL, Probleme der Philosophie, Wien–Stuttgart 1950
B. RUSSELL, Mathematical Logic as Based on the Theory of Types, in: Logic and Knowledge, Essays 1901—1950, London 1950

G. I. RUZAVIN, Die Wahrscheinlichkeitslogik und ihre Rolle in der wissenschaftlichen Forschung, in: Studien zur Logik der wissenschaftlichen Erkenntnis, Berlin 1967

E. SCHRÖDER, Vorlesungen über die Algebra der Logik, Bde. 1—3, Leipzig 1890—1905

K. SCHRÖTER, Die Tragweite und Grenzen der axiomatischen Methode, „Deutsche Zeitschrift für Philosophie", 5 (1957), H. 4

H. SCHOLZ und H. SCHWEIZER, Die sogenannten Definitionen durch Abstraktion, Leipzig 1935

O. F. SEREBRJANNIKOV, Heuristische Prinzipien und logische Kalküle, Berlin 1974

K. SIMON, Definable Terms and Primitive in Axiom Systems, in: The Axiomatic Method with Special Reference to Geometry and Physics, Amsterdam 1959

J. SŁUPECKI and L. BORKOWSKI, Elements of Mathematical Logic and Set Theory, Warszawa 1967

E. R. STABLER, An Introduction to Mathematical Thought, Cambridge (Mass.) 1953

W. STEGMÜLLER, Das Wahrheitsproblem und die Idee der Semantik, Wien–New York 1968

R. STOLL, Set Theory and Logic, San Francisco–London 1963

R. H. STOOTHOFF, Note on a Doctrine of Frege, „Mind", 1963, Nr. 287

A. L. SUBBOTIN, Idealisierung als Mittel wissenschaftlicher Erkenntnis, in: Studien zur Logik der wissenschaftlichen Erkenntnis, Berlin 1967

A. TARSKI, Grundlegung der wissenschaftlichen Semantik, in: Actes du Congrès International du Philosophie Scientifigue, (Paris 1935), Bd. III, Paris 1936. Abdruck in K. BERKA/L. KREISER, Logik-Texte, Berlin 1971

A. TARSKI, Der Wahrheitsbegriff in den formalisierten Sprachen, „Studia Philosophica Commentarii Societatis philosophicae Polonorum", Vol. I, Leopoli (Lemberg) 1935. Abdruck in K. BERKA/L. KREISER, Logik-Texte, Berlin 1971

A. TARSKI, Logic, Semantic and Metamathematics. Papers from 1923 to 1938, Oxford 1956

B. A. TRACHTENBROT, Wieso können Automaten rechnen?, Berlin 1962

G. VERONESE, Il vero nella mathematica: discorso inaugurale, Padova 1906

B. L. VAN DER WAERDEN, Erwachende Wissenschaft. Ägyptische, babylonische und griechische Mathematik, Basel–Stuttgart 1956

B. L. VAN DER WAERDEN, Zenon und die Grundlagenkrise der griechischen Mathematik, „Mathematische Annalen", Bd. 117, Berlin 1940—1941

F. WAISMANN, Introduction to Mathematical Thinking, New York–London 1951

HAO WANG, Eighty Years of Foundational Studies, in: A Survey of Symbolic Logic, Peking 1962

HAO WANG, A Survey of Mathematical Logic, Peking–Amsterdam 1964

HAO WANG, Process and Existence in Mathematics, in: Essays on the Foundations of Mathematics, ded. to A. A. FRAENKEL on his Seventieth Anniversary, ed. by Y. BAR-HILLEL, Jerusalem 1961

HAO WANG and R. MCNAUGHTON, Les systémes axiomatiques de la théorie des ensembles, Paris 1953

H. WEYL, Philosophie der Mathematik und Naturwissenschaft, München 1928

H. WEYL, A Half-Century of Mathematics, „The American Mathematical Monthly", vol. 58, Nr. 8

H. WEYL, Mathematics and Logic, „The American Mathematical Monthly" 1946, Nr. 53

A. N. WHITEHEAD and B. RUSSELL, Principia Mathematica, vol. 1—3, Cambridge 1925—1927

H. Wieleitner, Geschichte der Mathematik, Bd. I: Von den ältesten Zeiten bis zur Wende des 17. Jahrhunderts; Bd. II: Von 1700 bis zur Mitte des 19. Jahrhunderts, Berlin und Leipzig 1922—1923

N. J. Wilenkin, Unterhaltsame Mengenlehre, Leipzig 1973

R. L. Wilder, The Nature of Mathematical Proof, „The American Mathematical Monthly", 1944, vol. 51, Nr. 6

R. L. Wilder, Introduction to the Foundations of Mathematics, New York–London 1952

A. I. Wittenberg, Vom Denken in Begriffen. Mathematik als Experiment des reinen Denkens, Basel-Stuttgart 1957

J. H. Woodger, The Axiomatic Method in Biology, Cambridge 1937

J. H. Woodger, Biology and Language, Cambridge 1952

W. Wundt, Kleine Schriften, Stuttgart 1921

А. Д. Александров, Ленинская диалектика и математика, „Природа", 1951, №. 1

А. Д. Александров, Об идеализме в математике, „Природа", 1951, №. 7—8

А. Д. Александров, О формализме в математике, „Природа", 1957, №. 7—8

А. Д. Александров, Общий взгляд на математику, „Математика, её содержание, методы и значение", т. I. Москва 1956

А. Д. Александров, Математика, „Философская Энциклопедия", Москва 1964

П. С. Александров, Введение в общую теорию множеств и функций, Москва–Ленинград 1948

В. Ф. Асмус, Проблема интуиции в философии и математике, Москва 1963

Г. И. Башмакова, Лекции по истории математики в Древней Греции, „Историко-математические исследования", выпуск XI, Москва 1958

Б. В. Бирюков, Крушение метафизической концепции универсальности предметной области в логике, Москва 1963

С. А. Богомолов, Актуальная бесконечность, Москва–Ленинград 1934

Д. А. Бочвар, К вопросу о парадоксах теории множеств, „Математический сборник", 1944, т. ХУ, выпуск 3

А. В. Васильев, Математика, Казань 1916

М. Я. Выгодский, Арифметика и алгебра в древнем мире, Москва 1967

И. Г. Герасимов, Математическая идеализация и математический аппарат в количественных методах анализа, „Некоторые проблемы методологии научного исследования", Москва 1965

А. Д. Гетманова, О взглядах Бертрана Рассела на соотношение логики и математики, „Вестник МГУ", Серия экономики, философии, права, 1959, №. 1

В. Л. Гинзбург, Экспериментальная проверка общей теории относительности, „Эйнштейн и современная физика", Москва 1956

В. И. Гливенко, Понятие дифференциала у Маркса и Адамара, „Под знаменем марксизма", 1934, №. 5

В. М. Глушков, О гносеологических основах математизации наук, „Диалектика и логика научного познания", Москва 1966

В. М. Глушков, Мышление и кибернетика, „Вопросы философии", 1963, №. 1

Б. В. Гнеденко, Две лекции по философским вопросам математики, „Математический зборник", 1953, №. 7

Б. В. Гнеденко, Очерки по истории математики в России, Москва–Ленинград 1946

Б. В. Гнеденко, Об объективном характере математических понятий, „Теоретическое оружие коммунизма“, Киев 1959

Б. В. Гнеденко, О роли математических методов в биологических исследованиях, „Вопросы философии“, 1959, №. 1

Д. П. Горский, Вопросы абстракции и образования понятий, Москва 1961

Б. С. Грязнов, О гносеологической природе абстрактных объектов математики, „Философские науки“, 1963, №. 5

Б. С. Грязнов, О номиналистическом истолковании проблем существовании и абстракций в современной математике, „Методологические проблемы современной науки“, Москва 1964

Б. Н. Делоне, Геометрия Лобачевского и развитие современного естествознания, „Природа“, 1956, №. 2

А. С. Есенини-Вольпин, Об аксиоматическом методе, „Вопросы философии“, 1959, №. 7

А. С. Есенин-Вольпин, Анализ потенциальной осуществимости, „Логические исследования“, Москва 1959

Н. В. Ефимов, Высшая геометрия, Москва 1953

В. Ф. Каган, Основания геометрии, ч. 1—2, Москва 1949—1956

В. Ф. Каган, Великий ученый Н. И. Лобачевский и его место в мировой науке, Москва–Ленинград 1943

В. Ф. Каган, Лобачевский и его геометрия, Москва 1955

М. И. Каринский, Об истинах самоочевидных, Санкт Петербург 1893

Н. А. Киселева, Математические абстракции как отражение закономерностей объективного мира, „Философские науки“, 1960, №. 2

А. Н. Колмогоров, Лобачевский и математическое мышление девятнадцатого века, „Николай Иванович Лобачевский“. Сборник статей, Москва–Ленинград 1943

А. Н. Колмогоров, Математика, „Большая Советская Энциклопедия“, т. 26, Москва 1954

А. Н. Колмогоров, Современные споры о природе математики, „Научное слово“, 1929, №. 6

А. Н. Колмогоров, О принципе „tertium non datur“, „Математический сборник“, 1925, т. 32, выпуск IУ „tertium non datur“

Э. Б. Кольман, Предмет и метод современной математики, Москва 1936

Э. Б. Кольман, Бесконечность в древнегреческой математике, „Труды института истории естествознаниа и техники“, т. 10, Москва 1956

Э. Б. Кольман, Фисолофские проблемы современной математики, „Философия и естествознание“, Сборник статей, Москва 1965

Э. Б. Кольман и С. А. Яновская, Гегель и математика, „Под знаменем марксизма“, 1931, №. 11—12

А. Н. Крылов, Прикладная математика и её значение для техники, Москва–Ленинград 1931

Н. И. Лобачевский, Полное собрание сочинений, т. I—III, Москва 1946—1951

„Логика и методология науки“. IУ Всесоюзный симпозиум, Москва 1967

Н. Н. Лузин, Теория функций действительного переменного, Москва 1948

Н. Н. Лузин, Ньютонова теория пределов, „Исаак Ньютон. Сборник статей к трехсотлетию со дня рождения“, Москва–Ленинград 1943

С. Я. Лурье, Теория бесконечномалых у древных атомистов, Москва–Ленинград 1935

А. А. Ляпунов, О фундаменте и стиле современной математики, „Математическое просвещение", 1960, №. 5

Л. Е. Майстров, Об абстракциях и аксиоматическом методе в математике, „Некоторые философские вопросы естествознания", Москва 1957

А. И. Мальцев, Алгоритмы и рекурсивные функции, Москва 1965

А. А. Марков, Теория алгорифмов, „Труды Математического института имени В. А. Стеклова", т. XLII, Москва–Ленинград 1954

А. А. Марков, О конструктивной математике, „Труды Математического института имени В. А. Стеклова", т. LXУII, Москва–Ленинград 1962

„Математика в СССР за сорок лет. 1917—1957", т. 1—2, Москва 1959,

„Математика, её содержание, методы и значение", т. 1—3, Москва 1956

„Математическая логика и её применение", сборник статей, Москва 1965*

Ф. А. Медведев, Развитие теории множеств, Москва 1965

В. Н. Молодший, Эффектифность в математике, Москва 1938

В. Н. Молодший, Очерки по вопросам обоснования математики, Москва 1958

В. Н. Молодший, Основы учения о числе в XУIII и начале XIX века, Москва 1963

К. Е. Морозов, Философские вопросы математики, Москва 1963

И. С. Нарский, Понятие существования, логический позитивизм и формальная логика, „Философские вопросы современной формальной логики", Москва 1962

И. П. Натансон, Теория функций вещественной переменной, Москва 1957

А. Н. Нысанбаев, Проблема истины в современной математике, „Вестник АН Казахской ССР", 1962, №. 2

„Об основаниях геометрии, Сборник классических работ по геометрии Лобачевского и развитию её идей", Москва 1956

Ю. А. Петров, Некоторые логические и философские проблемы абстракций бесконечности, „Вестник МГУ", Серия УIII, Экономика, философия, 1964, №. 3

П. С. Порецкий, О способах решения логических равенств и об обратном способе математической логики, Казань 1884

„Проблема логики научного познания", сборник статей, Москва 1964

Л. А. Рвачев, Математика и семантика, Номинализм как интерпретация математики, Киев 1966

Б. А. Розенфельд, К истории проблемы непрерывного и дискретного в математике, „Ученые записки Коломенского педагогического института", т. II, Серия физико-математических наук, выпуск 1., Коломна 1958

Г. И. Рузавин, Значение книги В. И. Ленина для критики „математического" идеализма (к 50-летию книги Ленина „Материализм и эмпириокритицизм"), „Вопросы философии", 1959, №. 5

Г. И. Рузавин, О характере математической абстракции, „Вопросы философии", 1960, №. 9

Г. И. Рузавин, О специфике практики, как критерия истины в математике, „Практика — критерий истины в науке", Москва 1960

* Dieser Sammelband ist die russische Übersetzung von „Logic, Methodology and Philosophy of Science". Proceedings of the 1960 International Congress (Ed. by E. Nagel, P. Suppes, A. Tarski), Stanford (Cal.) 1962.
In ihn wurde zusätzlich der Artikel von Hao Wang „Process and Existence in Mathematics" aufgenommen. (Anm. d. Hrsg.)

Г. И. Рузавин, Конечное и бесконечное, „Вопросы диалектического материализма", Москва 1959

Г. И. Рузавин, Роль гипотетико-дедуктивного метода в построении физической теории, „Вопросы философии", 1968, №. 7

К. А. Рыбников, Математические рукописи Маркса, „Большая Советская Энциклопедия", т. 26, Москва 1954

А. Садо, О превращении математики в дедуктивную науку и начале её обоснования, „Историко-математические исследования", выпуск XII, Москва 1959

„Сборник статей по философии математики", Москва 1936

В. А. Смирнов, Генетический метод построения научной теории, „Философские вопросы современной формальной логики", Москва 1962

В. А. Стеклов, Математика и её значение для человечества, Берлин 1923

Н. И. Стяжкин, Формирование математической логики, Москва 1967

Г. Сухомлинов, Происхождение математики из потребностей человеческой деятельности, „Труды Киргизского государственного педагогического института", Серия физико-математических наук, выпуск 1, Фрунзе 1951

Я. Л. Трайнин, Основания геометрии, Москва 1961

„Философские вопросы современной формальной логики", Москва 1962

А. Э. Фосс, Сущность математики, Москва–Петроград 1923

Ш. Фрейсинэ, Очерки по философии математики, Санкт Петербург 1902

А. Я. Хинчин, Краткий курс математического анализа, Москва 1959

Г. С. Цейтин, И. Д. Заславский, Н. А. Шанин, Особенности конструктивного математического анализа, „Международный конгресс математиков, Тезисы по приглашению", Москва 1966

П. Л. Чебышев, Избранные математические Труды, Москва–Ленинград 1946

Н. А. Шанин, О некоторых проблемах арифметики, „Труды Математического института имени В. А. Стеклова", т. XLII, Москва 1955

Н. А. Шанин, О конструктивном понимании математических суждений, „Труды Математического института имени В. А. Стеклова", т. XLII, Москва 1955

Н. А. Шанин, Конструктивные вещественные числа и конструктивные функциональные пространства, „Труды Математического института имени В. А. Стеклова", т. LXУII, Москва 1962

Ю. А. Шуханович, Введение в современную математику, Начальные понятия, Москва 1965

С. А. Яновская, Передовые идеи Н. И. Лобачевского — орудие борьбы против идеализма в математике, Москва–Ленинград 1950

С. А. Яновская, О математических рукописях К. Маркса, „Под знаменем марксизма", 1933, №. 1

С. А. Яновская, О так называемых „определениях через абстракцию", „Сборник статей по философии математики", Москва 1936

С. А. Яновская, Из истории аксиоматики, „Историко-математические исследования", выпуск XI, Москва 1958

С. А. Яновская, Преоделены ли в современной науке трудности, известные под названием „апорий Зенона"?, „Проблемы логики", Москва 1963

С. А. Яновская, О математической строгости, „Вопросы философии", 1966, №. 3

Personenregister

Sachregister

FSC
www.fsc.org
MIX
Papier | Fördert gute Waldnutzung
FSC® C083411

Zeitfracht Medien GmbH
Ferdinand-Jühlke-Straße 7
99095 Erfurt, Deutschland
produktsicherheit@kolibri360.de